奇跡の自然ワインを！
ヴァン・ナチュールの名作300本

SOIF D'AUJOURD'HUI

シルヴィ・オジュロ
アントワーヌ・ジェルベル
［訳］神奈川夏子

X-Knowledge

目次

- 004 ブドウの恵み
- 016 ワイン用語

- 020 アルザス
- 036 ボジョレー
- 052 ボルドー
- 072 ブルゴーニュ
- 108 シャンパーニュ
- 132 コルシカ
- 142 ジュラ
- 152 ラングドック
- 176 ロワール
- 230 プロヴァンス
- 242 ローヌ北部
- 260 ローヌ南部
- 288 ルシヨン
- 308 サヴォワ
- 314 南西部

- 337 フランスのベスト・カヴィスト
- 360 ワイン索引
- 363 ワイナリー索引

○産地の掲載順はアルファベット順です。ワイナリーも、姓または固有名詞のアルファベット順に掲載しています。
○ワインのボトル画像は、ヴィンテージが異なる場合があります。ヴィンテージによってはデザインが変更されている場合もあります。

日本語版デザイン	山本洋介（MOUNTAIN BOOK DESIGN）
DTP	伊藤知広（美創）
翻訳協力	株式会社トランネット
カバーイラスト	松原光
イラスト	小池ふみ

フランスのワイン産地

ブドウの恵み

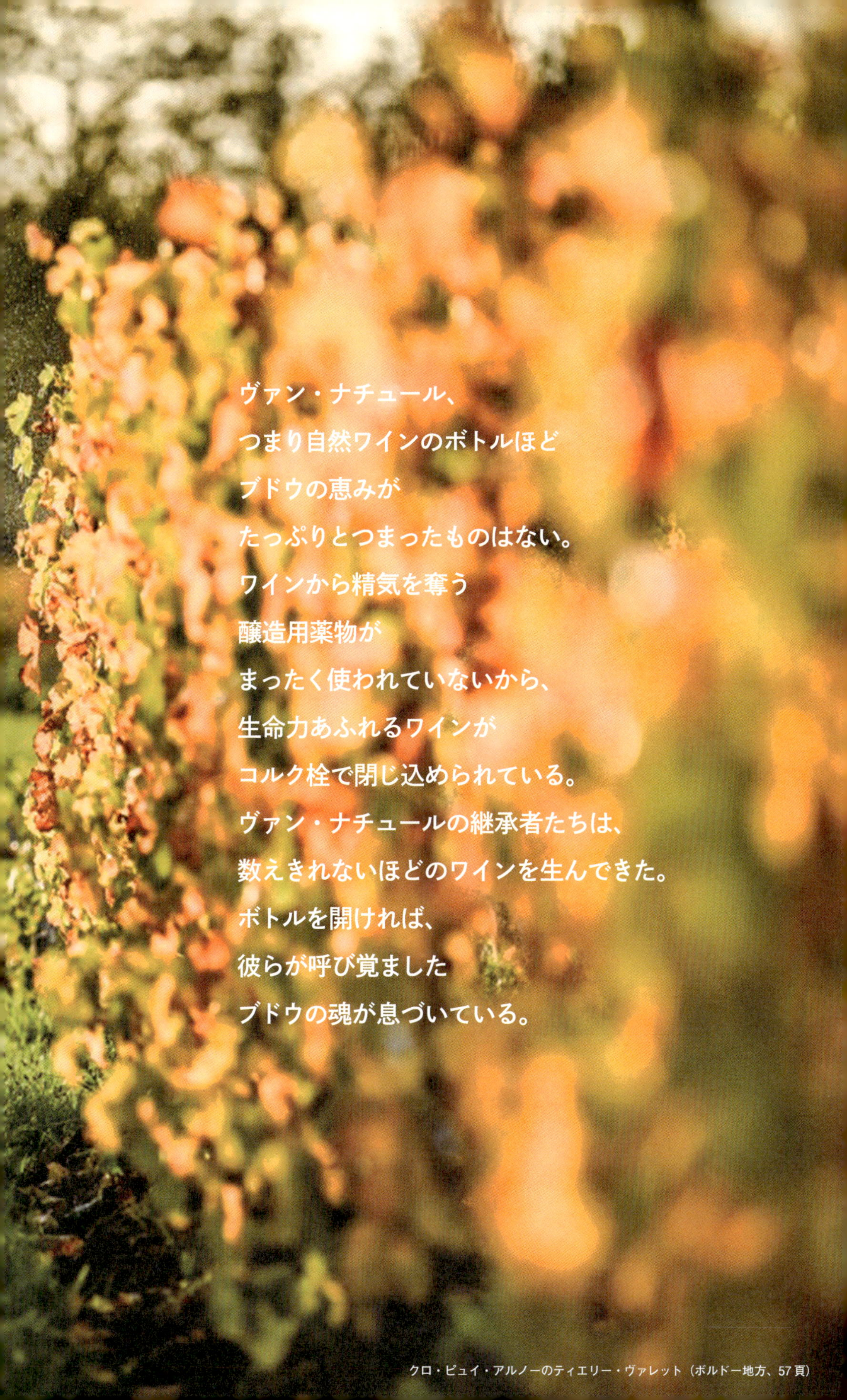

ヴァン・ナチュール、
つまり自然ワインのボトルほど
ブドウの恵みが
たっぷりとつまったものはない。
ワインから精気を奪う
醸造用薬物が
まったく使われていないから、
生命力あふれるワインが
コルク栓で閉じ込められている。
ヴァン・ナチュールの継承者たちは、
数えきれないほどのワインを生んできた。
ボトルを開ければ、
彼らが呼び覚ました
ブドウの魂が息づいている。

クロ・ピュイ・アルノーのティエリー・ヴァレット（ボルドー地方、57頁）

グラニエ山近くのシニャンのブドウ畑 (サヴォワ地方)

農業の世界では、ヴィニュロンはエリートとみなされている。ブドウの栽培から加工まで、すべての段階を自分たちでおこなうからだ。ヴィニュロンにとっては、ブドウの木がすべてだ。これから何世代にもわたって良質なブドウが収穫できるように願いながら、この多年生植物を植える。未来へのまなざしが、より高度な農業である印象を与えるのだろう。しかし、すべてのヴィニュロンが首尾よくすばらしいワインを造れるわけではない。ブドウの収穫高が落ちれば、必死に働かなければならない。天候不順によって、畑が壊滅的な打撃を受ける年も少なくない（2016年はあらゆるヴィニュロンが被害を受けた……）。だから、ヴィニロンは自然に対してつねに畏怖の念を忘れない。ヴァン・ナチュールともなると、「ワイン造りに言い訳は無用」と言わんばかりに、何百リットルものワインを廃棄する完璧主義者も登場するが、それも納得させられてしまうほど実直な造り手ばかりだ。

よいものを造ろうとしたら
ビオ・ワインになった

　ヴァン・ナチュールの生産者は、ビオ・ワインの生産者であることが多い。なぜビオを大切にするのか。それは、大地がわたしたちの子孫のためにあるものだから。散布される農薬類を最初に吸い込むのは生産者だから。消費者に有害なものを飲ませて犠牲になってほしくないから。なにより、これが良質なワインを造る道だからだ。

　ヨーロッパでも突出した農薬消費量を誇るフランスにおいて、ビオ・ワインの存在意義は大きい。ワイン用ブドウ作付面積は農業用地のわずか2.8%を占めているにすぎないのに、農薬使用量全体の50%がワイン用ブドウの生産に使用されている。この事態は深刻だ。最近の研究報告（農薬行動ネットワーク・欧州）によると、通常のワインに含まれる残留農薬は、水道水の許容値の最大5800倍にもなるという。一方、ビオ・ワインにはまったく含まれていないということがわかっている。ビオ・ワインは安心して飲めるのだ。生産者自身が生殖機能不全や奇形児誕生のリスクにさらされていることを思うと、農薬をたっぷり使ったワインは飲む気が失せる。

　オーガニックでなければ理想通りの醸造ができないことも、ビオ・ワインの広がりの根底にある（ワインにかんしていえば、オーガニックの認定を取るための基準はまだ緩い）。バランスの取れたワインは、バランスのよい味を持つブドウからしかできない。ワインの出来を左右するのは、ブドウだけ。つまり、ヴァン・ナチュールの生産に化学薬品というセーフティネットはないのだ。生命力の強いブドウを育て上げ、醸造過程でその命が失われないようにしなければならない。もし除草のために土壌に化学薬品を撒けば、ブドウの力は失われてしまう。

酵母。偉大な自然の力

　ヴァン・ナチュールには絶対に外せない基本がある。それはマニュアルで定義できるようなものではない。すべての始まりは、目に見えないほど小さな「酵母」だ。

　ワイン醸造家の99％以上は、袋入りの粉末酵母を使用している。これを使えば、「シャルドネ」や「バナナ」や「スグリ」などと表現されるワインの味が思いどおりに出せるし、発酵過程が最短になる。残りの1％は、自分の土地に自然に存在する酵母を使っているが、これにはリスクがともなう。貯蔵庫やブドウ畑、ブドウの皮の表面に存在する酵母の性質は、製造年やテロワールによって変わってくるからだ。ローヌ地方で小さなワイナリーを営むジャン・ダヴィッド（267頁）は、「創造する喜びを忘れたくない」と言う。ラングドック地方のベルナール・ベラーザンに言わせると、ワインとは「ある場所とある年が生み出す、世界にひとつしかない作品」だ。

　テロワールが大きな力を持つ発酵食品（ソーセージ、チーズ、茶など）でも、近年は自然の発酵力に頼ることはほとんどない（あまりに無菌化されてしまって発酵が起こらないのだ）。目的別の薬剤を用いて、大多数の消費者向けにわかりやすい味つけがされている。こうなると、ワインの豊かで複雑な世界は埋没し、何を飲んでも同じ味になってしまう。ヴァン・ナチュールの生産者の多くがAOPを拒否して「ヴァン・ド・フランス」を掲げ、お上による規格化に抵抗しているのはそのせいだ。少数派のワイン生産者が目指しているのは、「自生の」酵母の微妙な力加減を生かすこと、そしてその力を何倍にも増やしてやることだ。

　たとえば、シャンパーニュ地方の数少ないヴァン・ナチュール醸造家であるアンセルム・セロス（130頁）は、圧搾したブドウの泡（まさに酵母が育つ場所）を再び大樽の穴から中に注ぎ込むという工夫をしている。そのうえ、樽がほかの樽の影響を受けずにそれぞれの個性を発揮するよう、カーヴの中に大きな壁を設けている。どの醸造所でも、桶まわりの道具はひとつひとつ別々に丁寧に洗浄され、それぞれの桶の特徴がなくならないよう注意が払われている。また、多くの生産者は気温が低くなったときに仕込み始めるが、これはいくつかの花系酵母が低温でうまく活躍するからだ。複雑な味わいを生み出すためのすべての製造段階を経たあとは、ワインが持つ可能性を100％出しきれるよう、ワインにゆっくりと必要なだけの時間を与えてやる。

ブドウの実を傷つけないよう、やさしく手摘みで収穫する

ピエール・ブルトンと妻カトリーヌ

ジュラ地方アルボワ村の風景

恐れ、批判をものともしないワイン造り

「ぼくらがワインを分析にかける目的は、ワインがちゃんと生きているかどうか確かめるためだ。でもほかの造り手は、ワインが抜け殻になってこれ以上状態が変化しない、ということを確認したいんだ」。そう話すのは、ロワール地方のピエール・ブルトン（184頁）。彼のブルグイユ・ワインもかつてはそうだった。協同組合で売られ、スーパーの陳列棚に置かれ、徳用セットとして販売されていた。ワインにとって最悪の環境でも劣化しないよう、味は二の次で、これでもかと濾過し、亜硫酸をたっぷりと加えていた。抗酸化力と抗菌力のある亜硫酸を使えば、ワイン生産者は安心して眠れる。安定した品質を約束する亜硫酸はしかし、ワインの個性の開花を台無しにする（しかも、耐えられないような頭痛の原因となる。とくに白ワインは、酸化防止作用のあるタンニンが少ないために大量の亜硫酸が添加され、急激な頭痛が起きる。甘口ワインにいたっては、糖の発酵を止めるためにもっとたっぷり加えられるので、最悪の事態になる）。

　熱い造り手たちのひとり、ジル・アゾーニ（280頁）の醸造家魂に火がついたのは、よそのワインを試飲したときだ。以来、リスクをものともせず果敢に挑戦し続けている。「酸化防止剤を使わないでワインを造るには、恐怖を乗り越えなければならないんだ」。失敗しないことを優先する教科書どおりのワイン造りとは真逆だ。いまだに「亜硫酸無添加のワインなど存在しない」と言われ、オーガニック・ワインについてはやっと話題になり始めた昨今である。ワイン造りの教科書は、こうした問題については沈黙を守ったままだ。それどころか、ページをめくるたびに新しい添加物の説明がある。殺菌作用のためにはこれを少々、香りを加えるにはあれも少々……。ワイン醸造学の研究室では、ワインの安定性のために添加物をどんどん加える。その陰で、ヴァン・ナチュールの造り手たちは試行錯誤を繰り返し、ワイン造りとは何かをあらためて問い続けている。

「ぼくたちは新しい道を模索している。そのために団結しているのさ」と言うジル・アゾーニには、頼もしい醸造家仲間がいる。仲間の数はどんどん増えているところだ。ノウハウがすべて口コミで伝えられる以上、造り手同士のコミュニケーションは不可欠で、いやが応にも結束が強くなる。彼らは地域ごとに協力して働くことが多い。ほとんどの地方にヴァン・ナチュールの生産者集団がある。

受け継ぎ伝える人びと

マルセル・ラピエール

　マルセル・ラピエール（46頁）は、ヴァン・ナチュールを実現するには生産者同士の協力が必要不可欠だとして、最初に実行に移した人間だ。彼はボジョレー地方でかの有名な「5人組」を結成した。仲間たちは今も健在だ。ジャン・フォワヤール（42頁）、ジャン＝ポール・テヴネ（49頁）、ギー・ブルトン（38頁）、そしてジャン＝クロード・シャニュデ（39頁）。愛称はそれぞれプティ・ジャン、ポルポ、プティ・マックス、ル・シャ。

　1980年代、亜硫酸を使用しないでワインを造ろうとする人間はあまりいなかった。だから、まずは仲間と協力した方が、何かあったときに被害が少ないとマルセルたちは考えた。ブドウの収穫期には、夜になると、みなで試作品を持ち寄って、顕微鏡で醸造に必要な酵母と微生物を観察した。マルセルは「炯眼」の持ち主だった。当時、ヴァン・ナチュールの醸造方法を理解し、多種の酵母と微生物について知り、役に立つものとそうでないものの違いを見きわめられる醸造技術者はまれだった。

　また、彼ほど自分のワインの化学的性質を熟知している生産者もめったにいなかった。ヴァン・ナチュールの造り方を次代に伝えようとする世界中の生産者がマルセル・ラピエールのもとを訪ね、ワイン造りの逸話や失敗談を聞き、一緒にモルゴン・ワインを飲んだ。彼のもとで進むべき道を見つけ、地元に戻ってよりよい仕事をするようになった醸造家も多い。

　2010年の収穫期の最中におこなわれたマルセルの葬儀には、ヴィリエ＝モルゴン地区の教会とビストロはフランス中の醸造家たちであふれかえった。

マルセル・ラピエール

シャルリ・フーコー

　リスク回避策なしでおこなうヴァン・ナチュール造りのノウハウは、年に一度しかないチャンスを何年も積み重ねた結果である、経験則に頼るしかない。シャルリ・フーコーはワイン醸造業の8代目で、代々受け継がれてきた農家の知恵と、自然のリズムや月の満ち欠けの影響を取り入れたブドウ栽培をおこなってきた。世に知られる前からビオディナミ農法を取り入れている。ワイン造りの生き字引のようなシャルリは2015年12月29日に、この世を去った。彼は、人びとが助言を求めて会いに来るあのフランス最古の大樫※のような存在だった。彼の言葉には重みがあり、謙虚さとユーモアを兼ね備えた、賢者だった。ソミュール地方の人びとからは「親父さん」と呼ばれていたが、大木と同様、彼も自分のいる場所からは動かなかった。彼に会うにはこちらから行かなければならなかったが、誰もがその勇気を持っていたわけではない。しかしシャセ村にある農場の、いつも半開きになっている大きな門をくぐった者の人生は大きく変わった。自分のワインとトリップ料理を持参できるほどの強者であれば、なおさら気に入ってもらえただろう。他人のワインを試飲しているとき、シャルリが急に話題を変えたなら、それは「努力次第でよくなる」ということを意味した。舌を大きく鳴らして、眼鏡を額に押し上げたら、ワインが彼に認められたということだった。シャルリはけっして偉そうな人物ではなかったのだが、なにしろ、彼のワインがすばらしすぎるのだ（後継者となった弟と息子たちがその味を守っている）。

　彼のワイン、クロ・ルジャールを真似したカベルネのワインは多いが、肩を並べるものは出ていない。飲めば体の中が光で満たされるように感じるだろう。シャルリの存在そのものがロワール地方にとっての光だった。それだけではない。今や、彼を手本とするヴィニュロンがあちこちにいる。焼けつくような気候のルシヨン地方でロワール・ワインの爽やかさを再現してみせた、あの偉大なジェラール・ゴビー（296頁）もそのひとりだ。

※ アルヴィル＝ベルフォスにある9世紀から存在するといわれている樫の木

受け継ぎ伝える人びと

　ルシヨン地方のジェラール・ゴビー(296頁)もまた、ヴァン・ナチュール造りを次世代に伝えている。カルス村で、多くの醸造家を育成してきたジェラール。毎年5月、村では蔵開きがおこなわれる。ジェラールとリオネル・ゴビー、トム・ルッブ(298頁)、オリヴィエ・ピトン、ジャン=フィリップ・パディエ、シャトー・ラフォルグ、そしてシャトー・ド・カルスが中心となって、「抵抗派カーヴ」を率いている。そのすぐ後ろに控えるアグリー渓谷にもまた、憤る醸造家たちの一団がいて、忘れられていた豊かなテロワールをよみがえらそうとしている。シャプティエ家とともにその先頭に立ったのがジル・トゥルイエ(305頁)。彼らに続いたのはジャック・ド・サンタル、シリル・ファル(291頁)、ジャン=ルイ・トリブレー(304頁)、ロイック・ルール(300頁)、フレッド・リヴァトン、エドゥアール・ラフィット(289頁)。彼らの活躍によってラトゥール=ド=フランス村の住民数は増え、地元の学校は生徒でいっぱいになった。収穫期には、ブドウ圧搾機がワイナリーからワイナリーへ貸し出され、摘み子たちもまた畑から畑を渡り歩く。

　高地のローヌ南部アルデッシュでも、状況は同じだ。ジェラルド・ウストリック(277頁)は家族で経営していたワイナリーを、ボジョレーを飲んだ勢いで農業協同組合から脱退させてしまった。ひとりでやっていくには畑が大きすぎたのでアンドレア・カレク(262頁)とシルヴァン・ボックに分譲した。また、ジェローム・ジュレ(276頁)、マニュエル・キュナンとヴァンサン・ファルジエ(270頁)、そしてクリストフ・コントをヴァン・ナチュール造りに引き込んだ。彼らのワイナリーの成長のおかげで、アルデッシュは箱入りワイン用という汚名を返上したが、ここまで市場で大成功するとは誰も思っていなかった。

左からエリック・ピフェルリング、ジャン=フランソワ・ニック、ジェラルド・ウストリック

シャンパーニュ地方では、ワイナリー同士の競争はない。醸造家の数が少ないからだ。こんな状況下で、アンセルム・セロス(130頁)はベルトラン・ゴトロ(131頁)を弟子としてかわいがり、ジェローム・プレヴォー(113頁)を手元に置いて面倒を見、オリヴィエ・コランの事業立ち上げを助けるという懐の深さを示してきた。そして今、彼の弟子たちが次の世代を育成している。団結してこそ地元のワイン産業が盛り上がるからだ。

ジュラ地方では、昔からワイナリーの団結の重要性はよく知られていた。小さなワイナリー集団ではあるが、すばらしい味わいのワインは評判になっている。ここでは、ガヌヴァ家(146頁)でもティソ家(151頁)でも、ワイナリーはみな友だちだという。そして、みんな同じ名付け親を持っているそうだ。ピエール・オヴェルノワ(149頁)は村の賢者で、彼に会いにやって来る人びとが後を絶たない。

南西部では、さまざまなワイナリーが一団となって改革を推し進めている。父親的存在のプラジョル家(329頁)、そして大男マチュー・コス(320頁)が所有するシャトーの周辺には、小さなワイナリーが作られ、共同販売システムが構築されている。そして南西部のワインは、ついにレストランのワインリストにも登場するようになった。

最後はロワール地方トゥーレーヌ。ピュズラ兄弟(193頁)を中心に生産者の輪が早くからできていた地方だ。ふたりの造る〈クロ・デュ・テュ゠ブッフ〉を現地で飲んだことがきっかけで、フィリップ・テシエ、エルヴェ・ヴィルマード(216頁)、パスカル・シモヌッティ、ブレンダン・トラセー(192頁)、ローラン・サイヤール――人数が多すぎる！――らが、ヴァン・ナチュールに開眼してワイナリーを開いた。

飲むのは簡単だが造るのは難しい。でもひとたびこの世界に足を突っ込んだが最後である……。

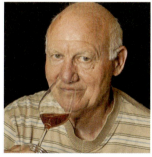 

ピエール・オヴェルノワ　　　　　　　左からベルナール・プラジョル、ミシェル・ブラ

知っておくと役立つワイン用語

生産者

ヴィニュロン
ブドウ栽培とワイン醸造を両方手がける職業。女性の場合はヴィニュロンヌ

ネゴス
農家からブドウやワインを買い付け、自社で熟成・瓶詰めをして出荷する生産者

ブドウ栽培

ブドウ
つる性落葉低木。その果実。水はけがよく、日当たりのよい土地を好む

フィロキセラ被害
ブドウの木の葉や根にコブを生成してブドウの木の生育を阻害し、やがて枯死に至らせる虫。1860年代、アメリカ原産のブドウに付着していたフィロキセラが、ヨーロッパブドウ（Vitis vinifera）に壊滅的な被害を及ぼした。その後、フィロキセラへの抵抗力を持っているアメリカ原産のブドウを台木にし、Vitis vinifera を穂木として接ぎ木する方法が主流となった

古木、ヴィエイユ・ヴィーニュ
樹齢の高い木。古木の少ない果実には太陽の光が十分に当たり、栄養も行き渡り、地中深く張り巡らさた根が地中の水分・栄養分を吸い上げるため、品質の高いブドウができると言われる。ブドウの木は樹齢100年以上になることもある

ビオディナミ農法
ルドルフ・シュタイナー（1861〜1925年）によって1924年に提唱された有機農法・自然派農法の一種。畑全体をひとつの生命体系とみなし、その力を引き出すことで病気を未然に防ぐという思想に基づく。月の満ち欠けや惑星の動きに合わせ、プレパラシオン（調合剤）を用いて土壌に活力を与えたり、太陰暦に基づいて農作業を行う

産地・畑

テロワール
地理や気候、土壌、生体系など、農作物を取り巻く環境のすべて

アペラシオン
原産地

AOC
フランスの原産地呼称統制（Appellation d'Origine Contrôlée、アペラシオン・ドリジーヌ・コントロレ）。AOCの下の区分として、ADVDQS、ヴァン・ド・ペイ、ヴァン・ド・ターブルがある

AOP
EUの原産地名称保護（Appellation d'Origine Protégée、アペラシオン・ドリジーヌ・プロテジェ）。AOPの下位区分として、IGP、ヴァン・ド・フランスがある

IGP
EUの地理的表示保護（Indication geographique Protégée、インディカシオン・ゲオグラフィック・プロテジェ）の略

ヴァン・ド・フランス
地理的表示のないワイン。フランス全土で収穫されたブドウをブレンドできる

クリュ
畑

グラン・クリュ
特級畑

プルミエ・クリュ
1級畑

ワイン醸造

除梗・破砕
房から果梗を取り除き（除梗）、ブドウ果汁を出すために軽く果皮を破る（破砕）作業。生産者によっては除梗しない場合もある。一般に、除梗と破砕は機械で同時に行う

圧搾
ブドウ果汁を搾る作業。白ワインは除梗・破砕後に行い、赤ワインは発酵終了後に行う

フリーラン
圧をかけずに自重で引き抜かれたブドウ果汁

マセラシオン
木樽やタンクで、ブドウの果皮・果肉・種子などを果汁に浸漬すること。このとき、酵母を加えてアルコール発酵を促す。醸し

アルコール発酵
酵母の働きにより、糖がアルコールと二酸化炭素に分解される。アルコール発酵中は熱が上がりやすいので温度管理が行われる

補糖
アルコール度数を高めるために、発酵時に糖分を加えること

補酸
発酵時に酒石酸などを加えること

マセラシオン・カルボニック
ブドウを破砕せず、房ごとタンクに入れ、発酵時に生成される二酸化炭素を充満させることでブドウを無酸素に近い状態に置き、果実中で酵素によるアルコール生成を促す醸造方法。タンニンが少なく、果実味が豊かなワインに仕上がる。ボジョレー地方で用いられる醸造方法として有名

ピジャージュ
発酵中に、発酵槽の上部に浮き上がった果皮や種子など（果帽）を櫂棒などで突き崩し、液体に沈める作業

ルモンタージュ
発酵中に、タンクの下部からポンプで液体を吸い上げ、上からかける作業

マロラクティック発酵
発酵の2次的過程。シャープなリンゴ酸を、乳酸菌の働きによって、柔らかな乳酸と二酸化炭素に変える

貯蔵、熟成
木樽やタンクの中でワイン液を寝かせる工程

ウイヤージュ
樽熟成中に、蒸発分を補うためにワインを足すこと

澱
発酵後に生じる酵母の死骸や固形物などの堆積物

澱引き
熟成中に、樽やタンクの中で沈殿した澱を取り除く作業。下から澱を抜く、または上澄み液を別の容器に移し替える

シュール・リ
発酵終了後、澱を取り除かずにワインと接触させて熟成させる方法。澱の成分がワインに溶け込むことを狙う

清澄
瓶詰め前に、酵素や卵白などを用いて不純物を取り除く作業。ヴァン・ナチュール生産者は清澄を行わないことが多い

濾過
瓶詰め前に、フィルターなどを用いて不純物や澱などを取り除く作業。ヴァン・ナチュール生産者は濾過を行わないことが多い

ソレラ・システム
樽を積み重ね（通常は4〜5段）、一番下にある樽からワインを瓶詰めしていき、減少した分のワインをひとつ上の樽から補い、その減少分をまた上の樽から補ってアッサンブラージュする方法。こうすることで味を均一化することができる。主にシェリー酒の製造方法

亜硫酸
酸化防止剤として使われる食品添加物

瓶内熟成
瓶詰め後に行う熟成

発泡性ワイン

シャンパーニュ
シャンパーニュ地方特産の発泡性ワイン

ブラン・ド・ブラン
「白の白」という意味で、シャルドネのみで造られるシャンパーニュを指す

ブラン・ド・ノワール
「黒の白」という意味で、ピノ・ノワールとピノ・ムニエのみで造られるシャンパーニュ

ドザージュ
シャンパーニュの醸造において、デゴルジュマン（瓶内2次発酵で生じた澱を、瓶の口に沈殿させ、抜栓により取り除く作業）の際に、リキュールで糖分を添加すること。リキュールに含まれる糖分量によって味がほぼ決まる

ブリュット・ナチュール
ドザージュを行わないで造られるシャンパーニュ

エクストラ・ブリュット
超辛口。糖分が6グラム／リットル以下

ブリュット
辛口。糖分が12グラム／リットル未満

クレマン
シャンパーニュ地方以外のフランス国内で、シャンパーニュと同じ瓶内2次発酵で造られる発泡性ワイン

ペティアン
弱発泡性ワイン

スティルワイン
非発泡性ワイン

用語

ミレジム、ヴィンテージ：醸造年
アッサンブラージュ：調合、ブレンド
キュヴェ：特別なワインなどを指す
マグナムボトル：1千500ミリリットル容量のボトル
エティケット：ワインのボトルに貼られたシール、ラベル
カラフェ、デキャンタ：
ワインを空気に触れさせるためのガラスの容器
ローブ：色調
アロマ：香り
ノート：柔らかな香り
ブーケ：熟成香、第3アロマ
アタック：第一印象
テクスチャー：質感、口当たり
ボディ：一般に赤ワインの、味わい、豊かさ、濃厚さ、重さなどを指す語
プリムール：新酒
アペリティフ：食前酒

作成：編集部

アルザス地方、ドメーヌ・ツィント=フンブレヒトのクロ・サン・ユルバンの畑

アルザス
[ヴァン・ナチュールの現状]

　世界の白ワイン消費量の傾向からすると、シャルドネやソーヴィニヨンに比べ、リースリングは依然として過小評価されている。しかし、アルザス地方においてリースリングはもっとも多く使われているブドウ品種で（ブドウ畑面積の23％を占める）、果実味の濃い力強いワインになるし、収穫量を調整して十分に成熟させれば、テロワールのニュアンスを伝える能力を持っている。
　アルザス南部は——ゲブヴィレールの砂岩質のテロワールと、ドイツのランゲン市からオー＝ラン県のタン地区にかけての名高い火山岩地帯を除き——気温が上がりすぎてリースリングの生育を妨げることが多い。リースリングが好むのはバ＝ラン県の冷涼な山岳地帯のミクロクリマ（微気候）だ。
　ともあれアルザス地方は、今後さらにテロワールのすばらしさを発揮することが期待される産地である。これまではさまざまなブドウ品種が使われていたために、テロワールそのものの特色が見えていなかったが、現在のグラン・クリュにはアルザス・ワインの変身ぶりが如実に表れている。ふつうのリースリングより個性が際立っており、後味も長くて強い。アルザス地方のリースリングを見かけたら、ぜひともグラン・クリュを選んでほしい。通常のリースリングと3〜4ユーロしか変わらないのだから。

ワイナリー
Les Vins d'Alsace Laurent Bannwarth
レ・ヴァン・ダルザス・ローラン・バンワルト

生産者　**Stephane Bannwarth**
ステファヌ・バンワルト

AOC　アルザス、オー＝ラン・オベルモルシュヴィール

Les Vins d'Alsace Laruent Bannwarth

- 9、ワイン街道、プランシパル通り、68420 オベルモルシュビール村
  9, route du Vin, rue Principale, 68420 Obermorschwihr
- 03 89 49 30 87
- laurent@bannwarth.fr
- www.bannwarth.fr

伝統陶器のアンフォラを使って

　ステファヌ・バンワルトを笑う人間は多い。ブドウ畑でいまだに農耕馬を使っているからだ。しかもアンフォラ[1]でワインを発酵させている。こういうやり方が彼の流儀だとしても、はたから見ればずいぶんふざけているように見える。しかし、新しいワインを求める好奇心旺盛な人たちは、彼のアルザス・ワインのシリーズ〈クヴェヴリ[2]〉に魅了される。

　どんなワインかというと、ジョージアの土を焼き固めて作った壺の中で発酵・熟成させており、濾過も亜硫酸添加もされていないという代物。ステファヌはこの伝統的な陶器を使って醸造を試みた最初のフランス人だ。試行錯誤の末、初めて地中に埋めた2011年の壺の中身が初のヴィンテージとなった。標準的なアルザス・ワインからは遠くかけ離れているが、うまさは衝撃的！　とくにアンフォラを使って「ヴァン・オランジュ[3]」の手法によって醸造されたゲヴュルツトラミネールは、スパイスの香りがふわりと立ち、ブドウの実を余さず発酵させる赤ワインのような質感に近づいている。

[1] 両取っ手付きの陶器の壺
[2] 壺の名称でもある
[3] オレンジ・ワイン。白ブドウを原料に、赤ワインの製法で造られたワイン

奇跡の自然ワイン！

 ゲヴュルツトラミネール・クヴェヴリ・ヴァン・ダンフォール 2013　€€€
Gewurztraminer Qvevri Vin d'Amphore 2013

グルジア・ワインの製法により、潰す前のブドウの実がブドウ液に長時間漬け込まれている。ローブ（色調）は赤褐色。ゲヴュルツトラミネールの甘いバラの香りのアロマが、時間とともに存在感を増す。悩殺的で官能的な後味を、重すぎない甘口のタンニン（残存糖分は29グラム）が包んでいる。スパイスをたっぷり使った野菜中心のインド料理と組み合わせれば、忘れられない味わいに。

ワイナリー
Domaine Barmès-Buecher
ドメーヌ・バルメス＝ビュシェ

生産者
Geneviève, Sophie et Maxime Barmès
ジュヌヴィエーヴ、ソフィ、マクシム・バルメス

AOC　アルザス、オー＝ラン・ヴェットルスアイム

Domaine Barmès-Buecher
- 30、サント＝ジェルトリュード通り、68920 ヴェットルスアイム村
  30, rue Sainte-Gertrude, 68920 Wettolsheim
- 03 89 80 62 92
- www.barmes-buecher.com

> 近代農法から畑をよみがえらせる

　1985年にジュヌヴィエーヴ・ビュシェ（旧姓）とフランソワ・バルメスによって始められたドメーヌ・バルメス＝ビュシェは、ビオディナミ農法の先駆的存在として、長いあいだ知る人ぞ知る存在だった。16ヘクタールの農地で、この永続的農法を20年以上続けてきた。その目的はとてもシンプル。「近代農法によって覆い隠されてきたブドウ畑本来の状態を取り戻し、ブドウの木1本1本が調和とバランスを持って生長するのを助けたかった。たくましく、みずからの力で戦うブドウ畑になってほしいの」。2011年、夫フランソワが事故で急死し、娘のソフィと息子のマクシムがワイナリーの運営に急遽参加することになった。

　2012年は、ボーヌ市でワイン醸造学を修めて間もなかったマクシムが、すべてを最初から手がけた初めてのヴィンテージ。マクシムもまたビオディナミ農法の熱心な擁護者だ。「心から農業を愛している人間なら、最終的にはこの農法に行きつくと思う。ビオディナミ農家はみんなすごくオープンで、ブドウ農家とほかの分野の農家のあいだでは、さかんに意見交換や共同実験がおこなわれているよ」。そう語るマクシムが造るのは、繊細でピュアなワインだ。

奇跡の自然ワイン！

 リースリング・グラン・クリュ・ヘンクスト 2014　€€€
Riesling Grand Cru Hengst 2014

樹齢30年のブドウの木、適度な収穫量（1ヘクタール当たり40ヘクトリットル）、畑の勾配は中程度、そしてステンレスのタンクで10カ月間の熟成。すべてがとてもシンプルだ。テロワールが、栄養を与えたブドウの実を介して「ほかとは違うんだ！」と叫んでいるのがわかる。とはいえ、希少なグラン・クリュに認定されているのだから、畑の力量はたいしたものだ。このリースリングは鋭利でありながらも豊かなふくらみを感じさせ、モロッコのスークを思わせるカレーやクミンが香り立つ。染み入るような後味が残す、長い余韻を楽しもう。

ワイナリー	**Domaine Christian Binner** ドメーヌ・クリスチャン・ビネール
生産者	**Christian Binner** クリスチャン・ビネール
AOC	アルザス、オー＝ラン・アムルシュヴィール

Domaine Christian Binner

2、ロマン通り、68770 アムルシュヴィール村
2, rue des Romains, 68770 Ammerschwihr
03 89 78 23 20
www.alsace-binner.com

がぶがぶ飲むならビネール

　マーケティングのことなんか、クリスチャン・ビネールはちっとも考えやしない。7ヘクタールの畑（さらに果樹園もある！）から生産されるワインは15銘柄あり、発音不可能な地名を盛り込んで命名してある。さらに何十種類ものブドウを思う存分使うためか、ヴィンテージごとに味わいがまったく異なるという有様だ。とろけるような赤ワインのほか、蒸留酒も20種類ほどある。とても複雑なドメーヌは、わかりやすさゼロ。予想しやすさゼロ。

　当主の姿さえもワインボトルの山に埋もれて見えない。クリスチャンはいつもカーヴの奥深くにこもって、アルザス地方のこと、降水量の少なさで知られるモンペリエ市よりもっと雨の少ないこの地域のこと、空まで届くような急勾配の畑や、自然の恵みを存分に吸収したブドウについて語ってくれる。クリスチャンと夜が明けるまで話し込んでいると、気づかないうちにものすごい数のワインを空けていたりする。それでも肝臓はびくともしないから驚き！

奇跡の自然ワイン！

 コート・ダムルシュヴィール 2014　€€
Côtes d'Ammerschwiher 2014

かつてアルザス地方では、アルザス本来のブドウ品種ではなく、ほかの地方からの品種を栽培する傾向があった。クリスチャン・ビネールは祖父の時代からの伝統を再生させ、圧搾機の中で直接リースリング、ピノ・グリ、そして少々のゲヴュルツトラミネール、ミュスカ、オーセロワをアッサンブラージュ（ブレンド）する。これらのブドウはみな、村落の丘陵地の東側に位置する、花崗岩と砂岩の地質の中に深くしっかりと根を下ろしたブドウの木からとれたものばかり。美しく熟した果実は、激しいほどの力を発揮する。きりっと力強く引き締まった味わいは、長い余韻を残す。

ビネール・ビルステュックレ・リースリング・2014・ド・ステファヌ　€€€
Binner Bildstoecklé Riesling 2014 de Stéphane

ステファヌ・バンワルト（21頁）は、ヴァネッサ（営業担当）ほかふたりの醸造家とともに、卸売業の陽気なチーム「レ・ヴァン・ピルエット」を運営している。この合理的な卸売組織を始めたのはクリスチャンだ。取り扱うワインはすべて醸造家が自然の環境を尊重して造ったものばかり。柑橘系のきりっとした味わいとふくよかなテクスチャーを備えた〈ビルステュックレ〉は逸品。

画像提供・フィーカ

ALSACE

ワイナリー
Agathe Bursin
アガット・ブルサン

生産者 **Agathe Bursin**
アガット・ブルサン

AOC　アルザス、オー＝ラン・ウェスタルタン

Domaine Agathe Bursin
- 11、スルツマット通り、68250 ウェスタルタン村
  11, rue de Soultzmatt, 68250 Westhalten
- 03 89 47 04 15
- agathe.bursin@wanadoo.fr

働き者のアガット

　ワインを褒められると、アガット・ブルサンは大きく目を見開いて言う。「本当に？ いいワインなんだけど、わたしたちはたいして何もしていないのよ」。彼女の謙遜におもねった響きはない。「ヴィンテージの良し悪しはすべて自然任せ。オー＝ラン・ウェスタルタンのテロワールは格別なの。わたしたちは土地の条件を生かしたワイン造りをすればいいだけ」

　アガットはとても働き者だ。5ヘクタールの畑の剪定や摘芽をし、つるはしを使い、トラクターを運転する。歩いて畑を回ることがいちばん多いという。「何もかも見落とさないようにしなきゃならないから。苗を1本ずつ観察して、それぞれに最適な処置をほどこして、すべてを把握しておくの。どんなにささいなことも見逃さないようにしているわ。試飲に来てくださった方との会話もね。これはわたしの楽しみでもあるけれど」

　最上級のリースリングの熱烈な支持者であるアガットだが、それほど人気でない品種のツインコッフレをベースにシルヴァネールをブレンドしたワインでさえ、崇高な味わいに昇華させる腕を持っている。

奇跡の自然ワイン！

 ストランゲンベルグ・ピノ・ノワール 2015　€€
Strangenberg Pinot Noir 2015

アルザス・ワインの90％は白ワインだ。しかしじつは、アルザスのピノ・ノワールといえばブルゴーニュも真っ青になるほど優秀なブドウだ。しかも精力的なアガット・ブルサンは偉大な仕事をやってのける。低木に育て上げて収穫量を抑え、大樽で20カ月間熟成させるのだ。スパイシーな香りが解き放たれるように立ち上がり、キルシュ※を思わせるような完熟果汁の風味を持つ、秀逸なワインに仕上がっている。

※ サクランボの果汁から造られるブランデーの一種

ワイナリー **Domaine Marcel Deiss**
ドメーヌ・マルセル・ダイス

生産者 **Jean-Michel et Mathieu Deiss**
ジャン＝ミッシェルとマチュー・ダイス

AOC アルザス、オー＝ラン・ベルグアイム

Domaine Marcel Deiss
- 15、ワイン街道、68750 ベルグアイム町
  15, route du Vin, 68750 Bergheim
- 03 89 73 63 37
- www.marceldeiss.com

混植の名手

「紀元1000年におこなわれていたようなやり方でワインを造りたいんだ。つまり、人間が自然の敵ではなく、樹木と共生していた時代のね」。ジャン＝ミッシェル・ダイスの言葉には説得力があり、その議論はつねに刺激的だ。アルザス地方独特のブドウ栽培方法、「コンプランタシオン※」の擁護者でもある。コンプランタシオンでは、異なるブドウ品種が同じ区画に植えられ、同時期に収穫される。単一品種主義をとらず、テロワールをワインのために活かす方法だ。「コンプランタシオンは伝統的手法だったが、ネアブラムシによる虫害のせいで中断された。これが復活した今、種の多様性を存分に生かして、バランスのよいビオトープ（生育場所）を追究しているところだ。森林栽培を手本に、自然な形で豊かな農地を育むことができているよ」。土壌が本来持っている多様性を再生することがこの農法の目的だ。つまり、原点への回帰である。

　27ヘクタールのドメーヌでは、20年来ビオディナミ農法がおこなわれている。ダイスのワインを飲む経験は、アルザスのテロワールを真正面から見つめることでもある。「ワインは、われわれが何者であるかを突きつけるために、自然が差し出す鏡だよ」。最近のヴィンテージは、同じ土壌から生まれた力強さを保ちながらも、直球勝負の簡潔な味わいを持つ。

※ 混植

奇跡の自然ワイン！

 サンギュリエ 2015（ヴィニョーブル・ル・レヴール）　€€
Singulier 2015 (Vignoble le Rêveur)

ダイス家のマチューはマルセル・ラピエールの孫だ。ル・レヴールと呼ばれる先祖代々のブドウ畑を引き継いだ。そして、リースリングとピノ・グリを皮付きのまま発酵させてオレンジ・ワインにするという、昔ながらの醸造に立ち戻った。琥珀色で、サフランと柑橘類とアンジェリカの混在する香り。軽いタンニンのおかげでどんな料理にも合う、心揺さぶるワイン。

ALSACE

ワイナリー	**Domaine Pierre Frick**
	ドメーヌ・ピエール・フリック
生産者	**Chantal et Jean-Pierre Frick**
	シャンタルとジャン＝ピエール・フリック
AOC	アルザス、オー＝ラン・ファッフェンアイム

Domaine Pierre Frick
- 5、バエル通り、68250 ファッフェンアイム村
  5, rue Baer, 68250 Pfaffenheim
- 03 89 49 62 99
- contact@pierrefrick.com
- www.pierrefrick.com

> フリックのワインをよこせ！

　ピエール・フリックがオーガニック農法を始めたのは1970年。当時のブドウ栽培家たちは、まるで救いの神を見つけたかのように除草剤を使用していた。そうすれば、丘の傾斜面でつるはしを振るう重労働から逃れられるからだ。その10年後、現当主のジャン＝ピエールは「土、ブドウの木、そしてワインに活力を与えてくれる」ビオディナミ農法に取り組みだした。ビオディナミ農法のプレパラシオン※によって、土や植物は環境に対して高い感応性を示すようになる。すると光は葉緑素の活動を調整し、堆肥は有機物の分解を促進してくれる。ここでは5人が12ヘクタールの畑で働いている。

※ 自然由来の肥料。調合剤、プレパラートとも呼ばれる

奇跡の自然ワイン！

 オーセロワ・キャリエール 2015　€€
Auxerrois Carrière 2015

ジャン＝ピエール・フリックのドメーヌでは現在、サイダーと同じステンレス製の王冠を使って瓶詰めをおこなっている。コルクの汚染によるワインの劣化を避けられるし、亜硫酸無添加であるこのワイン本来の味を楽しめる。かすかに残る糖分の香りは、まさに奇跡としか言いようがない（通常の甘口ワインは、糖分を残すために大量の亜硫酸を使っている。もちろんわたしたちもこの薬品を摂取する羽目になる）。自然に溶け込んだ甘味を持つこのワインは、もちろん飲みやすく体に優しい。マルメロの実や果樹園といった、秋の収穫を思わせる味わいだ。

ワイナリー	# Domaine Ginglinger Jean & Fils

ドメーヌ・ガングランジェ・ジャン＆フィス

生産者	**Jean-Francois Ginglinger**

ジャン＝フランソワ・ガングランジェ

AOC	アルザス、オー＝ラン・ファッフェンアイム

Domaine Ginglinger Jean & Fils

6、フォセ通り、68250 ファッフェンアイム村
6, rue du Fossé, 68250 Pfaffenheim
03 89 49 62 87
www.ginglinger-jean.com

グラン・クリュの畑シュタイネール

　ジャン＝ピエール・フリック（左頁）の直弟子であり隣人でもあるジャン＝フランソワ・ガングランジェは、師と同様、オーガニックで健康なブドウ栽培を信条としている。1999年、コルマールから南に約10キロメートルのファッフェンアイム（「修道僧の住処」の意）村で、父親が残した5ヘクタール半のブドウ畑を引き継いだ。畑の3分の1は、グラン・クリュのシュタイネールとツインコッフレだ。

　シュタイネールは小さな畑で、1150年にバール司教区とストラスブール司教区がその所有権を持っていたという。他に類を見ない均一性のあるテロワールで、土壌は乾いて濾過性に優れ炭酸カルシウムを多く含んでいる。ヴァン・ナチュールを究めようとする彼のワインは、つねに円熟味があり大胆な味わいがある。飲む前に栓を開けておき少しガスを抜くことをお勧めする。

奇跡の自然ワイン！

 ピノ・グリ・シュタイネール 2014　€€€
Pino Gris Steinert 2014

グリルしたような香りと熟れた桃の心地よい味わい。滑らかなアタック、次に柔らかさや、桃の皮の表面のような舌ざわりを覚える。ふくよかでありながらもざらりとした感触と酸味が同居しているのは、ブドウの品種によるものだ。

ワイナリー	# Hausherr
	オシェール

生産者	**Hubert et Heidi Hausherr**
	ユベールとエイディ・オシェール

AOC	アルザス

Hubert et Heidi Hausherr

- 6、パストゥール通り、68420 エギザイム村
  6, bis rue Pasteur, 68420 Eguisheim
- 03 89 23 40 67
- contact@vinhausherr.fr
- www.vinhausherr.fr

> 不振を乗り越えて毎日が楽しい

　ユベール・オシェールの祖父はワインの醸造をおこなっていたが、次の当主の時代になると、収穫したブドウは協同組合に出荷されるようになった。「戦後、アルザス地方のワイン産業は不振だったから、各生産者が乏しい収穫を持ち寄って協力しなければならなかったんだ」。2000年、ユベールは自分の畑のブドウをワインにして瓶詰めするところにまでこぎつけた。農耕に馬を使い始めたのはその直後だ。「耕運機が大嫌いだったからさ」。4ヘクタールの畑で犂や散布機を引く愛馬スキッピのおかげで、毎日がとても楽しいという。「ぼくは、好きなことをするために週末まで待たなくてもいいんだ」

奇跡の自然ワイン！

 ラ・コリンヌ・セレスト 2015　€€
La Colline Celeste 2015

ボトルを空けると、ピチピチとすてきな音がする。ワインに残糖分がある喜ばしい証拠だ（自然に発生する二酸化炭素のおかげで亜硫酸を大量に入れなくてすむ。もちろんこのワインには1グラムも入っていない）。もし微発泡のワインが好きでなければ、デキャンタに入れてそっと振るとよい。するとこのワイン本来の、まろやかな味わいのなかにも華やかな花の香りが引き立つ。同じ畑で育ったゲヴュルツトラミネール、リースリング、そしてピノ・グリの黄金トリオの美しいハーモニーを楽しもう。

ワイナリー	**Domaine Marc Kreydenweiss**
	ドメーヌ・マルク・クライデンヴァイス
生産者	Antoine Kreydenweiss
	アントワーヌ・クライデンヴァイス
AOC	アルザス、バ＝ラン・アンドー

Domaine Marc Kreydenweiss
- 12、ドゥアルブ通り、67140 アンドー村
  12, rue Deharbe, 67140 Andlau
- 03 88 08 95 83
- marc@kreydenweiss.com
- www.kreydenweiss.com

> こだわりのアロマが花開く

　アントワーヌ・クライデンヴァイスは32歳のとき、父親のマルクからドメーヌ経営をすべて譲り受けた。じつはアントワーヌは、ひっそりと南に移ってコスティエール＝ド＝ニーム村でワイン造りの夢を追求しようとしていた。マルクはオーガニック・ワイン生産の立役者であるとともに、90年代にアルザス地方では困難だとされていたビオディナミ農法を始めたカリスマ的存在。そんな親の跡を継ぐのは大きな重圧だ。しかしたった数年で、アントワーヌは自分自身のワイン造りのビジョンを実現した。より熟したブドウを使い、亜硫酸の添加を減らし、完璧に安定したワインにするために熟成期間を延長したのだ。こうした工夫によって、アロマにかんする陳腐な表現ではとても言い表せないような、ボディや後味のテクスチャーにこだわったワインが完成した。はっきり言って、こういうワインを前にしどろもどろになるのは、人工酵母を添加したワインの香りに慣れすぎた一部のソムリエくらいだろう。

　アントワーヌの生きているワインはまだ眠っていることが多いが、大抵の場合はとてもよくできたワインだ。できれば飲む前にデキャンタージュするのがお勧めだ。

奇跡の自然ワイン！

 アンドー・リースリング 2016　€€
Andlau Riesling 2016

ワインの品質を、開くまでの時間で計ってみるのはどうだろうか。このワインは開くまでに時間がかかる。アルザス・ワインにしては珍しい。亜硫酸が含まれていないせいもあるし、砂岩のミネラル分のせいでもある。リースリング特有のタフタ*のような肉付きも影響している。全体的に純粋で力強い、欠点のないコストパフォーマンスの高いワインだ。

※ 薄い絹織物

偉大な父親のドメーヌを譲り受けたアントワーヌ・クライデンヴァイス（前頁）

ヴァン・ナチュールにはまったジュリアン・アルベルテュ（次頁）

ワイナリー
Domaine Kumpf-Meyer
ドメーヌ・クンプフ＝メイエー

生産者 **Julien Albertus**
ジュリアン・アルベルテュ

AOC アルザス、バ＝ラン

Domaine Kumpf-Meyer
34、ローゼンウィレール街道、67560 ローゼイム町
34, route de Rosenwiller, 67560 Rosheim
03 88 50 20 07
kumpfetmeyer@online.fr
www.kumpfetmeyer.com

サラリーマン醸造家

　ワイナリーとしては珍しいケース。ワイナリーの統括者に家族以外の人間を迎えることはめったにないアルザス地方では、ことにそうだ。ドメーヌ・クンプフ＝メイエーは、もともとフィリップ・メイエーとソフィ・クンプフが所有していたそれぞれ7ヘクタールずつの畑を合併したものだった。しかし2009年にフィリップがアルザス地方を去ってワイン造りを辞めたので、ソフィはジュリアン・アルベルテュにドメーヌを任せることにした。彼が提示した条件は、ドメーヌをオーガニック農園にすることだった。ソフィは地下倉の管理と経理、そしてブドウ畑での仕事の一部を担当している。ジュリアンはすぐさまヴァン・ナチュールの虜になり、彼のワイン好きは、それまで酒を飲まなかったソフィにも伝染してしまった。そしてジュリアンはビオディナミ農法を始めることになったのだった。

奇跡の自然ワイン！

 シルヴァネール・フロンベール 2016　€€
Sylvaner Frohnberg 2016

2014年に白のヴァン・ナチュールを初めて造ったとき、テーマはシルヴァネールを生かすことだった。南東向きの丘の上に生えた樹齢70〜90年のブドウの木は、冷涼な粘土質の土壌の上で、みずみずしさを失わないまま十分に成熟できる。すばらしいブドウ品種にもかかわらず、それほど注目を浴びておらず、丘の傾斜面や優良なテロワールといった好条件のもとで栽培されることも少ない。このワインは心を打つような素朴さと、古木ならではの深みが持ち味。考えただけでよだれが出そうだ。

ALSACE

ワイナリー
Domaine Julien Meyer
ドメーヌ・ジュリアン・メイエー

生産者　**Patrick Meyer**
パトリック・メイエー

AOC　アルザス、バ＝ラン・ノタルタン

Domaine Julien Meyer
21、ワイン街道、67680 ノタルタン村
21, route du Vin, 67680 Nothalten
03 88 92 60 15
patrickmeyer67@free.fr

希少なミュスカ・オトネル

　パトリック・メイエーはしかたなしに家業を継いだ。父親が他界したからだ。学校で上級技術者免状を取ったばかりのパトリックは、いきなり仕事の世界に放り込まれた。「ばかな若造だったんだ」。専門を生かして、さまざまな化学的アプローチを試みるうちに、ブドウ畑が瀕死の状態であることに気づいた。「犂を使って耕すことから始めたよ。そのうちにこの仕事が大好きになっていった」。ワイン貯蔵庫でひとりで働くパトリックは、化学物質を使わないことを決めた。「亜硫酸を止めたら、味がよくなったんだ」。そしてある日、自分と同じやり方をしている醸造家がいることを知った。「うれしかったな！ おもちゃ売り場にやってきた子供みたいにね！」

奇跡の自然ワイン！

ミュスカ・プティット・フルール 2015　€
Muscat Petite Fleur 2015

ただのミュスカではない。ミュスカ・オトネルだ！ ミュスカ・オトネルは、アルザスで100ヘクタールほどしか残っていない。アルザスではどちらかといえばミュスカ・ア・プティ・グランの方が好まれているからだ。真砂土の土壌に育ったブドウから造られるワインは、繊細な花の香りを放つ。喉の渇きを癒やしてくれるワイン。

※ 花崗岩が風化してできた砂

ワイナリー	**Domaine Rietsch** ドメーヌ・リエッシュ
生産者	**Jean-Pierre Rietsch** ジャン゠ピエール・リエッシュ
AOC	アルザス、バ゠ラン・ミッテルベルカイム

Domaine Rietsch
- 32、プランシパル通り、67140 ミッテルベルカイム村
  32, rue Principale, 67140 Mittelbergheim
- 03 88 08 00 64
- contact@alsace-rietsch.eu
- www.alsace-rietsch.eu

リエッシュ家のブラン・マセレ

　ミッテルベルカイム村の鐘楼はリエッシュ家7代を見守ってきた。「昔からワイン醸造をおこなっていたけれど、父親の代になるまでは果樹園や酪農、穀類やイモ類の栽培と兼業していた」。ジャン゠ピエール・リエッシュにとって、1987年に家業の一員となったのは「当然の成り行きだった」。以来、妹とその夫とともにドメーヌを盛り立ててきた。最近は自分の表現したいワインを造るため、9ヘクタールの畑をひとりで手がける。ジャン゠ピエールはパトリック・メイエー（左頁）とともにヴァン・ナチュールに取り組んでいる。「ぼくはヴァン・ナチュール造りの第2世代。第3世代の時代がいよいよ来たね！」

奇跡の自然ワイン！

 クレマン 2014　€
Crémant 2014

ジャン゠ピエール・リエッシュのブラン・マセレ[※1]は大人気だが、彼の造るクレマン[※2]にはとくに注目したい。こちらはオーセロワ（60％）、シャルドネ（25％）、そしてピノ・グリのアッサンブラージュ。2014年の〈クレマン〉は1年間熟成させ、翌2015年のブドウ液（糖分は加えない）を10％加えて再度発酵させるという、独創的な方法がとられている。18カ月間木の棚の上（寝かせた状態）で熟成させたあとは、くっきりとした泡の、とても飲みやすく香り高いワインに仕上がっている。

※1 果皮仕込みの白ワイン　※2 シャンパーニュ地方以外で生産されるスパークリング・ワイン

Catherine Riss
カトリーヌ・リス

生産者 **Catherine Riss**
カトリーヌ・リス

AOC　アルザス、バ＝ラン・ミッテルベルカイム

Catherine Riss
43、モンターニュ通り、67140 ミッテルベルカイム村
43, rue de la Montagne, 67140 Mittelbergheim
03 90 57 48 99
catherine.riss@wanadoo.fr

愛しいヴィニュロンヌ

　カトリーヌ・リスの実家はレストランだった。だからワインのボトルが店の中を行き交う様子は見慣れていた。しかし自分はワインを注ぐより詰める方が向いている、と早くから気づいていた。まずワインビジネスを学んだが、ぴんとこなかった。そこで、ブルゴーニュ地方のジュヴレー村で、ジャン＝ルイ・トラペのもとで実習しながらブドウ栽培と醸造学で上級技術者免状を取得した。醸造学の免状を持って（「勉強したことは全部忘れた！」）、南アフリカやニュージーランドに足を運んだあと故郷に戻り、アルザスでドメーヌを設立したミシェル・シャプティエの助手となった。

　2011年末、「自分だけのための」畑を数区画手に入れ、2012年には1ヘクタール半のドメーヌの「ヴィニュロンヌ」として独り立ち！ しかし、人気のわりに畑面積が小さすぎて、生産量がちょっと足りない。そこで古い畑を整備して新たな木を植え、今では3ヘクタール半になった。これでわたしたちファンも一安心。カトリーヌは小型トラクターの運転を含めてすべての作業をひとりでこなす。農作業に追われる毎日だけれど、いつでも微笑みを絶やさないカトリーヌ！

奇跡の自然ワイン！

 ピノ・ノワール・アンプラント 2016　€€
Pinot Noir Emprunte 2016

生産数は2千本のみ。使われているピノ・ノワール（樹齢15〜35年）はピンクの砂岩に植えられている。この砂岩は住宅やカテドラル（ストラスブール大聖堂も！）の建設に使われる石だ。軽く、濾過性に優れた土壌は、エティケットに描かれたスカートの少女のように、繊細なワインを生み出す。バラの香り、そしてタンニンは優雅でパウダリー。女性的なワインのすばらしさを堪能しよう！

画像提供：ヴァンクール

ワイナリー	# Domaine Zind-Humbrecht
	ドメーヌ・ツィント＝フンブレヒト
生産者	**Olivier Humbrecht**
	オリヴィエ・フンブレヒト
AOC	アルザス、オー＝ラン・テュルクアイム

Domaine Zind-Humbrecht
- 4、コルマール街道、68230 テュルクアイム町
  4, route de Colmar, 68230 Turckheim
- 03 89 27 02 05
- www.zindhumbrecht.fr

農家に教わった本物の堆肥

　ビオディナミ農法においてもソムリエ業においても、フンブレヒト家はひとつの流派を形成している。オリヴィエ自身の卓越した独創性のおかげだけではない。すべてを変えたのは、牛糞だ。

　あるとき、父親とオリヴィエは自分たちで堆肥を作ろうと考えた。有機肥料を手に入れ、そこにブドウの搾りかすを混ぜた。「3年間待ったけれど、糞尿は糞尿のまま。アンモニア臭さえ漂ってきた」。しかも肥料に含まれる抗生物質が多すぎて、発酵の妨げになる。オリヴィエは、山岳地帯で農業を営む人に相談した。彼に作ってもらった堆肥はよい仕上がりで、毎年注文するようになった。そしてとうとうある日、堆肥はビオディナミ農法で作られていることを聞きだした。「植物ではなく土に栄養を与えなければならないと実感したよ。そうすれば土は植物が必要としているものを何でも与えてくれる。空気中の栄養分もこれを補助してくれるんだ」

　2000年代初頭のドメーヌ・ツィント＝フンブレヒトのバラエティ豊かなキュヴェをご存知なら（手に入れることを諦めた人もいるだろうが）、オリヴィエが手がけてきた現在のワインもぜひ手に取ってほしい。昔と同様に濃厚で、よりドライだ。正直、さらに飲みやすくなっている。手放しで褒めたたえてよいワインだ。

奇跡の自然ワイン！

 ピノ・グリ・ロッシュ・ヴォルカニック 2015　€€€
Pinot Gris Roche Volcanique 2015

ピノ・グリはピノ・ノワールの変異種で（ブルゴーニュ地方ではピノ・ブロと呼ばれる）、腕のよい醸造家にかかると大変身を遂げる。南向きの急斜面という最高条件のもとで育ったピノ・グリは、オリヴィエ・フンブレヒトのワインの場合だとアルコール度数は14％以上になるが、アルコール香はほとんどない。火砕岩（凝灰岩とグレーワッケ※）の影響がわずかに感じられる。パウダリーな風味のワインで、甘いスパイスの香味が長く続き、後味はかすかなアニスの香り。15年寝かせてから飲みたい。

※ 砂岩の一種

BEAUJOLAIS

14 VINERONS　17 VINS　100% RAISIN

ボジョレー
[ヴァン・ナチュールの現状]

　ボジョレー地方は、それほど「ヌーヴォー(新しい)」産地ではない。この地では紀元前59年からワインが飲まれていたという。当時もプリムールが飲まれていたかもしれないが、現代の11月の第3木曜日、ボジョレー・ヌーヴォーが解禁されるときの盛り上がりは、「お手頃なブルゴーニュ」にとっては願ったりかなったり。ガメイだけを使ったワインは(数少ない白ワインにはシャルドネも使われる)、快活で飲みやすい。しかし熟成させると、造り手自身さえもびっくりするような変身を遂げるものもある。
　わたしたちはみんなボジョレーが大好きだ!

「まいったまいった。夕べ飲んだのは強いワインじゃなかったのに、どうしても飲みすぎちゃって、今日はこのザマだよ!」ボジョレーでいちばん面白い醸造家に選ばれたマルセル・ジュベール(二日酔いのため授賞式には欠席)。

ワイナリー	**Domaine Les Bertrand**
	ドメーヌ・レ・ベルトラン
生産者	**Guy, Annick et Yann Bertrand**
	ギー、アニック、ヤン・ベルトラン
AOC	フルーリ、モルゴン

Les Bertrand
- グラン・プレ、69820 フルーリ村
  Grand-Pré, 69820 Fleurie
- 04 74 69 81 96
- www.les-bertrand.com

完璧なカオス

　トゥールニュ市でかならず立ち寄りたいレストラン「オ・テラス」では、ベルトラン家のワインが好んで飲まれている。そういえば、ヤン・ベルトランと若き天才シェフのジャン＝ミシェル・キャレットは雰囲気がよく似ている。ジャン＝ミシェルの料理、そしてここのワインリストを、わたしたちは最高に気に入っている。ここで〈カオ〉を飲んで、ドメーヌ・レ・ベルトランにはまってしまった。以前はきめ細かさに欠けていたので、ひいきするにはいたらなかったのだが、2015年と2016年のすばらしい出来栄えを飲んで納得した。

　花の香りの〈フルーリ・カオ〉と筋肉質のモルゴン・ワインを造り、また、ネゴスとしてオーガニック農法のヴィニュロンからの協力のもとにブドウを買い付け、小規模ながら3銘柄──〈モルゴン・クー・ド・フードル〉〈ジュリアナ・ピュール・ジュ〉〈フルーリ・フェニックス〉を造っている。生産量が少ないのが玉に瑕。2015年の収穫は、1ヘクタール当たり19ヘクトリットルだったが、2016年には2回雹が降った。生産量以外はすべて完璧なのだが……。2017年に期待したい。

奇跡の自然ワイン！

 フルーリ・カオ・シュプレーム 2016　€€
Fleurie Chaos Suprême 2016

フルーリの花崗岩質砂層から生まれるのは、絹のように滑らかな口当たり。含まないはずのタンニン*をかすかに感じさせる。そして、うま味の濃いブドウ果汁が、甘いバラのような華やかな花の香りを放っている。

※ ガメイにはタンニンがあまり含まれていない

ワイナリー	# Domaine Guy Breton
	ドメーヌ・ギー・ブルトン
生産者	**Guy Breton**
	ギー・ブルトン
AOC	モルゴン

Domaine Guy Breton

📍 252、パストゥール通り、68250 ヴィリエ＝モルゴン村
　 252, rue Pasteur, 69910 Villié-Morgon
📞 04 74 69 12 67

> 水代わりのガメイ

　ボジョレーへようこそ！ でもガリア人気質にはご用心を！ ちびちび試飲しながら、こっそりと吐き出すことなんて許されないのだから。ドメーヌ・ギー・ブルトンではこれに耐えられるかどうかが注目される。その昔、ブルゴーニュ地方の料理店では、テーブルの上にゆっくり楽しむためのワインのボトル、さらにその横に水代わりのボジョレー・ワインのピッチャーが置いてあったという。ガメイのワインはとんでもなくがぶ飲みに適している。そしてそれを体感するのに最適なワイナリーがここだ。

奇跡の自然ワイン！

 プティ・マックス 2015　€€
P'tit Max 2015

ギー・ブルトンの地元での愛称「プティ・マックス」が、いちばんすごいワインの名前となった。サン＝ジョゼフの丘の上は涼しく、収穫期は遅め。古いガメイの木が西向きの真砂土の丘の傾斜面にしっかりと育っている。汚染されていない酸性土壌は、ボジョレー地方におけるもっとも優良なブドウ園だ。澄みきった色の果実はもちろん、数年熟成させたあとにはピノ・ノワールの味わいを醸し出す。

ワイナリー **Domaine Joseph Chamonard**
ドメーヌ・ジョゼフ・シャモナール

生産者 **Geneviève et Jean-Claude Chanudet**
ジュヌヴィエーヴとジャン゠クロード・シャニュデ

AOC モルゴン、フルーリ

Domaine Joseph Chamonard
- コルスレット、69910 ヴィリエ゠モルゴン村
  Corcelette, 69910 Villié-Morgon
- 04 74 69 13 97
- g.chanudet@wanadoo.fr

偉大なる猫

　ボジョレー地方では、シャニュデならぬ「ル・シャ」が彼の通称だ。とはいえ、醸造家として多くの事柄を乗り越えてきたジャン゠クロード・シャニュデは、「ムッシュー・シャ」と敬称付きで呼ばれるにふさわしい。彼は、ヴァン・ナチュールの造り手ならかならず引き合いに出す、あの偉大なジュール・ショヴェと親しく交わっていた数少ない醸造家のひとりだ。ノーベル賞候補であり、優れたネゴシアンでもあるジュール・ショヴェの信条はただひとつ。「薬品は病人のためのもの。熟したブドウの果汁の中にはもう、ブドウが生きるために必要なあらゆる成分がすでに含まれている」

　ムッシュー・シャはブドウに何も加えない。「50年前は、誰もがヴァン・ナチュールを造っていた。わたしたちは、昔の人の知恵を拝借し、酵母や多少の科学的概念を学んで、熱量や冷却量を使いこなしているんだよ」

奇跡の自然ワイン！

 キュヴェ・ド・シャ 2016　€
Cuvée du Chat 2016

ガメイの果汁がするすると喉を通り、けれど決して逸脱することはない。ただおいしい！　という言葉しか見つからない。繊細で、ごくわずかな甘みがある。このワインはマルセル・ラピエールと妻マリが創設したシャトー・カンボンで造られた。

 ラ・マドンヌ 2016　€€
La Madone 2016

マドンヌ礼拝堂がクリュ・ボジョレーの畑を見下ろしている。眼下に広がるガメイの畑の眺望をさえぎるものはない。花の女神のように、マドンヌがガメイの畑を守ってくれている。2016年は手ごたえのある魅惑的なワインができた年だ。今飲んでもよいし、10年寝かせておいてもいいだろう。

Georges Descombes
ジョルジュ・デコンブ

生産者 **Georges Descombes**
ジョルジュ・デコンブ

AOC　モルゴン、ブルィィ

Georges Descombes
- ヴェルモン、69910 ヴィリエ＝モルゴン村
  Vermont, 69910 Villié-Morgon
- 04 74 69 16 67
- descombesgeorges@orange.fr

キング・ジョルジュ

　ジョルジュ・デコンブは、ボジョレー・ヴァン・ナチュールの父マルセル・ラピエールの最後の弟子だ。ジョルジュの父親はブドウ畑を所有していたが、息子にはもっと安定した仕事をさせた。「ぼくは瓶詰業者をやっていた。どこに行ってもワインを味見させてもらっていたよ。でもヴァン・ナチュールの造り手のところで飲んだワインがいちばんおいしかったんだ」。愛称「ヌーヌ」は宗旨替えをし、それまでの生産工程を止めて一からワイン造りを学んだ。以来、息子のケウィンと義理の息子のダミアン・コクレも仲間に引き入れ、3人でヴァン・ナチュールを造り始めた。

奇跡の自然ワイン！

 ブルィィ 2015　€€
Brouilly 2015

ブルィィはボジョレー地方のなかでもっとも広い面積（1千200ヘクタール）の畑を持つ。花崗岩はガメイを優しく育て、ブドウの木は長く果実を実らせていられる。クリュ・ボジョレーのなかで比べると、モルゴンはブルィィよりもっと深い味わいに、シルーブルは軽いワインになる。バナナの香りの人工酵母や薬品はいっさい使っていない。ありのままのガメイが味わえる。

ワイナリー	**Mathilde et Stephen Durieu** マティルド・エ・ステファン・デュリュー
生産者	**Mathilde et Stephen Durieu** マティルドとステファン・デュリュー
AOC	ボジョレー・ヴィラージュ

Mathilde et Stephen Durieu
📍 69460 サン゠テティエンヌ゠デ゠ウリエール村
　 69460 Saint-Étienne-des-Oullières
📞 06 75 22 65 88
✉ stephendurieu@yahoo.fr

> ルイーズそこにいるの？

　18世紀から続くボジョレー地方の大地主の家、レ・デュリュー・ド・ラカレルに生まれたステファン・デュリューは、シャトー・ド・ラカレルの7ヘクタールの分益小作地で2000年からワイナリーを始めた（最初のヴィンテージは2001年）。周りの人間に惜しみなく与える、友情に厚い人間だ。2010年からは妻のマティルドとともに働いている。自生酵母だけに頼った醸造法で、マセラシオン・セミ・カルボニック※をおこなう。瓶詰めのときに必要な場合のみ、ごく少量の亜硫酸を加えるほかはすべて無添加だ。コンクリートのタンクが多く用いられているが、古いブドウの木からできるワインには古いブルゴーニュ樽を使っている。シンプルなワインに見えて、じつは絶妙な分量の果実のスパークが残されている。直球勝負の、正直なワインで、飲むごとにそのバランスのよさと自然な味わいに魅かれる。

※ 破砕しない房のままの黒ブドウを密閉タンクに入れ、その発酵で生ずる炭酸ガス（二酸化炭素）を利用する浸漬方法。色味や香りを強く出す、ボジョレー地方の伝統的な醸造方法（これに対し、人工的に炭酸ガスを加えるのがマセラシオン・カルボニック）

奇跡の自然ワイン！

 ルー・イ・エ・テュ？　€
Loup y es Tu?

愛娘ルイーズちゃん（なんて美しい名前）の愛称ルーにちなんで名付けられた。4千〜5千本を生産する主力商品であり、わたしたちのお気に入りのワインだ。高潔さを感じさせるところがとてもよい。肉付きのよいガメイを飲めば気分は最高。8ユーロもしないけれど、このさい値段は関係ない。

ワイナリー	**Jean Foillard**
	ジャン・フォワヤール

生産者	**Agnès, Jean et Alex Foillard**
	アニエス、ジャン、アレックス・フォワヤール

AOC	モルゴン

Agnès, Jean et Alex Foillard

📍 ル・クラシェ、69910 ヴィリエ＝モルゴン村
　Le Clachet, 69910 Villié-Morgon
📞 04 74 04 24 97
✉️ jean.foillard@wanadoo.fr

> コート・ド・ピィというわけだ！

　1980年代、ボジョレー地方ではワイン生産の工業化が推し進められたものの、結果は芳しくなかった。そのツケを今払っているところだ。一方ジャン・フォワヤール、通称プティ・ジャンは「街道を渡ってすぐ」のところに、自分の進む道を見出した。向かいに住んでいたマルセル・ラピエールはボジョレー・ワイン革新の立役者だった。プティ・ジャンをはじめとするヴァン・ナチュールの先駆者たちが悩んでいたのは、ブドウ液に糖分を添加しなくてもいいくらいブドウを熟させるため、長期間雨ざらしにしてしまってもいいのだろうかということだった。自然派にとっての最初の闘いは、砂糖を加えないワインの醸造法だったのだ。やがて彼らは無添加のワイン造りに成功するのだが、それでも今なお収穫のたびに恐怖におののく。

　そろそろ息子アレックスの時代になる。アレックスは世界中を放浪したあとにこの世界に飛び込んできた。2016年は最高の年になった。ブルイィ（0.5ヘクタール）、とりわけコート＝ド＝ブルイィ（1ヘクタール）は悶えるほど美味である。

奇跡の自然ワイン！

 モルゴン・コート・ド・ピィ 2015　€€€
Morgon Côte du Py 2015

ジャン・フォワヤールの看板ワイン。古代の頁岩火山が育んだワインは、酒好きが集まるパーティにぴったりだ。カジュアルにたっぷり飲めそうな印象を与えるが、数年間寝かせれば高級のピノ・ノワールに匹敵する。

画像提供　ヴァンクール

 コート・ド・ブルイィ 2016　€€
Côte de Brouilly 2016

樹齢25〜50年のブドウの木を、息子アレックス・フォワヤールが2015年に引き継いだ。畑の状態を立て直し、土壌が自由に力を発揮できるようにした。ガメイは摘果後に一晩冷温室で寝かしてから、コンクリートタンクで20日間ほどマセラシオン・カルボニックをほどこす。その後、熟成は樽とコンクリートのタンクでおこなう。収穫量を抑えた結果、この産地では珍しく深みと繊細さのある果汁が生まれた。アレックスは将来大成するに違いない。この予言を心に留めておいてほしい。

画像提供　ヴァンクール

ジャン（左）とアニエス（右）。ジャンがカメイの栽培に取り組みだしてからもうすぐ35年になる

Domaine de la Grand'Cour

ワイナリー

ドメーヌ・ド・ラ・グランクール

生産者 **Jean-Louis Dutraive**
ジャン＝ルイ・デュトレーヴ

AOC　フルーリ、ブルイィ

Domaine de la Grand'Cour

- 69820 フルーリ村
  69820 Fleurie
- 04 74 69 81 16
- jlouis.dutraive@arange.fr
- https://dutraive.jeanlouis.free.fr

雹にも負けず

　2015年は最低の収穫量と生産量だった。2016年と2017年は雹にみまわれた。フルーリは壊滅状態だ。復興は困難をきわめるだろう。こんなときこそ、みんなでフルーリのワイナリーを支援しよう。最古のワイナリーを所有する、デュトレーヴ家がその筆頭にあげられる。

　当主のジャン＝ルイ・デュトレーヴは、1989年、父親から醸造業とボジョレー地方の南に生育するガメイの木を譲り受けた。ランシエ村近くに位置するラ・シャペル・デ・ボワ、グランクール、そしてシャンパーニュのテロワールだ。総面積は11.7ヘクタールで、9ヘクタールがフルーリに、残りがブルイィにあり、2009年にはオーガニックの認証を取得している。自生酵母を用い、長いマセラシオンと1年間の熟成を経た、のびのびとしたワインだ。くっきりとした輪郭と繊細さを兼ね備え、たくましさ以外のあらゆる味わいを楽しめる。見たままのワインというスタイルが持ち味で、凝縮感は少ないが、テロワールのpH（ペーハー。酸の強さ）バランスのよさのおかげできめ細かなワインになっているので、少なくとも10年くらい熟成させて変身ぶりが見たい。

奇跡の自然ワイン！

 フルーリ・ヴィエイユ・ヴィーニュ・テロワール・シャンパーニュ 2013　€€€
Fleurie Vieilles Vignes Terroir Champagne 2013

クリマ・シャンパーニュで樹齢70年のガメイの木が育ち、その1ヘクタール半の畑で育まれたブドウを12カ月間オーク樽で熟成する（25％は新樽）。2013年のこのワインは、一口目はややとっつきにくく、難しい印象を少し与えるが、洗練された元気なタンニンが、緊張感を醸し出しながら口の中で滑らかに溶ける。

ワイナリー # Domaine Jean-Claude Lapalu
ドメーヌ・ジャン゠クロード・ラパリュ

生産者 **Jean-Claude Lapalu**
ジャン゠クロード・ラパリュ

AOC ブルイィ、コート゠ド゠ブルイィ

Jean-Claude Lapalu
- ル・プティ・ヴェルネー、69460　サン゠テティエンヌ゠ラ゠ヴァレンヌ村
  Le Petit Vernay, 69460 Saint-Étienne-la-Varenne
- 04 74 03 50 57
- jean-claudelapalu@wanadoo.fr

手を加え過ぎないブルイィのガメイ

　幸いなことに、ワインの見本市というものがあるおかげで（たとえば、ソミュール市のディーヴ・ブテイユなど……）、功名心がひとかけらもないジャン゠クロード・ラパリュの、花開き成熟した、とろけるようなタンニンのガメイを味わうことができる。ラパリュはブルイィで長くブドウ栽培をやってきたが、自身で醸造を始めたのは1996年と遅かった。協同組合との仕事を少しずつ減らし、資金を掛けずにゆっくりと時間をかけて（有機農法の認証も取得し）、ボジョレー地方でのヴァン・ナチュール造りという新しい試みに向けて、がむしゃらに働いてきた。収穫、発酵、複数の熟成方法（除梗するかしないか、タンクか大樽かアンフォラか、など）のすべての段階において決して手抜きをしない。

　ラパリュのガメイは、無駄が削ぎ落された、素直で深みのある味わいに仕上がっている。とりわけ〈ヴィエイユ・ヴィーニュ〉や〈クロワ・デ・ラモー〉といったキュヴェがすばらしい。あまりに多くの醸造家が余計な手を加えがちなブルイィのなかでは、異色の存在といえるワイナリー。

奇跡の自然ワイン！

 　　ブルイィ・ラ・クロワ・デ・ラモー 2015　　€€
Brouilly la Croix des Rameaux 2015

〈ヴィエイユ・ヴィーニュ〉よりもマセラシオンの期間を長くとったワイン。急斜面に生える樹齢70年以上のガメイの果汁はプラム色で、暑かった年のブドウの凝縮された味のなかに、堅苦しくはないけれど、一種の慎みが感じられる。欲張りなわたしたちは2本を2022年まで寝かせておこうと思う。

BEAUJOLAIS

ワイナリー	# Domaine Marcel Lapierre
	ドメーヌ・マルセル・ラピエール
生産者	**Mathieu et Camille Lapierre**
	マチューとカミーユ・ラピエール
AOC	モルゴン

Domaine Marcel Lapierre
- ドメーヌ・デ・シェーヌ、69910 ヴィリエ＝モルゴン村
  Domaine des Chênes, 69910 Villié-Morgon
- 04 74 04 23 89
- informations@marcel-lapierre.com
- www.marcel-lapierre.com

ヴァン・ナチュールを築いた人間 ラピエール

　マルセル・ラピエールは、ガメイに真正面から取り組んだ最初の醸造家だった。完全に自然任せで造るワインは、最初のうちは不安定になると正直に認めていた。二酸化硫黄は昔から使われてきた酸化防止方法だったので、使わなくてもいい方法を実際に試した人間はそれまでいなかった。うまくいくか、廃棄するか、のどちらかだったが、マルセルはその試みに挑戦し、修正や分析を繰り返し、学んだ。そしてみずからの経験をすべて子供たちに伝えた。

　マルセルの娘たちカミーユとマチューは、2010年にマルセルが他界する前から、父親の片腕として働いていた。父から受け継いだ大樽と頼もしい母マリ（シャトー・カンボンも経営する活動的なママだ）が、ふたりを支えている。6年にわたる実績が、子供たちの実力をこれ以上ないほど証明している。

奇跡の自然ワイン！

 レザン・ゴーロワ 2015　€
Raisins Gaulois 2015

どうしても体調が悪いとき、地元民はこの妙薬を飲む。体内をすべり降りていくようなワイン！「ボジョレー・ワインは腎臓へじかに吸収されて、しかもすぐに排出されるべき」というのが、ラピエール家のモットーだ。

 キュヴェ・マルセル・ラピエール　€€€
Cuvée Marcel Lapierre

当たり年にしか手に入らないワイン。もし見つけたらかならず買って、濃密で芳醇な味を楽しもう！

ワイナリー	**Yvon Métras**
	イヴォン・メトラ

生産者	**Yvon Métras**
	イヴォン・メトラ

AOC	フルーリ

Yvon Métras
ラ・ピエール、71570 ロマネシュ＝トラン村
La Pierre, 71570 Romanèche-Thorins
03 85 35 59 82

華やかなフルーリ

　イヴォン・メトラは屈強でちょっと不愛想だが、彼の造るワインはレースのように華やかで繊細だ。ワインは造り手に似ていると、わたしたちは繰り返し言ってきたのだけれど……。とにかく、ブドウも人間も、見た目だけで判断してはいけない。イヴォンは、詩人だ。彼が何かぶつぶつ言っているとき、それは満足しているという意味なのだ。ウィンチを曲芸みたいに操って草刈りをしなければならない5ヘクタールの急斜面にうんざりしているときでも、彼は幸せなのだ。なぜなら、こうした苦労の末に、空気のように限りなく軽いワインが出来上がるからだ。証拠はボトルの中にある。

奇跡の自然ワイン！

 リュルティム 2015　€€€
L'Ultime 2015

もうこれ以上飲めないというときに空けるべき1本。どうしてこれほどおいしいのか？「魔法のブドウ畑だからさ。ここは100年以上経っている畑だ。中庭の敷石に使うような赤色砂岩の中に張った根が、深いところ目指してどんどん降りていくんだ」

ワイナリー	# Christophe Pacalet
	クリストフ・パカレ

生産者	**Christophe Pacalet**
	クリストフ・パカレ

AOC	クリュ・ボジョレーのほぼすべて

Sarl Les Marcellins（有限会社レ・マルセラン）
- レ・ブリュイエール、69220 セルシエ村
  Les Bruyères, 69220 Cercié
- 06 13 28 88 80
- contact@christophepacalet.com
- www.christophepacalet.com

ラピエールの甥

　マルセル・ラピエールの甥、クリストフ・パカレは、マルセルのもとでワイン造りに携わっていたが、アンティル島で料理人になった。その後、愛する者を求め、故郷に戻った。まだ、彼は土地を持っていなかったが、全力でワイン造りに邁進した。

　1999年、マルセル・ラピエールの後押しでワインの醸造を始めたクリストフは、ボジョレーのそれぞれの村の特徴を嬉々として語る。「ひとつの畑では、昔からずっと同じ人が栽培している。自分の作ったチームで畑に行くんだ。収穫の終わりには、完熟したすこぶる健康で新鮮なブドウが得られるんだよ！」

奇跡の自然ワイン！

 サン＝タムール 2016　€€€
Saint-Amour 2016

またもや〈サン＝タムール〉には心が震える体験をさせてもらった。クリストフ・パカレはクリュ・ボジョレーのほとんど（10地区のうち9も！）と仕入れ取引があり、どこのブドウを使ったワインでもお薦め。

画像提供：BMO

ワイナリー	**Jean-Paul Thévenet** ジャン＝ポール・テヴネ
生産者	**Annick et Jean-Paul Thévenet** アニックとジャン＝ポール・テヴネ
AOC	モルゴン、レニエ

Jean-Paul Thévenet
📍 ル・クラシェ、69910 ヴィリエ＝モルゴン村
Le Clachet, 69910 Villié-Morgon
📞 04 74 66 39 93

ボジョレーの親父

　ジャン＝ポール・テヴネを知る人は限られている。彼のワインを買い漁り、これ以上評判が広まったら困ると思っている大ファンにとっては都合がよい。愛称ポルポは、マルセル・ラピエールが始めたヴァン・ナチュール革命の一翼を担った男でもある。以前は村で誰にもあいさつされなかった彼らが、今ではみんなの「親父さん」的存在となった。ジャン＝ポールの息子シャルリはこんな面々に育てられ、6年前からワインを造っている。

奇跡の自然ワイン！

 レニエ 2015　€€€
　　　　　Régnié 2015

レニエのしっかりとした花崗岩の土地で息子シャルリ・テヴネが育てたブドウから生まれるワインは、豊かな肉付きを持つ。「モルゴンは、ロッシュ・プーリ※なんだ」。風化した頁岩を、ボジョレー地方ではこう呼ぶ。何年か経つと、この土壌の長所が引き出されてすばらしい味わいに。

※ 風化した岩に粘土が混じった土壌

Domaine Paul-Henri et Charles Thillardon

ドメーヌ・ポール゠アンリ・エ・シャルル・ティラルドン

生産者 **Paul-Henri et Charles Thillardon**
ポール゠アンリとシャルル・ティラルドン

AOC シェナ

Domaine Thillardon
レ・ブリュロー、69840 シェナ村
Les Brureaux, 69840 Chénas
06 07 76 00 91
paul-henri.t@hotmail.fr

ウディのもとにイーストウッドが来た

　クリント・イーストウッドがウディ・アレンの映画に出演しているところを想像してほしい。この突飛なイメージがわたしたちの頭をよぎったのは、イケメンのティラルドン兄弟がシェナで造るワイン全部を試飲しているときだった。

　2008年に兄のポール゠アンリが元詰めを始め、その後弟のシャルルが加わった。ふたりは、7ヘクタール半のシェナのテロワールの中に微妙な差異を見出し、それぞれの個性を表現することにした。ムーラン゠ナ゠ヴァン、シルーブル、そしてテール・ドレ※から譲り受けたボジョレーも合わせると、ブドウ畑は全部で11ヘクタールになる。すべてオーガニック農法で管理され、近いうちにビオディナミ農法に移行する予定だ。シェナのなかでも、レ・ブレモン、レ・ボカール、レ・キャリエール、そしてシャシニョルの4区画はかならず試飲してほしい。

　ワイン醸造の工程は多様性に富んでいる。ブドウの房は一部だけ除梗。若いうちは飾り気のない味わいであることが多いが、それぞれのテロワールの特徴が引き出されている。

※ ボジョレー南部の著名なドメーヌ

奇跡の自然ワイン！

 レ・ヴィブラシオン 2015　€€
Les Vibrations 2015

馬が耕す急勾配の区画から取れたブドウを使うキュヴェ。花崗岩の土壌に育つ樹齢の古い木だ。タンニンのテクスチャーが由緒正しい印象を与え、奥深さを感じる。アタックが滑らかなのはよく練られたワインである証拠だ。

ワイナリー	**Karim Vionnet**
	カリーム・ヴィオネ

生産者	**Karim Vionnet**
	カリーム・ヴィオネ

AOC	ボジョレー、シェナ、シルーブル

Karim Vionnet
モルゴン・ル・バ、69910 ヴィリエ＝モルゴン村
Morgon le Bas, 69910 Villié-Morgon
09 50 34 47 95 または 06 09 62 51 44
kvionnet@free.fr

> 安ワインにアラブ2世の魂を※

　カリーム・ヴィオネにはヴィニュロンの父親がいたわけではない。というより父親が誰かも知らない。県保健福祉局のあっせんでヴィリエ＝モルゴン村の家庭に引き取られ、育てられた。パカレ家（48頁）の子どもたちが学校仲間で、彼らと一緒にラピエール家（46頁）でワインを飲むようになった。そんなカリームはトラクターの運転から始め、ブルトン家（184頁）で醸造の修業を積み、とうとう自分のドメーヌを持つまでになった。

※ 原注：カリーム・ヴィオネのワインの銘柄のひとつ〈デュ・ブール・ダン・レ・ビナール〉から

奇跡の自然ワイン！

 シェナ 2015　€€
Chénas 2015

陽光に恵まれた2015年のヴィンテージは、繊細で輪郭の際立つカリーム・ヴィオネの会心作となった。

ボルドー
[ヴァン・ナチュールの現状]

BORDEAUX

17 VIGNERONS 22 VINS 100% RAISIN

世界中で取引されているボルドー・ワイン。ワイン界のマイクロソフト。ボルドーのシャトー・ワインはグーグルのようにひとり勝ち状態。しかし、そんなボルドー・ワインの威光に、陰りが見えている。ワイン愛好家たちからの信用はなくなり、成長は停滞気味だ。消費者は昔よりずっと、ワイン産業が環境に及ぼす影響について懸念している。完全に機械化された９万ヘクタールのブドウ畑に興味を持つだろうか？　生産者の名前を確かめ、ワインを一口飲むごとに本物のワイン生産者たちの腕前を知りたいと考えるような酒飲みを前にして、フランソワ・モーリアック[※]が言うところの「ボルドーのワイン長者」を褒めたたえて何になるだろうか？　農家の納屋で造って「シャトー」のエティケットを貼っただけのワインが、エティケットなんて意味のない慣習だと思っている人を納得させられるとは思えない。まして、添加物漬けで大樽の中で死んだようになっている、醸造アドバイザーによる規格どおりに造られたようなワインが、テロワールが培ったニュアンスのあるブドウの風味がもたらす、輝かしい出来上がりのワインを味わった人間を魅了できるのだろうか？　こうした「ボルドー・バッシング」は、夢を追い求めてかなわなかった人びとがでっちあげた話ではない。これが現実なのだ。

あるプルミエ・クリュの経営者が 2016 年に語ったところによると、ボルドー地方で有機農法やビオディナミ農法に転換するのは「現実的ではない」そうだ。理由は湿潤な気候と腐敗のリスクの高さ。左岸に 88 あるグラン・クリュのなかで、ビオ（有機農法）およびビオディナミ農法として認定されているのはシャトー・ポンテ＝カネ（69 頁）とシャトー・クリマン（54 頁）だけだ。いくつかのシャトーが、彼らにならって大量の農薬散布や化学薬品の投入を止める決心をした。ラトゥール、パルメール、デュフォール・ヴィヴァン、そしてシャトー・マルゴーでさえも試行錯誤の真っただ中にいる。両岸のすべてのグラン・クリュがこれらのシャトーと足並みをそろえたときに、「ボルドー・バッシング」は消えていくに違いない。そんな日を待ちながら、ボルドー地方で最初に声を上げた、歴史に名を残すべき尊い先駆者たちについて知ってもらえればと思う。もちろん、彼らのワインに酔いしれながら。

※ ボルドー出身の作家。1885 〜 1970

ワイナリー
Château de Bouillerot
シャトー・ド・ブイユロ

生産者
Thierry Bos
ティエリー・ボス

AOC　ボルドー

Château de Bouillerot

- 8、ラコンブ、33190 ジロンド＝シュール＝ドロプト村
  8, Lacombe, 33190 Gironde-sur-Dropt
- 05 56 71 46 04
- info@bouillerot.com
- www.bouillerot.com

彼こそボスだ

　起伏が多く、土地固有の木々に囲まれたアントル＝ドゥー＝メールでのティエリー・ボスの仕事を、わたしたちは何年にもわたって見てきた。控えめだがとても働き者なティエリー。「ボルドー・バッシング」克服のため、ワインの特徴を前面に押し出し、信じられないくらい手頃な価格を設定するという努力を続ける。現在の潮流が生まれるはるか以前から、カルメネール、マルベック、プティ・ヴェルド、そしてカベルネ・フランなど、忘れられていたジロンド県のブドウ品種の力を生かすという信条のもとワインを造ってきた。全工程を昔ながらの製法でおこなう。だから、2013年に受けたオーガニックの認証はたんなる書類手続きにすぎなかった。

奇跡の自然ワイン！

 セップ・ダンタン 2015　€
Cep d'Antan 2015

カルメネール、プティ・ヴェルド、そしてマルベックを足でそっと潰し、タンクの中で12カ月間熟成させたワイン。これはすごい！ 2014年に比べてコクが増した。ミントの香りは相変わらずで、ピーマンのようなスパイシーさが柔らかに香り、ボディは肉厚で、爽やかさが続く。後味のタンニンは穏やか。炭火焼のリブステーキと一緒に味わいたい。貴重な造り手だ。

 エッセンシア 2015　€€
Essentia 2015

ここまでグレードの高いメルローとカベルネ・フランのアッサンブラージュを、14ユーロで提供してくれるワイナリーなんてなかなか出会えない。大樽でじっくり発酵させて、12カ月間の熟成を経た、驚くほどに洗練されたワイン。8〜10年寝かせてから開栓すべきだ。このさい、戯れにサン＝テミリオンのグラン・クリュと飲み比べしてみよう。どちらが勝つかはもうわかっているけれど。

Château Climens

シャトー・クリマン

生産者 **Bérénice Lurton**
ベレニス・リュルトン

AOC バルサック

Château Climens
- 33720 バルサック村
  33720 Barsac
- 05 56 27 15 33
- www.chateau-climens.fr

貴腐ワインの頂点

　ソーテルヌ※の大ファンにとって、貴腐ワインはシャトー・ディケムだけではない。ディケムの手ごわいライバルが、このシャトー・クリマンだ。バルサックの頂点に位置し、石灰質の土壌を持つ、ソーテルヌのグラン・クリュともいうべき存在だ。5世紀にわたって繊細な味わいの甘口ワインを造ってきた。「貴腐ワインは、生命力が形になったものです。水や、ブドウの果汁、酸を栄養にしています。あらゆる死と同様、腐敗もまた、生の別の形での継続なのです」と論じるのは「ソーテルヌ愛好家」のミシェル・オンフレーだ。

　シャトー・クリマンのワインは、熟成に熟成を重ね、腐敗が生み出す新たな生命ともいえる。もちろんすべては綿密な計画のもと、糖分が重くなりすぎないように工夫されている。ブドウ本来の糖分量との釣り合いを重視するからだ。香りの表情の豊かさは複雑で多様。ベレニス・リュルトンは、1971年にこのシャトーを手に入れた父親リュシアンの跡を継いで、フレデリック・ニヴェルと共同経営をおこなっている。2010年に30ヘクタールの畑をビオディナミ農法に転換した。ソーテルヌという場所にとって革命的な事件であり、1855年のナポレオン3世によるボルドー・ワインの格付け以来、グラン・クリュの認定を持ち続ける畑所有者たちへ自覚を促すことになった。先陣を切った人間の意見は倍の重みを持つものだ。「セカンドラベル」の〈シプレ・ド・クリマン2011〉も忘れてはならない。アプリコット、パイナップル、そして甘いハッカが香るセミヨンのみを使っており、ブドウが早く熟した年のワインだが、すでに飲みごろを迎えている。

※ ガロンヌ川左岸のソーテルヌ村と、その北に続くボンム村、フォルグ村、プレイニャック村、バルサック村で形成されるアペラシオン

奇跡の自然ワイン！

 バルサック 2008 €€€€
Barsac 2008

じつを言うと、わたしたちは酷暑の年の糖分が多いブドウでできるものよりも、やや冷涼で熟すのが遅かった年のソーテルヌとバルサックのワインのほうが好きだ。2008年の華やかなアロマのこのワイン（セミヨン単一、1ヘクタール当たりの収穫量は10ヘクトリットル、糖分は1リットル当たり132グラム）は、サファイヤ色に輝き、かすかな酸味の後味とふんわりとしたロースト香の余韻。とても澄んだ、いつもながら飲みやすいワイン。

ワイナリー **Closeries des Moussis**
クロズリー・デ・ムシ

生産者 **Laurence Alias et Pascale Choime**
ロランス・アリアとパスカル・ショワム

AOC マルゴー、メドック

Laurence Alias et Pascale Choime
- 23、ブランシャール小路、33460 アルサック町 ／ 23, allée du Blanchard, 33460 Arsac
- 06 70 61 31 39
- l.alias@closeriesdesmoussis.fr
- www.closeriesdesmoussis.fr

ワインの陰に女あり

　男女平等や環境保全型のブドウ栽培という観点から、メドックは後れをとっている。しかしクロズリー・デ・ムシは例外。2009年からこの小さなワイナリーを運営しているのは、エコロジカルな農業に情熱を傾けるふたりの女性だ。彫金が趣味のパスカル・ショワムは醸造技術者で、自社や他所（シャトー・ディヨンの醸造責任者）でワインを造る。そのかたわらで、農業技術者のロランス・アリアが環境保全活動と持続可能な農業の展開に取り組んでいる。化学除草剤も鉱物肥料も使わず、2ヘクタール以下の耕地でビオディナミ農法を実践している。醸造室では少量の亜硫酸以外の添加物は使用しない。熟成に使う樽のうち新樽はごく少数（さまざまなタイプの樽すべて合わせた全体の20%）、清澄剤は用いず、軽く濾過するのみ。彼女たちのワインは、飾り気がなく飲みやすい。メドック特有のタンニンによるアクセントが生きつつ、気軽に飲めるワインになっている。

奇跡の自然ワイン！

 バラーニュ　€€€
Baragne

樹齢100年ほどになる、フィロキセラ被害を受けなかったカベルネ・ソーヴィニヨン、メルロー、マルベック、カベルネ・フラン、プティ・ヴェルド、カルメネールのコンプランタシオン[※1]（のブドウ畑からできた少量生産のキュヴェ。ブドウのアロマに包まれて、火薬が破裂するような強烈さと、黒いフルーツ[※2]や湿った土のハーモニー。しっかりとした後味ながら、ほどよい力強さを感じさせ、いつまでも余韻が続く。可能なら、セラーでさらに7～8年寝かせておきたい。もうすぐ売り切れるかもしれない。

※1 混植　※2 カシス、ブラックベリーなど

 ジゼル　€€
Gisèle

ボルドー地方の白ワインに希望の光が見えてきた。酵母の味がきつくなく、木の香りが強すぎるコルク臭もない。小作地であるアントル＝ドゥー＝メール AOC の粘土質で育った有機ブドウ──ミュスカデとソーヴィニヨン少々から造られたワインだ。テラコッタ製の壺の中で発酵、熟成をおこない、添加物も亜硫酸も加えられていない。清澄剤を加えず、軽く濾過してある。熟したブドウの香りだけが引き立つ。芳しいミュスカ。元気な味わいと陽気な口当たり。あっという間に飲んでしまうので、本当にボルドー・ワインかどうかエティケットを見て確かめてしまった。

ワイナリー	# Clos du Jaugueyron
	クロ・デュ・ジョゲロン
生産者	**Michel Théron**
	ミシェル・テロン
AOC	マルゴー、オー＝メドック

Clos du Jaugueyron
45、ギトン通り、33460 アルサック町
45, rue de Guiton, 33460 Arsac
05 56 58 89 43

オー＝メドックの庭園

　ラングドック地方出身のミシェル・テロンは、マルゴーの近くの小村カントナックで、小さな数区画の畑をパッチワークのピースを集めるようにして手に入れた。まずマルゴーで20アール、次にシャトー・カントメルル近くの※オー＝メドックで1ヘクタール半……、今では計9ヘクタールになった。グラン・クリュのブドウ畑が威容を誇るボルドー地方で、こじんまりとした庭園のようなたたずまい。20年来のパートナー、ステファニー・デトリュオーとともにクロ・デュ・ジョゲロンを運営し、2012年からそのラベルにビオ・ワインと記している。

　オー＝メドックのワインは素直な味が印象に残り、マルゴーのワインは繊細でコクがあり、驚くほどの強さを持つ。ヴィンテージによっては熟成の度合いが少し強すぎるが、クロ・デュ・ジョゲロンのカベルネ・ソーヴィニヨン本来の持ち味には舌が興奮すること間違いない。周辺に住む大ブルジョワたちのあいだでも、ごく少数だけに知られている。

※ シャトー・カントメルルが所有する畑は、この地のなかでも最良の場所にあり、非常に優れた土地と評される

奇跡の自然ワイン！

 マルゴー 2014　€€€€
Margaux 2014

マルゴーのワインにしては果実味が前面に出ている（カベルネ・ソーヴィニヨン70％、メルロー25％、カベルネ・フラン5％）。柔らかなエキス分、スモーキーな余韻が長く続き、デキャンタージュしてから1時間ほど経つとタンニンの存在感が増す。20年寝かせておきたい優れたワイン。

ワイナリー
Clos Puy Arnaud
クロ・ピュイ・アルノー

生産者
Thierry Valette
ティエリー・ヴァレット

AOC　コート＝ド＝ボルドー・カスティヨン

Clos Puy Arnaud
- 7、ピュイ・アルノー、33350 ベルヴェス＝ド＝カスティヨン村
  7, Puy Arnaud, 33350 Belvès-de-Castillon
- 05 57 47 90 33
- www.clospuyarnaud.com

カスティヨン解放

「最近のエリート生産者は、きわめて緻密なブドウ栽培を目指す傾向にあって、ぼくに言わせると見た目にこだわりすぎている。葉は摘み取りすぎるし、枝も下草も刈り込みすぎだし、ブドウがまだ若いうちに摘み取ってしまっている」。ティエリー・ヴァレットは自分が何を言っているかちゃんとわかっている。彼の家は代々、サン＝テミリオン、シャトー・パヴィ、そしてトロロン・モンドのプルミエ・クリュといった「エリート」のシャトーを経営してきたからだ。モダン・ダンスとジャズの世界でアーティストとして活動したあと、2000年にサント＝コロンブでワイン造りを始めた。彼のビオディナミ農法の畑は、アステリアス石灰というロワール地方の石灰土に類似した地層にある。この土質は、繊細で、のびのびとした、フレッシュなボルドーを育む。パーカーポイント*で高得点をはじき出すようなワインではない。しかし、彼の〈ビストロ〉や、さらに深みがありシルキーな〈オルモー〉のように、おいしくて、しかもごくごくと飲めるボルドー・ワインはとても少ない。

※ アメリカのワイン評論家ロバート・パーカーによるワインのスコア

奇跡の自然ワイン！

 グラン・ヴァン 2014　€€€
Grand Vin 2014

テロワールの微妙な違いを体験するためには、この〈グラン・ヴァン〉を手に入れてセラーに入れておきたい。4〜7年寝かせてから味わおう。ここ最近のワインは毎年すばらしい出来栄えだ。

ワイナリー

Château Fonroque
シャトー・フォンロック

生産者 **Alain Moueix**
アラン・ムエックス

AOC　サン゠テミリオン・グラン・クリュ・クラッセ

Château Fonroque
- 33330 サン゠テミリオン市
  33330 Saint-Émilion
- 05 57 24 60 02
- info@chateaufonroque.com
- www.chateaufonroque.com

ほどほどがいちばん

　アラン・ムエックスの17ヘクタールの畑は、2003年にビオの認定を、2005年にビオディナミの認証を獲得した。彼はサン゠テミリオンの北東、西向きの台地と傾斜面がひとまとまりになった畑という、すばらしい区画を所有する幸運に恵まれている。ワイン造りのスタイルは、味わいにこだわり続けながらも、より軽やかでさらりとしたワイン造りに変化してきている。「チャーミングで、親しみやすいワインができるよう工夫するのが好きなんだ。凝縮されたアグレッシブな感じのワインは好みじゃないな」と言うアラン。「ブドウが表現したがっていることだけを表現させてあげたい。ワイン造りのためにあるような土壌に恵まれたなら、すべてを土に任せるべきだ」

　この記事の執筆中、シャトー・フォンロックがコンパニー・ヨーロペエンヌ・ド・プレヴォワイヤンス社の創立者でCEOであるユベール・ギラールに買収されたというニュースが飛び込んできた。しかし、投資先をいくつかに分けていた堅実なナント人のアランは、すでにホテル「ル・ビュルガンディ」（5つ星、パリ1区）を所有している。また、ドメーヌの技術指導者として残る予定だ。

奇跡の自然ワイン！

 サン゠テミリオン・グラン・クリュ・クラッセ 2014　€€€€
Saint-Émilion Grand Cru Classé 2014

2014年は畑での基本的な作業が長引いた年だった。その結果が、生き生きとした果実味、花の香り、ゆるぎない酸味となって現れている。飲み心地のよいすばらしいボルドー・ワインの復活だ。2022年末に開けるのが理想だ。

ワイナリー
Château Gombaude-Guillot
シャトー・ゴンボード＝ギヨ

生産者
Claire Laval, Dominique et Olivier Techer
クレール・ラヴァル、ドミニクとオリヴィエ・テシェ

AOC　ポムロル

Château Gombaude-Guillot
- 4、レ・グラン＝ヴィーニュ道、33500 ポムロル村
  4, chemin Les Grand-Vignes, 33500 Pomrol
- 05 57 51 17 40
- gombaude@free.fr
- www.chateau-gombaude-guillot.com

ポムロル＆ロック

　ポムロルの台地の中心に位置する、7ヘクタールの美しいブドウ畑。一族が5世代以上にわたって運営してきた。オリヴィエ・テシェは料理人として経歴を積んでから、母クレールのもとに戻ってシャトー・ゴンボード＝ギヨを手伝い始める。2010年に最初の収穫を迎えて以降、彼は徐々に、ワインのスタイルを開かれた滑らかなものへと変えていった。21世紀の醸造家はデジタルポンプもソーシャルメディアも自由に使いこなす。ワイン業界の偽善に心がざわつけばすぐにSNSで公開する。

　シャトーの主力ワインはふたつ。1902年から密植がおこなわれている1.15ヘクタールの区画ル・クロ・プランスは、これまでそれほど強い印象は残していない。砂地特有の繊細なタンニンが特徴で、ごくごくと飲めるタイプだ。もうひとつの区画、ル・シャトーは河川礫層と粘土質を存分に生かし、密度の濃い、滑らかで口当たりのよいワインを生みだす。オリヴィエの好み（父親譲り）と反逆精神が加わって、「カジュアルな」スタイルが前面に出ている。メルローとマルベックのアッサンブラージュで、酸化防止剤は最小限にとどめており、豊かなタンニンが主張する。2014年は少々きめが粗い。ぐいぐいと飲める、ポムロルの「ヘルフェスト[※1]」バージョンといえば、彼のワインしかない。

※1 フランスで開かれるヘビーメタル音楽の祭典

奇跡の自然ワイン！

 サテリット 2015　€€
Satellite 2015

キャップ・フェレ[※2]にこのワインを持っていき、保守的な味覚を持つ生粋のボルドーっ子のワイン仲間に味わってもらった。まろやかで、濃縮されたアロマがややオリエンタルでありながら、とても飲みやすい（そしてお手頃な）、ワイン。友人たちに大好評だった。新しいボルドー・ワインの希望の光。　※2 ボルドーの避暑地

 ポムロル 2012　€€€€
Pomerol 2012

格付けされたシャトーがみな一様に、「プリムール」ワインの先行販売に張り切るとき、テシェ家ではワイン造りにゆっくりと時間をかける。というより、それぞれのワインが必要としている時間を見定めて仕上げるのだ。たとえばこの2012年の〈ポムロル〉。軽やかな飲み心地と芳醇な香り、喉越しのよさは、まるでボーリングのレーンのように滑らかだ。ストライク！

ワイナリー	**Château Guadet**
	シャトー・グァデ

生産者	**Vincent Lignac**
	ヴァンサン・リニャック

AOC	サン゠テミリオン・グラン・クリュ・クラッセ

Château Guadet
- 4、グァデ通り、33330 サン゠テミリオン市
  4, rue Guadet, 33330 Saint-Émilion
- 05 57 74 40 04
- www.chateau-guadet-saintemilion.fr

> ブッシュ・ハットをかぶって

　サン゠テミリオンの石灰質の台地にあるブドウ畑は、中世のたたずまいを残す町のすぐ隣にある。こぢんまりとしたカーヴがあるのは市内。地下の巨大な岩をくり抜いて作られた穴ぐらが、まるで絵画のような趣で美しく並んでいる。6代続いてこの地でワインを生産するリニャック家の実績と、当代のヴァンサンによるシャトー・グァデの活性化、自然の力の利用には目を見張るばかりだ。

　ヴァンサンは2012年に5.3ヘクタールの畑を有機農法に変えた。アメリカ、チリ、そしてオーストラリアの「ワインメーカー」で働いた経験から、いつでも頭にはブッシュ・ハットをしっかりとかぶり、ワインの醸造中にむやみに手を加えることを好まない。2012年以降のワインは、その身上である岩の穏やかな爽やかさはそのままに、以前よりも香りが開きやすくなり、味わいからはタンニンの硬さがとれた。販売はワイナリーで直接おこなっており、一家の誰かが応対することもよくある。権威に満ちたボルドーのアペラシオンではまれに見る、心を打つほど人間的なワイナリーだ。

奇跡の自然ワイン！

 サン゠テミリオン・グラン・クリュ・クラッセ 2015　€€€€
Saint-Émilion Grand Cru Classé 2015

2015年のメルローの焼け焦げたような濃さが嫌になってしまっているなら、シャトー・グァデのワインが気分を直してくれる。傑出したサン゠テミリオンが本来持つエレガンスと繊細なタンニンの爽やかさは変わらない。食欲をそそる元気で鋭い余韻が残る。2022年に開けてもおいしいが少なくとも10年は寝かせたい。

ワイナリー	**Domaine Léandre-Chevalier**
	ドメーヌ・レアンドル＝シュヴァリエ

生産者	**Dominique Léandre-Chevalier**
	ドミニク・レアンドル＝シュヴァリエ

AOC	ヴァン・ド・フランス、ブライ＝コート＝ド＝ボルドー

Domaine Léandre-Chevalier,
Château Le Queyroux（シャトー・ル・ケルー）

- 40、エスチュエール街道、33390 アングラード村
  40, route de l'Estuaire, 33390 Anglade
- 05 57 64 46 54
- contact@lhommecheval.com
- www.lhommecheval.com

> ジロンド川のほとりを馬で行く

　因習的なボルドー地方のワイン業界で、ドミニク・レアンドル＝シュヴァリエ（通称 DLC）は、その一風変わった独創性でほかの生産者とは一線を画している。植密度はなんと１ヘクタール当たり３万３千333株で、接ぎ木に頼らず、忘れられていたブドウ品種を新たに採用するなど、30年間にわたって独自のブドウ栽培とワイン醸造を展開してきた。醸造においては、渇きを癒やすのにぴったりな赤、黒ブドウの実からできたかすかに発泡性が感じられる白、そして正統派でありながらもボルドー・ワインにしてはかなりフルーティな赤が特徴だ。ドミニクは３つのドメーヌを経営しており、ワインへのアプローチは、まるで好奇心と創造性と刺激に満ちたシェフのもとでの食の体験のようでもある。

奇跡の自然ワイン！

 ボール・ドー・アンフェリユール・キュヴェ・マレ・バス 2016　€€
Bord'Eaux Inférieur Cuvée Marée Basse 2016

ポイヤックに面した谷底平野に位置する畑リル・ド・パティラから届くワイン、ムトン・ノワール・ジロンドルシリーズ。このメルローは、優しい飲み心地で、ボルドー・ワインには珍しく明快な味わい。大樽での熟成工程を経ない分、果実味が際立つ。若飲みワイン。12℃に冷やして飲みたい。

ドメーヌ・レアンドル＝シュヴァリエのドミニク・レアンドル＝シュヴァリエ（61頁）。元建築家の彼は、「厄介者」または「人間馬」と自称する

ワイナリー	**Château Le Puy**
	シャトー・ル・ピュイ
生産者	**Jean-Pierre et Pascal Amoreau**
	ジャン=ピエールとパスカル・アモロー
AOC	ボルドー＝コート＝ド＝フラン

Château Le Puy
33570 サン・シバール村
33570 Saint Cibard
05 57 40 61 82
www.chateau-le-puy.com

神の雫

　シャトー・ル・ピュイは、フランスでは玄人筋にしか知られていないが、日本では漫画『神の雫』のおかげで伝説的な存在となっている。同作のなかで、シャトー・ル・ピュイの2003年のヴィンテージは「13人目の使徒」と名付けられ、このブドウ畑の侵してはならない聖杯であると形容された。つまり、ジャン=ピエール・アモローは神の化身でもあるのだ！　しかも彼は快楽主義の扇動者で、未知の力が働いていることを主張し、ドメーヌには「目に見えないエネルギー」があると信じている。その象徴が6つの大きな石で、2体のドルメン[1]を従えた160センチメートルのメンヒル[2]と一緒に森の奥深くに眠っている。「紀元前3500年に作られたこの構造物は、宇宙のエネルギーを引き寄せ、凝縮し、拡散する力がある。シャトー・ル・ピュイのブーケ[3]はここからきている」

　彼が個性を発揮するのは、もっぱらメルローとカベルネのブレンドだ。化学物質を添加せずに大樽で24カ月間熟成させる。人工酵母も糖分も加えずに発酵させ、〈バルテルミー〉というキュヴェには亜硫酸を使っていない。

※1 古代の巨石墳墓の一種
※2 巨石記念物の一種で、長大な石が単独で立てられていることが多い
※3 熟成中に生まれる香り

奇跡の自然ワイン！

 バルテルミー 2012　€€€€€
Barthélemy 2012

シャトー・ル・ピュイの酸化防止剤無添加ワイン。カシスのアロマが濃厚で、凝縮された繊細なタンニンが安定している。飲みやすく、素直で、スパイシーだ。

画像提供：タカムラワインハウス

ワイナリー	**Château Meylet**
	シャトー・メイレ

生産者	**Michel et David Favard**
	ミシェルとダヴィッド・ファヴァール

AOC	サン＝テミリオン・グラン・クリュ

Château Meylet
- ラブリ、33420 ジュガザン村
  Labrie, 33420 Jugazan
- 05 57 84 76 10
- www.chateau-meylet.com

> あっという間に飲んでしまう

　サン＝テミリオンの西の丘のふもとに位置する2ヘクタールのビオディナミ農法の畑。土壌は砂の堆積土だ。サン＝テミリオンから自転車に乗って下っていくと、シャトー・アンジェリュスを通り過ぎたあとに現れる区画が「ゴムリ」である。ミシェル・ファヴァールは1978年に家業のワイナリーを継ぎ、1980年代末には有機農法の認証を取得。長年にわたって、この区画の軽やかな味わいのブドウ果汁を使って、長熟性は中くらいの、安定した品質のワイン（メルローが70～80％を占める）を造り続けている。木の桶の中でブドウを足で潰し、直球勝負で骨格のしっかりした、一貫性のあるワインを育て上げている。濾過も酸化防止剤添加もしていない。飲む前に、空気によく触れさせるとよい。

奇跡の自然ワイン！

 サン＝テミリオン・グラン・クリュ・エスプリ・ド・メイレ　€€€€€
Saint-Émilion Grand Cru Esprit de Meylet 2011

マグナムボトル※でこのワインを味わったとき、サン＝テミリオン産のブドウが真価を発揮していることが感じられて、大いに楽しめた。新樽（全体の20～30％）を使っているがブドウの持ち味への影響はまったくない。余韻は長くコクがある。飲む数時間前にデキャンタージュすることをお勧めする。つい夢中になってしまうこのボルドー・ワイン、あっという間に飲んでしまいそうだが、7～8年は寝かせよう。

※1千500ミリリットル

ワイナリー	**Vignoble Millaire**
	ヴィニョーブル・ミレール

生産者	**Christine et Jean-Yves Millaire**
	クリスチーヌとジャン゠イヴ・ミレール

AOC	カノン゠フロンサック

Vignoble Millaire
- ラマルシュ、33126 フロンサック村
  Lamarche, 33126 Fronsac
- 05 57 24 94 99
- www.vins-millaire.fr

カノンの旋律

　ジャン゠イヴ・ミレールは祖父から譲り受けた 20 の区画を再編成して、2006 年にビオディナミ農法の畑に変えた。高地の畑での仕事をやり通すのは経済的に大変な苦労だった。カノン゠フロンサックが 7 ヘクタール（銘柄は〈カノン・サン゠ミシェル〉）、フロンサックが 4 ヘクタール（同〈ローズ・ガルニエ〉）、ボルドーが 6 ヘクタール半（同〈キャヴァル〉〈ヴォルスレスト〉〈ラ・アーズ〉）。畑のブドウはみな、さまざまな方角を向いて、多様な土壌ですくすくと育っている。

　醸造所では、コンクリートタンクを用いて少量ずつの区画別醸造をおこなう。素材のニュアンスを生かすために、熟成段階では大樽を使うべきというボルドー・ワインの定説をあえて無視し、もっと大きな 300 リットル入りのオーク樽の中でワインにゆっくりと呼吸させる。健康な環境で生きる幸せを噛みしめ、植物やフルーツの力を信じることが、この愛すべき夫婦の原動力となっている。ふたりの気持ちがよく伝わるワインばかりだ。

奇跡の自然ワイン！

 ヴォルスレスト 2015　€€
Volcelest 2015

のびのび育ったソーヴィニヨンがしっかり成熟している。いつまでも心が若くて、生き生きとしたワインが飲めたなら人生は簡単。それだけで幸せだ。

 ランクロ 2012　€€
L'Enclos 2012

熟して果実味たっぷりのメルロー。味のふくらみというよりも余韻の方に強い印象を覚える（そこが欠点）。とても飲みやすく、カリッとした後味。リブローストをオーブンから出す前に、ワインはデキャンタに移しておこう。

ワイナリー	**Château Moulin Pey-Labrie**
	シャトー・ムーラン・ペイ＝ラブリ

生産者	**Bénédict et Grégoire Hubau**
	ベネディクトとグレゴワール・ユボー

AOC	カノン＝フロンサック

Château Moulin Pey-Labrie
- 9、ムーラン・ペイ＝ラブリ、33126 フロンサック村
  9, moulin Pey-Labrie, 33126 Fronsac
- 05 57 51 14 37
- www.moulinpeylabrie.com

実直な人びとのペイ

　フロンサックはサン＝テミリオンの陰に隠れた存在だ。ユボー夫妻のおかげで、小高い丘の畑で生まれるフロンサックに再び光が当てられている。彼らは最初のヴィンテージの1988年以来、安易な方法を決してとらずに豊かな畑を育んできた。完全有機農法をおこない、カーヴでは研究に余念がない。6.75ヘクタールのムーラン・ペイ＝ラブリが軌道に乗ってから始めた、4ヘクタール半のオー・ラリヴォーと3ヘクタール半のレ・コンブ・カノンというふたつの小さな畑が、彼らの第2の所有地だ。非常に優れたテロワールなのに過小評価されているのが残念。サン＝テミリオンやポムロルの呼称を有する周辺の平野の畑などより、じつはこちらの、モラッセ※に堆積した粘土石灰質土壌の畑の方が良質だ。この土地で採れるメルローには張りがあり、フレッシュなタンニンを持つ。美味ではつらつとしたこのボルドー・ワインには、気さくに大きな椀につがれて振る舞われそうな雰囲気がある。

※ 泥灰岩や砂岩が堆積したもの

奇跡の自然ワイン！

 キュヴェ《ピヴェール》2011　€€
Cuvée《Piverts》2011

急斜面の下方で採れるメルローだけを使い、12カ月間桶で発酵させる。亜硫酸は無添加。アロマが花開いていて、ブラックチェリーの風味がある繊細な果汁とかすかな植物性の香りのあとには、味のよいタンニンが長い余韻を残す。今すぐ飲んでもおいしいが、5年から7年寝かせてみるのも楽しみだ。カラフェに入れて少しおいてから飲むと、より生き生きとした味になるのでお勧め。

ワイナリー	**Château Palmer**
	シャトー・パルメール
生産者	**Thomas Duroux**
	トマ・デュルー
AOC	マルゴー

Château Palmer
- 33460 マルゴー村
  33460 Margaux
- 05 57 88 72 72
- chateau-palmer@chateau-palmer.com
- www.chateau-palmer.com

1855年格付け畑のビオ事情

　1855年、ボルドーでグラン・クリュ・クラッセに格付けされた畑88のうち、11件が2017年に有機農法かビオディナミ農法としての認証を取ったか、その取得の最中だ。2015年は2件だった。そして75%のグラン・クリュ・クラッセが環境保全に配慮した農業技術に移行しようと試みている。「こうした傾向は最近とても強い」と言うのはフィリップ・カステージャ、1855年のグラン・クリュ・クラッセ評議会会長だ。ちょうどよいタイミングだったのだ！ マルゴーの象徴的存在であるこの第3級クリュでは、働き手とその信条がすべてを物語っている。14年間ここで総指揮を執り、畑の所有者たちを説得することができたトマ・デュルーがいなかったら、パルメールの45ヘクタールの畑はビオディナミ農法に移行することはできなかっただろう。トマは、マルゴーの繊細で豊かな味わいの追求が始まる以前、90年代には露骨にわかりやすい味のワインが流行っていたこともよく知っている。とりわけパルメールはメドック地区のなかでもブルゴーニュ地方のシャンボール＝ミュジニー村により近い滑らかさを持つ。そしてパルメールはクリュ・クラッセにおけるメルローの最高峰。このワイナリーが特別な存在になったのもうなずける。

奇跡の自然ワイン！

 アルテル・エゴ 2016 　€€€€€
Alter Ego 2016

2016年の夏は暑くなかったので、収穫は遅めだったが非常に状態のよいブドウが採れた。この「セカンドラベル」のワイン（カベルネ・ソーヴィニヨン48%、メルロー40%、プティ・ヴェルド12%）は、力強く、成熟したタンニンがまろやかな果汁に呼応し、優しい味わいのなかにもほどよい酸味がある。20年前に造られたファーストラベルのワインと同レベルの、至高のワインに仕上がっている。30年は熟成させたい。2018年春のプリムールの場合は、約55ユーロ。

ワイナリー
Château Pontet-Canet
シャトー・ポンテ＝カネ

生産者
Alfred Tesseron & Jean-Michel Comme
アルフレッド・テスロンとジャン＝ミシェル・コム

AOC　ポイヤック

Château Pontet-Canet
- 33250 ポイヤック村
  33250 Pauillac
- 05 56 59 04 04
- www.pontet-canet.com

グラン・クリュ・クラッセの進化

　ボルドー地方におけるビオ栽培の先駆者、シャトー・ポンテ＝カネは、メドック地区にあるポイヤックのグラン・クリュ・クラッセだ。アルフレッド・テスロンと彼の姪たち、メラニーとフィリピーヌが2004年に有機農法に切り替えた。実行したのは農業およびワイン醸造技術者であるジャン＝ミシェル・コム。当時すでに自身の畑（サント＝フォワ＝ラ＝グランド市のシャトー・シャン・デ・トレイユ）で有機農法を始めており、アルフレッド・テスロンを説き伏せてビオディナミ農法に移行することに成功したのだ。グラン・クリュ・クラッセの非常に保守的な世界で、この因習打破的な選択は皮肉な目で見られていた。しかし今では、彼らの仕事を笑う者などいない。

　80ヘクタールの畑の大部分はカベルネ・ソーヴィニヨンで、馬による耕作を復活させている。ポンテ＝カネは、メドック地区のワインのなかでも、純粋なスタイルと新たに見出した畑の活力によってひときわ精彩を放っている。

奇跡の自然ワイン！

 　ポイヤック 2014　€€€€€
　　Pauillac 2014

寝かせておいて数年後に楽しみたいヴィンテージだ。30年経てば力強さを増すに違いない、端正な正統派ポイヤック・ワインである。ブドウのはじけるような果実味はそのままに、繊細な花の香りとテクスチャーは、シャトー・ポンテ＝カネの看板ワインと言ってよいだろう。

ワイナリー

Vignoble Pueyo
ヴィニョーブル・プエヨ

生産者 **Christophe Pueyo**
クリストフ・プエヨ

AOC　サン゠テミリオン

Vignoble Pueyo
📍 15、グリナ大通り、33500 リブルヌ市
　　15, avenue de Gourinat, 33500 Libourne
📞 05 57 51 71 12
✉ contact@vignobles-pueyo.fr
🌐 vignobles-pueyo.fr

プエヨを飲むチャンスを逃すな

　クリストフ・プエヨの仕事を知らないのであれば、今すぐ行動を起こしたほうがいい。この大胆な男は、まずリブルヌ村在住の伯父であるジャン゠ポールのもとで働き始めた。地熱の高い河川礫層に横たわる、8ヘクタールの畑だった。そして2010年、ふたりはこの畑で有機農業を始めた。その試みはブドウ栽培だけにとどまらず、メルローとカベルネを使ったワイン醸造もやはりオーガニックだ。化学薬品は使わず、ブドウについている自然の酵母を利用する。
　〈ラ・フルール・ギャルドローズ〉は、クリストフが思いきって酸化防止剤を添加せずに造ってみた、ごくごく飲めるボルドー・ワインだ。まさにボルドーという味わいを持ちながらも、かつての飲みやすさが復活しているのが実感できる。50代の人間にとっては、父親のセラーにあったボルドーの味。酒を覚えたてのころの懐かしい記憶がよみがえるはずだ。若い人たちにとっては、新鮮なボルドーだろう。

奇跡の自然ワイン！

　ラ・フルール・ギャルドローズ 2016　€€
　　La Fleur Garderose 2016

メルロー80％とカベルネ・フラン20％のアッサンブラージュで、樽で熟成させる。柔らかな口当たりとタンニンの安定感の絶妙なバランスがすばらしい。存在感がありながらも優しい味わいだ。若飲みに適しているが、熟成させてもいいだろう。

　エルボール 2014　€€€
　　Hellebore 2014

ボルドー・ワインが蠟でコーティングされたガラス栓のボトルに！ でもこのワインが特別なのはもちろんそのためではない。メルロー60％とカベルネ・フラン40％を、楕円形の大樽と500リットルの大樽で熟成させた、この果汁。きわめて繊細なタンニン。新鮮で芳醇、優しく繊細な味わい。例外的なワインといえよう。飲む前と後ではワイン観が変わる。急いで手に入れよう。きっとあっという間に品切れになるから。

ワイナリー	**Château Tour du Pas Saint-Georges**
	シャトー・トゥール・デュ・パ・サン=ジョルジュ
生産者	**Pascal et Marie-Amandine Delbeck**
	パスカルとマリ=アマンディーヌ・デルベック
AOC	サン=ジョルジュ=サン=テミリオン

Château Tour du Pas Saint Georges

- 33570 モンターニュ村
  33570 Montagne
- 05 57 24 70 94
- www.delbeckvignobles.com

サテライト・オブ・ラブ

　サン=ジョルジュ=サン=テミリオンの広さは200ヘクタールあるかないかで、サン=テミリオンというワイン王国のもっとも小さなサテライトだ。中世の面影を残すもっとも美しい眺めを持つ場所でもある。

　パスカル・デルベックは長いあいだデュボワ=シャロン夫人のシャトー※を統括してきた。彼女のシャトーにはブレールというサン=テミリオンのプルミエ・グラン・クリュもある。デュボワ=シャロン夫人が他界したのち、パスカルはシャトーの事業を受け継ぎ、夫人の所有していたトゥール・デュ・パ・サン・ジョルジュも手離すことなく、ブドウ作りを続けた。急斜面に位置する14ヘクタールの畑ではビオディナミ農法を実施、全体の3分の1はカベルネ・フランで、君子のメルローに仕えるような形で植えられている。彼の甥で醸造技術者のセドリック・ベルジェと娘のマリ=アマンディーヌ・デルベック・ド・ブアールが、髭を蓄えた62歳の賢人を支え仕事を引き継いでいる。

　「ワインの世界で大切な言葉はふたつ、バランスと複雑さだ。そして最高のブドウ液を混ぜ合わせても複雑さは生まれない」とパスカルは言う。「偉大なワインとは小さな欠点をうまく利用することによって生み出されるものでもある」。トゥール・デュ・パは規範どおりの大ボルドー・ワインではないが、とても安定している。この土地の特徴である石灰質の土壌で作られるカベルネ・フランが、さらに味わいを引き立てている。

※ サン=テミリオンの大シャトー

奇跡の自然ワイン！

 シャトー・トゥール・デュ・パ・サン=ジョルジュ 2011　€€€€€
Château Tour du Pas Saint-Georges 2011

ボルドー地方において、2011年は忘れられたヴィンテージだ。2009年と2010年という怪物のような当たり年のあとだからだ。しかし右岸では、肉厚で成熟した味わいのワインができた年でもある。このワインはハッカの混じったスパイスに、さりげない木の香りが小さなおまけのように漂い、今飲んでもおいしい。

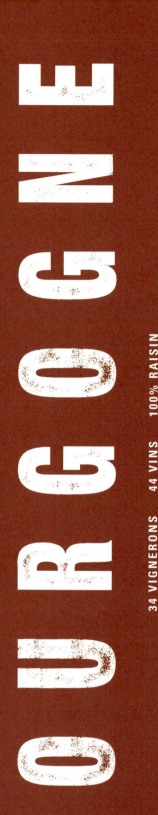

ブルゴーニュ
[ヴァン・ナチュールの現状]

　ブルゴーニュ・ワインには相変わらず魅了されっぱなしだ。カーヴで歓待してくれる何百人もの造り手たちからもうかがい知れるように、ブルゴーニュ地方の最大の魅力はその豊かな人間性だ。ブドウ畑でののんびりとした仕事ぶりが、自然ににじみ出ている。コレット[※1]とヴァンスノ[※2]の末裔たちは、頬にあいさつのキスをするときに樽の口を開けるときのような音をたて、ピペットをまるで手指の一部のようにして操る。そんなブルゴーニュ人たちのもと、砂利を敷いたカーヴに並ぶ樽の中では、長い時間をかけながらシャルドネが熟成のペースをつかみ、ピノ・ノワールがその吐息を表現する。澱の底から聞こえる軽やかな音は、古いドメーヌを心から信頼しているワインたちのつぶやきだ。ブルゴーニュ地方のカーヴを訪ねる人はみな、手厚くもてなされ、いろいろなことを教えてもらえる。これは都市伝説ではなく本当の話。

　2015年、ユネスコによって「ブルゴーニュのクリマ」が世界遺産に登録された。「ブルゴーニュのクリマ」とは、地理的特徴によって分けられた栽培区画で、ヨンヌ、コート＝ドール、シャロネ、そしてマコネなど、まったく異なる性格のワインを生み出す土壌となっている。ブルゴーニュ地方でいう「クリマ」とは「テロワール」のことである。折衷文化を継承してきた土地柄にも由来する、「知識の共有」というブルゴーニュ地方の精神的土壌がなかったら、世界遺産登録は実現しなかっただろう。しかし物事の裏も忘れてはならない。ユネスコ世界遺産を訪ねて大量の観光客がやってきたらどうなるだろうか。それとも、もともとアクセスが難しいブルゴーニュ、たどり着けない桃源郷になってしまうか？

　昔からよく聞くこの言葉もまだ健在だ。「ボルドーでは味わうのに値するものはないけれど、何でも売ろうとする。ブルゴーニュには売り物はないけれど、どれを飲んでもおいしい」。ヨンヌ、コート・ド・ボーヌ、コート・シャロネーズ、そしてマコネの辺境地域の畑でも、手に入れやすいおいしいワインが産出されている。人びとは、ブルゴーニュ中毒で困っていると言いつつ、そこから回復しようとはしない。そしてこの病気は伝染力が強い。

※1 ブルゴーニュ出身の作家。1873〜1954
※2 ブルゴーニュ出身の画家。1912〜1985

ワイナリー **Domaine de Bellene**
ドメーヌ・ド・ベレーヌ

生産者 **Nicolas Potel et Sylvain Debord**
ニコラ・ポテルとシルヴァン・ドゥボール

AOC ボーヌ、コート・ド・ボーヌ

Domaine de Bellene
- 39、フォーブール゠サン゠ニコラ通り、21200　ボーヌ市
  39, rue du Faubourg-Saint-Nicolas, 21200 Beaune
- 03 80 20 67 64
- www.domainedebellene.com

ボーヌの貴いワイン

　ニコラ・ポテルは2005年、みずからの名を冠したネゴスの会社を去って（以来彼とは関係のない会社になった）、ドメーヌ・ド・ベレーヌを始めた。一家に代々伝わる畑に、新たに購入した区画やパートナーから借り入れた区画を足して、樹齢35〜100年の、宝石のように貴重なブドウの木を育てている。さらに、新しく高級ワインのネゴス（会社名はロッシュ・ド・ベレーヌ。約35万本を扱う）としても成功している。ブドウ栽培と醸造はすべてオーガニックで、完全無添加、無補糖、無補酸。裏エティケットに記載された項目は情報公開の手本だ。

　ボーヌ市の入口近くにある、元シトー会修道院の食堂だったカーヴでは、ディジョンの大学研究所でブドウ栽培と醸造の研究をしていたシルヴァン・ドゥボールが、知識とブドウに対する畏敬の念を注ぎ込んでワインの熟成をおこなっている。大容量の樽のなかに新樽はほとんどない。残念なことに、ここのワインはフランスではなかなか手に入らない。

奇跡の自然ワイン！

 サヴィニー゠レ゠ボーヌ・ヴィエイユ・ヴィーニュ 2015　€€€
Savigny-lés-Beaune Vieilles Vignes 2015

砂糖漬けのフルーツの華やかな香り。これほど完全にまとまっているワインも珍しい。しかもしっかりとした個性を持つ味わい。今飲んで本当においしいワイン。

 ボーヌ・プルミエ・クリュ・レ・グレーヴ 2015　€€€€
Beaune Premier Cru les Gréves 2015

グラン・クリュと同格と言ってもいいプルミエ・クリュであることは、周知の事実。とくに、1950・1960年代のヴィンテージが減少しているせいでもある。わたしたちは50年間にわたってボーヌのグランド・メゾンのワインを楽しむ幸せに恵まれてきた。この2015年のヴィンテージは柔らかく素材の持ち味が濃い仕上がりとなっている。ボーヌのワインの継承者として申し分ない、偉大なワインだ。

ワイナリー	# Domaine Henri & Gilles Buisson
	ドメーヌ・アンリ&ジル・ビュイッソン

生産者	**Franck et Frédéric Buisson**
	フランクとフレデリック・ビュイッソン

AOC	サン＝ロマン

Domaine Henri & Gilles Buisson
21190　サン＝ロマン村
21190 Saint-Romain
03 80 21 27 91
contact@domaine-buisson.com
www.domaine-buisson.com

自由なワイン造りに大成功

　コート・ド・ボーヌ南部でもっとも広大なドメーヌのひとつ（19ヘクタール半）。「オーガニックと呼んではいなかったけれど、祖父は、当時としてはとても『自然な』農法である、『ルメール・ブシェ』方式に従ってブドウを造っていた」。そう語るビュイッソン兄弟、かたや波乱に富んだ人生を送る醸造専門家、かたや旅する商人である。ふたりとも、「もっと自由な」ワイン造りに魅かれていて、急斜面に囲まれた故郷の村に落ち着き、あまり知られていない洗練された味を表現しようと日々努力している。

　8種類あるサン＝ロマンのワインは、すべてすばらしい出来栄えだ。とりわけ、2010年から亜硫酸無添加の〈アプソリュ〉については、「実験的な生産をおこなうのに最高の区画を使うことができた」と言う。白亜質土壌による塩気を含む上品な味と飲みやすさが異彩を放つワインだ（約30ユーロ）。ポマール、ヴォルネー、そしてコルトン・グラン・クリュの3銘柄の赤も忘れてはならない。深みのある優雅なピノは熟成向きだ。

奇跡の自然ワイン！

 スー・ラ・ヴェル 2015　€€€
Sous la Velle 2015

まろやかですばらしい余韻を持つシャルドネ。瓶詰めされたときの張りがそのまま残っている。

ワイナリー
Domaine de la Cadette
ドメーヌ・ド・ラ・カデット

生産者 **Catherine, Jean et Valentin Montanet**
カトリーヌ、ジャン、ヴァランタン・モンタネ

AOC ブルゴーニュ、ヴェズレー

Domaine de la Cadette
- 17、ラベ＝ピシエ通り、89450　サン＝ペール村
  17, rue de l'Abbé-Pissier, 89450 Saint-Père
- 03 86 33 24 25
- laacadetle@wanadoo.fr

ヴェズレーの地へ愛を込めて

「ヴェズレーがなかったら、世界から光が失われるだろう。ヨーロッパからは聖なる場所がひとつなくなるだろう。そして、神のつつましい民であるわたしたちはどうなるか？」ジュール・ロワ*のこの言葉に、こう付け足そう。ワインのつつましい民であるわたしたちにとって、ドメーヌ・ド・ラ・カデットのワインがなければ世界は闇だと。

ヴェズレーは美しい巡礼地だ。しかし真の思い出を作りたければ、モンタネ家に立ち寄るべきだ。群れの中の黒い羊を見守る羊飼いのように、ヴァランタン・モンタネと息子のジャンは自分たちのアペラシオンを成長させようと奮闘してきた。北部のこの場所で採れるシャブリは主張が強すぎ、ブルゴーニュのラベルだけを見てワインを選ぶ人びととはもっと安いワインの方に流れていくのだ。

ヴェズレーの昔から残っているブドウ畑は約100ヘクタールだけ。その10分の1以上を所有するモンタネ家の畑は、18の区画に分散している。一家総出で開拓し、植栽してきた。ジャンと妻カトリーヌも大事に世話している。ワインの貯蔵庫は別の場所にあるが、これは夜みんなで顔を合わせるときに都合がいいから。

おもに、ミネラルを感じさせる滑らかな白ワインを造っているが、少量だけ収穫しているピノ（そして最近はジュリエナのガメイも）は、砂利質の土壌の上で生まれた凝縮したうま味を余すところなく届けている。フレッシュで飲みやすく、爽やかな味わいのワインの産地で、申し分のないワイン体験を。

※ ヴェズレーで没したフランスの作家。1907～2000

奇跡の自然ワイン！

 ラ・シャトレーヌ 2015　€€€
La Châtelaine 2015

太陽と新鮮な果実がグラスの中で出会ったようなワイン。わたしたちの偏愛する2015年のシャルドネのひとつで、震えるほどのバランスのよさ。見事だ。

 ジュリエナ 2015　€€€
Juliénas 2015

なんと繊細ですてきなガメイなのだろう。マセラシオンで造られたワインにありがちな味になっていない。ジュリエナの素直でバランスの取れた側面をあらためて認識する。

ワイナリー

Domaine Chandon de Briailles
ドメーヌ・シャンドン・ド・ブリアイユ

生産者 **Claude et François de Nicolay**
クロードとフランソワ・ド・ニコレー

AOC サヴィニー＝レ＝ボーヌ、コルトン

Domaine Chandon de Briailles
- 1、スール＝ゴビー通り、21420　サヴィニー＝レ＝ボーヌ村
  1, rue Soeur-Goby, 21420 Savigny-lès-Beaune
- 03 80 21 52 31
- contact@chandondebriailles.com
- www.chandondebriailles.com

シャンドン・キホーテ

　ブルゴーニュ地方の歴史あるドメーヌのなかで唯一、2008年に一挙に14ヘクタールの畑をビオディナミ農法に転換した、勇気あるドメーヌだ。脱帽する。しかしそのあとは困難の連続だった。とりわけ大きな打撃だったのは収穫量の激減。クロードとフランソワの姉弟は闘い抜き、ドメーヌを守った。サヴィニー、ペルナン、そしてコルトンの丘に広がる、グラン・クリュという最高のテロワールに畑を持つふたり。現在では驚くほどに飲みやすく、繊細で、表情豊かなワインを生み出している。ピノのうっとりするような花の香りが、夢見心地にさせてくれる。

　クロード（畑とカーヴを担当）とフランソワ（営業担当）は馬による耕作を復活させ、赤ワイン用のブドウは、ほぼすべて、同時期に収穫したものを用いるようにしている。初期の数年間のワインはしばらく寝かせないと飲めなかったが、今では味が十分に開いて、若いうちでも飲めるようになった。ペルナンとコルトン（おもに、クロ・デュ・ロワ*）をぜひ味わってみてほしい。

※ コルトンのなかでも最上級の区画

奇跡の自然ワイン！

 ペルノー＝ヴェルジュレス・プルミエ・クリュ・イル・デ・ヴェルジュレス 2015　€€€
Pernand-Vergelesses Premier Cru Île des Vergelesses 2015

ドメーヌ・シャンドン・ド・ブリアイユの象徴的存在である最上のブドウ畑で採れるのは、上品でクリーミーなピノ。若飲みもできるし、寝かせておく楽しみも捨てがたい。幸せなジレンマだ。

ワイナリー **Domaine de Chassorney**
ドメーヌ・ド・シャソルネイ

生産者 **Laure et Frédéric Cossard**
ロールとフレデリック・コサール

AOC ブルゴーニュ

Domaine de Chassorney
21190　サン゠ロマン村
21190 Saint-Romain
03 80 21 65 55
chassorney@orange.fr
www.chassorney.com

やめられないピノ

　すごいヴィニュロン登場！ ブルゴーニュ地方にはあまりいないタイプの造り手である。豊かな生産量を誇るこの地では、ワインを何年間も開けずに、ただ眺めて楽しむということに慣れている人が多い。しかしフレデリック・コサールのワインはちょっと違う。誘惑に負けないようにしっかりと隠しておかなければならない。ほろ酔い状態でも、どこに隠したか思い出してしまう。わざわざ作った障害物を取り除いて、マニキュアがはげるのもいとわずに掘り出して、ボトルを探し出す。そして、もうお開きにしてベッドに行こうとする友人たちを引き止めて「これで最後にしよう！」と差し出す。すると、1杯飲んだだけでみんな目を覚ます。2杯目以降、もう誰も止められない。3杯目になったら、苛立ちを抑えて友人たちにこう言おう。これが最後の1本なのだと。

奇跡の自然ワイン！

 ブドー 2014　€€€
Bedeau 2014

最低価格帯のブルゴーニュ・ワインをそろえつつ、どれもグラン・クリュと同じように手を掛けているこのドメーヌを知るためにはまず押さえておきたいワイン。〈ブドー〉を飲んだだけで、ピノ・ノワールがなぜ伝説的な存在なのかがわかる。バラ色の果汁（かといってこれ見よがしに派手な色というわけでもない）の滑らかさのなかに、スパイシーな香りが感じられる。バラの木の植え込みの中にいるような芳香と、炸裂する活気。余韻は長く次の一口がすぐに欲しくなる。

ワイナリー

Domaine Chevrot et Fils
ドメーヌ・シュヴロ・エ・フィス

生産者 **Pablo et Vincent Chevrot**
パブロとヴァンサン・シュヴロ

AOC　マランジュ

Domaine Chevrot et Fils
- 19、クーシュ街道、71150　シェイリー＝レ＝マランジュ村
  19, route de Couches, 71150 Cheilly-les-Maranges
- 03 85 91 10 55
- www.chevrot.com

マランジュの守護天使

　冗談好きの父親フェルナン・シュヴロの時代から高い評価を受けてきたドメーヌの歴史は、1830年にさかのぼる。息子のパブロとヴァンサンとともに18ヘクタールの畑（コート・ド・ボーヌの南側）を有機農法に移行させた2007年が、ワイナリーの転換期だった。息子たちはアメリカやニュージーランドを旅して回ったあと、マランジュにあるこのワインの殿堂で働き始めた。

　クリーミーなクレマンと白ワイン（〈ラ・フュシエール〉が最高級）は、繊細なブラッド・オレンジの香りが引き立ち、幸せな気分で一気に飲み干してしまう。そしてもちろんピノ・ノワールには、いつものダークチェリーなど濃い色の核果のようなおいしさが、しっかりとした成熟した味わいのタンニンに溶け込んでいる。コート＝ドールとソーヌ＝エ＝ロワールのよいところが合わさった独特のワインになっている。

奇跡の自然ワイン！

 マランジュ・ラ・クロワ・モワーヌ 2015　€€€€
Maranges la Croix Moine 2015

このプルミエ・クリュは少数しか造られない。その繊細さと濃い果実味で2015年のスター商品となった。見るからに寿命の長いワイン。カーヴに入れておきたい。

画像提供：トスカニー

ワイナリー
Domaine des Comtes Lafon
ドメーヌ・デ・コント・ラフォン

生産者
Dominique Lafon
ドミニク・ラフォン

AOC　ムルソー

Domaine des Comtes Lafon
ラ・バール・ブドウ園、21190　ムルソー村
Clos de la Barre, 21190 Meursault
03 80 21 22 17
www.comptes-lafon.fr

研究熱心

　ワインが世界的な名声を得ている今も、ドミニク・ラフォン、別名「ボス」は、ワイン造りの研究に余念がない。伝統と停滞とを取り違えがちな土地柄にもかかわらず、ブドウ栽培と長期熟成タイプのシャルドネによる醸造を研究し続けている（偉大なテロワールのワイナリーはみな、密かにビオディナミ農法の認証を取得している）。その成果がムルソーだ。滑らかで、すっきりとした口当たりで飲みやすく、「重さ」が消えたクリーミーな味わい。モンテリとヴォルネーの赤は、しつこさがなく、濃く味わい深いで、活力とブドウの風味が増した。

　残念なことに、2012、2013、2014年と雹に見舞われ、2016年には霜の被害に遭った。ムルソーとコート・ド・ボーヌの畑のすべてがこの数年間さまざまな自然災害を乗り越えてきている。そんなわけで生産量はさらに減少した。

奇跡の自然ワイン！

 マコン・クロ・ド・ラ・クロシェット 2016　€€€
Mâcon Clos de la Crochette 2016

ドミニク・ラフォンが、カロリーヌ・ゴンが所有するマコネの26ヘクタールのブドウ畑の監督を始めてもうすぐ20年になる。2016年のマコン・ヴィラージュとクリュの9キュヴェは、この区域のブドウの優秀さを伝えるワインだ。マコン北部のすばらしいテロワールのもとで造られたこの〈クロシェット〉は、その柔らかさとコクのバランスが強い印象を残す。誰もが好きになるワイン。急いで開栓する必要はない。

 ヴォルネー・プルミエ・クリュ・クロ・デ・シェーヌ 2015　€€€€
Volnay Premier Cru Clos des Chânes 2015

1970年代にSO4*の上に植えられたブドウの木は、2015年のように太陽の光に恵まれた年にその輝かしさを発揮する。ピジャージュは控えめに、ルモンタージュをしっかりおこなって、ベルベットのような味わいに仕上げている。すばらしいピノだ。

※ 接木に用いる台木の一種

Domaine Dominique Derain
ドメーヌ・ドミニク・ドラン

生産者	**Dominique Derain** ドミニク・ドラン
AOC	サン゠トーバン

Domaine Dominique Derain
49、ペリエール通り、21190　サン゠トーバン村
49, rue des Perrières, 21190 Saint-Aubin
03 80 21 35 49
www.domainederain.com

ドメーヌの中は別世界

　美しいエティケットを持つブルゴーニュ・ワインの造り手たちに、じっさいに会ったことがあるだろうか。もし会いたいなら、皮膚科と同様、アレルギーが発症する3カ月前から予約を取りつけなければならない。電話をしてもつながらないことが多いのは、売り物が何もないからだ。電話がつながると、売るワインがないんですよと丁寧に教えてくれることもある。「15分だけなら」と言って、その重い扉が開くことも、たまにならある。ここだけの話、ドメーヌ・ドミニク・ドランの扉はいつも開いているが、入ったが最後、なかなか出てこられない。中に入るとそこは別世界で、栓の開けられたボトルがずらりと並ぶ。このおおらかさは、彼がこの土地を相続したわけではなく、借りているからかもしれない。そして、自然な方法でワインを造る人びとに特有の謙虚さを持っているからに違いない。

　ドミニク・ドランは1989年からビオディナミ農法をおこなっていて、ワイン造りにおいてもあまり人間の手を掛けないようにしている。ピノ・ノワールは子供のように無垢だ。この地で「ブーロ」と呼ばれている（メルキュレの）ピノ・グリを使用しているせいもあるだろう。その色の薄さのせいでまったく作られなくなってしまった品種だ。「ブーロ」の、忘れられていた繊細な果実とピノ・ノワールに与えた洗練された味がここによみがえる。アレルギーにも効くかもしれない……。

奇跡の自然ワイン！

 メルキュレ・ラ・プラント・シャセ 2014　€€€€
Mercurey la Plante Chassey 2014

サン゠トーバンのワインにありがちなタンニンの硬さがなく、柔らかな穀物を感じる。サクランボの種の香り（デキャンタに入れてしばらく息をさせたほうがよい）。活力あふれるワイン。労作。

ワイナリー	# Domaine Dureuil-Janthial ドメーヌ・デュルイユ＝ジャンティアル
生産者	**Céline et Vincent Dureuil** セリーヌとヴァンサン・デュルイユ
AOC	リュリー

Domaine Dureuil-Janthial
- 10、ラ・ビュイスロル通り、71150　リュリー村
  10, rue de la Buisserolle, 71150 Rully
- 03 85 87 26 32
- vincent.dureuil@wanadoo.fr
- www.dureuiljanthial-vins.com

ヴァラエティに富んだリュリー

　コート・シャロネーズにあまり知られていないアペラシオンがある（シェール県のアペラシオンであるルイリーとよく間違えられる）。ここには才能ある若い醸造家が多く、強く包容力のある、しかも気軽に飲めるピノやシャルドネを造っている。みんなの兄貴は、村の中心的存在であるヴァンサン・デュルイユだ。おもな畑はコート・シャロネーズで、無数の小さな畑がコート・ド・ボーヌとコート・ド・ニュイにある。父親レイモン譲りのワイン好きであるヴァンサンは、やはり父親同様、心優しくあけっぴろげで働き者だ。有機農法で育てる20のアペラシオンを、グラン・クリュのように大切に世話している。

　シンプルな白ワインは、エネルギーにあふれ、繊細なバターが香る、品のある仕上がりになっている。リュリー・プルミエ・クリュには多くの種類があり（〈ヴォヴリー〉〈レ・マルゴテ〉〈ル・メ・カド〉）、それぞれ異なるニュアンスが楽しめ、リュリーの実力が発揮されている。与えられた条件を生かす、偉大なブルゴーニュ・ワインの造り手だ。

奇跡の自然ワイン！

 リュリー・プルミエ・クリュ・ル・メ・カド 2015　€€€€
Rully Premier Cru le Meix Cadot 2015

「メ・カド」は偉大なテロワール。古くからある畑が、祖父の時代のシャルドネの味をそのまま再現してくれる。優しいロースト香、澱の複雑なうま味、ごちそうやお菓子を思わせる満足感。重さがなく、2015年の代表的なワインになっている。10年寝かせてから開けたい。

Maison en Belles Lies

メゾン・アン・ベル・リー

ワイナリー | BOURGOGNE

生産者 **Pierre Fenals**
ピエール・フェナルス

AOC サン゠トーバン、コート・ド・ボーヌ

Maison en Belles Lies
- 38、ラヴィエール通り、21190　サン゠トーバン村
  38, rue des Lavieres, 21190 Saint-Aubin
- 06 72 13 53 63
- maisonenbelleslies@gmail.com
- www.en-belles-lies.com

54歳からのスタート

　学生時代に科学の基礎を身につけ、製薬会社の研究所で働き、ビジネスマンとして職を転々としたあと、ピエール・フェナルスはボーヌの農業促進・職業訓練センターで醸造学を勉強した。修了したときには54歳になっていた。土、そして教科書で学んだルドルフ・シュタイナーのビオディナミをいよいよ実践できるかと思うとわくわくした。ワイン造りでは、いちばんの下っ端である畑での作業員から始めたが、すばらしい親方たちに励まされた。

　夢を実現したのは2009年。協同経営者とともにサン゠トーバンに設立したメゾン・アン・ベル・リーは、自社の畑（マランジュとブルゴーニュ゠オート゠コート゠ド゠ボーヌに3.5ヘクタール）を所有し、有機農家や有機栽培に転換中の畑からもブドウを買い付けている。「ここでは何でも自分でやっているんだ。肥料用の煎じ薬作りからエティケット貼りにいたるまでね。だからこの仕事が好きなのさ！」同感だ。

奇跡の自然ワイン！

 アロース・コルトン 2014　€€€
Aloxe-Corton 2014

軽やかなとても美しいローブに、フレッシュで上品なピノ・ノワールが巧みに織り込まれていることを予感させる。しかしその余韻には、2014年のヴィンテージには珍しいほどの力強さが残る。

画像提供：ヴィントナーズ

ワイナリー	# Domaine Emmanuel Giboulot ドメーヌ・エマニュエル・ジブロ
生産者	**Emmanuel Giboulot** エマニュエル・ジブロ
AOC	コート・ド・ボーヌ

Domaine Emmanuel Giboulot
- 4、スール通り、21200　ボーヌ市
  4, rue de Seurre, 21200 Beaune
- 03 80 22 90 07
- emmanuel.giboulot@wanadoo.fr

転んでもただでは起きない

　ワイン情報欄に載るのではなく、裁判沙汰として記事にされて、喜ぶヴィニュロンはいないだろう。しかし昨今、ブドウを栽培していると裁判沙汰になることもあるのだ。

　フラヴサンス・ドレという病気の予防に、殺虫剤を散布することを拒否したため、54歳のエマニュエル・ジブロは2014年、軽罪裁判所で有罪の宣告を受けたのち釈放された。この出来事の波紋はピノの生産地という小さな世界を超えて広がった。優れたコミュニケーション能力を武器に、彼はこの闘いを次世代に引き継いでいる。これは個人レベルの闘いではないのだ。国家が義務付けている農薬散布義務への抵抗だ。現在の農業の仕組みでは、病害と戦うためには強い薬品を使うしかないというのが国の答えなのである。

　また、ここ30年、大部分のブドウ農家は化学肥料を大量に使ってきている。エマニュエル・ジブロは自分の畑に適した肥料を与えるために骨身を惜しまず堆肥を作ってきた。畑に生命力を与え、栄養を行き渡らせやすい土壌にし、ブドウの木との相性を深めるためだった。微生物は岩の分解さえも促進し、ブドウの木の根が深く潜っていくのを助けてくれる。これらを理解して初めて、彼の白ワインの自然な味わいのなかにあるミネラル感について語ることができるのだ。

奇跡の自然ワイン！

 コート・ド・ボーヌ・アン・グレゴワール 2016　€€€€
　　Côte-de-Beaune En Grégoire 2016

斜面上方の区画で採れる、かすかに黒鉛が香るこのピノは、多くのいわゆる通人たちに軽視されてきた。しかし、なんという上品さと洗練だろうか。こちらを寝かせておくあいだに、〈ラ・テール・ボジョレーズ 2016〉を楽しもう。表情豊かで元気なガメイは、ミルクのようにごくごく飲める。

Domaine Guilhem & Jean-Hugues Goisot

ワイナリー

ドメーヌ・ギレム&ジャン=ユーグ・ゴワゾ

生産者 **Guilhem Goisot**
ギレム・ゴワゾ

AOC サン＝ブリ

Domaine Guilhem & Jean-Hugues Goisot

- 30、ビアンヴニュ＝マルタン通り、
  89530　サン＝ブリ＝ル＝ヴィヌー村
  30, rue Bienvenu-Martin, 89530 Saint-Bris-le-Vineux
- 03 86 53 35 15
- domaine.jhg@goisot.com
- www.goisot.fr

サン＝ブリ・オ・トリュフ[※1]

　オセールの丘陵と傾斜地にはふたつのアペラシオンがある。ソーヴィニヨンのワインはサン＝ブリ、そしてシャルドネとピノ・ノワールはブルゴーニュ＝コート＝ドセールと呼ばれている。石灰岩の土壌という点ではシャブリに非常に近いが、造り手たちの謙虚さとワインの知名度の低さという点ではシャブリとかけ離れている土地だ。それでも、ギレーヌとジャン＝ユーグ・ゴワゾ、そして今は息子のギレムが造るワインを味わった人はみな、成熟とミネラル感、強さと爽やかさの、驚くべき調和にただ圧倒されるしかない。いちばんシンプルなキュヴェにもこの特徴はしっかりと表れている。収穫量を増やして貧弱な味わいに陥ってしまうという、ヨンヌ県のワインによくあるケースとは縁がない。アペラシオン・レジョナル[※2]で、これほどまでに厳しい姿勢の、才能ある造り手にはめったに会えない。悲しいことに、このビオディナミの畑は厳しい天候に見舞われた。霜と雹が地元のワイン生産者の士気と畑の宝を奪い去ってしまったのだ。

※1 ブリーチーズにトリュフを挟み込んだチーズ製品
※2 ブルゴーニュ地方全域のブドウのワインに使える呼称

奇跡の自然ワイン！

 エグゾジラ・ヴィルギュラ 2014　€
Exogyra Virgula 2014

2014年のソーヴィニヨンはリッチで、その優雅な味わいと、フレッシュでピュアな余韻が、飲む人を驚かせる。同等のワインを見つけようとするのはあきらめよう。7～8年寝かせたら、高貴な香りがつまったよう（トリュフ）になるだろう。この価格でこのレベルはありえない。

ワイナリー **Domaine Le Grappin**
ドメーヌ・ル・グラパン

生産者 **Andrew et Emma Nielsen**
アンドリューとエマ・ニールセン

AOC サヴィニー゠レ゠ボーヌ

Domaine Le Grappin
- 10、ウド通り、21200　ボーヌ市
  10, rue Oudot, 21200 Beaune
- 09 70 44 76 26
- www.legrappin.com

オージーもいる

　お祭り好きで旧習を破りたがる陽気なオージー、つまりオーストラリアから来た一派が、ブルゴーニュ地方で話題になっている。たとえばギプスランド出身のジェーン・エアのワインは、今ではパリの星付きレストランに大人気で、シャトー・ド・ブリニーで彼女が造るワインは50樽ほどにもなる。もうひとり評判のオーストラリア人がアンドリュー・ニールセン。彼はイギリス人の妻であるエマとともに、ボーヌ市の中心街にある、醸造家ファニー・サーブルのカーヴだった建物を使い、ル・グラパンと名付けたマイクロ・ネゴス®を始めた。自然派ブルゴーニュとボジョレーを入念に仕上げて、華やかな果実味を前面に出している。

　恐るべきワインの目利きであるこの屈強な大男は、ロサンゼルスの広告業界での安定した仕事を辞め、故国で醸造学のディプロマを修得し、2009年、サヴィニー゠レ゠ボーヌにやって来た。少ない元手で、それまで過小評価されていた区画を中心にブドウを買い付けた。なかでも〈ボーヌ・プルミエ・クリュ・レ・ブシュロット〉は彼の代表的なワインとなった。イギリスのオーガニック市場で「パウチ」詰め（小さな、キュビテナーという2リットル入りの柔らかいプラスチック容器で、おしゃれなパッケージデザイン）のワインを売るという革新的な方法に打って出た。また、酸化防止剤無添加のワインを金属の加圧タンクに入れて、ビストロで生ビールのようにサーバーからワインを注いで供することができるようにした。なかなか独創的だ。ジェーン・エアと同じように、ニールセン夫妻もまたブルゴーニュという枠から飛び出して、より低価格で価値の高いブドウを見出した。ブルゴーニュ地方とその畑は彼らにとって、新たな黄金郷なのだ。

※ 小規模のネゴス

奇跡の自然ワイン！

 ボーヌ・プルミエ・クリュ・レ・ブシュロット 2016　€€€
Beaune 1er Cru les Boucherottes 2016

アンドリュー・ニールセンはがたいのよい男だが、この赤ワインは細やかだ。レースのように繊細で洗練された、熟したフルーツやスパイスが濃く香るピノである。

BOURGOGNE

ワイナリー	**Domaine Michel Lafarge**
	ドメーヌ・ミシェル・ラファルジュ

生産者	**Frédéric Lafarge**
	フレデリック・ラファルジュ

AOC	ヴォルネー

Domaine Michel Lafarge
📍 15、ラ・コンブ通り、21190　ヴォルネー村
　　15, rue de la Combe, 21190 Volnay
📞 03 80 21 61 61
✉ contact@domainelafarge.com

> 揺るぎない本物の味

　ブルゴーニュ地方の修道院の伝統が息づく土地で、このつつましい大家族はブドウ畑で尋常でないほどよく働く。ヴォルネーにレ・ミタン、クロ・デ・シェーヌ、ケイユレ、そしてクロ・デュ・シャトー・デ・デュックの4つのプルミエ・クリュをはじめとする多くの畑を所有しているからだ。面積はおよそ12ヘクタール。フレデリック・ラファルジュの造るすべてのキュヴェに共通してみられる強い姿勢、それは研ぎ澄まされた果実の味と、くっきりとした、野菜っぽさのない、飲みやすくて調和のとれたテクスチャーを、誠実に表現することだ。偉大な造り手である当主の情熱は、ここ数年の収穫量の激減にもびくともしない。彼の造るすばらしいピノ、とくに〈クロ・デ・シェーヌ〉は味が引き立つまでに時間がかかる。つまり、いつ開栓すればよいかは、じっさいにはヴィンテージによってギャップがあるということだ。時間をよることによって得られた強さや、人工添加物を加えていないブドウとテロワールの、ありのままの表情が、待つほどに増してゆく。ガメイとピノ・ノワールのシンプルなワインである〈レクセプション〉、さらにプルミエ・クリュにいたるまで、すべてのワインが大切にされ丁寧に造られている。

086

奇跡の自然ワイン！

 ヴォルネー・プルミエ・クリュ・クロ・デ・シェーヌ 2016　€€€€
　　Volnay Premier Cru Clos des Chênes 2016

「2016年に収穫できたブドウはみな悪天候を生き延びた子たちだった。だから生きる喜びにあふれた、光輝くようなワインができたんだ」。この〈クロ・デ・シェーヌ〉は手摘みのブドウで造られている。洗練された香りには、涙が出そうになる。グラン・クリュではないが、グラン・クリュの魂を持つワインだ。密度の濃いビロードのような味わい。少なくとも10年は寝かせておきたい。

SOIF D'AUJOURD'HUI

ワイナリー	**Domaine Antoine Lienhardt**
	ドメーヌ・アントワーヌ・リエナルト
生産者	**Antoine Lienhardt**
	アントワーヌ・リエナルト
AOC	コート・ド・ニュイ

Domaine Antoine Lienhardt
- 21、グランド＝リュ、21700　コンブランシヤン村
  21, Grande-Rue, 21700 Comblanchien
- 03 80 62 72 37
- antoinelienhardt.domaine@gmail.com

> コンブランシヤン村の成長株

　ソミュールのディーヴ・ブテイユの会場、ワイン蔵の曲がりくねった細い通路で会ったアントワーヌ・リエナルトは、わたしたちに2017年産の格別においしいワインを試飲させてくれた。ディジョンとボーヌのあいだに位置するアントワーヌのドメーヌは、知られた存在だ。彼自身は、シャブリ、シャンボール＝ミュジニー、そして南アフリカで経験を積んできた。4代目になるアントワーヌは2011年にドメーヌを継ぎ、2016年には有機農法へ転換、さらにビオディナミ農法も始めた。冬の本剪定は「ギュイヨ＝プーサール」式※で、土の手入れは表面のみ、畑での作業は厳密におこなう。赤ワインは全梗発酵だ！　さらに、マセラシオンのあいだは人の手はなるべく加えない。熟成に使う樽のうち新樽はわずか15％というのもいい。果実感がさらに強く表に出ており、ハッカや胡椒のかすかなニュアンスによって活気が加わっている。これを独特のバラの香りが包んでいる。成長し続ける造り手のすばらしい仕事だ。

※ ピノ・ノワールに取り入れられている新しい剪定法

奇跡の自然ワイン！

 コート・ド・ニュイ・ヴィラージュ・レ・ゼサール 2015　€€€
Côte de Nuits Villages les Essards 2015

南東向きのテロワールと石ころの多い土壌という畑の内容をよく表しているピノに、太陽の光がたっぷり感じられる。カリッとして熟成しており、今の時点でごくごくと飲んでおいしい。

ワイナリー
Domaine Thibault Liger-Belair
ドメーヌ・ティボー・リジェ゠ベレール

生産者　**Thibault Liger-Belair**
ティボー・リジェ゠ベレール

AOC　ニュイ゠サン゠ジョルジュ

Domaine de Thibault Liger-Belair
- 32、テュロ通り、21700　ニュイ゠サン゠ジョルジュ市
  32, rue Thurot, 21700 Nuit-Saint-Georges
- 03 80 61 51 16
- contact@thibaultligerbelair.com
- www.thibaultligerbelair.com

頂点を目指して

　20世紀の終わりにワインのネット販売にかかわったのが、ティボー・リジェ゠ベレールの初仕事。彼はそのころすでに好奇心あふれるワインの目利きだったが、まだ今のような才能ある若手ピノ栽培家のひとりではなかった。15年の経験を積み、ピノ栽培分野の中心人物となった彼は、先祖代々の畑（リッシュブール、クロ・ヴージョ、ニュイ゠サン゠ジョルジュ・プルミエ・クリュ・レ・サン・ジョルジュ、ヴォーヌ゠ロマネ・プルミエ・クリュ・レ・プティ・モン、ル・クロ・デ・レアなどの7.25ヘクタールで有機栽培を実践）を統括し、みずからが立ち上げたネゴシアンの会社を切り盛りし、2008年からはボジョレーのムーラン・ナ・ヴァンの畑も管理している。

　彼がいちばん重要視しているのは、過剰なまでに肥沃で元気なテロワールの力を調節して、適切な収穫高にすることである。人間の都合のよいように作りかえたり、手を入れたいというだけの理由でいじくり回して痛めつけるようなことは絶対にしない。年を追うごとに花の香りが引き立つようになり、全梗発酵の名残の風味がかすかに感じられる。これこそピノの木の枝に宿っている魂の発現だ。『マッド・マックス』のメル・ギブソンというよりはスティーブ・マックイーンの『ブリット』を思わせる。飲み過ぎに注意を。

奇跡の自然ワイン！

 ニュイ゠サン゠ジョルジュ・プルミエ・クリュ・レ・サン・ジョルジュ 2014　€€€€€
Nuits-Saint-Georges Premier Cru les Saint-Georges 2014

勢いのよさと力強さにおいては、ニュイ゠サン゠ジョルジュの精髄ともいえるワイン。熱い血潮を感じさせる香り。繊細でエレガントなタンニンの味わいのあとに、包み込むような黒いフルーツ®の香りが余韻を残す。

※ カシス、ブラックベリーなど

ワイナリー **Bertrand Machard de Gramont**
ベルトラン・マシャール・ド・グラモン

生産者 **Axelle Machard de Gramont**
アクセル・マシャール・ド・グラモン

AOC ニュイ＝サン＝ジョルジュ

Bertrand Machard de Gramont
13, ヴェルジー通り、21700　ニュイ＝サン＝ジョルジュ市
13, rue de Vergy, 21700 Nuits-Saint-Georges
03 80 61 16 96
www.bertrand-marcharddegramont.com

娘から父へ

　散策の用意はできただろうか？　高貴なコート・ド・ニュイ地区を出て、西側に隣接するオート・コート地区に行ってみよう。キュルティル＝ヴェルジー村のくねくねした田舎道をたどっていくと、サン＝ヴィヴァン修道院跡の陰になった建物が見えてくる。1983年に建てられたカーヴと発酵室だ。大きな扉を開けるとそこにはベルトラン父ちゃんがいる。兄弟と喧嘩別れになったあと、このドメーヌを自力で開いた。ブドウの木と先祖代々継承してきたものはほとんどニュイ＝サン＝ジョルジュとヴォーヌ＝ロマネに残してきた。ベルトランは、フィロキセラ被害以来放置されてきたヴァルロと呼ばれる絶景の段丘に、新たにブドウの木を植えた。はらはらするような傾斜面で、危険でさえある。それでもベルトランはつい最近まで、この斜面を大股で飛ぶようにして駆け回っていた。

　歳を取った彼のもとへ、元料理人兼ソムリエで、ブドウ栽培家に転身したヴァンサンがやって来た。そして、ピペット片手に満面の笑顔で迎えてくれるのは、明るい目と柔らかな顔立ちの、醸造家である娘のアクセルだ。2004年にドメーヌの仕事を始めた。父のような強烈な性格の人間と働き、有機農法に転換するよう説得するのは簡単ではない。今回は娘の勝ちだった。

　こうして成長したドメーヌのワインは、濃密でピュアな味わい。いっさいの飾り気を排除した、カリッとしたタンニン、そして活力が印象的。さらに精度の高い熟成が期待される。幸いなことに、ワインはまだ少し残っている。

奇跡の自然ワイン！

 ニュイ＝サン＝ジョルジュ・レ・テラス・デ・ヴァルロ 2015　€€€
Nuits-Saint-Georges les Terrasses des Vallerots 2015

お手頃価格（30ユーロ以下）のニュイ＝サン＝ジョルジュ、と言うとまた個人的な懐事情がばれてしまうが。濃厚で引き締まったタンニンと、村名アペラシオンにしては珍しくミネラル感の長い余韻。テロワールが実力を発揮していることが感じられる。

ニュイ＝サン＝ジョルジュ・レ・オー・プルリエ 2014　€€€€
Nuits-Saint-Georges les Haut Pruliers 2014

抑制の利いた、インクやスパイスの香りが特徴の2014年。2015年は力強い第一印象を与え、フルーティで非常に飲みやすい。

Domaine Maréchal

ワイナリー

ドメーヌ・マレシャル

生産者 **Catherine et Claude Maréchal**
カトリーヌとクロード・マレシャル

AOC　コート・ド・ボーヌ、サヴィニー＝レ＝ボーヌ

Domaine Maréchal
6、シャロン街道、21200　ブリニー＝レ＝ボーヌ村
6, route de Chalon, 21200 Bligny-les-Beaune
03 80 21 44 37
www.bourgogne-marechal.com

一汁千秋

　最後まで待てば最上のものが得られる。これがふたりの聖者クロードとカトリーヌの福音だ。コート・ド・ボーヌのピノが最適な状態に熟すまで辛抱強く待つ。そして、完全に摘み取られる用意ができた状態のブドウに、猫のようなすばやさで飛びかかる。ブドウの木の声を聞く、というとても簡単なことだ。

　謙虚なクロードが言い忘れていることがある。それはブドウ畑でのとてつもない仕事量。有機農法で育てるブドウは、気をつけないと酸味が強くなる。収穫を始める前に、クロードは小屋でごく少量のブドウの圧搾を繰り返して、ブドウの状態を観察する。とくに、ペクチンに要注意だ。「圧搾機の周りにペクチンがたくさんついていたら、それはブドウがまだ完熟していないということなんだ」。ブドウの実は果梗から摘み取り、亜硫酸の使用や樽の木との接触は極力控える。

　オーセイ、ショレ、ラドワ、ポマールは、どっしりとしていながらもエレガントで繊細な芳香が漂い、古めかしい重さがない。種はまったく入れず、フリーランの果汁だけを使う。シンプルながら非常に高いレベルのブルゴーニュ・ワイン、〈アントワーヌ〉（白）や〈カトリーヌ〉（赤）といったキュヴェから味わってみよう。残念なことに、2015年と2016年の霜と雹がブドウをだめにしてしまった。

奇跡の自然ワイン！

 オーセイ・デュレス 2014　€€€
Auxey-Duresses 2014

なんとフルーティなワインだろう！ とろけるようなタンニンと味わい深い余韻。完熟ピノとはこのことだ。ご褒美のようなワイン。

 サヴィニー＝レ＝ボーヌ・プルミエ・クリュ・レ・ラヴィエール　€€€
Savigny-lés-Beaune Premier Cru les Laviéres

2015年に引き抜かれてしまった古木から造られた最後のワイン。最後の年のフレッシュでエレガントに引き締まった味わいのワインは、今は亡き古木へのオマージュだ。ハレルヤ。

クロード・マレシャル。彼はすばらしいブドウを収穫するために待つ。いつまでも待つ

Alice et Olivier de Moor

ワイナリー

アリス・エ・オリヴィエ・ド・ムール

生産者 **Alice et Olivier de Moor**
アリスとオリヴィエ・ド・ムール

AOC　シャブリ

Domaine de Moor

4 と 17、ジュール・フェラン通り、89800　クルジ村
4 et 17, rue Jules Ferrand, 89800 Courgis
03 86 41 47 94
aodemoor@aliceadsl.fr
www.aetodemoor.fr

ワインへの想いだけが原動力

　醸造学を修めて地元に戻ったオリヴィエ・ド・ムールと妻のアリスにとって、修了証書は紙くず同然だった。ふたりの地元とは、シャブリ、より正確に言うならその隣のクルジ村だ。シャブリは強い魅力を持つアペラシオンで、アメリカ人にとっては「白ワイン」の同義語だ。「シャブリ。それは泡のないシャンパーニュだ」。しかしオリヴィエがそう言うとき、うれしそうには見えない。シャブリの照り返しのきつい固い石灰質の畑では、スキーのゴーグルをつけなければならないというのは本当の話。この地では一般に、除草剤散布は春になったかならないかくらいの時期におこなわれる。オリヴィエとアリスはこのテロワールの生命力を再生させようと、薬品を使わずにがんばってみることにした（少々ビオディナミ農法を試しても害にはならないだろう、と考えたのだ）。ドメーヌは、ブルゴーニュ・アリゴテも入れると4つのアペラシオンで、7ヘクタール半の畑を所有している。

奇跡の自然ワイン！

 ブルゴーニュ・アリゴテ 2015　€€
Bourgogne Aligoté 2015

このワインを飲んで、味蕾を刺激されない人はいない。白亜質の土壌をほうふつとさせるミネラルのアクセントのせいだ。シャープなブドウの味をしなやかに包み込む成熟度はいつも安定していて、喉を優しく潤してくれる。このあとに続くワインは？　2016年5月27日のひどい雷雨と雹のせいで、シャブリのブドウは使えなかった。ふたりはほかのワイン生産者と同様、南部の友人の生産者から有機ブドウを譲ってもらい窮地を脱した。ドメーヌ・グラムノン（274頁）のヴィオニエや、ピフェルリング家（261頁）からのブールブーランなどの品種だ。南仏からの約20のブドウ品種が、ムール流のピュアで元気なワインになったと聞いて、興奮しない人はいないだろう。彼らのファンであり続ける理由がまた増えた。

ワイナリー **Domaine Lucien Muzard et Fils**
ドメーヌ・リュシアン・ミュザール・エ・フィス

生産者 **Claude et Hervé Muzard**
クロードとエルヴェ・ミュザール

AOC サントネー

Domaine Lucien Muzard et Fils
- ラ・クール・ヴェルイユ通り、21590　サントネー村
  Rue de la Cour Verreuil, 21590 Santenay
- 03 80 20 61 85
- lucienmuzard71@gmail.com
- www.pierrefrick.com

ミュザール兄弟の宿命

　父親リュシアン・ミュザールが、16ヘクタールの土地を開拓して馴らし、ブドウの木を植え、息子であるクロードとエルヴェに残した。1992年にドメーヌの仕事に加わったふたりは、よく働き、意見交換し、2013年に75歳で他界した父親を説得してきた。そして、地道でゆっくりとした、しかし着実な進歩を遂げている。

　ドメーヌ・リュシアン・ミュザール・エ・フィスは一時的に有機農法の認証を返却したが、それはいい加減な仕事をして会社を危機に陥らせたくなかったからだ。16ヘクタールは大規模な畑だ。しかし彼らの農業における哲学は変わらない。ブドウ畑での作業は完璧に自分たちでおこない、自然の酵母を使う。主力商品の赤ワインについては全梗発酵に戻り、2000年当時よりも果実味とタンニンの後味が感じられるようなスタイルに変えた。熟成をゆっくりと待ってから味わうべきワインだ。精緻で余計な飾りのないシャルドネ。安定した品質がどのワインにも共通しているだけでなく、まだ本数が残っている。まれに見るワインだ。

奇跡の自然ワイン！

 サントネー・クロ・ド・タヴァンヌ・プルミエ・クリュ 2015　€€€€
Santenay Clos de Tavannes Premier Cru 2015

クロ・フォバール・プルミエ・クリュからシャン・クロードなどの村名アペラシオンにいたるラインナップはつとに知られている。なかでも有名なのがこの〈クロ・ド・タヴァンヌ〉だ。コート・ド・ボーヌ南部で採れた2015年のピノが華々しい活躍を見せてくれる。ミュザール兄弟の2015年の赤はすべて、驚くべき濃密さを持つ。育ちのよいワインのよさを引き立てる、元気な骨格が生み出す躍動感。サントネーが「素朴」とされていたのは過去の話だ。

ワイナリー	# Domaine Naudin-Ferrand
	ドメーヌ・ノーダン＝フェラン
生産者	**Claire Naudin**
	クレール・ノーダン
AOC	コート・ド・ニュイ

Domaine Naudin-Ferrand

📍 12、メ＝グルノ通り、21700　マニー＝レ＝ヴィリエ村
　12, rue du Meix-Grenot, 21700 Magny-les-Villiers
📞 03 80 62 91 50
✉ claire@naudin-ferrand.com
🌐 www.naudin-ferrand.com

貴石

　ニュイ＝サン＝ジョルジュ村から数キロメートル、家族経営のドメーヌは20年以上クレール・ノーダンが統括してきた。22ヘクタールの畑で指揮を執る女性というのはそれだけでも珍しいが、彼女はさらに、限りなく有機農法に近い方法でブドウを育て、ごく少量の酸化防止剤か完全無添加でワインを造っている。広い畑で、これほどピュアで繊細なピノとシャルドネの栽培に成功している。周囲にそんなことができるドメーヌがあるかどうか考えてみてほしい。数少ないはずだ。

　彼女のキュヴェはみなそろって、飲み心地がよく深みのある酸が特徴だ。花の名前〈ベリス・ペレニス※1〉や〈ヴィオラ・オドラータ※2〉などを冠した、宝石をちりばめたようなワインや、真珠を思わせるアリゴテ（キュヴェは3種類）。そして相変わらず、ブルゴーニュ地方では他の追随を許さないコストパフォーマンスを誇っている。

※1 ヒナギク
※2 ニオイスミレ

奇跡の自然ワイン！

 ブルゴーニュ＝オート＝コート＝ド＝ニュイ・ミョゾーティス・アルヴェンシス 2014
€€€
Bourgogne-Hautes-Côtes-de-Nuits Myosotis Arvensis 2014

ブドウの房ごと、酸化防止剤を加えずに醸造したピノは半透明で、カリッとしたサクランボの香り。簡潔な味わいのなかに、ひそやかにスパイシーな木の香りが仕込まれている。繊細で純粋で、心を落ち着かせる、そんなワインだ。

ワイナリー	**Maison Philippe Pacalet**
	メゾン・フィリップ・パカレ

生産者	**Philippe et Monica Pacalet**
	フィリップとモニカ・パカレ

AOC	ボーヌ、コート・ド・ボーヌ

Maison Philippe Pacalet
- 12、ショメルジー通り、21200 ボーヌ市
  12, rue Chaumergy, 21200 Beaune
- 03 80 25 91 00
- philippe.pacalet@wanadoo.fr
- www.philippe-pacalet.com

> 畑もなく 不平もなく

　フィリップ・パカレは、ヴァン・ナチュールの祖とされるジュール・ショヴェの最後の弟子。添加物を使用するワイン醸造法が主流で、すべてのブドウ畑に除草剤が使われていた時代に、ボジョレー地方のネゴシアンであるショヴェは亜硫酸無添加のワイン造りに挑戦しており、テイスティングを記録していた。物理学が大好きな化学者でもあるフィリップは、叔父であるマルセル・ラピエールとともに、ニュイ＝サン＝ジョルジュ村のプリューレ＝ロックで働いたこともある。

　自分の畑は持たず、2001年にネゴスとして独立、買い付けるブドウはすべて管理下に置く。ブドウの質が醸造を左右するからだ。彼はブドウが本来持つ印象を研究し、酵母を観察する術を学んできた。「ブドウごとの違いが大きいほど、ワインのアロマの複雑さも増す」。赤も白も造っており、取り扱うアペラシオンは30ほどにもなる。遅摘みのブドウから造られるワインは、成熟したワインにしてはオリエンタルな雰囲気もある。完成されたスタイルで、優しいタンニンと複雑な味わいを持つ。

奇跡の自然ワイン！

 ムーラン・ナ・ヴァン 2015　€€€€
Moulin à Vent 2015

原点への回帰。「ブルゴーニュの赤ワインを造るための土地貸借料は、ボジョレー地方のムーラン・ナ・ヴァンよりも高い。ばかげたことにね」。行動を起こさなければならなかった。ボジョレーの名を高めるワインの創造だ。足でブドウを踏んで「祖父の時代にやっていたみたいに」マセラシオン・カルボニックをおこなう。大樽で熟成させる。混じりけのない、大地の恵みを思わせる、リッチな味わい。大ヒット。

 ポマール 2014　€€€€€
Pommard 2014

タンニンの感じられないポマールなんて、棘のないバラも同然だ。しかしバラをそっと触ろうとする人が棘でけがをしてはならない。タンニンのバランスをとるのがとても難しい年だった。全梗発酵に失敗は許されない。よく熟したピノを選別して摘み取ることで、熟成中、活力を残したまま優しい味わいが引き出せるようにしたかった。結果は大成功だ。

ワイナリー	# Domaine Sylvain Pataille ドメーヌ・シルヴァン・パタイユ
生産者	**Sylvain Pataille** シルヴァン・パタイユ
AOC	マルサネ

Domaine Sylvain Pataille
📍 14、ヌーヴ通り、21160　マルサネ＝ラ＝コート市
　14, Rue Neuve, 21160 Marsannay-la-Côte
📞 03 80 51 17 35

> 俺の畑　俺の闘い

　マルサネの土地を歩き回りながらシルヴァン・パタイユに出会わないのは、ローマ法王に敬意を表することなくサン＝ピエトロ広場を横切るのに等しい。マルサネの法王は細かいことにうるさく、彼の耕作方法を非難する業界上層部とほとんどシスマ[※1]の状態にある。彼のもとでじっさいにブドウ畑で働くと、学ぶことが非常に多い。「ル・クロ・デュ・ロワ？　ブーヴィエ[※2]の親父さんはよく言ってたな。あそこの土はものすごく柔らかいんで、ウサギが自分の耳で穴を掘ってたくらいだって」。たしかにマルサネの土は、コート・ド・ニュイの偉大な畑のなかでも、さらにすばらしい土壌として紹介されてしかるべきである。マルサネは地味な存在であるけれども、丘陵の上でできる空気感のあるワインや、もう少し下の区画でできるクリーミーで深い味わいのワインを手に入れることができる限り、文句はない。

　ブルゴーニュ・アリゴテにしろブルゴーニュにしろプルミエ・クリュにしろ、すべてのテロワールが同じような厳しい基準で手入れされている。赤ワインは全梗発酵、すべて垂直型圧搾機で圧搾され、亜硫酸は無添加、自生酵母使用。300リットル以上入る樽で長期熟成（24カ月を費やすこともよくある）させる。

※1 教会分離。カトリック教会の分裂、東西教会の分裂など、宗教団体の分裂を指す
※2 マルサネのルネ・ブーヴィエ。現在はドメーヌ・クリストフ・ブーヴィエ

奇跡の自然ワイン！

 ブルゴーニュ・アリゴテ・クロ・デュ・ロワ 2016　€€€
Bourgogne Aligoté Clos du Roi 2016

1935年に、石灰質の土壌に植えられたおじいさんのような古木から生まれる、エネルギー、爽やかさ、余韻、奥行きにはただひれ伏すばかりだ。ブルゴーニュ・アリゴテのグラン・クリュである。

 マルサネ・ラ・モンターニュ 2015　€€€
Marsannay la Montagne 2015

醸造の世界にデビューしたばかりのシルヴァン・パタイユの名を世に知らしめた、ドメーヌの代表的なキュヴェ。躍動感のあるピノで、いつも変わらない素直な飲み心地、濃い果実味のあとに来るのはスパイスと洗練されたタンニンの味わいだ。自分に活を入れたいなら、〈マルサネ・ラ・モンターニュ 2015〉を飲もう。震えあがること間違いなしだ。

ワイナリー	**Domaine Pattes Loup**
	ドメーヌ・パット・ルー
生産者	**Thomas Pico**
	トマ・ピコ
AOC	シャブリ

Thomas Pico

- グランド＝リュ・ニコラ＝ドロアン、89800　クルジ村
  Grande-Rue Nicolas-Droin, 89800 Courgis
- 03 80 41 46 38
- thomas.pico@pattes-loup.com
- www.pattes-loup.com

ぼくのだいすきなシャブリ

　シャブリを味わうことは、衝撃を愛することに似ている。年によって味わいが全然違うからだ。たとえば2013年と2014年。前者はまっすぐで鋭利、後者は丸みがありどっしりとしている。シャブリを味わうことは、石灰質の波のあいだを漂いながら、塩味、「牡蠣」の味、白亜土の香り、そしてヨンヌ県のシャルドネの英知を学んでいくことなのだ。

　30代のトマ・ピコのワイナリーでは、この英知を獲得するのに何十年もかからなかった。代々の土地（ドメーヌ・ド・ボワ・イヴェールの一部であった）を2005年に引き継ぎ、有機農法に変えた。彼の考え方は畑から醸造にいたるまで一貫している。ブドウ畑はよく管理され活力にあふれ、醸造は可能な限り自然に任せておこなわれている。グラン・クリュでも有名テロワールでもないが、よいものを造ろうという意志と、よいブドウを育んでくれるテロワールを尊重する気持ちは誰にも負けない。

奇跡の自然ワイン！

 シャブリ 2015　€€
Chablis 2015

完熟したブドウからできたシャブリの手本のようなワイン。甘みと苦みのバランスがよく、石灰質の香り。今すぐ飲んでおいしい。2016年の悪天候の影響で、2017年に販売されたのは2015年のシャブリの一部のみだ。2015年のシャブリ・プルミエ・クリュは、そのほかのシャブリとともに2018年春に店頭に並ぶ。トマ・ピコはまた、ヴァンダンジュ・ソリデールという生産者の一致団結運動のおかげで手に入れたシャルドネでもワインを造っている。南西部の同業者たちが、経済的な困難に直面したトマにブドウを提供したのだ。目をつぶって味わってみよう。人びとの団結が生み出したワインの、柑橘類と熟した果実の香りが堪能できる。

ワイナリー
La Maison Romane
ラ・メゾン・ロマーヌ

生産者
Oronce et Victorine de Beler
オロンスとヴィクトリーヌ・ド・ベレール

AOC　ヴォーヌ＝ロマネ

La Maison Romane
- 14、テュロ通り、21700　ニュイ＝サン＝ジョルジュ市
  14, rue Thurot, 21700 Nuits-Saint-Georges
- equivinum@wanadoo.fr
- www.oroncio-maisonromane.com

前進し続けるオロンス

　オロンス・ド・ベレールは1978年生まれ。パリのパブで働いたあと、ヴォーヌ＝ロマネ村に住みついた。馬用農業機械の会社（エキヴィナム）を立ち上げてすぐ、放し飼いによって脂肪より筋肉が多くついた豚を育てようと、養豚を始めた。誰もが気に入るようにコルシカとイベリコの交配種にした。自分で作ったおいしいハムが食べられるようにするためだ。では、ワインはどうして？

　2005年、自分の畑を持っていなかったオロンスは、ネゴスの会社を始めた。ラ・メゾン・ロマーヌは、彼が最初に事務所を持った場所で、ブドウ農家の建物の名前だった。アーチ天井の小さなカーヴの中で、買い付けたブドウを使い、酸化防止剤をできるだけ使わずにワインを造っている。造り手の人となりを表すかのように、最初の数年のミレジムは怒涛の日々のなかで造られた。そして若いパパとなったオロンスのワイン造りは今、落ち着き、穏やかな日々が戻っている。いちばん手頃な〈オー＝ヴィーヴ〉の赤と白に始まり、マルサネの〈ロンジュロワ〉、しゃれたフィサンの〈レ・クロ〉、コルトンの〈レ・ペリエール〉まで守備範囲はとても広い。

　2017年、ヴォーヌ＝ロマネ村からニュイ＝サン＝ジョルジュ市に引っ越し、あらゆる醸造技術を1カ所にまとめ上げた。ニュイ＝サン＝ジョルジュ市の中心地にあるこの醸造所も、やはり年季が入った建物だ。

奇跡の自然ワイン！

 ヴォーヌ＝ロマネ 2015　€€€€
Vosne-Romanée 2015

オロンス・ド・ベレールのワイン生産は、2012年に転換に着手して以来、相変わらずコート・ド・ニュイに重点が置かれている。2016年のミレジムは、コンブランシヤン村で収穫された、ブルゴーニュ＝オート＝コート＝ド＝ニュイである。ブルゴーニュ・ピノ・ノワール、ブルゴーニュ・シャルドネ、マルサネ、フィサン、ジュヴレー＝シャンベルタン、ヴォーヌ＝ロマネ、すべてに惚れ込んでしまう。

ワイナリー	# Domaine de la Romanée-Conti
	ドメーヌ・ド・ラ・ロマネ゠コンティ
生産者	**Aubert de Villaine**
	オーベール・ド・ヴィレーヌ
AOC	ロマネ゠コンティ、ラ・ターシュ

Domaine de la Romanée-Conti

- 1、デリエール゠ル゠フール通り、21700　ヴォーヌ゠ロマネ村
  1, rue Derrière-le -Four, 21700 Vosne-Romanée
- 03 80 62 48 80
- www.romanee-conti.fr

魔法の大地

　ロマネ゠コンティは、人びとを熱狂させるだけのことはある、数少ない伝説的なワインのひとつだ。ほかの土地の人びとは、この名を聞けば興奮し、考え込み、その伝説の由来について知りたがる。たとえばブドウ。28ヘクタールあまりの畑が2007年からビオディナミ農法に切り替えられた。そしてブドウの木。フィロキセラとの激しい戦いがあった。20世紀の始め、フランス全土でブドウの木を伐採しなければならなかったほどだった。その後大半の畑では生産性の高いブドウ品種の数が増やされた。すると畑は病害に弱くなってしまった（ブドウ品種の配分が悪かったためだ）。しかし1.81ヘクタールのロマネ゠コンティの畑では、継承財産である古いブドウの木が、虫害に抵抗し続けたのだ。1944年、引き抜かなければならなくなったときも、その木の若枝を活かして植え替えがおこなわれた。フランスではカヴィスト※のもとでのみ購入が可能。

※ レストランなどのワイン蔵の管理者、またはワイン専門店の仕入・販売責任者

奇跡の自然ワイン！

 ラ・ターシュ 2013　　価格は非公開
　　　　　La Tâche 2013

ドメーヌ・ド・ラ・ロマネ゠コンティのグラン・クリュのなかでは、6ヘクタールともっとも面積の大きい畑のワインだ。競売では〈ラ・ターシュ〉より〈ロマネ゠コンティ〉のほうが人気がある。味の面では、一見地味な〈ラ・ターシュ〉のピノのほうがお薦めだ。大地の恵みが届けてくれる力強さは感動的である。「ワインの洗練度は植物の出来に影響される。生産過程においては、シンプルであることが何よりも大切だが、この世界でいちばん難しいのが真にシンプルであることなのだ。なぜなら完璧な状態のブドウと長年の経験に裏打ちされたブドウの管理技術が必要だからだ」

ワイナリー	**Château des Rontets**
	シャトー・デ・ロンテ

生産者	**Claire et Fabio Montrasi**
	クレールとファビオ・モントラジ

AOC	プイィ＝フュイッセ

Château des Rontets
- 71960　フュイッセ村
  71960 Fuissé
- 03 85 32 90 18
- base@chateaurontets
- www.chateaurontes.com

ドルチェ・ヴィーノ

　ファビオ・モントラジと妻のクレールはイタリアで素描を学んでいた。ミラノで楽しんだアルデンテな暮らし、イタリア的なデザイン、ヴェスパ、そしてエスプレッソ……。そしてあるとき、故郷のフュイッセ村で一家のブドウ畑が空いた。「やってみようか？」ドルチェな生活と畑仕事。ゆっくりと始めてみよう！　というわけで、ファビオとクレールは山の上でこじんまりとシャトー・デ・ロンテを開いた。簡素だけれどチャーミングで優美な、黄金色に輝く石造りの建物だ。夏の光を浴びるともうそこだけが地中海世界のようだ。シャトー・デ・ロンテからは、ヴェルジッソンやソルトレの石灰質の懸崖（けんがい）が見渡せる。しかしすぐ下に見えるのは、わがままなシャルドネの6ヘクタールの畑だ。夏の終わりには急いで土を盛り、冬には剪定し、春になると整枝をおこない、ワイヤーに枝をくくり付け、無駄な芽を摘み、斑点がついたらすぐに対処し、日に焼けすぎないように保護し、実が黄金色になるよう日に当てる。これらの作業すべてがビオディナミにのっとっておこなわれているのだ！　眠る暇もないくらいだ。2014年と2016年には、霜や雹によって畑の一部が壊滅的なダメージを受けた。「ちょっとだけ造ってみた」〈ボジョレー・サン・タムール〉も上品で魅力的だ。

奇跡の自然ワイン！

 プイィ＝フュイッセ・レ・ビルベット 2015　€€€
Pouilly-Fuissé les Birbettes 2015

18世紀の俗語で「おばあさん」を意味する畑ビルベットは、クレールの祖先が植樹した。どれだけのテロワールに、こんなエキゾチックなコクと射貫くようなミネラルの活力の絶妙な調和が実現できるだろう？　冷涼な高地（標高360〜370メートル）と南向きの石灰質の土壌が生んだ多面的な味わいを持つシャルドネは、現在畑の画定が進行中のプイィのプルミエ・クリュのひとつにふさわしい*。　※プイィ＝フュイッセは2017年にプルミエ・クリュ（1級）に認定された

 サン＝タムール・コート・ド・ベセ 2016　€€€
Saint-Amour Côte de Besset 2016

ファビオとクレールはこのテロワールで少しずつ自分たちの個性を打ち出し始め、これまで、リッチな若飲みワインだと評価されることがあまりに多かったこのクリュを、強いけれども空気感のあるワインに仕上げた。わたしたちの大のお気に入りだ。

ワイナリー	**Domaine Roulot**
	ドメーヌ・ルーロ

生産者	**Jean-Marc Roulot**
	ジャン＝マルク・ルーロ

| AOC | ムルソー |

Domaine Roulot
1、シャルル・ジロー通り、21190　ムルソー村
1, rue Charles-Girault, 21190 Meursault
03 80 21 21 65
roulot@domaineroulot.fr

選ばれしムルソー

　俳優がブドウ畑を手に入れる話はよく聞くが、その逆は珍しい。ジャン＝マルク・ルーロは、誰もがうらやむテロワールに 11 ヘクタールの畑を所有する一家に生まれた。しかし彼は自分の進みたい道を確かめるべく、コンセルヴァトワール[1]に入学した。「ずっと畑で働いていたら、今の自分のようなヴィニュロンにはなっていなかったと思う。見聞を広めることも必要だね」。彼は今でも俳優業を続けている（映画『おかえり、ブルゴーニュへ』にも出演）が、ムルソーでの仕事が生活の 90％を占める。

　彼のブルゴーニュの白ワインは、ムルソーと同様、抑制されていながらも表現力に富み、ルイ・ド・フュネス[2]というよりはジャック・タチ[3]風だ。1 年間をダミー[4]の木樽で、さらに 6 カ月間をタンクの中の澱の上で発酵させる。「テロワールが嫌うのは、過剰さだ。収穫量が多すぎれば大味になる。アルコール感、木の香り、酸味、それにタンニン、これらが出しゃばると、テロワールの持ち味はすぐに見えなくなる。いまだに凝縮感を求める傾向があるけれど、テロワールが表現してくれるものが台無しになったり、全然別のワインになってしまう危険がある」。2000 年代初めにビオディナミ農法に転換して以来、クリマが見せてくれるさまざまな表情は微妙なニュアンスに富む。ジャン＝マルクは、驚くほどの芳香を放つブランデー（梨、ラズベリー）やアンズのリキュールなど、強い刺激を与えてくれる飲み物も造り始めた。

※1 フランスの音楽・舞踊・演劇の国公立教育機関／※2 フランスの喜劇俳優。1914〜1983
※3 フランスの映画監督、俳優。1907〜1982／※4 ムルソーにある樽のメーカー

奇跡の自然ワイン！

 ブルゴーニュ・アリゴテ 2014　価格は非公開
Bourgogne-Aligoté 2014

ムルソーの畑で採れたブドウをタンクで発酵させている。垢抜けた印象のアリゴテ。申し分のない柑橘風味と、クリスピーな飲み口は、ついにやった！　という手ごたえを感じさせる。

 ムルソー・レ・ティレ 2014　価格は非公開
Meursault les Tillets 2014

ピュリニーにほぼ接触している、ドメーヌのなかでも高い区域にある。浅い砂利質の土壌によって、コクがありながらも慎みと軽さが感じられるシャルドネに鍛え上げられている。豊かな味わいの品種が、クリスタルのように澄んできりりとしたワインになった。

ワイナリー	# Domaine Fanny Sabre
	ドメーヌ・ファニー・サーブル
生産者	**Fanny Sabre**
	ファニー・サーブル
AOC	ポマール

Domaine Fanny Sabre
- 12、リューロップ広場、21630　ポマール村
  12, place de l'Europe, 21630 Pommard
- 03 80 24 09 39
- fannysabre@gmail.com

気丈な母娘のポマール

　すらりと背の高いブロンドのファニー・サーブルは鼻っ柱の強い30代。この性格のおかげでこうして無事にやってこれたのかもしれない。父親が他界したとき、彼女はまだ16歳だった。フィリップ・パカレ（95頁）がちょうどプリューレ＝ロックから独立したころだった。未亡人とその娘はパカレのピノを飲んで面食らった。「父が造っていたワインとあまりにかけ離れていたので、母とこう話し合ったの。どうせ変わろうとするなら、何もかも変えてしまおうって！」

　2008年からはひとりでカーヴを切り盛りし、師と同様に全梗発酵、マセラシオン・セミ・カルボニック、自生酵母、できるだけ亜硫酸無添加にこだわっている。最初はボーヌにぽつんと建つ手狭な醸造室でワインを造り始め、2013年からはポマールの立派なカーヴで、ボーヌ、ポマール、ムルソー、ヴォルネーの4つの主要なアペラシオンを大切に育んでいる。4ヘクタール半の手入れの行き届いたブドウ畑に喜びを見出している彼女、ますますテロワールへの理解を深め、細やかな心でその真髄を伝えてくれるだろう。

奇跡の自然ワイン！

 ポマール 2014　€€€€
Pommard 2014

やや硬い仕上がりになりがちなポマールの古木を選んで、本来の繊細なタンニンを引き出した。張りのある花のような香り（2時間前にカラフェに移すこと）。赤いフルーツの風味。10年後が楽しみなワイン。

ワイナリー **Sarnin-Berrux**
サルナン゠ベリュ

生産者 **Jean-Marie Berrux et Jean-Pascal Sarnin**
ジャン゠マリー・ベリュとジャン゠パスカル・サルナン

AOC サン゠ロマン

Sarnin-Berrux
- 23、ボーヌ通り、21190　モントリー村
  23, rue de Beaune, 21190 Monthelie
- 03 80 26 15 96
- contact@sarnin-berrux.com
- www.sarnin-berrux.com

陽気なワイン

「こいつの口車に乗って始めちゃったんだ！」と言ってジャン゠マリー・ベリュは隣人のフレッド・コサールを指さす。でも被害者面している本人にも事情はあった。子供のころから畑が好きだったが、街中で育ち、広告業界で身体を切り刻むようにして働いて稼いだ。そしてあるとき燃え尽き、貯蓄をはたいて1ヘクタール半の畑を買い、うっぷんを晴らすかのように畑仕事に精を出した。「まず、がんばって土を耕し、根が下りていくようにした。今は、土に空気を含ませる方法についての研究に夢中だよ」

ワイン造りを始めたころに、現在のパートナーのジャン゠パスカル・サルナンと出会った。ふたりは今、高品質のワインを取り扱うネゴシアン、サルナン゠ベリュを共同経営している。

奇跡の自然ワイン！

 サン゠ロマン 2014　€€€€
Saint-Romain 2014

ブドウを買い付けるときにはかならず、栽培家に健全なブドウ（多くは有機ブドウ）を提供してくれるよう、協定を結ぶ。ブドウが自然にその持ち味を表現できるようにするためだ。そして、それぞれの酵母が自分の香りを十分に発揮できるまで、ゆっくりと待つ。花の香りが前面に出るときが多く、このシャープなシャルドネもそうだ。ビロードの鞭で口の中をひっぱたいてくれる。

ワイナリー	# Domaine Jean Trapet Père et Fils
	ドメーヌ・ジャン・トラペ・ペール・エ・フィス
生産者	**Jean-Louis Trapet**
	ジャン゠ルイ・トラペ
AOC	ジュヴレー゠シャンベルタン

Domaine Trapet
- 53、ボーヌ街道、21220　ジュヴレー゠シャンベルタン村
  53, route de Beaune, 21220 Gevrey-Chambertin
- 03 80 34 30 40
- message@trapet.fr
- www.domaine-trapet.com

嘘偽りのないジュヴレー

　ジャン゠ルイ・トラペは一日中畑で過ごす。繊細な神経を持つ彼が「生産物」から精気を吸い取りたくなかった気持ちがよくわかる。1995年から、ビオディナミ農法に切り替え始めた。「無理強いするのではなく、丁寧にそっと作業するんだ。土と星のリズムに合わせて、人間の手を最適なタイミングを見計らって入れ、余計なことはしない。それだけでいいんだ。それから薬草を煎じた肥料を与えて終わりさ」。3つのグラン・クリュ（シャンベルタン、シャペル゠シャンベルタン、ラトリシエール゠シャンベルタン）とふたつのプルミエ・クリュの違いははっきりとしている。当たり年もそうでない年も、ピノのテクスチャーの力強さと持続力には、力みがない。惚れ込んでしまう。

奇跡の自然ワイン！

 ア・ミニマ 2015　€€
A Minima 2015

ジュヴレー゠シャンベルタンという名前がついていなくても、同じように手を掛けて造られたワインだってある。ジュヴレー゠シャンベルタンの横にある区画で、同じ畑の3分の1はガメイだ。甘い胡椒の香りが特徴のこのワインは、ジャン゠ルイ・トラペならではの無駄を削ぎ落とした骨格を持つ。

ワイナリー	**Domaine Valette**
	ドメーヌ・ヴァレット

生産者	**Cécile et Philippe Valette**
	セシルとフィリップ・ヴァレット

AOC	マコン、プイィ＝フュイッセ

Domaine Valette
- レ・ビュイソナ、71570　シェントレ村
  Les Buissonats, 71570 Chaintré
- 03 85 35 66 59
- philippe.valette71@orange.fr

聖ノリーの神話

　自然の恵みを制御したくないというフィリップ・ヴァレット（と妻セシル）の頑固さのおかげで、シェントレ村のシャルドネの忘れられていた魂が目覚めた。濃厚な果汁は、模範的なエキス分と、猛獣の脊髄を感じさせる。ヴァレット夫妻は、映画『恋はデジャ・ブ※』にも似た、絶え間ない繰り返しの醸造作業にいそしむ。そうしてできた絶妙な透明感を持つシャルドネ・ワインのうま味は、頂点に到達している。われらがマコン・ヴィラージュとプイィ＝フュイッセの「ビル・マーレイ」は、小樽にすべてを任せて、ワインの清澄と熟成をおこなう。酸化すれすれのところで、みずからの力で立つたくましいワインが出来上がる。84カ月間の熟成を経た、伝説的な2003年の〈クロ・ド・ムッシュー・ノリー〉がその典型だ。

※ 1993年のビル・マーレイ主演のアメリカ映画

奇跡の自然ワイン！

 プイィ＝ヴァンゼル・ヴィエイユ・ヴィーニュ 2012　€€€
Pouilly-Vinzelles Vieilles Vignes 2012

極小アペラシオンなので、このシャルドネの繊細さを味わせてくれるキュヴェは2、3種しかない。若く柔らかなシャルドネは瓶詰めされると張りがよみがえる。2012年はとくにクリュならではの後味の長さが楽しめる。

BOURGOGNE

ワイナリー
Domaine des Vignes du Maynes
ドメーヌ・デ・ヴィーニュ・デュ・メイヌ

生産者　**Alain et Julien Guillot**
アランとジュリアン・ギヨ

AOC　マコン

Domaine des Vignes du Maynes

📍 モワーヌ・サジー＝ル＝オー通り、71260　クリュジル村
　Rue des Moines Sagy-le-Haut, 71260 Cruzille
📞 03 85 33 20 15
✉ info@vignes-du-maynes.com
🌐 www.vignes-du-maynes.com

修道士たちの美意識

　ジュリアン・ギヨの背後には疲れを知らぬ働き手たちの存在がある。シトー会修道院の1千年以上にわたる歴史のなか、代々の修道士たちがブドウ畑を耕してきた。さらに、先見の明のある神父が有機農法に変えた。そして公証役場の書記をしていたジュリアンの祖父がこの場所に魅了され、すぐそばにある家を購入。ワイン造りの世界に足を踏み入れた祖父は物事を冷静に把握していた。「当時、戦争で使いきれなかった化学薬品を国から買わされていることを祖父は知っていた。彼は強制収容所から生還し、体調を崩していたから、そういうものと縁を切りたかったんだ。亜硫酸でさえ使おうとはしなかった」。1952年当時、そんなことを言う人間は皆無で、60年後にはこうした事実は忘れられた。「祖父はパリ出身だったからこそ自分流を貫けたんだろうね。糖分も人工酵母も使わず濾過もせず、ブドウだけでワインを造っていた。ほかのやり方なんて知らなかったからさ」

奇跡の自然ワイン！

 マコン・クリュジル・マンガニット 2014　€€€€
Mâcon Cruzille Manganite 2014

「マンガンを豊富に含む場所で磁石をぶら下げた振り子をかざすと、大きく揺れるんだ。表土は固い石灰岩で地下10メートルまで続いている」。どうりで赤も白も、バランスのよい石やマンガンといった鉱物の香りを持つわけだ。

ワイナリー	**Domaine de la Vougeraie**
	ドメーヌ・ド・ラ・ヴージュレ

生産者	**Pierre Vincent**
	ピエール・ヴァンサン

AOC	ヴージョ

Domaine de la Vougeraie
📍 7-2、レグリーズ通り、21700　プルモー＝プリセー村
　7bis, rue de l'Église, 21700 Premeaux-Prissey
📞 03 80 62 48 25
🌐 www.domainedelavougeraie.com

たとえ免罪符だとしても

　ビオディナミ農法をおこなうドメーヌ・ド・ラ・ヴージュレは、ブルゴーニュ地方最大のネゴスであるボワセ・グループの良心なのだろうか？※　たぶん、そうなのだろう。2006年に始まった、ピエール・ヴァンサン率いるチームによる仕事は独創的で、ブルゴーニュ地方への有益なメッセージでもあった。「引き返すことはもうできない。よいワインを造ろうと思ったら必然的にビオディナミ農法に行きつくからだ」とピエールは言う。17年前にドメーヌが創設されて以来、クリュは進化を続け、テクスチャーはエレガントに、テロワールの個性はますます際立ってきた。さまざまな方法を使い、ドメーヌの60近くある小さな区画では醸造と熟成が丁寧におこなわれている。白ワイン（全体の3分の1）は繊細な花の香りとかすかに感じられる塩気に驚かされる。強さと繊細さを持ち合わせる赤は、生命力にあふれて深みがあり、雄弁だ。ともに若飲みにも長熟にも向いている。

※ ボワセ・グループのジャンクロード・ボワセ社が、ドメーヌ・ド・ラ・ヴージュレを設立した

奇跡の自然ワイン！

 　サヴィニー＝レ＝ボーヌ 2014　€€€€
　Savigny-lès-Beaune 2014

白亜質の土壌が生み出すテクスチャーのシャルドネ。華やかな柑橘類の香りが際立っている。村名アペラシオンには珍しくミネラル感がある。

 　コルトン・ル・クロ・デュ・ロワ 2014　€€€€€
　Corton le Clos du Roi 2014

バラとラズベリーの中間のような香りと、クリーミーなテクスチャー、洗練されたタンニンが趣を添え、クロ・デュ・ロワのいちばんよいところが引き出されている。2018年からが飲みごろ。

CHAMPAGNE

22 VIGNERONS　30 VINS　100% RAISIN

シャンパーニュ
[ヴァン・ナチュールの現状]

　つねに売れ行きがよく、世界中で高価格で取引されているシャンパーニュ。今も昔も変わらず大人気だ。シャンパーニュ地方でのシャルドネは値上がりを続け、格付けされているブドウの場合、1キロ当たり単価6.5ユーロ以上する（2018年）。750ミリリットルのシャンパーニュのボトルには1.2キログラムのブドウが使われるので、シャンパーニュ・グラン・クリュ1本当たりの原材料費は7.8ユーロに値上がりしたことになる。ブラン・ド・ブランがあんなにも高い理由がこれでよくわかる。フランスの一般的な消費傾向は停滞状態で、国の士気は低下中にもかかわらず、シャンパーニュの消費だけは世界で第1位だという。経済的繁栄を享受しているシャンパーニュは、かつてないほど多くの人びとに飲まれるようになった。これほど広く流通したことは今までになく、その経済的影響は莫大だ。3億710万本が販売され（2013年）、2015年の売り上げは45億ユーロで、Facebook社の売り上げを10億ユーロ上回っている。また、フランス・ワインの輸出に占める割合は、シャンパーニュだけで金額的には32％、数量では8％を占めている。コニャックとボルドー・ワインを抑えて、フランス酒類輸出部門第1位（売上げ）に輝くのがシャンパーニュなのだ。
　しかし、冷えたアペリティフというステレオタイプ化された飲み方が流行っているのも、最近のシャンパーニュの現象だ。ほぼ工業製品のように醸造されるようになったシャンパーニュは、今や規格化されている。スーパーマーケットで売っているフルーツや野菜と同じだ。見た目はきれいだけれど、味となるといまひとつ……。そんな状況に立ち向かう、新世代の造り手によるシャンパーニュが次々と登場している。本章で強く推薦していきたい造り手たちだ。シャンパーニュのヴィニュロンやメゾンは、味そのものに賭けている。目指すのは、有機炭素をたっぷり含んだ大陸性白亜質の土壌の力を最大限に生かした、最高の自然美ともいえる輝くような泡。本物の泡は、昔も今も飲む人を夢見心地にさせてくれる。

ワイナリー
Champagne Agrapart & Fils
シャンパーニュ・アグラパール&フィス

生産者 **Nathalie et Pascal Agrapart**
ナタリーとパスカル・アグラパール

AOC シャンパーニュ、コート・デ・ブラン地区アヴィーズ

Champagne Agrapart & Fils
- 57、ジャン＝ジョレス大通り、51190　アヴィーズ村
  57, avenue Jean-Jaurès, 51190 Avize
- 03 26 57 51 38
- info@champagne-agrapart.com
- www.champagne-agrapart.com

格調高いミネラル感

「いまだに、酸味が味の土台だと思っているシャンパーニュ生産者が多すぎる。じっさいはブドウの木から生まれるミネラル感こそが、風味と輪郭を作り出すんだ。このミネラル感は完熟したブドウでなければ出せない。それにマロラクティック発酵も欠かせない要素だ」。そう主張するのは、アヴィーズっ子のパスカル・アグラパール。一家のドメーヌは、かの有名なコート・デ・ブラン地区にシャルドネ・グラン・クリュを所有している。ドメーヌの価値をさらに高めているのが、自然環境を尊重した、昔ながらの手作業によるブドウ栽培とワイン醸造である。まだ清澄段階にある果汁でさえ格調高く濃厚であるのも納得できる。

　パスカルは「歯にしっとりと絡み、舌先に噛みつくような」白亜質の土壌とかすかな塩気が感じられるワインが好きなのだという。ディディエ・ダグノー（ロワール地方プイィ・フュメ）かフランソワ・シデーヌ（同モンルイ、190頁）のところで、樽を使った醸造をおこない、こうした持ち味を十分に引き出している。古い樽が使われることも多い。「新木の樽を使うと、泡が過剰になることがある」

奇跡の自然ワイン！

 テロワール・エクストラ・ブリュット　€€€€
Terroirs Extra Brut

この優れたアッサンブラージュ（おもに2010年と2011年のブドウ）では、パスカル・アグラパールが造るシャンパーニュのなかでも類を見ない濃厚さとミネラル感が味わえる。アペリティフとして理想的であり、磯の香りとのマリアージュもよい。

 コンプランテ・エクストラ・ブリュット　€€€€€
Complantée Extra Brut

アヴィーズのテロワールで奏でられるブドウの六重奏（ピノ・ノワール、ピノ・ムニエ、ピノ・ブラン、アルバーヌ、プティ・メリエ、そしてシャルドネの6種）。2009年のヴィンテージは凝縮された味わいをのびのびと発揮し、まれに見るバランスのよさを保ちつつ、口当たりはクリーミー。万人向けながら、稀有なクオリティだ。

Champagne Françoise Bedel & Fils

ワイナリー

シャンパーニュ・フランソワーズ・ブデル&フィス

生産者　**Françoise Bedel et Vincent Desaubeau**
フランソワーズ・ブデルとヴァンサン・ドゥゾボー

AOC　シャンパーニュ、クルート＝シュール＝マルヌ

Champagne Françoise Bedel & Fils
71、グランド＝リュ、02310　クルート＝シュール＝マルヌ村
71, Grande-Rue, 02310 Crouttes-sur-Marne
03 23 82 15 80
www.champagne-bedel.com

泡に境界線はなし

　マルヌ川の最西端部、シャンパーニュ地方とイルドフランス地方の境界で、ハートの女王がピノ・ムニエ（使用するおもなブドウ品種）の曲を奏でる。主旋律は粘土質と石灰質、そして火打石の混ざったテロワールだ。演奏はバロック様式のアルペッジョ。「空を見て。境界線なんてどこに引いてあるかしら？ 壁や、線や、中心部といったものが、大空にある？」フランソワーズ・ブデルは詩人だ。ラマルティーヌ[1]さながら、いわゆる「グラン・クリュ」のテロワールとマルヌ地区のテロワールには境界線なんてないと謳う。ごまかしのない製法によるシャンパーニュは、カーヴでの長期熟成後、ほとんど補糖しない。身体中をくすぐる泡、かすかな酸化香が心を満たしてくれる。シェジー＝シュール＝マルヌの新しいカーヴへの移転は、8ヘクタールの畑を持つこのドメーヌにとって重要な通過点だった。10年来、息子のヴァンサン・ドゥゾボーが彼女の片腕となって経営にたずさわる。光降り注ぐカーヴは近代建築の粋とエコロジー思想の融合だ。念願だった移転によって、ビオディナミ農法そして彼らのシャンパーニュの優しい滋味や力強さが、完璧に調和することとなった。

※1 マコン生まれのフランスの詩人。1790～1869

奇跡の自然ワイン！

 アントル・シエル・エ・テール　€€€
Entre Ciel et Terre

すばらしい生産地であるシャンパーニュ地方東部で採れたピノ・ムニエは、瓶内熟成によって優しく緑がかった色になった。細かなプラリネの粒子のような口当たり。柔らかで奥行きがある。一口ごとに新しい幸福感をもたらしてくれる。

 ディ・ヴァン・スクレ　€€€€
Dis Vin Secret

おもに2008年産のピノ・ムニエを90％使い、カーヴで7年間熟成している。アーモンド、クルミ、蜂蜜、マルメロ。甘口のマールや、繊細でエネルギッシュなビターズ[2]がほのかなアクセントを添える。

※2 苦味酒ともいう食前酒の一種

ワイナリー	**Champagne Francis Boulard & Fille** シャンパーニュ・フランシス・ブラール&フィーユ
生産者	**Francis et Delphine Boulard** フランシスとデルフィーヌ・ブラール
AOC	シャンパーニュ

Champagne Francis Boulard & Fille
国道RD944、51220　コーロワ＝レ＝エルモンヴィル村
Route nationale RD944, 51220 Cauroy-lès-Hermonville
03 26 61 52 77
contact@francis-boulard.com
www.francis-boulard.com

テロワールに任せるだけ

　太陰暦に基づいた栽培、自生酵母を使った発酵、人の手をむやみに加えない。フランシス・ブラールは娘のデルフィーヌに、ピノを主体とした有機農法のブドウ畑における知恵と経験を伝えてきた。今では娘が仕事全体を統括し、冴えた勘を使って最近のミレジムの醸造責任者となっている。「最近じゃ、畑ではギターを弾くことぐらいしかしていないよ」とシャンパーニュ地方のジョニー・キャッシュ[※1]は皮肉っぽく言う。

　ドメーヌのヒット作〈レ・ラシェ〉は、マサル・セレクション[※2]した樹齢40年ほどになるシャルドネの木から生まれる。濃くてフレッシュ、ブラール家のシャンパーニュはこの地の目覚めの1杯とも言えそうだ。

※1 アメリカのロック・ロカビリー歌手。1932〜2003
※2 ブドウの株の選抜作業

奇跡の自然ワイン！

 レ・ラシェ 2010　€€€€
Les Rachais 2010

シャルドネのことなら、そして非常にシャンパーニュ的な「ブラン・ド・ブラン」のことなら何でも知っていると思っているあなた。デルフィーヌ・ブラールのこの区画（シリカと石灰の土質）でできるワインを体験してほしい。きめ細かな泡と移ろうような塩気のある香りが、波のように押し寄せ、舌の粘膜を喜ばせてくれる、非常に個性的なワインだ。文字どおり舌の上に余韻が長く残る。

ワイナリー	**Champagne Bourgeois-Diaz**
	シャンパーニュ・ブルジョワ＝ディアズ
生産者	**Jérôme Bourgeois-Diaz**
	ジェローム・ブルジョワ＝ディアズ
AOC	シャンパーニュ、クルート＝シュール＝マルヌ

Champagne Bourgeois-Diaz
- 43、グランド＝リュ、02310　クルート＝シュール＝マルヌ村
  43, Grande-Rue, 02310 Crouttes-sur-Marne
- 03 23 82 18 35
- bourgeois-diaz@wanadoo.fr
- www.bourgeois-diaz.com

> シャンパーニュの西の大型新人！

　もうすぐ40歳になるジェローム・ブルジョワ＝ディアズは、フランソワーズ・ブデル（110頁）を範として、2009年以来ビオディナミ農法によってクルート＝シュール＝マルヌ村の肥沃な地を活性化させてきた。地名の「クルート（Croutte）」には「グロット（grotte、洞窟の意）」と同様、ふたつ「t」がついているが、フェルテ＝スー＝ジュアールの川下に沿った丘陵地帯にも洞窟がある。一家のブドウ畑の主要品種であるピノ・ムニエ（6.5ヘクタール中、3.5ヘクタール）は、このブドウ品種によく見られる欠点――冷たく酸味の勝った味、濃すぎる泡などがない。彼のワイン造りは進化し続け、より緻密になっている（タンク、樽、アンフォラ……）。今やすべてのワインが確固たる地位を築いている。シャンパーニュの西に、大型新人の登場だ。

奇跡の自然ワイン！

 3C・コレクション　€€€
3C Collection

シャンパーニュ地方のおもな品種を使った新しいキュヴェだ。ピノ・ノワール35％、ピノ・ムニエ28％、シャルドネ37％。柑橘系の円熟味とミネラルのフレッシュ感のバランス、最後に上品に香るアーモンド、マルメロ、アニスの香りの微妙なさじ加減を体験したあとに、いつものシャンパーニュに戻るのは難しい。

ワイナリー	**Champagne La Closerie**
	シャンパーニュ・ラ・クロズリー

生産者	**Agnès et Jérôme Prévost**
	アニェスとジェローム・プレヴォー

AOC	シャンパーニュ、グー

Champagne La Closerie
2、ラ・プティット・モンターニュ通り、51390　グー村
2, rue de la Petite-Montagne, 51390 Gueux
03 26 03 48 60
champagnelacloserie@orange.fr

> 泡の中にテロワールが見える

　ジェローム・プレヴォーは自分の仕事をこう説明する。「パン屋がパン生地をこねるように、土を扱い、目覚めさせ、揺さぶり、けっして引き裂いたりしないように、楽しく作業している。土はブドウの実という新しい生命を喜んで迎え入れてくれる。ぼくたち栽培家も土に歓迎してもらっているよ」。

　2.2ヘクタールの庭園のような畑は、ブドウの木を得て、生き生きとしている。「土に根付いた仕事であるけれど、空気中での作業（シリカやハーブの煎じ薬の散布）をもっと増やすことによって、植物の周期に合わせる農法がおこなわれている。栽培家だけでなく、ブドウの木の力も借りて、土壌のよい均衡を回復しようとしているんだ。これらの作業はその性質上、日中の喧騒を避けるために、時間をずらして、早朝や深夜にやる。『不法栽培者』とか、『怠慢農家』みたいな感じだね」。

　そして2017年、ジェロームと妻のアニェスはついに夢だった新しい醸造所と貯蔵庫を建てた。さらに静かな環境を手に入れるために。

奇跡の自然ワイン！

 エクストラ・ブリュット・レ・ベギーヌ　€€€€€
Extra Brut Les Béguines

このキュヴェの見てきた景色が、わたしたちの目の前にも広がるようだ。1日も休むことなく、悪天候を乗り越え、太陽や雨の恵みを渇望し、ありのままのブドウの強さを生かして余分な手は加えられない。使用するブドウはたった1種類、長く過小評価されてきたピノ・ムニエだ。完全にその持ち味が発揮されている。大いなる秘密が明かされるときのように、真実は光輝く。饒舌なワインでありながら、身体の中へいとも簡単に吸い込まれていく。

ワイナリー	# Champagne Pascal Doquet シャンパーニュ・パスカル・ドケ
生産者	**Laure et Pascal Doquet** ロールとパスカル・ドケ
AOC	シャンパーニュ

Champagne Pascal Doquet
- 44、ムーラン・ド・ラ・サンセ・ビーズ通り、51130　ブラン＝コトー村
  44, chemin du Moulin de la Censé-Bize, 51130 Blanc-Coteaux
- 03 26 52 16 50
- contact@champagne-doquet.com
- www.champagne-doquet.com

なかなか消えない力強い泡

　シャンパーニュの地の気象条件を考えると、ブドウ栽培を有機農法に賭けるのは並大抵の決心ではない。この地の3万3千ヘクタールの畑のうち、有機農法に転換したのは300ヘクタールにも満たない。とはいえ、その数は増えている。パスカル・ドケと妻のロールのような模範的なヴィニュロンのおかげだ。引き締まって風味のよいシャルドネを専門に造っている。塩気が舌を刺激してもっと欲しがらせる。自生酵母を使用した力強い泡のシャンパーニュ。マロラクティック発酵はおこなわず、甘味の調整も最小に抑え、成熟とミネラル感が立体的に表現されている。新しいデクリネゾン※での展開が非常に楽しみだ。

※ 同じ原料を使って、異なる手法で醸造すること

奇跡の自然ワイン！

 ディアパゾン　€€€
Diapason

模範的なブドウ栽培方法が可能にした、成熟の手本のようなワイン。

 クール・ド・テロワール・メニル 2006　€€€€
Cœur de Terroir Mesnil 2006

2006年という難しいミレジムでありながら、パスカル・ドケはメニル村のシャルドネの頂点を極めた。基本的には繊細な苦みが特徴の年でありながら、クリーミーで空気感がある味わいはいつもと変わらない。

ワイナリー	# Champagne Égly-Ouriet シャンパーニュ・エグリー＝ウリエ
生産者	**Francis Égly** フランシス・エグリー
AOC	シャンパーニュ

Champagne Égly-Ouriet
- 9、トルパイユ通り、51150　アンボネイ村
  9, rue de Trepail, 51150 Ambonnay
- 03 26 57 00 70
- contact@egly-ourie.fr

ピノの巨匠

　シャンパーニュ出身のラ・フォンテーヌの寓話に出てくる農夫のように、フランシス・エグリーは、一家が始めて40年になる貴重なマサル・セレクションのブドウ畑を大切に守っている。「自分のブドウ畑のすべてを理解したい？　それなら馬を育てるみたいに、生まれるところから始めるといいよ」。騎手で馬の生産者でもあるフランシスは、アンボネイ村のピノの巨匠だ。彼のブドウの、ひいては彼の造るワインの特別な風味は一朝一夕には得られないのだ。畑は有機農法ではないが、非常に手間をかけている。

　じつは収入源がほかにもある。こつこつと貯蔵してきたワインだ。4年寝かせたブリュットや、6年以上瓶で熟成したミレジムなどを販売している。ワインはすべて樽熟成（1995年以降）で、はつらつとした酸を活かすためにマロラクティック発酵はおこなわない（1999年以降）。

奇跡の自然ワイン！

 シャンパーニュ・トラディション・グラン・クリュ　€€€€
Champagne Tradition Grand Cru

〈ヴィーニュ・ド・ヴリニー〉、〈VP〉、〈ロゼ〉、彼の銘柄はどれもおいしいが、〈トラディション〉は手に入りやすく、フランシス・エグリーのシャンパーニュ入門としては最適だ。熟した果実の濃い味、シロップ漬けの白いフルーツ※の香り、アルコール感とデザートを食べているような充実感が同時に味わえる。心を射るシャンパーニュ。

※ 梨、リンゴ、桃など

ワイナリー	# Champagne Horiot Olivier
	シャンパーニュ・オリオ・オリヴィエ
生産者	**Oliver Horiot**
	オリヴィエ・オリオ
AOC	シャンパーニュ、レ・リセ

Champagne Horiot Olivier
- 25、ビーズ・リセ＝バ通り、10340　レ・リセ村
  25, rue de Bise Ricey-Bas, 10340 Les Riceys
- 03 25 29 32 16
- www.horiot.com

レ・リセの注目ロゼ

　フランスのロゼ・ワインのなかで、とくに興味をそそるのがレ・リセだ。シャンパーニュなのだろうか？　いや、正確にいうなら、コトー＝シャンプノワと呼ばれるワインの種類のひとつである。コトー＝シャンプノワとは、シャンパーニュ地方で生産される非発泡性ワイン（「スティルワイン」とも呼ばれる）を指し、赤・白・ロゼがある。シャンパーニュ地方のリヴィエラといわれるオーブ県で、古くからおこなわれている醸造方法があるのだ。

「ぼくたちのワインは村そのものに結びついている。数世紀のあいだ、ブルゴーニュとシャンパーニュにはさまれて存在してきた、その歴史が影響しているんだ」と語るのはオリヴィエ・オリオ。2000年に、家族経営の畑のブドウを協同組合で取引することを止めた。通常のシャンパーニュも醸造しているが、レ・リセで採れたブドウでレ・リセの最高峰ともいえる無濾過のワインを造る。オリヴィエの造るワインは、北部で採れるピノが持つ、フルーティ（バラ、ラズベリー）な表情と土（湿った粘土）の香りの境界線を漂う。軽いワインに思われがちだが、表面には出てこない酸味のおかげで重さが抑えられている。とりわけ10年間瓶の中で熟成させたあとのワインがよい。時間をかけて味の変化をたどる楽しみもある。

奇跡の自然ワイン！

 アン・ヴァラングラン 2010　€€€
En Valingrain 2010

新鮮な果肉を感じさせ、舌に残るうま味には存在感があり（ロゼよりも赤よりの味）、後味は繊細で、幸福感でいっぱいにしてくれる。心ときめかせるワイン。

 ブリュット・5・センス 2010　€€€€€
Brut 5 Sens 2010

力強い5品種のアッサンブラージュは、塩気とスパイスによるエネルギーが加速して迫るようだ。まだ若い。アペリティフよりは食事のお供に。

オリヴィエ・オリオ。度量が大きく、ビオディナミ農法もおこなう問題意識の高いワイン職人だ

Champagne Jacquesson

シャンパーニュ・ジャクソン

生産者 **Jean-Hervé et Laurent Chiquet**
ジャン＝エルヴェとローラン・シケ

AOC シャンパーニュ

Champagne Jacquesson
- 68、コロネル・ファビアン通り、51530 ディジー村
  68, rue du Colonel-Fabien, 51530 Dizy
- 03 26 55 68 11
- info@champagnejacquesson.com
- www.champagnejacquesson.com

ラッキー・ナンバーが目印

　19世紀の有名銘柄だった「ジャクソン」ブランドは、1974年にシケ家に買い取られるまで長いあいだ忘れ去られた存在だった。メゾン[※1]はディジーの地でシケ家によって再建され、現在は自然派ワイナリーの模範的存在となっている。すべてはジャン＝エルヴェとローランの兄弟の取り組みによるものだ。

　メゾンが所有する畑は、アヴィーズ、アイ、ディジー、オーヴィレールの30ヘクタール。ブドウのうち20％は、同じ地区にある供給が安定している眉眉のブドウ園から買い付けている。ビジネスの成功とは裏腹に、生産量は増えるどころか逆に抑えられている。強い個性を持ったキュヴェという本来の軸を取り戻すために、それぞれの畑のブドウが表現するものを前面に押し出してきた。

　オークの大樽の中でのシュール・リを守り続け、甘味の添加や濾過は最小限かゼロに抑える。ノン・ミレジム[※2]のブリュットの場合、名前は735、736などの番号でつけられ、新しく瓶詰めされるごとに数字が変わる。このキュヴェは、マルヌ川の渓谷地帯のグラン・クリュとプルミエ・クリュのみで造られ、アッサンブラージュの構成比はシャルドネが半分、残りの半分がピノ・ノワールとピノ・ムニエ。ベースとなるワインの個性が前面に出ている。

※1 シャンパーニュ地方において、シャンパーニュの醸造所を指す
※2 シャンパーニュにおいて、複数の年に収穫されたブドウを調合して造られたワインを指す。同一年に収穫されたブドウのワインは「ミレジム」

奇跡の自然ワイン！

 シャンパーニュ 740　€€€
Champagne 740

2012年がベースで、活力と塩気、余韻の長さが特徴。さらに10年以上寝かせておいても持ち味は変わらないだろう。偉大なシャンパーニュ。信奉者にはつとに知られている。

ワイナリー

Champagne Benoît Lahaye

シャンパーニュ・ブノワ・ライエ

生産者　**Valérie et Benoît Lahaye**
　　　　ヴァレリーとブノワ・ライエ

AOC　シャンパーニュ、ブジー

Champagne Benoît Lahaye
33、ジャンヌ・ダルク通り、51150　ブジー村
33, rue Jeanne-d'Arc, 51150 Bouzy
03 26 57 03 05
lahaye.benoit@orange.fr

ブジー・ファン・トゥッテ

　ブノワ・ライエと妻ヴァレリーのシャンパーニュの泡には、どんなに鈍い舌でも目を覚ます力がある。ブジーのピノ・ノワールの果実味あふれる泡。ライエ夫妻は、モンターニュ・ド・ランス地区のグラン・クリュから生まれるルビー・レッドのシャンパーニュの名を伝説にまで高めた。イチゴのような独特の印象、とくにマラ・デ・ボワという品種のイチゴの風味がアクセントを添える。

　ブノワは意外なことをする男で、テロワールが表現しようとするものをそのまま生かすために、馬力を使い始めた。ブルゴーニュ地方オースア産の栗毛の雌馬タミーズを駆って、この働き者の男は黙々と畑を耕す。植物や鉱物の力を使って土に活力を与えている（有機農法の認証を取得済み）。

　厚みのあるテクスチャー、繊細な泡、そしてくっきりとした味わいがブノワのシャンパーニュ（7つのキュヴェ。なかには酸化防止剤不使用で、生産量が非常に少ない〈ヴィオレーヌ〉がある）の方向性を決定している。グラン・クリュの名に恥じない出来栄えだ。

奇跡の自然ワイン！

　ブラン・ド・ノワール　€€€
　　　　Blanc de Noirs

このドメーヌを代表するキュヴェ。味わいと、成熟と、ブジーのピノの豊かで赤い果実の華やかな芳香のバランス（味に応じて甘味の添加をしている）が、見事に演出されている。多大な出費をせずとも、幸福は味わえるのだ。2〜3年カーヴに寝かせておくとよい。

　ヴィオレーヌ 2012　€€€€
　　　　Violaine 2012

すばらしいミレジム。美しく精巧で、力強いワインは、さらに力強さを増していきそうだ。複雑な花の香りが独特の世界を形成する。発売時に飲んだ人は運がよい。入手困難になりそうだから。

Champagne Laherte Frères

シャンパーニュ・ラエルト・フレール

ワイナリー

生産者 **Christian, Thierry et Aurélian Laherte**
クリスチャン、ティエリー、オーレリアン・ラエルト

AOC　シャンパーニュ

Champagne Laherte Frères
- 3、ジャルダン通り、51530　シャヴォ村
  3, rue des Jardins, 51530 Chavot
- 03 26 54 32 09
- contact@champagne-laherte.com
- www.champagne-laherte.com

ムニエの目覚め

　マルヌ川の谷とコート・デ・ブラン地区のはざまに、シャルドネとピノ・ムニエが植えられた希少なマサル・セレクションの畑がある。豊かに実るブドウは、酸を感じさせる芳香を持ち、シャンパーニュ造りに真剣に取り組む人びとのおかげで大変身を遂げてきた。ラエルト兄弟もそんな造り手だ。彼らの造るシャンパーニュ（ピノ・ムニエの割合は60％）がそれを証明している。エクストラ・ブリュットは白いフルーツとパン・デピス[※1]を思わせる、深い味わい。ブリュットはチャーミングな木の香りが特長だ。バリック[※2]での発酵は適度に抑えられ、マロラクティック発酵なしの場合も多い。活力にあふれたアルコール度の高い〈ボーディエ〉という名のロゼには神々しささえ感じる。海外進出の価値はありながらもまだ国外では知られていない。とはいえ、そんな日が来るのも近いだろうから、急いで入手しておこう。今のお気に入りのアペリティフは、〈ブラン・ド・ブラン・ブリュット・ナチュール〉だ（カヴィストの店での価格は32ユーロ）。

※1 フランスの菓子。「スパイスを使ったパン」が名前の由来
※2 小樽

奇跡の自然ワイン！

 レ・ロング・ヴォワ 2012　€€€
Les Longues Voyes 2012

44ユーロという値段を見て、怖気づかないでほしい。希少なワインで、余韻が長く、複雑さと元気のよさが同居している。今後20年、いつ飲んでもおいしいだろう。

ワイナリー
Champagne Larmandier-Bernier
シャンパーニュ・ラルマンディエ＝ベルニエ

生産者
Sophie et Pierre Larmandier
ソフィとピエール・ラルマンディエ

AOC　シャンパーニュ、ヴェルテュ

Champagne Larmandier-Bernier
9、ジェネラル・ド・ゴール大通り、51130　ブラン＝コトー村
9, avenue du Général-de-Gaulle, 51130 Blanc-Coteaux
03 26 52 13 24
www.larmandier.fr

天上のヴェルテュ

　自然派農法でブドウ栽培をおこなう理由とは？「ブドウ自体にすでにすばらしい性質が備わっていて、ありのまま活かすには、人間が介入する必要はない」。シャンパーニュの地で、とくに効率第一主義の醸造をおこなうコート・デ・ブラン地区の一部のワイナリーの通念とは、真っ向から対立する。こういう相手に自然派農法を薦めるのは、ルクセンブルクに金融業の透明性を要求するようなものだ。黄金のようなシャルドネを産出する15ヘクタールの傑出した畑を、ヴェルテュ、クラマン、シュイイー、オジェ、アヴィーズに所有するピエール・ラルマンディエと妻のソフィ。ふたりはそんな状況について不平は言わない。ただ、シャンパーニュというワインと、祝福されたテロワールのために、まっとうなブドウ栽培への回帰が1日も早く実現するよう願っているだけだ。風味のある、できるだけ補糖しないワインを造ることが、彼らにとって進歩へ向けた努力なのだ。たしかに、ビオディナミ農法で造られたシャルドネの成熟度は、糖分を増すのではなく味わいの深さを増すのに貢献している。
　〈テール・ド・ヴェルテュ・プルミエ・クリュ 2010〉（補糖はなし）は、この年に採れた、淡い色で酸味とかすかでシャープな苦みを感じさせるブドウの実の、明快で清廉なイメージが前面に出ており、2009年よりも張りがある。

奇跡の自然ワイン！

 ヴィエイユ・ヴィーニュ・デュ・ルヴァン 2008　€€€€€
Vieilles Vignes du Levant 2008

力強いブドウが収穫できた年の〈ヴィエイユ・ヴィーニュ・ド・クラマン〉の、エクストラ・ブリュット版。糖分も酸味も強い。しかしメゾンはブドウの味をうまく抑制して味を調え、快楽主義者にも禁欲主義者にも好まれる堂々たるシャンパーニュを造った。

Champagne Jacques Lassaigne

シャンパーニュ・ジャック・ラセーニュ

生産者 **Emmanuel Lassaigne**
エマニュエル・ラセーニュ

AOC シャンパーニュ、モングー

Champagne Jacques Lassaigne
7、工通り、10300　モングー村
7, chemin des Haies, 10300 Montgueux
03 25 74 84 83
www.montgueux.com

シャンパーニュの夜明け

　オーブ県トロワ市の玄関口にあるモングー※は、シャルドネの銘醸地として名高く、昔からモエ・エ・シャンドン、ヴーヴ・クリコの大メゾンにとっての秘密の栽培地だった。果汁は透きとおり、日なたのように明るく肉付きのよいスタイルは、お隣りマルヌ県のワインよりも、ブルゴーニュのシャブリ・グラン・クリュに似ている。
　「独学で」ワイン造りを学んだエマニュエル・ラセーニュ。ブドウ栽培を協同組合員の父親について習得し、たくさん飲み歩いてワインの味を覚えた。そのころからすでに、自分の足の下で土がうめき声をあげているのに気づいていた。
　1999年、4ヘクタール半の畑を受け継いだとき、ようやく独り立ちのときが来た。エマニュエルと他の同世代の生産者たちの活躍で、オーブのシャンパーニュはその力強さと円熟感を堂々と主張するようになった。

※ 石灰岩の山

奇跡の自然ワイン！

 エクストラ・ブリュット・ブラン・ド・ブラン・ラ・コリーヌ・アンスピレ　€€€€€
Extra Brut Blanc de Blancs La Colline Inspirée

生粋のモングー・シャンパーニュだ。白亜質の土壌のきしみ感を、熟したシャルドネのブリオッシュやバニラのようなリッチな香りが優しく和らげている。「シャンパーニュという以前に、ワインを造ろうとしたんだ」

ワイナリー
Champagne Georges Laval
シャンパーニュ・ジョルジュ・ラヴァル

生産者
Vincent Laval
ヴァンサン・ラヴァル

AOC　　シャンパーニュ

Champagne Georges Laval
16、カルフール小路、51480　キュミエール村
16, ruelle du Carrefour, 51480 Cumière
03 26 51 73 66
georgeslaval.fr

クリュ好きのためのクリュ

　がっちりとした体格のヴァンサン・ラヴァルなら、鉄を打ったり石を切り出したりする工匠にでもなれただろう。彼の父親も警告してくれていた。「ワイン造りなんてやるもんじゃない。飢え死にするぞ！」しかしヴァンサンは何を言われても引き下がらなかった。キュミエール村で生まれた彼は、父親ジョルジュのブドウ園と有機農法に対する考え方を継承した。結果は大成功だった。不振の時代は終わり、彼の小さなワイナリーでできるシャンパーニュは、今や東京やニューヨークで、ふつうのシャンパーニュには飽き足らない、シャンパーニュのクリュの大ファンのあいだで絶賛されている。ごまかしのない醸造方法で、彼の生まれ故郷、マルヌ川右岸南向きの傾斜面で育つブドウの持ち味を存分に表現している。力強い味わいと、信じられないほどの密度の濃さと絶妙な塩気が、うまく調整された木の香りによって支えられ、きめ細かい泡によって軽さを添えられている。

奇跡の自然ワイン！

 キュミエール・ロゼ・ブリュット・ナチュール　€€€€€
Cumières Rosé Brut Nature

たしかに、シャンパーニュである。しかし、2012 年と 2013 年に収穫されたピノ・ノワールとピノ・ムニエが醸し出すのは、キュミエールの赤ワインに典型的な、熟したグリオットチェリーの香りだ。フレッシュで豊か、輝いている。

 シェーヌ 2013　€€€€
Chênes 2013

シャンパーニュとしてもまれなほど濃厚なテクスチャー。今飲んでもおいしいが、このミレジムの限定区画のワインは、あと少なくとも 2〜3 年寝かせると花開くだろう。辛抱強く待てば 100 倍の見返りがある。食事に合わせて飲みたい。

Champagne Marguet Père et Fils

シャンパーニュ・マルゲ・ペール・エ・フィス

ワイナリー

CHAMPAGNE

生産者　**Benoît Marguet**
　　　　ブノワ・マルゲ

AOC　　シャンパーニュ

Champagne Benoît Marguet
1、バランクール広場、51150　アンボネイ村
1, place Barancourt, 51150 Ambonnay
03 26 53 78 61
www.champagne-marguet.fr

深遠なシャンパーニュ

　ベイクドポテトと赤いフルーツのソースを同時に想起させる、円熟味と繊細なテクスチャー。ブノワ・マルゲのワインは、シャンパーニュの地の目まぐるしく変化する生き生きとした土壌を体現している。強い泡が、うま味の強いブドウ果汁を陰で支えている。モンターニュ・ド・ランス地区（おもにアンボネイとそのほかの著名な区画）で栽培するピノ・ノワールを木樽で発酵させ、酸化防止剤は極力使用していない。ドライなエキス感がここまで凝縮していることは珍しく、塩気とヨード香の際立つ、じっくり味わうシャンパーニュに仕上がっている。

　ブドウ畑では、馬による耕作を再開している。この優美な動物のおかげで土は沈下せず、人びとの絆は深まったと、アンボネイ村の若き造り手は実感している。馬耕作はまた、土壌と植物の均衡を保つ。10ヘクタールの畑のうち、2ヘクタール分はクリュッグ社※に出荷される。

※ 最高級シャンパーニュメーカー

奇跡の自然ワイン！

 エレモン・11・グラン・クリュ　€€€
Eléments 11 Gran Cru

ピノ（65%）とシャルドネのアッサンブラージュ。酸化防止剤不使用。滑らかで、親しみやすく、成熟したスタイルのシャンパーニュだ。焙煎したような風味が繊細に表現されている。

 サピエンス 2007　€€€€
Sapience 2007

10年間熟成させたアッサンブラージュ（シャルドネ50%、ピノ・ノワール25%、ピノ・ムニエ25%）の輝くばかりのエネルギーは飲んでみなければわからない。空気のように軽い泡、柔らかい余韻を残すミネラル感は、鶏のローストと合わせるといっそう引き立つだろう。

ワイナリー	**Champagne Franck Pascal** シャンパーニュ・フランク・パスカル
生産者	**Franck Pascal** フランク・パスカル
AOC	シャンパーニュ、バリュー＝スー＝シャテイヨン

Champagne Franck Pascal

📍 1‐2、ヴァランティーヌ＝レニエ通り、51700　バリュー＝スー＝シャテイヨン村
1bis, rue Valentine-Régnier, 51700 Baslieux-sous-Châtillon
📞 03 26 51 89 80

辛辣な甘さ

　何度か失敗しつつ、試行錯誤を経て、ビオディナミ農法とヴァン・ナチュール醸造に根本から変えたフランク・パスカルは現在、きめ細かな泡のシャンパーニュを丹精込めて造っている。成熟と鋭さを持ち合わせた味わい、そして穏やかに主張する微妙なさじ加減が印象的だ。彼のピノ・ノワールとピノ・ムニエは、上流にエペルネ町を望む、マルヌ川の谷の右岸に広がる5つの村の肥沃な土地で、のびのびと生長している。工学を専攻していたフランクにとって、ブドウ栽培からワインの瓶詰めにいたる全段階で、生命を扱っているという責任感に応えてくれるのがビオディナミ農法だった。まろやかで純粋な〈ルリアンス・ナチュール〉、究極のキュヴェである〈セレニテ〉など、すべてが身体を満たす幸福感を与えてくれる。依存症に注意しよう。

奇跡の自然ワイン！

 　トレランス　€€€€
　　　　　　　Tolérance

ピノ・ムニエが75％の、うま味の強いシャンパーニュ。赤いフルーツやグラニテ※にしたネクタリンのようなアクセントのある滑らかさ。大好物になるだろう。

※ シャーベット状の氷菓

Champagne Rodez

シャンパーニュ・ロデズ

生産者　**Éric et Mikael Rodez**
エリックとミカエル・ロデズ

AOC　シャンパーニュ、アンボネイ

Champagne Rodez
4、ディス通り、51150　アンボネイ村
4, rue d'Isse, 51150 Ambonnay
03 26 57 04 93
www.champagne-rodez.com

アンボネイの再起

　長いあいだ、アンボネイ村のブドウ栽培家は有名なブジー村の陰に隠れていた。かつてネゴシアンたちが、アンボネイをはじめとするモンターニュ・ド・ランス地区の南部の村々で造られた赤ワインすべてに、ブジーの名を記載していたことをご存知だろうか。今、アンボネイ村の人びとのあいだでちょっとした巻き返しの機運が高まっており、コクがあって上品なシャンパーニュのファンたちから熱烈な支持を受けている。真南向きのブドウ畑（380ヘクタール）は、ブジー村とほぼ同じだが、平野部の面積は少なく、また土も浅い。モンターニュ・ド・ランス地区の南部のシャンパーニュらしく早熟でコクがあり、深みと素直さと張りが安定している。すばらしいテロワールに恵まれたこの地のワイナリーのひとつが、ロデズ家だ。エリック・ロデズにとって、グラン・クリュとは「成熟度と釣り合う深い陰影をワインに与えてくれるテロワール」を意味する。息子ミカエルとともに、この考えをシャンパーニュ造りにおいて表現している。骨格がしっかりしてワインらしいブラン・ド・ブランも、ピノを中心に組み立てられている幅広いシリーズ（とても美しいロゼだ）も、食事をこのうえなく引き立ててくれる。

奇跡の自然ワイン！

 グラン・クリュ・ドザージュ・ゼロ　€€€€
Grand Cru Dosage Zéro

最高のピノ・ノワールは瓶の中で熟成させるべきだ。瓶の中で自然に目を覚ますとき、はつらつとした、濃厚で円熟味のある、申し分なく花開いた完璧な風味が生まれるはず。ドザージュ※する必要はない。晴れやかなシャンパーニュ。

※ シャンパーニュ地方において、補糖の意

ワイナリー **Maison Louis Roederer**
メゾン・ルイ・ロデレール

生産者 **Jean-Baptiste Lécaillon**
ジャン＝バティスト・レカイヨン

AOC シャンパーニュ

Maison Louis Roederer
21、ランディ大通り、51000　ランス市
21, boulevard Lundy, 51000 Reims
03 26 40 42 11
com@champagne-roederer.com
www.roederer.fr

大メゾンの決意

　超有名ブランドのうち、唯一このメゾンだけが、多大な努力を重ねて畑を有機農法とビオディナミ農法に転換してきた。それがメゾン・ルイ・ロデレールだ。情熱的なワイン醸造家であるジャン＝バティスト・レカイヨンが指揮するこのプロジェクトは、農学者と醸造学者から成るチームよって科学的手法でおこなわれた。集まった若手研究者たちは偏狭な考え方を捨てて、研究室の実験台をブドウ畑に持ち込んだ。何年もかけて、有機農法とビオディナミ農法の実験を繰り返し、環境面でのメリットだけではなく、シャンパーニュの味がすばらしくなることを発見した。そして2017年、ついにルイ・ロデレールの240ヘクタールの畑すべてが有機農法になった。シャンパーニュのこの規模のワイナリーにおいては、他に類を見ない。有機認証は取っていないが（これからなのだろうか？）、彼らの農法の透明性は完璧であり、これほどの名声と出荷量を誇るメゾンで、同じことをしている会社はない。

　30ヘクタール以上の畑がビオディナミ農法によって耕作され、採れたブドウは〈クリスタル〉というキュヴェにのみ使用されている。現在〈クリスタル〉は流通していない。これほどのレベルの独特な調和と凝縮を、製造するすべてのワインのなかで表現できるのは、ルイ・ロデレールくらい抜きんでた生産者しかいない。

奇跡の自然ワイン！

 シャンパーニュ・ブリュット・プルミエ　€€€
Champagne Brut Premier

偉大なメゾンが自己評価をおこなうとき、その基準となるワインは、例外的によくできたキュヴェではなく、もっとも広く流通している普及タイプだ。メゾン・ルイ・ロデレールのブリュットの円熟味と複雑な口当たりは、20年前なら〈グランド・キュヴェ[*]〉でしか味わえなかったものだ。

※ ランス市にあるシャンパーニュ・メーカー、クリュッグ社のキュヴェ。クリュッグ社はシャンパーニュの帝王と称される

ワイナリー
Champagne Ruppert-Leroy
シャンパーニュ・リュペール＝ルロワ

生産者 **Bénédicte et Emmanuel Leroy**
ベネディクトとエマニュエル・ルロワ

AOC　シャンパーニュ、エソワ

Champagne Ruppert-Leroy
ラ・ベルジュリ、10360　エソワ村
La Bergerie, 10360 Essoyes
03 25 29 81 31
www.champagne-ruppert-leroy.com

ウルス川の自然に囲まれて

　シャンパーニュ・リュペール＝ルロワの試みは、まだ日が浅い。オーブ県の農家の多くがそうであるように、1980年代にこの地方でブドウ植栽許可が出たのに乗じてブドウ園を始めた。周囲の畑は化学薬品をたっぷり使う生産効率優先の環境だが、彼らのブドウ畑は森林、草原、そして羊の群れに囲まれ、ウルス川の自然がそのまま残された渓谷の急斜面に位置している。ベネディクト・ルロワの父親が始めた0.5ヘクタールの畑は有機農法だった。元体育教師のベネディクトと夫のエマニュエルはこれを4ヘクタールのビオディナミ農法にした。〈コニョー〉（補糖なしピノ・ノワール）、〈マルタン・フォンテーヌ〉（シャルドネ）、そして〈パピヨン〉（補糖なしピノ・ノワール）はそれぞれ別のキュヴェで発酵をおこなう。張りのある力強いシャンパーニュで、まだ少し若い（2017年のベースワインは2013年と2014年）。残念なことに、マルタン・フォンテーヌとパピヨンの畑の一部が霜の被害に遭った。だからこそなおさら、けちけちと大事に飲もう。

奇跡の自然ワイン！

　レ・コニョー　€€€€
Les Cognaux

濃く、滑らかで、酸味のあるさまざまなフルーツ（ミラベル、ルバーブ）を感じさせるピノ・ノワール。白亜質の土壌が残す余韻は感動的で、柔らかなテクスチャーと呼応している。夢中になってしまうだろう。

ワイナリー **Champagne J-M Sélèque**
シャンパーニュ・J-M・セレック

生産者 **Jean-Marc Sélèque**
ジャン＝マルク・セレック

AOC シャンパーニュ、ピエリー

Champagne J-M Sélèque
9、ヴィエイユ・フェルム小路、51530　ピエリー村
9, allée de la Vieille Ferme, 51530 Pierry
06 72 25 25 02 または 06 80 25 20 83
contact@seleque.fr
www.champagne-seleque.fr

> ピエリーのアウトサイダー

　7.5ヘクタールの美しいブドウ畑は、マルヌ川渓谷とコート・デ・ブラン地区にあるピエリー、ムシー、エペルネー、マルドゥイユ、ディジー、ヴェルテュ、そしてブルソーの7つの村に広がっている。シャルドネ（60％）とピノ・ムニエを基調とする、的確に選ばれたブドウ品種によるキュヴェは、まれに見る柔軟な精神を持つジャン＝マルク・セレックによって丁寧に造られている。彼の製造過程は健全だ。労をいとわず大切に手をかけているブドウ畑。そして、年を追うごとに堅固さとミネラル感を増している果汁と、洗練された持続性のある後味は、実験的な方法による醸造（卵型コンクリートタンクまたは木樽）の賜物。新しい醸造室に移って、ドメーヌはさらに飛躍を遂げている。ガイドブック的な表現を借りれば、これから目が離せない造り手だ。

奇跡の自然ワイン！

 レ・ソリスト　€€€€
Les Solistes

ピエリーのプルミエ・クリュで生まれたピノ・ムニエだけを使って、樽と卵型コンクリートタンクで醸造。一部のみマロラクティック発酵。プラリネと白桃のおいしい香り、優しい泡、張りのあるテクスチャー。お気に入りになること間違いない。

Champagne Jacques Selosse

シャンパーニュ・ジャック・セロス

生産者 **Corinne, Anselme et Guillaume Selosse**
コリンヌ、アンセルム、ギヨーム・セロス

AOC　シャンパーニュ、アヴィーズ

Champagne Jacques Selosse
5、クラマン通り、51190　アヴィーズ村
5, rue de Cramant, 51190 Avize
03 26 57 70 06
www.selosse-lesavises.com

セロス家の塩

　ギヨーム・セロスは、ワインの賢者である父親アンセルム・セロスの片腕として働いている。一人息子のギヨームに、アヴィーズの名高い醸造家は貴重な知識を細かく伝授している。ついにギヨームは、〈ギヨーム・S〉という自分の名のシャンパーニュを精魂込めて醸造した。第一弾は、クラマン村のオー＝デュス・デュ・グロ・モンという、7.6アールのリュー・ディ[※1]で採れたブドウで造った700本。とても小さなグラン・クリュにはシャルドネだけが植えられている。将来、自分でワインを造るときのためにと、18歳の誕生日に祖母からプレゼントされた畑だ。

　一方、セロス家のドメーヌでは、徹底して成熟さと木の香りを追求したスタイルのなかに、塩味を含んだミネラルが感じられるワインを造っている。40ほどある畑はおもにシャルドネ。生産（1年にわずか5万7千本）の内訳は、〈イニシャル〉や〈シュプスタンス〉をはじめ、丘陵地の高い場所で採れる元気でフレッシュなシャルドネの〈ヴェルジョン・オリジナル〉、ブラン・ド・ブランのミレジム、リュー・ディのアッサンブラージュによる6銘柄。ブドウ畑での完璧な仕事、最適な熟成度に達した時点での収穫、さまざまな種類の木を使った樽による醸造。セロス家の醸造所は、シャンパーニュの若い世代のあらゆる生産者の手本となってきた。これからもそうあり続けるだろう。

※1 小区画

奇跡の自然ワイン！

 ギヨーム・S（エス）　€€€€
　Guillaume S

ベースワインの2009年に、15％の2008年を加えて軽さを出した。とてもクラマンのワインらしい、アカシアの蜂蜜のアクセントと、花のようなたたずまい。フレッシュな泡は軽く色づいていてコクがある。テクスチャーが際立つシャンパーニュは、申し分なく、心地よく、精彩があり、輝き、表情豊かで、将来セロスの名を負って立つだろう。

 ブリュット・ブラン・ド・ブラン・シュプスタンス　　価格はランク外
　Brut Blanc de Blancs Substance

アヴィーズのさまざまな畑で収穫したシャルドネを、ソレラ・システムで醸造している（1986年から）。毎年、古いワインにその年のワインを注ぎ足し、古いワインが新しいワインの味を直してくれる。ミレジム（収穫年）よりもテロワールにこだわった結果だ。生きているうちに一度は味わいたい（話しているだけで飲みたくなる……）。セロス家の智恵の結晶だ。

ワイナリー	**Champagne Vouette & Sorbée**
	シャンパーニュ・ヴェット&ソルベ
生産者	**Hélène et Bertrand Gautherot**
	エレーヌとベルトラン・ゴトロ
AOC	シャンパーニュ、ビュシエール＝シュール＝アルス

Champagne Vouette & Sorbée
- 8、ヴォー通り、10110　ビュシエール＝シュール＝アルス村
  8, rue de Vaux, 10110 Buxières-sur-Arce
- 03 25 38 79 73
- www.vouette-et-sorbee.com

田舎の泡

　ゴトロ家のワインはシャンパーニュというよりもカンパーニュと呼びたくなる。このワイナリーでは、ブドウ畑が意志を持っている。丘に整然と畝が並ぶマルヌ県とは違って、さまざまな農作と田園風景が展開するオーブ県。彼らのブドウ園を見つけるには（とくに5ヘクタールという小さな面積なので）、家畜小屋を迂回し、ヒヨコを踏んづけないように気をつけながら、果樹のあいだをジグザグ進んでいかなければならない。ついにたどり着いて目を上げると、急斜面に作られた畑が空の方まで伸びているのが見える。

　ベルトラン・ゴトロはビオディナミ農法を選んだ。「工具や、剪定ばさみや、コンピュータと同じ、本物のおいしいワイン造りのための手段なんだ」。ほとんどの銘柄は単一品種（ピノ・ノワール）で、単独年のブドウから造られる。熟成にはブルゴーニュ樽を使う（マロラクティック発酵。濾過も清澄もしない）。こうして生まれたシャンパーニュは活力にあふれ、強烈な第一アロマを放ち、グラスの中で元気にはじける。飲む前に空気に触れさせておくと（カラフェに移してもよい）、強い個性が手なずけられ、よりおいしくなる。

奇跡の自然ワイン！

 ブラン・ダルジル・エクストラ・ブリュット　€€€€
Blanc d'Argile Extra Brut

若すぎて起泡が激しく、近づきがたい印象があったベルトラン・ゴトロのシャンパーニュ。それも時が解決してくれた。開けたボトルはどれも、最高の飲みごろになっている。シャルドネで造られたこのシャンパーニュは繊細で、オーブの地らしい過熟した果実の芳香を持つ。もうひとつの銘柄、素直で自然な味わいの〈フィデール〉（こちらはピノ・ノワール100%）も同様だ。ただ、〈フィデール〉の方がアルコール感と酸化香りが強く、ミネラル感が前面に出た口当たり。食事のお供に。

CORSE

9 VIGNERONS　9 VINS　100% RAISIN

コルシカ
[ヴァン・ナチュールの現状]

わたしたちは25年にわたってコルシカ・ワインを追ってきたので、今では偏見に立ち向かえるようになった。浜辺で飲むロゼや、藁葺き屋根の下で飲む発泡性のミュスカのワインしか知らない、思い込みで頭がいっぱいの観光客にとって、島のワインには造形美や爆発的な多様性、そして強固なアイデンティティがあることを実感するのは難しいだろう。しかしコルシカ島のワイン革命は、着実に成果を上げている。たしかに長い時間が必要だった。1975年のアレリア闘争の後遺症から回復し、独立運動の爪痕から立ち直らなければならなかった。極端な商売をするネゴシアン、そしてアルジェリアから撤退したフランス人による農地占有と経済支配もあった。こうした歴史的背景を持つコルシカ島のワインのイメージには、偏見がつきまとう。しかし1980年代の終わり、個人経営の造り手たちがコルシカのワイン界の再建に乗り出した。その結果、島全体のブドウ畑の質は向上し、平和な農業の先駆けとなった。アペラシオン・ワイン生産者組合（コルシカUVA）の発起メンバーたちは、穏やかなエネルギーをもって活動してきた。彼らはニエルキオ、スキアカレロ、マルヴァジア、ヴェルメンティノなどの地場品種のブドウから造ったキュヴェを抱えて「パリに上った」。ボルドーやブルゴーニュ辺倒だったパリのワイン界に果敢に立ち向かい、カヴィストやジャーナリストたちに自分たちのワインを売り込んだのだ。勇者たちの一部の名を挙げよう。クリスチャン・アンベール、ジャック・ビアンケッティ、イヴ・レッチア、アントワーヌ・アレナ。

コルシカ島最上のワインの品質と個性は、とくに白ワインを中心に有名になってきた。あとは本土の人びとの好き勝手な言い草さえなくなればよい。21世紀の初頭、コルシカ・ワインの質の高さは、ヨーロッパの農業における大いなる期待の星だったということに一般の人びとが気づくには、あと数年かかるだろう。ワイナリーで働くすべての人びとの勤勉さが、コルシカ島の気候、土壌、そしてブドウが持つ可能性を現実に変えていく。地場品種のブドウで造られるキュヴェの進化には目を見張るものがあるのだから。

ワイナリー **Domaine Arena**
ドメーヌ・アレナ

生産者 **Antoine et Marie Arena**
アントワーヌとマリ・アレナ

AOC パトリモニオ

Domaine(s) Arena

モルタ・マイオ、20253　パトリモニオ村
Morta Maio, 20253 Patrimonio
04 95 37 08 27
antoine.arena@wanadoo.fr
jeanbaptiste.arena@orange.fr
atoinemarie.arena@gmail.com

美しき島の善意

　パトリモニオ村の低地にあるアレナ一家の自宅。バルコニーからアントワーヌ・アレナが叫ぶ。「上がっておいで！　さあ座って。飯を食べていきなさい」。妻のマリがすでに食事を用意している。このドメーヌは島のエネルギー源そのものだ。島民はみな、コルシカ島でワインの生産なんて不可能だと信じ込んでいたが、アントワーヌは違った。彼がブドウ園を再開したとき、パトリモニオ村のブドウ畑は50ヘクタールしか残っていなかったのに、今ではその10倍だ。

　アントワーヌとマリは、若い世代のブドウ栽培家、料理人、カヴィスト、ソムリエ、そして顧客たちに、コルシカ島ならではの味を追求すべきだと説いてきた。息子たち（次頁）が造り手として独立し、アントワーヌには悠々自適の生活が待っていたはずなのだが、彼は今も働き続け、相変わらずわくわくさせるようなワインを造っている。それどころか、2016年のビアンコ・ジャンティーユから造った〈モルタ・マイオ〉はこれまで以上に精彩があり、輪郭はさらにくっきりとしている。無意識のうちに、優秀な息子たちへの対抗意識が芽生えている？

奇跡の自然ワイン！

 カルコ 2016　€€€
Carco 2016

2016年に華々しくよみがえった、手本とすべきワイン。果実味たっぷりで張りのあるヴェルメンティノで、後味のかすかな塩気がアクセントになっている。すでに飲みごろを迎えており、美味である。

CORSE

ワイナリー

Domaine Jean-Baptiste Arena
ドメーヌ・ジャン＝バティスト・アレナ

生産者 **Jean-Baptiste Arena**
ジャン＝バティスト・アレナ

AOC　パトリモニオ

Domaine Jean-Baptiste Arena

20253　パトリモニオ村
20253 Patrimonio

jeanbaptiste.arena@orange.fr

政治家醸造家

　アントワーヌとマリ（前頁）の息子たち、ジャン＝バティストとアントワーヌ＝マリ（次頁）は、2014年に自分たちのドメーヌを開いたが、今も両親の近くに住んでいる。長男のジャン＝バティストは活動家であり、政治家（民族主義政党からパトリモニオ村の村長に選出された）として、またグロッティ・ディ・ソルの畑では醸造家として、二足のわらじを履く。ドメーヌでは赤と白、そしてカップ・コルス半島の夕日のように甘い、輝くようなミュスカのワインを造っている。畑は相変わらず良好な状態に維持され、植栽したブドウでの生産も軌道に乗っている。

　ジャン＝バティストのワインのエティケットには、黒地にアンモナイトが描かれている。白地に小さなオレンジの木という弟アントワーヌ＝マリの図柄とは対照的だ。分岐しながらも並行に続く道を、兄弟はともに歩んでいる。

奇跡の自然ワイン！

 グロッティ・ディ・ソル 2015　€€€
Grotte di Sole 2015

アレナ家の歴史に残るヴェルメンティノ。最初の一口はジャムの香りのする、まどろんだ状態だ。次第にミネラル感のある骨格が登場し、スパイスの効いた持続性のある余韻を残す。食事と合わせたい。

ワイナリー	**Domaine Antoine-Marie Arena**
	ドメーヌ・アントワーヌ＝マリ・アレナ
生産者	**Antoine-Marie Arena**
	アントワーヌ＝マリ・アレナ
AOC	パトリモニオ

Domaine Antoine-Marie Arena
モルタ・マイオ、20253　パトリモニオ村
Morta Maïo, 20253 Patrimonio
atoinemarie.arena@gmail.com

古代品種のヴァン・ド・フランス

　アントワーヌ・アレナ（133頁）は、健全なブドウ栽培のノウハウと、できるだけ自然なワイン醸造を好奇心のおもむくまま好きなようにやれ、という教えを息子たちに授けてきた。次男のアントワーヌ＝マリはパトリモニオ村で、〈オー・ド・カルコ〉（白）や〈カルコ〉（赤）をはじめとする5種類のワインを造っている。しかしそれだけではない。古代品種を使った驚くべきシリーズもヴァン・ド・フランス※として製造している。〈リル・B.G〉（ビアンコ・ジャンティーユ）、〈ビアンキ〉（3種類のブドウのアッサンブラージュ）、そして〈サン・ジョヴァンニ〉（モレスコーネとカルカジョーロ）だ。どれも、コルシカ島のまだ知られていない農地の可能性をかいま見せてくれるワインだ。

※ フランス全土で収穫されたものであれば、どこのブドウを使ってもよい

奇跡の自然ワイン！

 サン・ジョヴァンニ 2016　€€€
San Giovanni 2016

モレスコーネとカルカジョーロの若い木から生まれた、上品で張りのあるワイン。心地よい味わいで、春の花のブーケが花開いたかのような印象。チョコレートボンボンをカリッと嚙んだような後味も楽しめる、大人気のワイン。

ワイナリー	# Domaine Comte Abbatucci ドメーヌ・コント・アバトゥッチ
生産者	**Jean-Charles Abbatucci** ジャン゠シャルル・アバトゥッチ
AOC	アジャクシオ

Domaine Comte Abbatucci
- カルツォーラ橋、20140　カサラブリーヴァ村
  Pont de Calzola, 20140 Casalabriva
- 04 95 74 04 55
- contact@domaine-abbatucci.com
- www.domaine-abbatucci.com

多様な土着品種

　パガデビティやブルスティアーノという名前を聞いたことがあるだろうか？　モレスコーネやカルカジョーロ・ネロは？　タラヴォ渓谷の奥地に位置するジャン゠シャルル・アバトゥッチのドメーヌを訪ね、貴重なコルシカ島の土着品種の数々を見せてもらおう。この植物の遺産は、農業会議所とともに18種類の土着品種の保護栽培を手がけた父から譲り受けた。他に類を見ない品種の多様性は、島の若い醸造家たちに刺激を与えている。とくにアッサンブラージュする際に役に立つそうだ。

　ジャン゠シャルルはブドウ研究におけるこれらの至宝（二重接ぎ木で栽培されており、植栽はされていない）を14種類のキュヴェに変化させる。市場に出回る数は少ないが、ドメーヌ内にあるレストラン「ル・フレール」で試飲や購入が可能だ。とっておきのキュヴェは少なくとも10年は寝かせておこう。華々しく熟成するだろう。

奇跡の自然ワイン！

 フォースティーヌ・ヴィエイユ・ヴィーニュ 2016　€€€
Faustine Vieilles Vignes 2016

フェンネルと塩の香りにあふれる、ドメーヌ・コント・アバトゥッチでもっとも手に取りやすいキュヴェ。造り手の製法におけるこだわりが発見できるワインだ。3〜4年寝かせてから飲もう。

ワイナリー	**Cantina Di Torra**
	カンティーナ・ディ・トラ
生産者	**Nicolas Mariotti Bindi**
	ニコラ・マリオッティ・ビンディ
AOC	パトリモニオ

Cantina Di Torra
リュー＝ディ・トラ、20232　オレッタ村
Lieu-dit Torra, 20232 Oletta
06 12 05 24 59
nicolasmariottibindi@icloud.com

30歳の冒険

　アネット・レッチアのワイナリーで栽培責任者をしているとき、彼女から自分のワインを造ってはどうかと勧められた。「必要な設備一式は彼女がそろえてくれました。そしてアンリ・オレンガ[1]が区画をいくつか（計5ヘクタールの有機農法畑）譲ってくれたんです。ふたりともぼくのことを信用してくれました」。

　軌道に乗るのはこれからだが、バスティア生まれの30歳が造るワインは、成熟してフレッシュなスタイルで、すでに円熟味が感じられる。生き生きとしていながら、混じりけのないフルーツの風味が見事に表現されているのは、的確な畑仕事の賜物。彼が植栽したブドウの木の多くは若木だった。コルシカ島における壮大な冒険に、これからも注目していきたい。

※1 パトリモニオに56ヘクタールのブドウ畑を所有するオレンガ・ド・ガフォリの生産者

奇跡の自然ワイン！

 ミュルサグリア 2015　€€€€
Mursaglia 2015

卵型コンクリートタンクで、少し長めに24カ月間熟成させている。肉付きのよさと力強さ、スパイスのアニスを思わせるマキ[2]の植物の香りと長く続く余韻のハーモニー。

※2 コルシカ特有の灌木地帯

ワイナリー	**Clos Canarelli**
	クロ・カナレリ
生産者	**Yves Canarelli**
	イヴ・カナレリ
AOC	フィガリ

Clos Canarelli
タラビュセッタ、20114　フィガリ村
Tarabucetta, 20114 Figari
04 95 71 07 55
closcanarelli2a@orange.fr

挑戦のワイン

　ボニファシオの張り出した岩の上のマキは、島では珍しい石灰岩質の土壌だ。平たく白い石はコート＝ドールのミュルジェの石をほうふつとさせる。ここは、イヴ・カナレリが、ホテル「カーサ・ロッサ」のソムリエであるパトリック・フィオラモンティとともに再生した、期待の畑。元の畑の一部はそのまま使用し、新たに植栽しながら畑を広げつつある。今後、フィガリ村に約30ヘクタール、ボニファシオ町に5ヘクタールまで拡張する予定だ。

　南岸の優秀なブドウ栽培家は、醸造学者のアントワーヌ・プポノーの助力を得て、白にはビアンコ・ジャンティーユ、赤にはカルカジョーロ・ネロやミニュステロなどの、ビオディナミ農法で採れたコルシカ島の古代品種のブドウを使って、変化に富んだワインを製造する。フィロキセラ被害に遭わなかった畑（〈タラ・ドラジ〉のキュヴェ専用）に複数品種を混植したり、大きな粘土の壺（アンフォラ）の中で醸造して、すばらしいキュヴェを造るなど、イヴの大胆な試みは続く。

奇跡の自然ワイン！

 アルタ・ロッカ 2014　€€€€
Alta Rocca 2014

スキアカレロのたおやかさに騙されてはいけない。美しく澄んだ見た目を裏切る力強さがある。芳しくコクがあり、味わい深さが長く舌に残る。壮麗なワイン。

ワイナリー	**Clos Signadore**
	クロ・シニャドール
生産者	**Christophe Ferrandis**
	クリストフ・フェランディス
AOC	パトリモニオ

Clos Signadore
- 20232　ポッジオ＝ドレッタ村
  20232 Poggio d'Oletta
- 04 95 37 69 68 または 06 15 18 29 81
- contact@signadore.com
- www.signamore.com

> ヴェルメンティノ・ウーマン・ノー・クライ

　サン＝フロラン村の裏側、青色泥灰岩と頁岩質石灰岩の円丘にあたる波しぶきをかぶらないですむポッジオ＝ドレッタ村で、10年前、クリストフ・フェランディスは小さなカーヴを開いた。アンリ・オレンガ・ド・ガフォリのワイナリーで栽培責任者を経験してから、5ヘクタールの畑にブドウの古木を植えた。この土地に呼ばれたのだと、クリストフは信じている。しかし、有機農法への転換時には収穫が激減し、辛酸をなめた。それでも彼はあきらめず、猛烈に働き、木を植え替え、テロワールの均衡を調整した。ニエルッキオの簡素でエキス感のあるスタイルを目指すことから始めた彼の赤ワインは、今では味わい豊かで、さらにバランスよくなっている。ヴェルメンティノで造る白ワインは、明快で輝くような出来栄えだ。

奇跡の自然ワイン！

　ア・マンドリア・ディ・シニャドール 2016　€€€€
　　　A Mandria di Signadore 2016

この2016年のミレジムを飲めば、良質なヴェルメンティノを生むテロワールは、ニエルッキオにとってもすばらしい産地だということがはっきりする。しっかりとした角のあるタンニンなので、あと2年ほど寝かせておきたい。

ワイナリー	# Domaine Giudicelli
	ドメーヌ・ジュディチェリ
生産者	**Muriel Giudicelli**
	ミュリエル・ジュディチェリ
AOC	パトリモニオ、ミュスカ＝デュ＝カップ＝コルス

Domaine Giudicelli
20232　ポッジオ＝ドレッタ
20232 Poggio d'Oletta
04 95 35 62 31
muriel.giudicelli@wanadoo.fr

遊び心

　こちらもサン＝フロラン村付近のドメーヌで、ポッジオ＝ドレッタ村のふもとに1997年に開かれた。パトリモニオとミュスカ＝デュ＝カップ＝コルスの緑地帯にある、ニエルッキオとミュスカ・ア・プティ・グランの木が生えている古い畑だ。

　辛口白ワイン用のヴェルメンティノを10ヘクタール植栽しきったミュリエル・ジュディチェリは、こともなげに言う。「アントワーヌ・アレナ（133頁）の好意のおかげでパトリモニオでブドウ園を開くことができて、2006年からはビオディナミ農法にしたわ」。2005年に加わった夫のステファヌも、ブドウ畑で働く。ふたりは実験を繰り返し、じっくりと醸造に取り組んでいる。たとえば、ロゼはゆっくりと直接圧縮する。白ワインは冷却による静的澱下げをおこない、果実味の強い赤ワインは18〜24カ月間長期熟成させる。「慌てて造るパトリモニオ・ワインは好きじゃない」とミュリエルは言う。

　注目したいのは、彼女がミュスカ＝デュ＝カップ＝コルスで造るいたずら心いっぱいのシリーズだ。バーベナ、ミント、ミカンなどの柑橘類の花の香りがする。ヴァン・ド・フランスの場合は残留糖量があるときもないときもあるし、圧搾することもある。また、マセラシオンをほどこすこともあれば、木樽で熟成させたり、細口の大瓶を使ったり、方法はさまざま。方向性や展望が変化するシリーズなのだ。これはじっさいにカーヴを訪ねたほうがいい。パトリモニオ村の居酒屋で飲んでいる場合ではない。

奇跡の自然ワイン！

 パトリモニオ 2015　€€€
Patrimonio 2015

以前のミレジムよりも、張りがあり力強いヴェルメンティノ。とても飲みやすく、サン＝フロラン村で獲れた魚のグリルにぴったりだ。

ワイナリー	**Domaine U Stiliccionu**
	ドメーヌ・ウ・スティリチオヌ
生産者	**Sebastien Poly**
	セバスチャン・ポリ
AOC	アジャクシオ

Domaine U Stiliccionu
スティリチオネ、20140　セラ・ディ・フェロ村
Stiliccione, 20140 Serra di Ferro
04 95 22 41 19
cotact@domaineustuliccionu.com

やっぱりスキアカレロ

　2006年、セバスチャン・ポリは、アジャクシオ市の南のタラヴォ渓谷に位置する実家の小さなドメーヌを受け継いだ。世界中を旅してワイナリーを巡ったあと、古木の植わった貴重な畑の命をよみがえらせた。花崗岩質と粘土質の土壌は、コルシカ島でもっとも肉付きのよいスキアカレロを産出する。ビオディナミ農法に転換し、人工酵母を使わずに発酵させ、心を虜にする鮮やかなアロマが生きている。彼のワインにはマキの香りが息づいている。

　いちばん驚くのはおそらく白ワインだろう。ヴェルメンティノの特徴である熟成感と塩気を、苦味のない繊細なタンニンがしっかりと受けとめている。後味のしっかりした、まっすぐで芳醇な白ワインである。彼のワインは、その真っ正直さで人びとの心をとらえるものばかりだ。飲む2時間前にはカラフェに移しておこう。

奇跡の自然ワイン！

 ダミアヌ 2014　€€€€
Damianu 2014

亜硫酸無添加のキュヴェ。サクランボと胡椒が香るなかに、驚くほどのびのびと果実味が主張している。フレッシュで元気のよいワインは、空気に触れさせるほどにおいしさを増す。

JURA

9 VIGNERONS 15 VINS 100% RAISIN

ジュラ
[ヴァン・ナチュールの現状]

　1千900ヘクタール……。
　フランス全土のブドウ畑のうちで、ジュラが占める面積はごくわずかだ。
　しかし、小さいながらも、認知度を広めることにかんしては真剣だ。ニューヨークの最先端のバーからオーストラリアの「フォロワーたち」まで、サヴァニャンやプールサールのマグナムを飲みながらそれを実況中継でツイートする現象が起きている。長年、ワイン通の舌にとっては陳腐すぎるとされてきたジュラ・ワイン。ここに来て、その山ほどの土着品種によって人びとの心をつかみ、ジュラに住みついてブドウ園を開く若者まで増えてきた（有機栽培も増えている）。

　「アルボワ」・ワインは、飲めば飲むほどドロワ(まっすぐ)に歩けるようになる！

ワイナリー	**Domaine Bornard**
	ドメーヌ・ボールナール
生産者	**Philippe Bornard**
	フィリップ・ボールナール
AOC	アルボワ＝ピュピラン

Domaine Bornard
- 9、クロワ＝バジエ通り、39600　ピュピラン村
  9, rue de la Croix-Bagier, 39600 Pupillin
- 03 84 66 13 51
- bornard.philippe@akeonet.com

ボールナールの登場

　フィリップ・ボールナールはピュピラン村のいちばん古い家に住んでいる。ピエール・オヴェルノワ（あとで登場する、149 頁）は、村の高台にある彼の家までしょっちゅう登ってきて、ワインのボトルをせしめてはこう言うのだった。「売り物じゃないのが残念だな！」フィリップの造っていたブドウは自家消費用を除いてすべて協同組合に卸されていたのだ。28 年間勤続した協同組合を退職し、50 代に入ったとき、ついに独立してドメーヌを開いた。カラフルなエティケットのボトルと愉快なネーミングで、自分ブランドのワインを売り出し始めたのだ。各区画に名前を付け、それぞれの品種ごとに新しい醸造方法を発明した。ワインのボトルのエティケットに描かれているキツネは、じつは抜け目のないフィリップ自身のことなのかもしれない。

奇跡の自然ワイン！

 アルボワ・ピュピラン・サヴァニャン・マセラシオン・ペリキュレール 2015　€€€€
Aebois Pupillin Savagnin Macération Pelliculaire 2015

フィリップ・ボールナールは、人気テレビ番組「ラムール・エ・ダン・ル・プレ」で全国の人気者になった。そして彼は今も変わらず、自由を求める舌を大喜びさせることで、衆目を集め続けている。たとえば、天然微発泡性のワインで、泡が元気にはじける〈タン・ミュー〉（「それはよかった」の意）。そして、マセラシオンをほどこしたこのワインで、熟したサヴァニャンの塩気の混じった繊細なタンニンが発見できる。

Les Bottes Rouges

レ・ボット・ルージュ

生産者	**Jean-Baptiste Menigoz** ジャン＝バティスト・メニゴス
AOC	アルボワ

Les Bottes Rouges

📍 10、ラヴォワール・ランピッド通り、
　39800　アベルジュマン＝ル＝プティ村
　10, rue du Lavoir-Limpide, 39800 Abergement-le-Petit
📞 06 08 07 46 61
✉ lesbottesrouges@free.fr

赤い長靴を履いたワイナリー

　若い人びとにとってジュラ地方でワイナリーを開くのはたやすいことではない。アペラシオンの規模は小さいし、ロワール地方や南部に比べて土地代が高いからだ。「しかも、ぼくたちのような有機ブドウ栽培家は、ワイン業界でよく知られた存在とはいえないからね」。そう話すジャン＝バティスト・メニゴスには、ステファヌ・ティソ（151頁）という心強い後ろ盾がいて、ステファヌはジャン＝バティストの妻に「君の亭主は成功する男だ」と約束してくれた。「ステファヌは、ぼくにワイン造りの知識、技術、設備などすべてを与えてくれた。顧客までね」。ジャン＝バティストのこの笑顔もステファヌからの贈り物のようだ！　2012年のレ・ボット・ルージュの初リリース以来、ジャン＝バティストのワインはみんなに支持され続けている。

奇跡の自然ワイン！

 ウッフ！　€€
　Ouf!

毎年失敗し続けてきたシャルドネの天然微発泡ワインが、奇跡的に完成した。「ウッフ！」はその安堵のため息だ。また、フランスを席巻したアンリ・メールによる〈ヴァン・フー〉の逆さ言葉でもある！　このブドウ畑はかつてメール家の所有だったのだ。

ワイナリー	**Domaine des Cavarodes**
	ドメーヌ・デ・カヴァロード
生産者	**Etienne Thiebaud**
	エティエンヌ・ティボー
AOC	アルボワ

Domaine des Cavarodes
28、グランド＝リュ、39600　クラマン村
28, Grande-Rue, 39600 Cramans
03 84 51 12 01 または 06 22 74 96 70
etiennethiebaud@hotmail.com

勢いを盛り返せ

　長髪の頭の中身は明晰だ。22歳、ドレッドロックヘアのエティエンヌ・ティボーは刈込機とプラスティックの樽だけを持ってブドウ畑にやってきた。「今思えばちょっと無分別だったかも。でもジュラ地方にはチャンスがある！ 居場所も、人間らしい生活も、テロワールだってそこそこの値段で手に入る」。現在、多くの若者がここにやって来てワイン生産に取り組んでいる。とはいえ最初にエティエンヌが畑を作ろうとしたのは、誰も思いつかないような土地、ワイン生産の途絶えたドゥー県だった。そして最近になって、ジュラの地に住みついて持てるエネルギーを注入し、4ヘクタールの畑を7.5ヘクタールまで広げた。

奇跡の自然ワイン！

 ヴァン・ド・ペイ・ルージュ 2015　€
Vin de Pays Rouge 2015

点在する畑で、木によっては樹齢100年以上にもなる土地の遺産ともいうべき品種を育てている。グーシュ・ノワール、アルガン、ポルチュゲ・ブルー、アンファリネ、メジーなどだ。また、絶滅したとされる品種や、フィロキセラ被害を乗り越えて生き延びた交配品種などもここでは元気に生長している。すべてが調和するなかにピリッとしたアクセントもある。

Domaine Jean-François Ganevat

ドメーヌ・ジャン゠フランソワ・ガヌヴァ

生産者 **Jean-François Ganevat**
ジャン゠フランソワ・ガヌヴァ

AOC コート゠デュ゠ジュラ

Domaine Jean-François Ganevat
ラ・コンブ、39190 ロタリエ村
La Combe, 39190 Rotalier
03 84 25 02 69

当然 ガヌヴァ

　通称「ファンファン」・ガヌヴァはヴァン・ナチュールの寵児だ。なぜなら、とにかく見事なワインだから。とても、とても、おいしいから。有名なワインガイドで大賞を獲得したほどだ。亜硫酸無添加のワインにとっては快挙である！ 彼の白ワインは酸化防止剤無添加だが、白ワインには自然の酸化防止剤であるタンニンが含まれていないので、ほとんどの生産者は怖がってそんなことはできない。ファンファンは敵を相手に怯んだりはしない。それどころか楽しそうに、今までの4倍密集させて植栽したり、一度はすべて根こぎにされた品種を45種類以上もよみがえらせたりしている。ほかにも、面白がって通常より10倍も長い時間マセラシオンしてみたり、果梗すれすれのところでブドウの実を切って摘み、大きな壺に入れて地面に埋めてみたり……。13ヘクタールの畑から40種類ものキュヴェが造られる。そして試行錯誤をしても、ブドウの房から廃棄する部分はまったく出ないそうだ！

　それでもまだやり足りないとばかりに、妹のアンとちょっと変わったネゴスの会社を立ち上げた。ボジョレー地方、ローヌ地方、サヴォワ地方の友人の畑、そしてブルゴーニュ地方のグラン・クリュからブドウを買い付けている。残念なことにアペラシオンは名乗れないのだが！（アペラシオンの地域以外の場所で醸造した場合、そのアペラシオンを名乗れないので、彼の友人の畑の名をボトルに明記できない）

奇跡の自然ワイン！

 ド・トゥット・ボテ 2015　€€€
De Toute Beauté 2015

2015年、ジュラ地方のほかの多くのブドウ栽培者と同様に、ファンファンにとっても収穫量は最悪だった。4年のあいだに2回も不作があったため、彼のワインは小売商へは割当制で卸されている。しかし、優れたネゴシアンでもあるファンファンは、ほかの農家からのブドウを買い集めてワインを造ってきた。〈ド・トゥット・ボテ〉は、ファンファンお気に入りのネーミングだ。ボジョレー地方のフルーリから購入したガメイ、そして地元のピノ・ノワール。滑らかで陽気なワインだ。名前がすべてを表している。

 レ・シャラス・ヴィエイユ・ヴィーニュ 2013　€€€
Les Chalasses Vielles Vignes 2013

ブルゴーニュ地方の上等な白ワインも真っ青のシャルドネ。塩気とスパイスの香りが特徴の白は、一度飲んだら忘れられない。

ワイナリー	# Les Granges Paquenesses
	レ・グランジュ・パクネス

生産者	**Loreline Laborde**
	ロルリーヌ・ラボルド

AOC	コート゠デュ゠ジュラ
	Les Granges Paquenesses 📍 39600　トゥールモン村 　　39800 Tourmont 📞 06 23 87 65 19 ✉ contact@granges-paquenesses.fr

カンコワイヨット[*1]に飛び込んで

　ロルリーヌ・ラボルドは田舎育ちでもなく、ジュラ地方生まれでもない。なんとモンペリエ出身！ おまけに男ではない！ それなのにひとりで農場を切り盛りし、3.5ヘクタールの畑を耕している。しかも耕作馬を使って！ もちろん、フランシュ・コンテ産の雌馬だ！ ジュラ地方への愛は、ここのワインを味わったのがきっかけで始まった。しかし、醸造学を修めた2010年まで、じっさいに足を踏み入れたことはなかった。豊かな自然に囲まれた醸造所の建物のたたずまいを見ただけで、すっかり住む気になってしまったのだろう。こうして立ち上げた農場では、牛小屋に発酵室、厩舎に貯蔵室があり、サヴァニャンは屋根裏部屋に保存され、羊は野に放たれている。

※1 フランシュ・コンテ産のチーズ。ソース状に仕上げてある

奇跡の自然ワイン！

 ラ・ピエール 2015　€
La Pierre 2015

ウイヤージュをおこなったサヴァニャンは、ジュラ地方では「ナチュレ」と呼ばれる（ヴァン・ジョーヌ[*2]のように酸化熟成香を楽しむのとは反対に、ワインらしいワインとして、樽はいつも上までいっぱいに満たして酸素に触れさせないようにしておく）。標高400メートルの、ジュラ地方では珍しい軽粘土の土壌から生まれる、繊細な味わいが広がる。おいしくないわけがない。

※2 黄ワイン

ワイナリー	# Domaine Macle ドメーヌ・マクル
生産者	**Jean et Laurent Macle** ジャンとローラン・マクル
AOC	シャトー＝シャロン

Domaine Macle
- 15、ロッシュ通り、39210　シャトー・シャロン村
  15, rue de la Roche, 39210 Château Chalon
- 03 84 85 21 85 または 06 32 36 19 76
- macle@wanadoo.fr

ジュラの頂上

　シャトー＝シャロンは、ジュラという美味なお菓子の上に乗っているサクランボのようだ。50ヘクタールばかりのめまいがするような高い丘陵地の頂に位置する、石だらけの美しい村。ドメーヌ・マクルは、サクランボのそのまた上に乗っかっているサクランボである。村でもっとも急な斜面にある畑を人びとがよじ登るようにして耕し始めてから、もうすぐ170年になる。アペラシオン自体もかつては誰からも注目されなかった。畑を下った醸造所では、ヴァン・ジョーヌを少なくとも7年間はスー・ヴォワル[※1]で熟成させ、さらなる長期熟成に耐えられるワインにするための時間をとる。悠久の時間が流れるこのドメーヌで、1995年から指揮を執るのがローラン・マクルだ。

※1 ウイヤージュをせずに酸化させ、産膜酵母という膜が張るようにする

奇跡の自然ワイン！

 コート＝デュ＝ジュラ 2012　€€
Côtes-du-Jura 2012

シャルドネ主体（サヴァニャンは20％）なので、比較的早くから飲める。正統派の白ワインは、黄色の核果[※2]や新鮮なクルミの香りにあふれている。肉付きがよく柔らかなボディを持ち、生牡蠣のプレートと合わせれば弾むような味わいに。

※2 アンズ、サクランボ、マンゴー、桃、ミラベルなど

シャトー＝シャロン 2007　€€€
Château-Chalon 2007

これこそ、われわれを酩酊させる偉大なワインだ。このワインを初めて飲んだ日と場所は決して忘れまい。アロマがあまりに深遠で目を細めてしまう。たとえ石ころが当たっても気づかないくらいに。でも、100年待って味わってみたい。

ワイナリー	# Maison Pierre Overnoy et Emmanuel Houillon
	メゾン・ピエール・オヴェルノワ・エ・エマニュエル・ウイヨン
生産者	**Pierre Overnoy et Emmanuel Houillon**
	ピエール・オヴェルノワとエマニュエル・ウイヨン
AOC	アルボワ＝ピュピラン

Maison Pierre Overnoy et Emmanuel Houillon
- 32、ブルサール通り、39600　ピュピラン村
  32, rue du Ploussard, 39600 Pupillin
- 03 84 66 24 27
- emmanuel.houillon@wanadoo.fr

ジュラの火花

　ピエール・オヴェルノワを訪ねるなら、ランチにお呼ばれしよう。彼が焼き立てのパンを注意深く切り分ける*様子を見ながら料理の説明に耳を傾ける。敬虔なクリスチャンのピエールは、病人を担架に乗せてルルド町まで運んだこともある。しかし地元にいるときは、人びとが巡礼者さながらに彼のメゾンにやって来る。ワインの仕上がりに何か問題があるとき、疑問が解決しないとき、そんなときにはまずワインの声をよく聞くことが大事だが、ピエールの長年の経験もヒントを与えてくれる。「長い年月をかけて手入れされてきたブドウの木は、地中深くまで根を張る。そして土壌から天然のミネラルや酸を吸収して、ワインを酸化から自然に守ってくれる。やってみればわかるさ」。除草剤や化学薬品は使用しない。まっとうな農法には長い時間がかかる。そんな彼のワイン人生にひとりの男の子が登場した。畑で働くピエールのあとをついて回り、学校さえ行こうとしない。そしてついにピエールはエマニュエル・ウイヨンを養子にした。「いちばん用心しなきゃならないのは、見た目だ。完全で、きれいに色づいているブドウほど要注意だ！」

※ オヴェルノワは有機パン職人でもある

奇跡の自然ワイン！

 アルボワ＝ピュピラン・プールサール 2013　€€€
Arbois-Pupillin Poulsard 2013

「オヴェルノワ」ブランドの価格は、シャトー・ラヤスや、シャルリ・フーコー他界以来のクロ・ルジャール並みにつりあがっている。ピュピラン産の「プルサール」は、ピエールお気に入りの品種だ。純粋な心と先入観のない白紙状態の舌で味わおう。子供のように無邪気な、ほとんどロゼがかった色をしているワインにひたすら驚いていればいいのだ。これ見よがしなところはなく、ただ感覚を心地よく刺激し、思い出をよみがえらせてくれる。一陣の風が吹き抜けていくようなワイン。

 アルボワ＝ピュピラン・サヴァニャン 2013　€€€
Arbois-Pupillin Savagnin 2013

ジュラ地方は掟破りのワイン産地だ。というのも、赤ワインよりもタンニンを強く感じさせる白ワインがあるからだ。プールサールとサヴァニャンを、ブラインドテイスティング用の黒グラスで飲んでみよう。しっかりとした非常に複雑な味わいの果汁に、サヴァニャンの固い果皮がタンニンを加えている。

Domaine de la Tournelle

ワイナリー

ドメーヌ・ド・ラ・トゥルネル

生産者 **Eveline et Pascal Clairet**
エヴリーヌとパスカル・クレレ

AOC アルボワ

Domaine de la Tournelle
5、プティット・プラス、39600　アルボワ村
5, petite Place, 39600 Arbois
03 84 66 25 76
domainedelatournelle@wanadoo.fr
www.domainedelatournelle.com

ブドウのマリアージュ

　パスカル・クレレの醸造家としてのスタートは最悪だった。アルボワにドメーヌ・ド・ラ・トゥルネルを開いた1991年、大霜にやられた。ブドウは1粒も採れなかった。ブドウ畑では惨めだったが、恋愛はうまくいった。互いに一目惚れをしながらも3年前に別れていた彼女、エヴリーヌが彼のもとに戻ってきたのだ。しかも、美しいエヴリーヌはパスカルと同じ醸造学を修めていた。以来ふたりの「醸造技術者」は、8ヘクタールの畑と夏季限定の水辺のレストランを切り盛りしている。収穫時には、エヴリーヌが貯蔵室を、パスカルが畑仕事を担当する。ふたりの愛の花園が満開になるのは、ここ10年来、春が来るたびにアルボワ村の中心地で営業する、開けっぴろげで気前のよいワインバーだ。こんな場所でバカンスを過ごせる人たちは、運がいい。

奇跡の自然ワイン！

 リュヴァ 2015 €€
L'Uva 2015

2017年、畑は大規模な雹の被害に遭った。クレレ家では、訪ねて来てくれる愛好家のために少しだけワインを取り置いているが、大人数のグループに供することは難しそうだ。プールサールはとても愛されている品種。ここではプルサール、ときにはプルプルとも呼ばれる。ドボドボと注いで飲みたくなるからだ。エヴリーヌとパスカルはこのブドウを余すところなく使った。お隣のボジョレー地方のように、マセラシオン・カルボニックをおこなっている（ブドウを房ごと使う）。10.5℃にしたこのワインがあればほかには何もいらない。ひとり1本を見ておくこと。

 フルール・ド・サヴァニャン 2015 €€€
Fleur de Savagnin 2015

すべてはパスカル・クレレの仕事から始まったと言ってよい。この〈フルール〉のおかげで、ドメーヌ・ド・ラ・トゥルネルが造る辛口サヴァニャンのスタイルが有名になった。成熟していながらも張りがあり、適切な瓶内熟成のおかげで、すでに花開いて飲みごろだ。最初に感じられるアロマは氷山の一角で、口の中の奥深くに残る味わいに強い印象を感じる。2015年は蜂蜜のようなタッチが精彩を与えている。

ワイナリー	**Domaine André et Mireille Tissot**
	ドメーヌ・アンドレ・エ・ミレイユ・ティソ

生産者	**Bénédicte et Stéphane Tissot**
	ベネディクトとステファヌ・ティソ

AOC	アルボワ

Domaine André et Mireille Tissot
- 39600 モンティニー＝レ＝アルシュール村
  39600 Montigny-les-Arsures
- 03 84 66 08 27
- www.stephane-tissot.com

ジュラシック・グラップ

　ティソ家の人びとを駆り立てるものは何か？　さまざまな色のワインを、さまざまな方法で醸造する。自分たちのドメーヌに限った話ではなく、ステファヌ・ティソは生産者組合の活動も推し進めてきた。意外な場所でジュラ・ワインに出会ったら、それはステファヌのおかげであることが多い。

　人里離れたドメーヌに来てみると、ステファヌみずからが案内をしてくれる。「向こうにアルプス山脈が見えるだろう？　あれがどんどん盛り上がって、いろんな形の円丘になった。ジュラ地方ではテロワールによってその古さが5千万年も違っていたりする！」ステファヌは、多様なブドウ品種の味わいを愛し、駆使してワインを造る。50ヘクタールになった畑では、すべてビオディナミ農法をおこなう。「妻のベネには、これ以上は広げないと約束したよ」

　曾祖父の時代から守ってきた田園風景、こんなブドウ畑をわたしたちは愛してやまない。たとえこの地方ではコンテチーズが長年王者の地位にあるとしても……。

奇跡の自然ワイン！

 シャルドネ・レ・グラヴィエ 2015
€€€
Chardonnay les Graviers 2015

瓶内熟成による、ローストしたようなタッチは繊細で、表情豊かで生気にあふれている。爽やかさと芳醇さが共存しているので、食卓では魚や鶏肉などのどんなメニューにも合う。

 トゥルソー・アン・ナンフォール 2016
€€€€€
Trousseau en Amphore 2016

大型アンフォラの中で熟成したトゥルソーの果汁は元気いっぱい。2016年のミレジムは、二枚目役者といったところ。苦みと甘さを備えた演技が持ち味だ。心奪われるワイン。

 シャトー・シャロン 2010　　€€€€€
Château Chalon 2010

「ヴァン・ジョーヌの酵母を活性化させ、産膜が早く出るようにするには、まだ月が出ている早朝に、小樽に入れなければならない。そうすると酵母が動き出してブドウの持つエネルギーを刺激してくれる」。ありがたいアドバイスだ。4年目になる〈シャトー・シャロン〉には、エネルギーが満ちている。カレー粉、胡椒、ゲンチアナのかすかな苦み。しかし、今このワインを飲んだら、それは幼子を殺すようなもの！　今この時点でも十分おいしく、わたしたちは憂鬱した代理親のようにこの快作を溺愛してはいるけれど。

ラングドック
[ヴァン・ナチュールの現状]

古くからのワインの産地であり、広大な畑を持つラングドック地方。個性的で、うま味のある、しかもコストパフォーマンスのよい赤ワインとしてはフランス随一だ。種類豊富で安定感のあるワインをつねに供給してくれるが、それはもはや戦後の日常的な大量消費のためのワインというわけではない。たしかにラングドック地方は、30年以上にわたり瓶詰機を使って赤ワインをボトル詰めしていた。しかし、フランスのワイン産地で、ラングドック地方ほど大きな変化と再構築を遂げてきた場所もないのである。

豊饒な、ワイン生産に理想の土地であるエロー県とローブ県は多くの新進ヴィニュロンを受け入れ、土着品種の再発見に積極的だ。ヴィニュロンは理想のワイン造りのための土を見つけ、古来からある品種もここの土壌ではじめてのびのびと生育する。ブドウ品種の植え替えが推進され、カリニャン・ノワール、サンソー、カリニャン・ブラン、テレなどの古き良き地中海系品種も再発見されている。国外追放されていたアリカンテさえ戻ってきた。これらのブドウを使って造られている現在のラングドック・ワインは、70年代に同じ品種で造られていたワインとは別物だ。当時の陽気な力強さはそのままに、ブドウ本来の味が直接生かされている。リバイバルとルネサンスの機運はとどまるところを知らない。

ラングドック地方では、ブドウの完熟をメシアのように待ち焦がれる。しっかり熟したブドウで造るワインのアルコール度数は、春の朝方の気温と間違えてしまいそうな高さ、つまり14〜15％にもなる。熟成期間も、リエーブル・ア・ラ・ロワイヤル※の調理にたとえたくなるほど長い時間をかける。

1998年、2001年、2007年のように不出来な年も、まれにある。そんなときは勉強になったと思えばいい。昨今では、まっとうで正直な農業に取り組むヴィニュロンたちが、自分たちの造りたいブドウやワインについて研究し、完成度を高めつつある。いよいよ調子が出てきたところだ。すでに世界での知名度は高い。あらゆる経験ができる、少し風変わりなワイン造りの実験室、ラングドック。ここでの未来は明るい。絶え間なく変化するラングドック地方は、現実にそぐわないアペラシオンの制度の枠を突き破って発展している。

※野ウサギを使ったフランス古典料理

ワイナリー	**Domaine Frédéric Agneray**
	ドメーヌ・フレデリック・アニュレー

生産者	**Frédéric Agneray**
	フレデリック・アニュレー

AOC	ガール

Frédéric Agneray

📍 シュマン・ド・ラ・プステルル、30200　サブラン村
　 Chemin de la Pousterle, 30200 Sabran
📞 06 73 20 55 07
✉ ay.frederic@gmail.com

ガールに注目

　できるだけ働かないで暮らす、というのがフレデリック・アニュレーの信条だった。だから学業を延長して文学や文書保管の勉強をした。そんなある日、ブドウ畑に足を踏み入れた彼は「これを仕事にできたらいいだろうな」と感じた。ロワール地方（クロ・ルジャール、グランジュ・オ・ベル）やローヌ地方（コンドリューのジョルジュ・ヴェルネ）で修業したあと、パートナーにどこで働きたいかたずねた。彼女の給料をあてにするしかなかったからだ。パートナーが選んだのはアルデッシュ県南部だった。2014年、アルデッシュ県に移って3ヘクタールの畑を買った。「思い描いていたとおりの畑だ。森の中の手つかずの自然が残されている場所で、大きな段丘に小さな畑の区画がある。隣の畑もない。標高250メートルの畑はすべて北向き。ポワイユー（ロワール地方）やラヤス（ローヌ地方）のような砂質の土壌なんだ」

奇跡の自然ワイン！

 キャラミット 2016　€€
Kalamite 2016

フレデリック・アニュレーについてよく知るためには、〈キャラミット〉が最適だ。しかも彼の初めてのキュヴェでもある。アッサンブラージュは毎年変わり、2016年の中心的なブドウ品種はグルナッシュ。マセラシオンは約1カ月間、全梗発酵の最中は、決して手を入れない。隠し味にブレンドされたブドウのおかげで、ごくごく飲むワインの模範のように仕上がっている。目が離せない。

ワイナリー
Domaine d'Aupilhac
ドメーヌ・ドーピアック

生産者
Désirée et Sylvain Fadat
デジレとシルヴァン・ファダ

AOC　ラングドックモンペイルー

Domaine d'Aupilhac
- 28、プロ通り、34150　モンペイルー村
  28, rue du Plô, 34150 Montpeyroux
- 04 67 96 61 19
- aupilhac@wanadoo.fr
- www.aupilhac.com

完璧な栽培家

　ラングドック地方のワイン産業は長いあいだ、ほかの地方から移住して開業する人びとのおかげで若返っていた。彼らはそれまでの忙しい生活を捨てるためにやって来た。そのうち土地代が高騰し、ワインの価格は下落し、移住ブームは終わった。「高額なワインはマスコミで取り上げられて、投資家の人気になる」と語るシルヴァン・ファダのワインは、いつもお手頃価格だ。

　地元で生まれ育ち、歌うようなアクセントで話す。一家は5世代にわたって協同組合にブドウを卸していたが、25年前に止めた。迷っていたシルヴァンを支えたのは妻のデジレだった。彼は家族の畑を一から立て直し、少しずつではあるが27ヘクタールにまで広げた。まず有機農法に、そしてビオディナミ農法に切り替えて今にいたる。バランスの取れた彼の畑は、数種の品種（カリニャン、グルナッシュ、ムールヴェードル、シラーが同じ分量ずつ）が植えられた区画と、スペシャリテ・ワインとお手頃価格ワインの両方に使う品種が植えられた単一品種の区画に分かれ、いずれも精魂込めて手入れされている。シルヴァンのワインの成功は、モンペイルーのテロワールが人びとに認知されたことをも意味する。（政治的な理由さえなければ）クリュに格付けされてもおかしくない、エロー県のまれに見る優良な畑だからだ。

奇跡の自然ワイン！

 ラ・ボダ 2014　€€€
La Boda 2014

〈ラ・ボダ〉はダンスのようなワインだ。それもデュオのダンス。南向きの粘土石灰質の段丘オーピアック、そして北の火山岩と石灰岩の段畑コカリエールという、ふたつのテロワールのアッサンブラージュ。オーピアックのムールヴェードルは酸味が強く力強い味で上質なベースとなり、コカリエールのシラーが花のような香りを添える。ガリッグ*の愛の賛歌だ。

※ 地中海地方の石灰質の乾燥地帯

| ワイナリー | **Domaine Léon Barral** |
| | ドメーヌ・レオン・バラル |

| 生産者 | **Jean-Luc et Didier Barral** |
| | ジャン＝リュックとディディエ・バラル |

| AOC | フォージェール |

Domaine Léon Barral
ラントリック、34480　カブルロール村
Lentheric, 34480 Cabrerolles
04 67 90 29 13
domaineleonbarral.com

世界へ飛ぶバラル・エアライン

　目下、ディディエ・バラルは上機嫌である。彼のドメーヌが大きく刷新中だからだ。「空気圧式圧搾機や新品の小樽がそろったところさ。ヴァン・ジョーヌ※もね！ 金はないけどアイデアはいっぱいある」。フランスで石油は採れないが、ワインがある。今や世界中どこにでもワインを届けることができ、よいワインを飲みたいと思う人びとも増えている。たしかに安ワインを大量に売ればもうかるだろうけれど。ラングドック・ワインの親善大使として大人気のディディエ。たとえば彼が日本人に向かって「ワインの薬効を見直すべきです」と説明すれば、誰も笑ったりせず、彼の言葉を信じてくれる。日本人消費者は、生きているワインのほうが体に優しいと理解しているからだ。何も生えていなかったこの南の地方で、バラル一家はブドウの木を植えることから始め、砂漠化しかけていた土を耕して、目覚めさせた。地面は裸のまま放置せず、かならず植物を植えて守ってやる。牛たちは草を食んで土壌を整え、その排泄物で養分を与えてくれる。

※ 黄ワイン

奇跡の自然ワイン！

 　ブラン 2015　€€€
Blanc 2015

ここ数年、バラル家の白ワインはオレンジ色がかっている。ディディエ・バラルはブドウのマセラシオンを一晩おこなってタンニンを抽出し、太陽の香気をよみがえらせる。スパイシーなテレが主張するところに、赤色頁岩のきつめのミネラル感がワインに「ガリッグ」風味を添えている。

Domaine Catherine Bernard

ドメーヌ・カトリーヌ・ベルナール

生産者　**Catherine Bernard**
カトリーヌ・ベルナール

AOC　ラングドック

Catherine Bernard
- 22、マルクス＝ドルモワ通り、30250　ソミエール村
  22, rue Marx-Dormoy, 30250 Sommières
- 06 83 03 35 55
- cb.castelnau@wanadoo.fr

ワイン造りと原稿書きと

　カトリーヌ・ベルナールは、力作『ダン・レ・ヴィーニュ※』のなかでみずからの転身について書いている。カトリーヌは以前『リベラシオン』紙の記者だった。はじめはパリ勤務だったが、特派員としてラングドック地方に赴任。そこで見た景色は衝撃で、カトリーヌは子供時代を過ごした田園風景を鮮やかに思い出した。仕事を辞めて自由の身になり、技術を学び、2005年から農業専従者となった。「小さい畑だけど、わたしは親分肌じゃないので、手を広げるつもりはないの。むしろわたしがよそのワイナリーの手伝いに行くくらい！」もう何年間も、気が気でない日々が続く。ブドウの木を植え、新たに資金をつぎ込み、日銭を稼ぐためにブドウ踏みのバイトをする。しかし彼女の情熱は高まるばかりだ。「ワイン造りのすごいところは、あらゆる可能性が待ち受けていること。とくによそ者の女だったら、何をやっても許されるという感じね」

※ "Dans les vignes" 未邦訳

奇跡の自然ワイン！

 ラ・カルボネル 2015　€€
　　　　La Carbonelle 2015

カトリーヌ・ベルナールが最初に手に入れた畑のワイン。小さな円丘の「ラ・カルボネル」という名前は、かつてシャルボンがここで造られていたことに由来する。1570年以降は、ブドウ畑になり、グルナッシュ、ムールヴェードル、マルスラン、サンソーなどが育つ。ブドウの一部はかならず全梗発酵させ、美しい畑の実りがもたらしてくれる南仏ワインの力強さを引き出している。血や胡椒の香り、そして日光の強さに見合うだけの酸味が備わっている。

カトリーヌ（左頁）は言う。「わたしにとって土をいじって働くことは、自由の獲得なの」

クロ・ファンティーヌのギャロル（次頁）。彼女ときょうだいたちが造る、最近のミレジムの出来にはわくわくしてしまう

ワイナリー	# Clos Fantine
	クロ・ファンティーヌ
生産者	**Carole, Corine et Oliver Andrieu**
	キャロル、コリーヌ、オリヴィエ・アンドリュー
AOC	フォージェール

Clos Fantine
ラ・リキエール、34480　カブルロール村
La Liquiere, 34480 Cabrerolles
04 67 90 20 89
corine.andrieu@laposte.net

頁岩の復活

　祖先の土地である頁岩への愛着は、郵便配達人だった父親譲りだ。1970年にパリから戻ってきた父親は、カブルロール村に居を構えた。畑で作ったブドウは協同組合に卸し、小さな畑を買い足し、いつの日か自分のワインを造ることを夢見ていた。1996年、ついに彼自身の醸造所で最初のミレジムが完成するが、その翌年に他界。キャロル、コリーヌ、そしてオリヴィエは父親の仕事をどうにかこうにか引き継いだものの、簡単ではなかった。22ヘクタールの畑に肥料は使っていない。ブドウの木には薬草を煎じた水液で栄養を与える。醸造所ではコンクリートタンクのみを使用、アジュヴァン（薬剤）は使用しない。アンドリュー家のきょうだいはブドウの木の生育を助けるだけで、むやみに手を加えない。

　毎年、ブドウ品種の配合の割合は変わる（とくに〈クルティオル〉）。ワインは、空気に触れて開くにつれて、カリニャン（40%）、グルナッシュ、ムールヴェードルの物語を語り始める。フォージェール特有の均一な砂頁岩の土壌を持つ、世界最古のテロワールで育ったブドウたちだ。見た目よりもずっと大胆で、誠実で、繊細で、そして深い仕事だ。フォージェールの〈イン〉も、ヴァン・ド・フランスの〈オフ〉（アラモン、サンソー、テレ・ブラン）もお薦めだ。

奇跡の自然ワイン！

 クルティオル 2015　€€
Courtiol 2015

南仏でもっともすばらしい品種（少々のグルナッシュで優しさを加えたムールヴェードル）を使ったこのワインには、フォージェールらしいミネラル感がある。ハッカ、ユーカリ、スパイス。アルコールが強いけれど、しっかりと均整がとれており、濃すぎず、とても飲みやすい。冬のお楽しみに。もちろん何年寝かせても。

ワイナリー	**Mas Coutelou**
	マス・クトゥルー
生産者	**Jean-François Coutelou**
	ジャン＝フランソワ・クトゥルー
AOC	ラングドック

Mas Coutelou
- 6、レスタカルド通り、34480　ピュイミソン村
  6, rue de l'Estacarede, 34480 Puimisson
- 06 64 62 12 57
- jf.coutelou@laposte.net
- www.coutelou.fr

黒板を見て！

「お前が継がないなら、畑は全部売りに出す！」ピュイミソン村で4代続いたワイナリーの息子ジャン＝フランソワ・クトゥルーは、ブドウ畑を維持するかどうかで悩んだ。「何百万ユーロもの借金をしなければ、生産を軌道に戻すことができなかったから」。そこで彼は17年間教壇に立ち続けつつ、毎週末にはパリからベジエ市にやって来て畑仕事をした。「でも教職には休暇が多いんだ！　それに給料があったおかげで、本来なら怖くてできないような試験的なこともできた」。24ヘクタールから13ヘクタールに畑を縮小し、借金はせずに、落ち着いてワインが造れるようになったのだ。

奇跡の自然ワイン！

 クラス《ア・タッチ・オブ・クラス・イン・ア・グラス》2016　€€
Classe《 A Touch of Class in a Glass 》2016

「このエティケット、たくさんの『いいね！』をもらったんだ」。もちろん、エティケットだけではなく中身がいい。シラー、グルナッシュ、そしてほんの少しのムールヴェードルがかすかな塩気を与える。「いいね！」は本物だ。

ワイナリー	**Clos Marie**
	クロ・マリ
生産者	**Christophe Peyrus et Françoise Julien**
	クリストフ・ペリュスとフランソワーズ・ジュリアン
AOC	コトー＝デュ＝ラングドック＝ピック・サン＝ルー

Clos Marie
カズヌーヴ街道、34270　ロレ村
Route de Cazeneuve, 34270 Lauret
04 67 59 06 96
clos.marie@orange.fr

デュオ・オン・ザ・ロック

　20年前の、クリストフ・ペリュスの初めてのワイン造りを思い出す。ピック・サン＝ルー頂上のガリッグのど真ん中にある仮設カーヴだった。マリ・デュ・クロはフランソワーズ・ジュリアンの祖母の名前。共同経営者で私生活のパートナーでもあるフランソワーズは、エネルギッシュな営業をする。

　初めてブドウの木を植えたときからずっと、ふたりは次々に植栽しながら経験を積み重ねてきた。生まれ変わった石灰質の土壌で、山地ならではのニュアンスをワインで正確に表現しようとし続けてきた。有機農法からビオディナミ農法に切り替えたこの畑と、シラーの味に満足しきっている生産者が大多数を占めるラングドック地方のワイン事情とのあいだ溝はますます深くなっている。彼らのワインに対する審美眼はギャラリー経営者のように厳しく、テロワールが生み出すワインの奏でる音楽に敏感に耳を傾けて、妥協しない。よりよいワインを造るための試行錯誤を繰り返すふたり。洗練をきわめたアロマのニュアンスは、今回の単一ブドウ種のキュヴェ、〈ピック・サン＝ルー〉でいかんなく発揮されている。15年以上経っても力強い、赤の〈グロリユーズ〉も忘れられない。5〜7年間瓶内熟成した白の〈マノン〉には、信じられないほどの安定性、品格、そして活力がある。

奇跡の自然ワイン！

 　ロリヴェット 2015　€€
　　　　　L'Olivette 2015

この味わいは、まるでピック・サン＝ルーからのとてもすてきな絵葉書だ。グルナッシュとシラーのすばらしいマリアージュ。とにかくフルーティ！　とはいえ、しっかりとした骨格のタンニンのおかげで長期熟成にも向いている。

ワイナリー	**Fond Cyprès**
	フォン・シプレ
生産者	**Laetitia Ourliac et Rodolphe Gianesini**
	レティシア・ウルリアックとロドルフ・ジャヌシニ
AOC	コルビエール

Fond Cyprès
クラビ、11200　エスカル村
Crabit, 11200 Escales
06 03 47 20 79
laetitia.ourliac@free.fr
www.fond-cypres.com

外気を浴びたい

「水曜日、友人はご飯を食べにいったりしているのに、わたしは畑仕事をしなきゃならなかった」。レティシア・ウルリアックはブドウ畑にいい思い出はなかった。家を飛び出してパリに住んだが、やがて故郷に戻って古物商を始めた。

ロドルフ・ジャヌシニの実家もワイナリーだが、彼も家業を継がずに歯科技工士になった。一日中室内にこもっているような仕事に嫌気がさし、帰郷した彼の目の前に広がっていたのは美しいブドウ畑だった。「コルビエールの北のはずれに 12 ヘクタールの畑を見つけた」。レティシアの父親の畑も近くにある。ロドルフは、ここで何とかワイナリーを始めてみた。そして今、15 ヘクタールに増えたブドウ畑で精を出している。

奇跡の自然ワイン！

 ル・カリニャン・ド・ラ・スルス 2015　€€
Le Carignan de la Source 2015

レティシア・ウルリアックとロドルフ・ジャヌシニのこだわりは、ワインそれ自体だ。「2010年からワインはすべて自然なやり方で造っているけれど、完璧でなければ、ブドウはネゴシアンに卸す」と言う。〈ラ・スルス〉に使われている古木のカリニャンについて何でも知っているふたりは、コルビエール・ワインについて真剣に議論を重ねている。大自然で生まれた高貴なコルビエールのワインがここにある。

Mas Foulaquier
マス・フラキエ

生産者　**Blandine Chauchat et Pierre Jéquier**
ブランディーヌ・ショシャとピエール・ジェキエ

AOC　コトー＝デュ＝ラングドック＝ピック・サン＝ルー

Mas Foulaquier
- アンブリュスカル街道、34270　クラレ村
  Route des Embruscalles, 34270 Claret
- 04 67 59 96 94
- www.masfoulaquier.fr

狼と子羊

　重い、木の香りのするリッチなラングドック・ワインの時代は終わった。アメリカ人消費者向けにコート＝デュ＝ローヌの類似品を造らなくてもいいと思うと、ほっとする。これからは、ルーに嚙みつかれるのではなく、一緒にダンスをするのだ。オルテュスとピック・サン＝ルーの断崖の後ろ側で、セイヨウヒイラギガシの緑の芽吹きやタイムの香りに包まれて生まれた、飲みやすく洗練されたワインがテロワールを表現してくれる。気候や雨量については言うまでもない。モンペリエ市の北側に位置したピック・サン＝ルー頂上は、じつはこの地方でもっとも冷涼で、北部に似たテロワールだ。アペラシオンの範囲が広いせいもあるのだが。
　ピエール・ジェキエは「飲みやすさ」にこだわっている。1998年にこの地でワイナリーを開き、やがてブランディーヌ・ショシャが加わった。ビオディナミ農法で育ったグルナッシュとシラーのワインは、健全で薫り高いスタイルに生まれ変わった。コレクションはふたつ。〈プレイヤード〉は赤、白、ロゼで5種類のキュヴェで展開する。果実味が支配する伝統的なアッサンブラージュだ。〈アティピック〉は単一品種と単一テロワールにこだわったラインナップ。ほかの生産者のワインと同様、彼らもまたこの5、6年、ピック・サン＝ルーの白ワインには大きな可能性が秘められていることを実証してきた。

奇跡の自然ワイン！

 ラ・シュエット・ブランシュ 2015　€€€
La Chouette Blanche 2015

バランスという点では、グルナッシュ・ブランがクレレット、ロール、そしてブールブランに勝っているが、この典型的な地中海地方の組み合わせによって、舌に長い余韻を残すワインに仕上がっている。ガリッグ、ドライフルーツ、石灰質の土壌を思わせるうま味の強い酸味。10年寝かせて味わおう。

ワイナリー
Domaine Les Hautes Terres
ドメーヌ・レ・オート・テール

生産者
Geneviève de Groot et Gilles Azam
ジュヌヴィエーヴ・ド・グルートとジル・アザム

AOC　リムー

Domaine Les Hautes Terres
- 4、シャトー通り、11300　ロクタイヤード村
  4, rue du Château, 11300 Roquetaillade
- 04 68 31 63 72
- leshautesterres@orange.fr

リムーに活力を

　ロクタイヤード村に入り、600メートル上った場所にあるジル・アザムのドメーヌ・レ・オート・テール。その高さにめまいがしそうになる。高地でできるリムーのワインは、著名人のあいだでも人気になり始めたほどだが、低地は、機械収穫を当然とする世界。ジルはそんな低地にある生産農家で育ったが、家業は長子相続のしきたりによって兄が継ぎ、自分は農業用製品の営業職に就いた。しかし遺伝子組み換え種子や蜂用殺虫剤を売りさばくように言われ、2000年、とうとう我慢の限界に達した。ブドウ栽培に戻った彼は今、自分の9ヘクタールの美しい畑を耕している。もちろん有機農法で。

奇跡の自然ワイン！

 ルイ 2016　€€
Louis 2016

ルイは祖父の名前だ。祖父に、この南仏白ワインの傑作を捧げる。ロクタイヤード村の圏谷※の600メートルという高い場所にあるおかげで実現したキュヴェだ。砂混じりの粘土質の土壌によるミネラル感や、爽やかさ（アーモンドシロップやグレープフルーツ）を添えるシュナンとシャルドネの熟してはいるが柔らかすぎない果実の香りが楽しめる。

※ 広い椀状の谷

LANGUEDOC

ワイナリー **Mas Jullien**
マス・ジュリアン

生産者 **Olivier Jullien**
オリヴィエ・ジュリアン

AOC コトー＝デュ＝ラングドック＝テラス＝デュ＝ラルザック

Mas Jullien
- マス・ジュリアン道、34725　ジョンキエール村
  Chemin du Mas Jullien, 34725 Jonquières
- 04 67 96 60 04
- masjullien@free.fr

声が枯れるまで

　25年間ワインを造り続けてきたオリヴィエ・ジュリアンは、ラングドック・ワインを代表する誠実なヴィニュロンのひとりだ。オリヴィエの歩んだ道は険しかった。醸造学を修めたが、学校を出たとたん、理想のワイン造りを学んだわけではなかったことを悟った。彼はラングドック地方で有機ワインを造った先駆者ではあるが、ここ数年は有機認証を返上している。しかしビオディナミ農法を始めていると打ち明けてくれた。「植物をいろいろといじくり回すのが楽しくて仕方ないんだ。ただ、有機農法と一緒で、完全に閉ざされた世界という感じはするね。牧場がビオディナミ認定されていなかったら、そこで堆肥も作れない。よそ者がいきなり農家の人たちに有機農法について語っても意味がない。ブドウやワイン造りの現場にいる方が自然なことなんだ。とことんまでやるつもりだし、これが自分で選んだ道なんだ」。オリヴィエほど、ラングドック地方における厳正なワイン醸造の復活に寄与し、かつ偏狭な考えをいっさい持たないヴィニュロンはめったにいない。

　アッサンブラージュの変化にしたがって、製造するワインの種類はひんぱんに変わる。グルナッシュの比率が低くなると、ムールヴェードルやシラーの比率が上がる。最近、有名なキュヴェである〈レ・ゼタ・ダーム〉が製造されなかったのは、〈ルジェオ〉、〈カルラン〉（サン＝プリヴァの畑）、そして〈オトゥール・ド・ジョンキエール〉を造るためだった。

奇跡の自然ワイン！

 オトゥール・ド・ジョンキエール 2015　€€€
Autour de Jonquières 2015

「ジョンキエール」は、オリヴィエ・ジュリアンの住む村の名前だ。ガリッグ、タイム、ネズが生える土壌から、ムールヴェードル、カリニャン、そしてシラーの木が栄養を吸収している。巧みな熟成方法によって、この村の風景が目の前に現れるようなワインへと昇華し、ラングドックの名を上げた。アルコール度数のことは忘れて飲む。さらに飲むたびに、この強く優しい南仏ワインに魅了される。

ワイナリー	**Vignoble du Loup Blanc**
	ヴィニョーブル・デュ・ルー・ブラン
生産者	**Nicolas Gaignon et Alain Rochard**
	ニコラ・ゲニョンとアラン・ロシャール
AOC	ミネルヴォワ

Vignoble du Loup Blanc
- アモー・ド・ラ・ルエール、11120　ビーズ＝ミネルヴォワ村
  Hameau de la Roueyre, 11120 Bize-Minervois
- 04 67 38 00 15
- www.vignobleduloupblanc.com

ステップ・バイ・ステップ

　カナダのケベックに住んでいたソミュール市出身のふたりが、太陽のもとで育つブドウを夢見たことから話は始まる。ミネルヴォワで畑を懸命に探すニコラ・ゲニョンとアラン・ロシャールの存在はすぐに住民の知るところとなり、土地は口コミで見つかった。ヴィニョーブル・デュ・ルー・ブランだ。2003年の冬の朝、ルーは住処を見つけた。カーヴ、16ヘクタールの畑、10種類のブドウの木。木の刈込には2カ月もかかった。

　別のふたりのソミュール人が加わってこの難事業に取り組み、以来ここに住みついた。今では自分たちの小さな畑を持つ、カリーヌとローラン・ファール夫妻だ。

奇跡の自然ワイン！

 ル・レガル 2015　€€
Le Régal 2015

ヴィニョーブル・デュ・ルー・ブランの特徴がすべてここにある。粘土石灰質の土壌を持つ10の区画を持つ、ドメーヌ中のすべてのテロワールの粋を集めたワイン。カリニャン、グルナッシュ、シラーがドメーヌについて伝えてくれる。甘味の豊かな味わい。「レガル」の名に納得。

ワイナリー	**Maxime Magnon** マクシム・マニョン
生産者	**Maxime Magnon** マクシム・マニョン
AOC	コルビエール

Maxime Magnon
📍 4、ムーラン通り、11360　ヴィルヌーヴ＝レ＝コルビエール村
　　4, rue des Moulins, 11360 Villeneuve-les-Corbières
📞 06 07 55 21 07
✉ maxime.magnon@wanadoo.fr

汗の報酬

　マクシム・マニョンは無人の地に住もうと決めた。コルビエールの山岳地帯、数キロメートル離れた場所ではコルシカ語が話され、トラクターもめったに上ってこないような地域だ。粘り強い若きブルゴーニュ人は、一日中キャタピラーに乗って働き、反芻動物の力を借りて14ヘクタールの畑を肥やす。このテロワールを見つけたのは2002年。見たこともないような美しい入り組んだ地形で、ここでならどんな努力も惜しまないだろうと思えた。

奇跡の自然ワイン！

 　ロゼタ2015　€€
　　　　　　　 Rozeta 2015

喉越しのよいサンソーを使った〈ロゼタ〉は、長いあいだコルビエールにおけるボジョレー・ワインのような存在だった。しかし今回は、樹齢60〜80年の老女のようなカリニャンとグルナッシュを加えて貫禄がついた。うっすらと香る胡椒、柔らかなスパイス。輪郭をはっきりさせてくれる少しのタンニンに、杯を重ねたくなる。

ワイナリー	# Le Mas de Mon Père
	ル・マス・ド・モン・ペール

生産者	**Frédéric Palacios**
	フレデリック・パラシオス

AOC	マルペール

Le Mas de Mon Père
- 18、ルーデル道、11290　アルザン村
  18, chemin de Roudel, 11290 Arzens
- 04 68 76 23 07 または 06 83 48 12 73
- lemasdemonpere@yahoo.fr
- lesmasdemonpere.wix.com/lemasdemonpere

> 見つけたら即買い

　AOCマルペールは地理も造られるワイン自体もあまり知られていない。ラングドック地方の奥地の左側、カルカッソンヌの城壁地帯の陰にあり、何十年も重厚な赤ワインが主流だった土地だからだ。新たな可能性を秘めたラングドック地方にはチャンスがある。それを証明するのが協同組合に勤める親を持つフレデリック・パラシオス。志高く鋭い勘を備えた生産者で、この10年でかなりの成果をあげてきた。アルザン村のもろい砂岩と沖積層の上に、小さな畑地（5ヘクタール）と大きなゲストハウス（夢のように美しい場所）がある。マルペールとは「悪い石」の意味だが、もちろん誰も彼に石を投げやしない。とても南仏的な品種（メルロー、カベルネ・フラン、カベルネ・ソーヴィニヨン、マルベックなど）を使い、本来なら攻撃的すぎる赤ワインを、元来のエネルギーを削ぐことなく、洗練させ、上品にし、入念に仕上げている。彼のワインを見つけたら、決して手放さないように。

奇跡の自然ワイン！

 ラ・パール・ド・ロラージュ 2014　€
La Part de l'Orage 2014

2014年7月の始め、雹が降ったため、ル・マス・ド・モン・ペールではほとんどワインを製造できなかった。オード県のヴィニュロンの友人たちがすぐに救援体勢をとり、彼にブドウを寄付してくれた。これに買い付けたブドウを足して完成したキュヴェは、いつものワインと変わらない。すばらしいフルーツの香り、花や野菜を思わせる余韻。彼が気の毒だからではなく、心の底からおいしいと感じるから、わたしたちはこのワインを飲む。2015年の収穫は元どおりになったそうだ。

Domaine Thierry Navarre

ワイナリー

ドメーヌ・ティエリー・ナヴァール

生産者 **Thierry Navarre**
ティエリー・ナヴァール

AOC サン゠シニアン

Domaine Thierry Navarre
15、バロサン大通り、34460 ロックブルン村
15, avenue de Balaussan, 34460 Roquebrun
04 67 89 53 58
www.thierrynavarre.com

絵葉書代わりのボトルが届く

　ロックブルン村。この場所は、ティエリー・ナヴァールにとって『監獄ロック』ともいえる。牢獄とはいえ、黄金色に輝いている。岩にへばりつくようにして立つ家々、滝のように流れる冷たい川、川にかけられた古い橋、オレンジの木、ミモザ。絵葉書のように美しいこの土地は、定年後に住みたくなるような夢の場所だ。ティエリーの住処もそう遠くはない。「生まれたときからこの家に住んでいる。いつもブドウの匂いがしていた」。彼はそれを自分の仕事にしようと思った。そして太陽の光に背を向けて、丘の上の12ヘクタールの畑で働きだした。自然はそれほど優しい存在ではない。褐色頁岩の土地ではセイヨウヒイラギガシ、ヒース、アルブートス、ブドウの木しか育たない。ティエリーは祖父の古い農家を修理して、入り組んだ丘全体を見渡せるようにした。突き出た岩の上に建つ醸造所で、このよく手入れされた田園風景をぎゅっとボトルに詰め込むのだ。そんな彼のワインを飲めば、ラングドック・ワインにまつわる誤解も解ける。彼のサン゠シニアンは、いつまでも飽きの来ない味だ。ブドウはグルナッシュとカリニャンだ。古木のブドウから生まれた、10年間以上熟成させた〈ロリヴィエ〉は、洗練された味わいで、月桂樹とタイムを思わせる香り。そのほかにも、ティエリーはテレ・グリ、ウイヤード（サンソーの近縁種で熟したミルラやハンニチバナのかすかな香りがある）、そしてすばらしいリベランクなど、忘れられた土着品種を栽培し続けている。

奇跡の自然ワイン！

 ル・ラウジル 2015　€
Le Laouzil 2015

ティエリー・ナヴァールのワインのなかでは、まずは絶対にリベランクのワインを飲んでみてほしい。リベランクは忘れられていた古代品種。アルコール度数12%あるかないかのこのワインがあれば、南仏の重たすぎるものを飲まなくてすむ。しかしドメーヌを代表するのは、この〈ル・ラウジル〉。2015年のアルコール度数は 13.5%。ロックブルンの褐色頁岩の上で育ったグルナッシュ（40%）、シラー（40%）、そしてカリニャン。真っ正直な田舎のワインの、田園風景のような陽気な肉付きのワインは価格も手頃で、大勢で飲むのに適している。

ワイナリー	# Domaine du Pas de l'Escalette
	ドメーヌ・デュ・パ・ド・レスカレット

生産者	**Julien Zernitt et Delphine Rousseau**
	ジュリアン・ゼルノとデルフィーヌ・ルソー
AOC	コトー＝デュ＝ラングドック＝テラス＝デュ＝ラルザック

Domaine du Pas de l'Escalette
- ル・シャン・ド・ペイロット、34700 プージョル村
  Le Champ de Peyrottes, 34700 Poujols
- 04 67 96 13 42
- contact@pasdelescalette.com
- www.pasdelescalette.com

賢明なパ（み）

　ジュリアン・ゼルノとデルフィーヌ・ルソーは、まず南下し、それから上へと登った。ベリー地方から、完熟ブドウとそれほど暑くない気候を求めてやって来たふたりは、2002年にやっと理想の土地を見つけた。ペゲロル＝ド＝レスカレット、標高350から400メートルの村だ。東から西を一望する段丘（「クラパス」と呼ばれる）にある畑に生えているのは、樹齢60年以上が半数を占める、晩生のブドウの木々。すぐそばのラルザック台地からの栄養を十分に吸収している。彩られたコンクリートの壁が岩肌を背にして立つカーヴは、内も外も美しい。ムヌトゥ＝サロン村のワイナリー（ドメーヌ・アンリ・ペレ）での経験は、人類全体に大きな夢を抱いている44歳のジュリアンが、白の〈レ・クラパス〉や、美味なロゼの〈ゼ・ロゼ〉、そして赤の〈レ・クラパス〉と〈レ・プティ・パ〉に注ぎ込んでいる活力と力強さを見ればわかる。どのミレジムにも、樽の中で少し長めに休息を与えている。

奇跡の自然ワイン！

 レ・クラパス 2015　€€€
Les Clapas 2015

白ワインを紹介するのは、南仏ではこういうワインをしょっちゅう飲むわけではないからだ。ブラインドテイスティングをすれば、上質なミュスカデ（わたしたちにとってこれは褒め言葉だ！）だと思われるだろう。しかしムロン・ド・ブルゴーニュ※ではなく、グルナッシュ・ブラン40％とカリニャン・ブラン40％に少々のグルナッシュ（10％）が使われている。力強く、複雑な味わい。高地からの贈り物だ。

※ ミュスカデ地方で栽培されているミュスカデ

LANGUEDOC

ワイナリー
Yannick Pelletier
ヤニック・ペルティエ

生産者 **Yannick Pelletier**
ヤニック・ペルティエ

AOC　サン＝シニアン

Yannick Pelletier
📍 ブレード通り、34490　サン＝ナゼール＝ド＝ラダレス村
　Rue de la Bourrède, 34490 Saint-Nazaire-de-Ladarez
✉ yapelletier@wanadoo.fr

小石大好き

　ヤニック・ペルティエはそれほど多くのミレジムを造ってきたわけではないが、飲んだ人にとっては忘れられないワインばかりだ。ヤニックはとにかく動き回っている。12ヘクタール半の畑でひとりで働いているので太る暇もない。「仕事量は多すぎるくらいだけれど、こんなにいい畑に恵まれたらやるしかないよね」。バラルー家（155頁）のワイナリーで厳しく仕込まれたマコン出身の青年は、この土地に惚れ込んでしまった。10キロメートルにわたって広がる畑を行ったり来たりしながら、砂利のひとつひとつを惚れぼれと眺める。「ドイツ人の地質学者が毎月やって来て、ここの石の調査をしているよ」

奇跡の自然ワイン！

 コクシグリュ 2014　€€€
Coccigrues 2014

　サン＝シニアン発、ラブレー※からのメッセージだ。たしかにヤニック・ペルティエのワインにはロワール・ワインのようなフレッシュさがある。しかし、抑制された南仏ワインの強さも健在だ。カリニャン、グルナッシュ、ムールヴェードルのトリオの躍動感と、しっかりとした飽きのこないタンニンが楽しめる。

※ フランス・ルネサンスを代表する作家。ロワール地方出身。1483〜1553

ワイナリー **Le Petit Domaine de Gimios**
ル・プティ・ドメーヌ・ド・ジミオ

生産者 **Anne-Marie et Pierre Lavaysse**
アンヌ＝マリとピエール・ラヴェス

AOC ミネルヴォワ

Le Petit Domaine de Gimios
📍 34360　サン＝ジャン＝ド＝ミネルヴォワ村
　　 34360 Saint-Jean-de-Minervois
📞 04 67 38 26 10
✉ lepetitgimios@hotmail.fr

はじける小粒のミュスカ

　サン＝ジャン＝ド＝ミネルヴォワ村の焼けつくような白い砂利の上で、アンヌ＝マリ・ラヴェスはきめ細かな仕事をする。野菜の集約栽培と牧畜をビオディナミでおこなっていた彼女がブドウ栽培に取り組み始めたのは、1996年だった。息子のピエールとともに所有する畑の面積は5ヘクタールだが、これで精いっぱいだ。雑草をつるはしで取り除くのに2カ月、摘芽に1カ月、夏中刈り込み。収穫はかがみこんだ姿勢のままおこなう。日光が砂利にあたってブドウによく反射するよう地面から10センチメートルのところに植えられているからだ。冬はやっと一息つける。牝牛のジャージーが代わりに畑で働いてくれるから！

奇跡の自然ワイン！

 ル・プティ・ドメーヌ・ド・ジミオ　€€€
Le Petit Domaine de Gimios

ここでは何もかもがプティだ。ドメーヌ、ブドウの木、収穫量、すてきな造り手、そしてブドウの粒も。大粒のミュスカからできるワインとの違いがここにある。こんなミュスカは飲んだことがない。甘味はすぐに消え、ニワトコ、マンゴー、バナナ、スミレ、アーモンドなどの世界中の果樹園の香りが繰り広げられる。

Domaine Peyre Rose

ワイナリー

ドメーヌ・ペイル・ローズ

生産者 **Marlène et Raphaël Soria**
マルレーヌとラファエル・ソリア

AOC コトー＝デュ＝ラングドック

Domaine Peyre Rose
- 34230　サン＝パルゴワール村
  34230 Saint-Pargoire
- 04 67 98 75 50
- peyrerose@orange.fr

カーヴは安住の地

　女性的なワイン？ 面白いことに、ラングドック地方のヴィニュロンヌの先駆者たちは「がっしりとした」ワインを造る傾向がある。マルレーヌ・ソリアの近所だけでもドメーヌ・リッソンのイリス・リュッツ＝リュデルや、ラ・グランジュ・デ・キャトル・スーのイルドギャール・オラたちがいる。ただし気候という外せない条件がある。厳しく妥協を知らないマルレーヌは、気象条件をうまく味方につけ、今やラングドック・ワインの真髄として知られる自分のワインのスタイルを確立した。

　多くのヴィニュロンと同様、彼女も世間から離れて暮らしている。世界の果てのような場所にやって来て居を構えたのは、隠遁が目的だった。石でできた避難場所が彼女を守ってくれた。周囲にあったブドウの枝の切れ端をなんとなく拾い集め、植えてみた。グルナッシュが少しに、シラーがたっぷり。「でも、ワインを造ろうなんて真剣には考えていなかった。何かを創造している感覚が好きだった。木を植えてブドウの芽が出るのを観察しながら、ガリッグのことをよく知ろうと思ったの」。協同組合との長期契約を嫌い、ネゴスの言いなりになることを拒絶した彼女は、みずからが醸造家になるしかなかった。おかげで彼女のワインが飲めるというわけだ。そして2015年からは、養子のラファエルが正式にドメーヌで働くことになった。

奇跡の自然ワイン！

 オロ 2000　€€€€€
Oro 2000

赤ワインはつとに有名で、なかでも〈ル・クロ・デ・シスト2005〉は、力強さ、ハッカとトリュフの香る豊饒さがすばらしい。しかしこの白ワインのなんとクールなこと！ 26ヘクタール（ロール、ルーサンヌ、ヴィオニエ、その他数種）のうちの2ヘクタールから取れるブドウを、15年間熟成させた。ねっとりと濃厚な味わいは独特で謎めいており、還元香すれすれの微妙な香り、とろけるようなうま味。ベルベットの舌ざわりのなかにブドウ園の光景が広がるようだ。「ワインは人間による芸術作品などではなくて、テロワールが生み出すもの。野生の、気まぐれな生き物なのよ」

ワイナリー	# Domaine Charlotte et Jean-Baptiste Sénat
	ドメーヌ・シャルロット・エ・ジャン＝バティスト・セナ
生産者	**Charlotte et Jean-Baptiste Sénat**
	シャルロットとジャン＝バティスト・セナ
AOC	ミネルヴォワ

Domaine Jean-Baptiste Sénat

📍 12、ラルジャン＝ドゥーブル通り、11160　トロース＝ミネルヴォワ村
　　12, rue de l'Argent-Double, 11160 Trausse-Minervois
📞 04 68 79 21 40
🌐 www.domaine-senat.com

セナ家のお墨つき

　セナ家のジャン＝バティストには大きな期待がかけられていた。「ぼくは、最低でもシアンスポ（パリ政治学院）を出るべきだと考える家に生まれた。ぼく自身は27歳ですでに老人になった気分だった」。シャルロットの後押しもあって、ジャン＝バティストは実家が所有する、細々と続いていたブドウ園での新生活を始めた。協同組合を脱退し、畑の面積を25ヘクタールから15ヘクタールに縮小することから手をつけた。丘陵地の畑のみを残して平地の畑は閉鎖し、さらに向こうに見える黒い山の上にも畑を持つことを考えている。「涼しいテロワールだから、焼けるような暑さから逃れられる」。ブドウは、強い日光に耐えられないシラーではなく、カリニャン、グルナッシュ、サンソーを使う。ブドウの木の枝は支柱で固定せず、ゴブレ*という、木を短く保つために昔からおこなわれている剪定方法をとる。「こうすると空気の通りもいいし、樹液の道筋が短くなるから樹木がしおれにくくなるし、陰ができるのも助かるんだ！」

※ 株仕立て。新梢を上部で束ねる。乾燥の強い地域に多い

奇跡の自然ワイン！

 ラ・ニーヌ 2016　€€
　　　　　　　La Nine 2016

〈ラ・ニーヌ〉はセナ家を代表するワイン。生産量がもっとも多いだけでなく、味わいもすばらしい。70％のカリニャンが生き生きと輝き、これをグルナッシュが包み込んでいる。厳選された原料と20年以上にわたるブドウ畑での仕事の結晶である〈ラ・ニーヌ〉は、エネルギーに満ちあふれている。とても暑い年にできた爽やかなワインだ。

ワイナリー
Le Temps des Cerises
ル・タン・デ・スリーズ

生産者 **Axel Prüfer**
アクセル・プリュファー

AOC　ラングドック

Le Temps des Cerises
2、ベルヌーヴレル通り、
34246　ラ・トゥール＝シュール＝オルブ村
2, rue des Bernouvrels, 34246 La Tour-sur-Orb
04 67 23 45 38
prufer@web.de

ドイツからラングドックへ

　元東ドイツ出身のアクセル・プリュファーは、徴兵を拒否してラングドック地方に政治亡命してきた。そして酒の世界に飛び込んだ。最初は生活の糧を得るために。しかし次第にワイン造りは、これからの人生の時間をより充実したものにするための仕事になっていった。山の中に南北に広がる8ヘクタールのブドウ畑を見つけたが、家族を住まわせる家もブドウを貯蔵する場所もなかった。最初のミレジムは畑から300キロメートルも離れた場所で造られ、2回目は屋根がないカーヴで醸造した。3回目のミレジムは造れなかった。そして4回目でまき直しを図って以来、冴えた腕を見せてくれている！

奇跡の自然ワイン！

アヴァンティ・ポポロ　　€
Avanti Popolo

「ル・タン・デ・スリーズ」は、イタリア語ですらよく歌われる人気の曲だ。マセラシオン・カルボニックで造られ、カリニャンとテンプラニーリョの快活な味わいが前面に出ている。早生のフルーツの風味、でもそれだけではない何かがある。

ワイナリー	**Les Vignes d'Olivier**
	レ・ヴィーニュ・ドリヴィエ
生産者	**Olivier Cohen**
	オリヴィエ・コーエン
AOC	ラングドック

Les Vignes d'Olivier
- 43、ピュシャボン街道、34380　アルジュリエ村
  43, route de Puechabon, 34380 Argeliers
- 06 26 54 18 90
- oliviercohen@live.fr

カウンターの男

　オリヴィエ・コーエンはカフェのカウンターで、学校の宿題をするよりももっぱら古典文学を読んで過ごしたものだった。社会に出てからの何年間かは、カウンターに入って働いたこともあった。そのうち、ワインがボトルに詰められるまでの過程を知りたくなり、1年間の放浪の旅のあと、ティエリー・アルマン（243頁）のもとで働いた。「これは自分に課した試験だった。そしてわかったのは、身体を使ってブドウ畑で働くのが好きだってこと」

　2014年、モンペリエの近くに7ヘクタールの美しい畑を見つけた。「土地を買ったというよりは、受け継いだ感じだった。ベルナール・ベラーザンがちょうど引退するところだったんだ。彼は今も毎日ぼくたちと一緒に畑にいるよ」

奇跡の自然ワイン！

 キュヴェ・スペシャル　€€
Cuvée Spéciale

特別なワインというなら、この新しいキュヴェこそ「スペシャル」だ！ 2014年と2015年のミレジムのアッサンブラージュで、カリニャンとグルナッシュの古木からできたブドウを使用した。両年のブドウを房ごと使って醸造、マセラシオンには2週間かける。すべて自然の重力に任せている。ピノやガメイを思わせる風味。フローラルで、軽く、活力がある。1千本ほどしか生産されていないのでお急ぎを……。

50 VIGNERONS　57 VINS　100% RAISIN

ロワール
[ヴァン・ナチュールの現状]

『ラ・ロワール、ミール・キロメートル・ド・ボヌール』。ジャン＝マリー・ラクラヴティーヌが2002年に著した本のタイトル※だ。人気急上昇中のミュスカデから、オーヴェルニュ地域によみがえったブドウ畑にいたるまで、ロワール地方は新発見の宝庫だ。ワイン好きは新しいお気に入りワインを見つけ、次々とやって来る若いブドウ栽培家たちは天職を見つける。シュナンへの愛、堅実なカベルネ・フランの探求……　ロワールが人びとを惹きつける理由はさまざま。アクセスしやすい土地、というのも人気の一因だ。ブルゴーニュ地方で畑を買おうと思ったら交渉だけで何千ユーロもかかるし、ボルドー地方は損保会社のテリトリーになってしまった。ローヌ地方の土地を1ヘクタール購入するには巨額の資金が必要だ。それに対してロワール地方にはまだ新参者を受け入れる余地があり、理想の農業を担う力強い腕の持ち主たちを迎え入れている。

昔からロワール地方では、有機・ビオディナミ・自然派農法にかんするさまざまな動きがあり、造り手のあいだで検討が重ねられてきた。彼らは全速力で実行する。それはテレビカメラの前だけではない！

この章で、ロワールの地位について少々誇張したことは認めよう。でも満足している。心残りがあるとすれば、すばらしい造り手たち全員を紹介できなかったことだ。

※ "La Loire, mille kilomètres de Bonheur" 未邦訳

ワイナリー	**Domaine Alexandre Bain**
	ドメーヌ・アレクサンドル・バン
生産者	**Alexandre Bain**
	アレクサンドル・バン
AOC	プイィ＝フュメ

Domaine Alexandre Bain

ボワ・フルリー、18、ルヴェ通り、
58150 トラシー＝シュール＝ロワール村
Bois Fleury, 18, rue des Levées, 58150 Tracy-sur-Loire
03 86 26 66 53
www.domaine-alexandre-bain.com

アペラシオン裁判はアレクサンドルの勝利！

　融通の利かないプイィ＝フュメの規定により、エティケット上にアペラシオン表記を禁止されてから、もう何年も経つ。脅されたり煩雑な書類手続きを課されたりして、「プイィ＝フュメ」を名乗れなくなっていたのだ。考えてもみてほしい。入念に手入れされた畑を見てわかるとおり、農耕馬での作業と無添加のワインのことしか考えていない男だというのに。

　ところが去る5月、裁判所はついにドメーヌ・アレクサンドル・バンのアペラシオンへの復活を許可した。これはわたしたちのお気に入りプイィ＝フュメの巻き返しであり、ワイン産業のシステムから排除されがちな自然派ヴィニュロンに大きな希望を与えてくれた朗報だった。

奇跡の自然ワイン！

 ラ・ルヴェ 2015　€€€
Le Levée 2015

争いの原因となったワインは、今やプイィ＝フュメを名乗れるようになった。しかしエティケットの上に堂々と大書されてはいないし、こんなことはアレクサンドル・バンの顧客たち（つまり世界中の一流レストラン）にとってはどうでもよいのだ。ヴァン・ド・フランス*だろうが何だろうが、売れるものは売れる。しかし、彼のソーヴィニヨンがこんなにエネルギッシュで、ここまで口当たりがよく感じられるのは初めてだ。ぜひ今飲んでほしい！

※ フランス全土で収穫されたブドウであれば自由にブレンドできるワイン

ワイナリー	**Clément Baraut**
	クレマン・バロー
生産者	**Clément Baraut**
	クレマン・バロー
AOC	アンジュー

Clément Baraut

シェ・デュ・ムーラン・ドゥ・ヴェルシニエ、ヴェルシエ、49320　サン＝ジャン＝デ＝モーヴレ村
Chai du moulin de Versigné, Versillé, 49320 Saint-Jean-des-Mauvrets
06 78 23 67 44
clembaraut@yahoo.fr

> 完璧な白ワイン

　クレマン・バローはアンジューの畑の再生に取り組んできた。醸造学の学位をとり、「顧客」に対してもっと畑仕事を重視するようアドバイスしてきたが、結局自分もそのとおりにした。2009年、サヴニエールに畑を手に入れ、グロロが植えられた小さな区画をかき集めた（全体で4ヘクタールになる）。

　クレマンは、亜硫酸をまったく添加せずに（天然のタンニンによって酸化を防止できる赤ワインとは違って、白の酸化防止剤無添加は難しい）完璧な白ワインを造るのに成功した、稀有な醸造家のひとりでもある。「生産量が少ないからね。失敗しても捨てる量はたかが知れてるよ！」

奇跡の自然ワイン！

 　ラ・リュンヌ・ドゥ・ベルテーヌ　€€
　　　　La Lune de Beltaine

クレマン・バローの新しいキュヴェだ。シュナンにマセラシオンをほどこすという昔から温めてきたアイデアを実行してみたのである。従来のように続けて圧搾はせず、除梗（果梗を取り除く作業）をして、マセラシオンは果皮をつけたまま7週間おこなう。これによって果皮のタンニンと香りが抽出される。昨年は失敗したが、今年は大成功を収めミラベル※とアンズの香る贅沢なワインに仕上がった。600本しか在庫がないのでご注意を。また、2016年の購入も忘れずに。というのは2017年はほとんど何も造れなかったからだ。霜が恨めしい……。

※ 主にフランスで生産される黄金色のプラム

ワイナリー	**Domaine Bedouet**
	ドメーヌ・ブドゥエ
生産者	**Michel et Antonin Bedouet**
	ミシェルとアントナン・ブドゥエ
AOC	ミュスカデ

Domaine Bedouet
28、ル・ペ・ド・セーヴル、44330　ル・パレ町
28, Le Pé de Sèvre, 44330 Le Pallet
02 40 80 97 30
michel@bedouet-vigneron.com
www.bedouet-vigneron.com

> 50歳にして吠える

　本書を出版するにあたって、ミュスカデのもう1軒のワイナリーを新しく紹介したい。わたしたちの親愛の念を込めて。そして、無名ながら現在乗りに乗っている彼を支持したいからだ。

　ミシェル・ブドゥエは若くはないが、一度生まれ変わった60代なのだ。2010年、父親が「それまでずっと知らずに吸い続けてきた、有害な農薬のせいで」亡くなった。ミシェルは当時、クルチュール・レゾネ※をおこなっていた。「公害を垂れ流すにしても、少しはましだと思っていたんだ」。父の死後、彼は有機農法に切り替え、生き返ったような気持ちだと言う。「25年間の苦役のあとで、新しい世界が目の前に開けたようなんだ！　昔は、息子にだけは跡を継がせたくないと思っていた」。息子のアントナンは2年前から父と一緒に働いている。

※ 環境への影響、食品の安全、経済的効果などを考慮した栽培方法

奇跡の自然ワイン！

 エルゴ・スム 2015　€€
Ergo Sum 2015

有機農法でブドウを栽培すれば、おのずとワインには「ブドウだけを使いたくなる。だけど、昔はそんなことを言う醸造家はみなペテン師でうそつきだと信じていた」。人工酵母や薬品の使用を止め、亜硫酸無添加で無濾過のキュヴェまで造ったミシェル・ブドゥエ。贈り物をありがとう！

LOIRE

ワイナリー
Domaine de Bellevue
ドメーヌ・ド・ベルヴュ

生産者　**Jérôme Bretaudeau**
ジェローム・ブルトドー

AOC　ミュスカデ

Domaine de Bellevue
- 1、ダラトリ大通り、44190　ジェティニェ町
  1, boulevard d'Alatri, 44190 Gétigné
- 06 12 85 19 62
- jbretaudeau@free.fr
- www.jerombretaudeau.wordpresse.com

ムロン・ド・ブルゴーニュ 小石の叫び

　ナントの人びとに一大事件が起きている。かつて、口の悪い人たちは「ミュスカデで味を出すには、ブショネ*になってなきゃだめだ！」などと言ったものだった。そしてギィ・ボサールの時代が到来した。ムロン・ド・ブルゴーニュ（ミュスカデ）とビオディナミ農法の第一人者ギィ・ボサールは、現在引退している（彼のドメーヌ・ド・レキュはフレデリック・ニジェールが引き継いだ）。ジェローム・ブルトドーは、ボサールの信徒のひとり。不作の栽培地ではブドウの木が引き抜かれていた時代に、そういう畑を買い集めて、ゆっくりと時間をかけて植栽した。農作業より建設作業が多いナントの郊外では、さらに急速に畑が潰されている。

※ コルクの不快臭が出ること

奇跡の自然ワイン！

 ミュスカデ・グラニット 2015　€
Muscadet Granit 2015

フランスの古代岩の上にようこそ。真砂土が紅白の石英と混ざった土壌だ。ムロン・ド・ブルゴーニュは燻した小石の香りと、ほどよい苦みを感じる飲み口。脱帽ならぬ脱ムロン。

ワイナリー	**Domaine de Bellivière**
	ドメーヌ・ド・ベリヴィエール
生産者	**Christine et Éric Nicolas**
	クリスチーヌとエリック・ニコラ
AOC	ジャニエール

Domaine de Bellivière
- 72340　ロム村
  72340 Lhomme
- 02 43 44 59 97
- info@belliviere.com
- www.belliviere.com

食欲増進ワイン

　エリック・ニコラにとってトタル※での仕事は何のエネルギーも与えてくれなくなった。食と酒の世界にしか食指が動かなくなっていた。そこで30歳のときに転身を決めた。リエットで有名な地方で、ぴったりのワインを造るのに最適な畑がまだ100ヘクタールも余っていて、放置されていると聞いたのだ。ジャニエールという忘れ去られていた土地を再生した人物のひとりがエリックだった。

　「ブドウ畑は完全に荒廃してはいなかった。まだ望みがありそうな畑を選んで手入れすることができた。いちばん古い畑には、農耕馬しか入ったことがなかったみたいだ」。以来20年間、エリックは付きっきりでこの畑の面倒を見ている。

※ 世界屈指の大手総合石油ガス会社

奇跡の自然ワイン！

 カリグラム 2015　€€€€
Calligramme 2015

〈カリグラム〉は、年によってはかすかな糖度を感じる。しかし不快なべとつきはない。これは、南向きの急斜面に成長するシュナンの古木のおかげだ。石灰土の上の火打石粘土土壌の層が与える風味が奥にある。香りだけでもテロワールの主張が聞こえるようだ。煮詰めた感じのない果実味は、カリッとしたアクセントになっている。

ワイナリー	# Domaine Stéphane Bernaudeau ドメーヌ・ステファヌ・ベルノードー
生産者	**Stéphane Bernaudeau** ステファヌ・ベルノードー
AOC	アンジュー

Domaine Stéphane Bernaudeau
- 14、ラボンダンス通り、コルニュ、49540　マルティニェ＝ブリアン村
  14, rue de l'Adondance, Cornu, 49540 Martigné-Briand
- 09 62 13 51 28
- stephane.bernaudeau@orange.fr

リトル・ビッグ・ワイン

　ステファヌ・ベルノードーはワイン好きではなかった。あるときマルク・アンジェリのワインを飲んで世界が変わった。マルクの畑で下働きを始め、そこで21年間働いた。マルクのワイナリーではあらゆることを学んだ。おしゃべり、ビオディナミ農法、そして左官仕事にいたるまで。そして、独立するときが来た。4ヘクタールはひとりで切り盛りするのにちょうどよい。「広すぎるくらいだ！」とステファヌは言う。そろそろ赤ワインはやめて白ワイン（ガメイのペティアン＊）だけに絞り込む予定だ。

※ 弱発泡性ワイン

奇跡の自然ワイン！

 レ・ヌリソン 2015　€€€
Les Nourissons 2015

「すごいワインができた！ しかもぼくの最初のワインなんだ。最高に気に入っているよ！」
頁岩に深く根を張る樹齢150年のシュナンからの恵み。生産量がとても少ないので、大急ぎで。

ワイナリー	**Domaine Bobinet**
	ドメーヌ・ボビネ
生産者	**Émeline Calvez et Sébastien Bobinet**
	エムリーヌ・カルヴェスとセバスチャン・ボビネ
AOC	ソミュール＝シャンピニー

Domaine Bobinet
- 315、モンソロー街道、49400 ソミュール村
  315, route de Montsoreau1, 49400 Saumur
- 02 41 67 62 50
- domaine-bobinet@orange.fr
- www.domaine-bobinet.com

進歩するワイン

　セバスチャン・ボビネは、何年もガラスボトルを売る仕事をしていた。パリのカヴィストだったエムリーヌ・カルヴェスが売っていたのは同じガラスボトルでも、もちろん中にはワインが詰まっていた。それが縁で一緒にボトルを空けるうちに、自分たちのワインを造ってボトル詰めしたらどうだろう、という話になった。

　2002年、セバスチャンはついに祖父の残した2ヘクタールの畑を引き継ぎ、自然派農法に挑戦。エムリーヌはその9年後にやって来た。ふたりのあいだにはやがて子供が生まれ、ドメーヌも拡大した。現在畑は7ヘクタールで、買い付けるブドウは6ヘクタール分だ。

奇跡の自然ワイン！

 レ・ランド 2014　€€
Les Landes 2014

火打石の混じった赤粘土のテロワールで生まれる、ソミュール＝シャンピニーの新しいキュヴェだ。セバスチャン・ボビネとエムリーヌ・カルヴェスは豊かでコクのあるカベルネのエキス感に少しこだわってみた。

Catherine & Pierre Breton
カトリーヌ＆ピエール・ブルトン

生産者 **Catherine et Pierre Breton**
カトリーヌとピエール・ブルトン

AOC ブルグイユ、シノン

Catherine et Pierre Breton
- 8、ブー＝ミュロー通り、37140 レスティニェ村
  8, rue du Peu-Muleau, 37140 Restigné
- 02 47 97 30 41、06 80 60 92 40
- domainebreton@yahoo.fr
- www.domainebreton.net

ブルトン調

　ピエール・ブルトンと妻のカトリーヌの紹介が今さら必要だろうか？　彼らの名はいたるところで見られる。星付きレストランで、流行最先端のビストロで、1日のうちのあらゆる時間帯に。ブルトン家がワイン生産を始めてから長い月日が経った。30年前から若い働き手を迎え入れてきた造り手だ。飲みやすいワインしか受け付けないデリケートな喉の持ち主にはお薦めできないブドウ品種を、30年間守り続けてきた。カベルネ・フランは飲むほどにおいしさがわかる。ブルトンのワインならなおさらそれはすぐにわかる！

奇跡の自然ワイン！

 ニュイ・ディヴレス 2015　€€
Nuits d'Ivresse 2015

ピエールとカトリーヌにとって心配事の多い作業は1993年から始まった。亜硫酸無添加のワインをいくつかの小樽で実験的に造り始めたのだ。1996年から、キュヴェは〈ニュイ・ディヴレス〉としてご機嫌なワインに進化しだした。そして約20年後、今では甘くリッチな香りを持ち、ごくごくと飲めるワインになった。とてもフルーティ！

ワイナリー	**Les Capriades**
	レ・カプリアード
生産者	**Pascal Potaire et Moses Gaddouche**
	パスカル・ポテールとモーズ・ガドゥーシュ
AOC	トゥーレーヌ

Pascal Potaire et Moses Godouche
- 6、トゥール街道、41400　ファヴロル＝シュール＝シェール村
  6, rue route de Tours, 41400 Faverolles-sur-Cher
- 02 54 75 58 80
- lescapriades@orange.fr

世話好きのペティアン

　何年も「ブラブラ」したあと、ワイン専門店で働いていたパスカル・ポテールは、1998年にワイン醸造の世界に飛び込んだ。巨匠クリスチャン・ショサール（最近他界した）のもとで、ヴーヴレにある伝説のクロ・ボードワンにおける栽培責任者となる。その後、シェール県に魅せられて2001年に移り住み、さらに10年後、ワインに目覚めた働き者のモーズ・ガドゥーシュとの付き合いが始まった。

　現在はふたりで12ヘクタールあまりの畑を世話しているが、自分たちの所有地は2ヘクタールで、残りは若い友人ミカエル・ブージュ、フランソワ・サン＝レジェ、シルヴァン・リーストの畑だ。パスカルとモーズは若い造り手を支援し、自分たちのワインが造れるように後押ししてやっている。その姿勢を深く尊敬する。

奇跡の自然ワイン！

 ペット・セック　€€
Pet Sec

パスカル・ポテールとモーズ・ガドゥーシュの専門はペティアンだ。この新しいキュヴェでは、ムニュ・ピノーが主役を張っている。ムニュ・ピノーは、シュナンやジュラ地方のサヴァニャンの近縁種で、ソーヴィニヨン栽培を優先させるために、しょっちゅう引き抜かれてきたが、すばらしい品種だ。シャルドネがふくよかさを与えているこのワイン、どんなときに飲んでも小気味よく決まる。

Domaine Vincent Carême

ワイナリー

ドメーヌ・ヴァンサン・カレーム

生産者 **Tania et Vincent Carême**
タニアとヴァンサン・カレーム

AOC ヴーヴレ

Domaine Vincent Carême
- 1、オー＝クロ通り、37210　ヴェルヌー＝シュール＝ブレンヌ村
  1, rue du Haut-Clos, 37210 Vernou-sur-Brenne
- 02 47 52 71 28
- vin@vincentcareme.fr
- www.vincentcareme.fr

発泡ワインの王様

　われらがヴァンサン・カレームは、ヴーヴレの肥沃なブドウ畑に君臨する幸運を十分承知している。世襲生産者のほとんどがその玉座に座り込んでいるなか、ヴァンサンは立ったままなのだ。みずから拡張し（今では16ヘクタール以上ある）、有機農法に転換した一家の畑を、彼は何時間も歩き回る。

　生粋のヴーヴレ人のヴァンサンは格付けテロワールをふたつ所有している。ペリューシュ（小粒の火打石）とオービュイ（粘土石灰質）の畑ではシュナンを栽培（シュナンの植栽のみが許可されている）。醸造方法はさまざまで、「ペティアン・ナチュール」「メトッド・トラディショネル」「セック」「タンドル」「モエルー」*など多彩に展開している。

※ 順に、自然に発泡させる方法、伝統的な方法、辛口、やや甘口、甘口

奇跡の自然ワイン！

 ヴーヴレ・セック 2016　€€
Vouvray Sec 2016

ヴァンサン・カレームが発泡ワインの醸造に秀でていることは決定的な事実なのだが（驚きのキュヴェ〈アンセストラル〉がある）、「シリーズの入門」として紹介されたこの〈ヴーヴレ〉を飲んだときにははっとした。調和がとれており、ヴーヴレのワインにありがちな強すぎる小石の香りがまったく感じられない。シュナンはまっすぐで力強く、柑橘類の端正な香りがこれを支えている。

ワイナリー	**Didier Chaffardon** ディディエ・シャファルドン
生産者	**Didier Chaffardon** ディディエ・シャファルドン
AOC	アンジュー

Didier Chaffardon
📍 ヴェルシル、49320　サン＝ジャン＝デ＝モーヴレ村
　Versille, 49320 Saint-Jean-des-Mauvrets
📞 06 86 60 98 69

> 髭男の思慮深いワイン

　畑は3区画。合わせて3ヘクタールだ。半分はシュナン、もう半分にはカベルネ。生粋のアンジュー人に見えるディディエ・シャファルドンは、じつはサヴォワ地方出身である。サヴォワ地方を出た理由は、かの地では有機農法をおこなうために急斜面の畑にへばりつかなければならないからだ。それが嫌ならよそへ行くしかないと長い髭を蓄えた男は考えた。

　彼のカーヴには小さなタンクが所狭しと並ぶ。実験し、試行錯誤し、試飲を重ね、吟味する毎日だ。試飲のとき、味覚を取り戻すためにこれで舌を洗えと言って、大瓶から酢を注いでくれたのにはびっくりした。これが効果抜群だった。

奇跡の自然ワイン！

　イジドール　€€€
　Isidore

このキュヴェはわたしたちの大のお気に入りだ。しかし毎年リリースされるわけではないようである（今までの経験から）。樹齢80年のシュナンは、頁岩の張りと白粘土のふくらみを感じさせる。長期熟成のあとのかすかな還元香は、ものすごいエネルギーとのよいバランスがとれている。

LOIRE

ワイナリー
Domaine Chahut et Prodiges
ドメーヌ・シャユ・エ・プロディージュ

生産者 **Gregory et Anne Leclerc**
グレゴリーとアンヌ・ルクレール

AOC トゥーレーヌ

Domaine Chahut et Prodige
16、ジェネラル＝ド＝ゴール通り、37530　シャルジェ村
16, rue du Général-de-Gaulle, 37530 Chargé
06 89 93 54 59

大砲の餌食

　グレゴリー・ルクレールは歴史学の修士号を持っているが、教師にはなりたくなかった。そこでマーケティング会社に勤めたが、スーツは窮屈だった。それではとフリージャーナリストになったが、心身がすり減った。ブドウ畑で働いてみたら、こちらのほうがずっと自分に合っていると感じた。

　37歳でパリから県番号37のアンドル＝エ＝ロワール県に移り住み、6.5ヘクタールの畑を買った。それまで一度もワインを造ったこともなければ、誰かのワイナリーで働いたこともなかった。ただ夢見ていたことを実行に移したまで。最初のうちは悪夢のような年月が続いたが、救いの女神のアンヌがやって来て、暗雲を吹き飛ばしてくれた。

奇跡の自然ワイン！

クー・ド・カノン　€
Coup de Canon

グロロは無敵のブドウ品種だ。しかしトゥーレーヌの畑からは姿を消していたこともある。「火打石混じりの粘度質の土壌に生える古木は、共同体が大切にしているテロワールの一部なんだ」。〈クー・ド・カノン〉の発射時間は短く、あっという間に飲み干されてしまう。そして翌日、砲声がとどろくような頭痛も起こさない……。

ワイナリー	**Domaine de la Chevalerie** ドメーヌ・ド・ラ・シュヴァルリー
生産者	**Stephanie, Emmanuel et Pierre Caslot** ステファニー、エマニュエル、ピエール・カスロ
AOC	ブルグイユ

Domaine de la Chevalerie
7-14、プー＝ミュロー通り、37140　レスティニェ村
7-14, rue du Peu-Muleau, 37140 Restigné
02 47 97 46 32
www.domainedelachevalerie.fr

カベルネ・ジェネレーション

　カスロ家の14代目ステファニーは、ドメーヌ・ド・ラ・シュヴァルリーを継いで、その歴史の重みを背負いたくなかった。化学者の弟エマニュエルが一緒にドメーヌを引き継ごうと提案したとき、ステファニーはスコットランドに住んでいた。小さいときはワイン造りに憧れていたっけ……「そんなわけで列車に乗ったの！」。

　2004年、こうして家族は父親ピエールのもとに集結した（ピエールは2014年に他界）。以来、エマニュエルはトラクターから降りることなく働き、ステファニーはワインの試飲に情熱を傾ける。ほどなくしてビオディナミ農法に切り替えられた38ヘクタールの畑には活気が戻っている。

奇跡の自然ワイン！

 ブルグイユ 2014　€€€
Bourgueil 2014

2016年、ドメーヌ・ド・ラ・シュヴァルリーは大きな霜の被害に遭った。できたキュヴェはたったひとつだったが、これがすばらしかった！〈ブルグイユ〉はちょうどよく熟成している。砂と粘土の丘陵地に生育するカベルネの古木が、この品種らしい高貴さを引き出している。安定した、深い、力強いワイン、もし我慢できるなら寝かせておいてから飲もう！

Domaine François Chidaine
ドメーヌ・フランソワ・シデーヌ

ワイナリー LOIRE

生産者 **Manuéla et François Chidaine**
マヌエラとフランソワ・シデーヌ

AOC モンルイ、ヴーヴレ

Domaine François Chidaine La cave Insoilte
（ドメーヌ・フランソワ・シデーヌ・ラ・カーヴ・アンソリット）

- 30、アルベール＝バイエ岸、37270
  モンルイ＝シュール＝ロワール村
  30, quai Albert-Baillet, 37270 Montlouis-sur-Loire
- 02 47 45 19 14
- francois.chidaine@wanadoo.fr

右岸か左岸か

　フランソワ・シデーヌは、ロワール川流域のなかでも不毛な場所に育った。しかし今度は、大人になった彼がこの地を育て上げる番だ。

　モンルイは、川の向こう岸に位置する有名な産地ヴーヴレを多少ねたんでいた。しかしヴーヴレが栄光の座の上でのんびりしているあいだに、モンルイは、若い移住者たちと、彼らの面倒を引き受けたフランソワの力で急激な発展を遂げた。フランソワは以来、モンルイのリーダーとして活躍し、また2006年からは、対岸の由緒あるクロ・ボードワンを手に入れ、そこでも生産をおこなっている。

奇跡の自然ワイン！

 シュナン・ダイユール 2016　€€
Chenin d'Ailleurs 2016

シデーヌ家のドメーヌでは2016年、90％も収穫が減ってしまった。そこでフランソワは、もうひとつのシュナンの名産地である南仏リムーでブドウを手に入れることにした。リムーの数人の造り手たちが一致団結してブドウを生産し、そのブドウを使ってフランソワはいつもどおり厳密にワイン造りをおこなった。シデーヌ家ならではの醸造法で熟成したワインは、輪郭のはっきりとした精密な味わいながら、南仏のエキゾチックな風味がかすかに感じられる。

Domaine Clau de Nell

ワイナリー

ドメーヌ・クロー・ド・ネル

生産者　**Christian Jaques, Sylvain Potin, Marine, Charlotte et Claire Jaques-Leflaive**

クリスチャン・ジャック、シルヴァン・ポタンと
マリーヌ、シャルロット、クレール・ジャック＝ルフレーヴ

AOC　アンジュー

Domaine Clau de Nell
- 9-2、ノワイエ通り、49700　アンビルー＝シャトー村
  9bis, rue des Noyers, 49700 Ambillou-Château
- 02 47 45 19 14
- info@claudenell.com
- www.claudenell.com

> みなの心をボトルに詰めて

　かの偉大なヴィニュロンヌ、アンヌ＝クロード・ルフレーヴがこの10ヘクタールのドメーヌを買ったのは2008年。かつての活躍の場であったブルゴーニュ地方の喧騒から遠く離れた、アンジューにひっそりとたたずむ小さなドメーヌだ。

　2015年に彼女が他界したとき、夫のクリスチャン・ジャックは門外漢だったが、ドメーヌの大黒柱（そして共同経営者）であるシルヴァン・ポタンとともに、亡き妻の試みを引き継ぐ決心をした。クリスチャンは醸造学の学士号を取得してワイン造りに挑み、シルヴァンはビオディナミ農法が厳格におこなわれるよう管理している。アンヌ＝クロード・ルフレーヴは、ビオディナミ農法のもっともすばらしい体現者のひとりだったのだ。

奇跡の自然ワイン！

　シュナン 2015　€€€
　　　　Chenin 2015

ついに白の登場だ！　アンヌ＝クロード・ルフレーヴと夫クリスチャンがドメーヌの再建にとりかかったとき、白はまったく造っていなかった。2012年、シュナンを数ヘクタール植えた。苗木は、傑出した苗木家のベリヨンによってとくに選び抜かれたものだ。最初のミレジムである2015年は、シュナンのすばらしさを祝福するような出来栄えで、アンヌ＝クロードが亡くなった年でもあった。豊かな肉付きと、巧みな熟成によって実現した味わい深い苦みが特徴だ。

Domaine Le Clocher

ドメーヌ・ル・クロシェ

ワイナリー

生産者 **Brendan Tracey**
ブレンダン・トラセー

AOC トゥーレーヌ

Domaine Le Clocher
- 41100　サン＝タンヌ村
  41100 Sainte-Anne
- 06 33 08 96 25
- brendantracey@orange.fr

政治活動からワイン造りへ

　ブレンダン・トラセーはトロツキスト*だった過去を白状している。40年以上も前、アメリカのサンフランシスコでティーンエージャーだったころの話だ。ミッテラン政権下のフランスに戻ってきた彼はブロワの独立系ラジオ局の立ち上げに参加した。そしてサルコジ大統領の時代、人生を変える決断をする。ブロワ近くのブレゾワで、「親方たち」のもとでブドウ栽培について学んだのだ。彼らもまた活動家だったが、左翼といっても赤だけでなく白も愛していた。「アラン・スーション（地元に住む歌手）の畑では、芝に火をつけるのに古い政治宣伝用ビラを使っていた。そこに書かれていたスローガンが使えるなと思ったんだ」。ブレンダンは初めてのミレジムにそのビラを貼った。ヴォワ(voie)をヴァン(vin)に書き換えて。なぜならブレンダンが選んだのはワインだったからだ。

※ ロシアの革命家トロツキーの共産主義革命理論を支持する人

奇跡の自然ワイン！

 ル・キャピタリズム・ルージュ・エ・タン・ヴァン・ド・ギャラージュ　€€
Le Capitalisme Rouge Est Un Vin de Garage

コット3分の1、ガメイ3分の2、搾汁は最低限。赤とロゼのあいだの「あやふやな立場のワイン」だそうだ。活動家の血は、民衆を黙らせるほど美味だ。

ワイナリー	**Clos du Tue-Bœuf**
	クロ・デュ・テュ＝ブッフ

生産者	**Thierry et Jean-Marie Puzelat**
	ティエリーとジャン＝マリー・ピュズラ

AOC	トゥーレーヌ、シュヴェルニー

Clos du Tue-Bœuf
- 6、スール街道、41120　レ・モンティ村
  6, route de Seur, 41120 Les Montils
- 02 54 44 05 16
- tueboeuf@wanadoo.fr
- www.puzelat.com

ピュズラ兄弟に集結！

　ティエリーとジャン＝マリーの兄弟はロワール＝エ＝シェール県に大きな家族を形成してきた。ピュズラ兄弟が来てからというもの、みんな「泥の中を平気で歩く」ようになったようだ。ふたりは秋になると毎日「畝を作り、畑を耕す」。地元（や別の村）の若者たちがワイン造りに取り組んで大成功を収めたのは、ピュズラ兄弟が彼らを晩飯によく誘ってやっていたからだ。以来、ふたりにはファンクラブができ、アンドル県でも仕事を始めることになり、売れっ子歌手のような日々が始まった。アラン・スーションまでもが気軽に訪ねて来ては、自分のブドウの木の手入れを頼んだりしている。大音響のギターのようなピュズラ兄弟※、スーションのラブソングを聞いても、おとなしくなりそうもない。

※ 2019年にジャン＝マリーは引退する

奇跡の自然ワイン！

 フリリューズ 2016　€
Frileuse 2016

栓を抜こう。そしてこの活力みなぎるワインを飲み干すまでどれくらいかかるか、時間を計ろう。ソーヴィニヨン、シャルドネ、そしてフィエ・グリ（ピュズラ兄弟が植えて復活させた古代品種）が主体の、まるで強壮剤だ。しかもそれがシュヴェルニーのワインとは！

 ラ・カイエール 2016　€€
La Caillère 2016

そうそう！　トゥーレーヌには有史以来ピノ・ノワールが存在していたのだった。こうやって手塩にかけてやれば、贅沢に着飾ったようなブルゴーニュ・ワインの有名どころにも負けない。しかも値段は安い……。

Domaine du Collier

ドメーヌ・デュ・コリエ

生産者　**Caroline Boireau et Antoine Foucault**
カロリーヌ・ボワローとアントワーヌ・フーコー

AOC　ソミュール

Domaine du Collier
- 62、コリエ広場、49400　シャセ村
  62, place du Collier, 49400 Chacé
- 02 41 52 69 22
- domaineducollier@wanadoo.fr
- domaineducollier.fr

父譲りの冴えた嗅覚

　ドメーヌ・デュ・コリエは、アントワーヌ・フーコーとパートナーのカロリーヌ・ボワローの赤ちゃんだ。アントワーヌはロワール地方の伝説であるクロ・ルジャールを営むフーコー家の9代目だったが、「運命」によって引き離され、ドメーヌはブイグ社に買収された。しかし小さなことだ。なぜなら彼の最大の財産は父シャルリーから伝えられた知識なのだから。それはまさに200年以上続いたドメーヌのワインの魔法である。

　2000年の開園以来、彼はコリエに新しい息吹をもたらし続け、シュナンとカベルネの栽培を通じて、伝統の継承が可能であることを証明してきた。カロリーヌという支えを得て、ドメーヌの歴史はブレゼ村の7ヘクタール半の畑で始まったばかりだ。

奇跡の自然ワイン！

 ソミュール・ルージュ・コリエ 2015　€€€
Saumur Rouge Collier 2015

ドメーヌ・デュ・コリエの白ワインの評判は、今ここで述べるまでもない。最高のシュナンのひとつだということは間違いない。そしてこの赤ワインによって、アントワーヌ・フーコーとカロリーヌがカベルネ・フランの造り手として殿堂入りすることは確実になった。このドメーヌの「入門ワイン」として最適な、繊細さと爽やかさを持ち合わせている。優雅。

ワイナリー	**Patrick Corbineau** パトリック・コルビノー
生産者	**Patrick Corbineau** パトリック・コルビノー
AOC	トゥーレーヌ、シノン

Patrick Corbineau
- 4、ラ・クール＝ディミエール通り、37500　カンド＝サン＝マルタン村
  4, rue de la Cour-Dimière, 37500 Candes-Saint-Martin
- 06 82 62 12 54

> カベルネ・フランだけ

　パトリック・コルビノーのような人間はもう現れない。ロワール川上流の村で、パリの人たちに飲まれていることなど考えもせずに、ヴァン・ナチュールを長年にわたって造り続けてきた。パリには一度しか行ったことがない。コルビビという愛称のこの男は、ブドウを使ってワインを造る。ただそれだけの話だ。ほかの造り方があるなど想像もできないから、こうやって造るのだ。柳で編んだかごの中でブドウの実を房から外して、ゆっくりとマセラシオンをほどこし、優しく圧搾する。それっ、とボトルをいっぱいに満たして蠟で密封し、絶対に亜硫酸は加えない。「動かしちゃだめだ。そして4年待ってみな。最高の美酒になってるから……　生きててよかったって思うぜ」

奇跡の自然ワイン！

 レ・ゼピシエール 2013　€€€€
Les Epicières 2013

カベルネ・フラン。パトリック・コルビノーはこれしか造っていない。しかしこのカベルネ・フランは自根である（フィロキセラ対策として、アメリカ製の台木に接ぎ木した木ではない）。というわけで、これは社外秘だ。うまく手なずけられた野生の味。鋭いミネラル感。こんなワイン、飲んだことがない！

ワイナリー

Vignobles de la Coulée de Serrant
ヴィニョーブル・ド・ラ・クレ・ド・セラン

生産者　**Virginie et Nicolas Joly**
ヴィルジニーとニコラ・ジョリー

AOC　サヴニエール

SAS Nicolas Joly（SAS ニコラ・ジョリー）

- シャトー・ド・ラ・ロッシュ・オ・モワーヌ、
  49170　サヴニエール村
  Chateau de la Roche aux Moines, 49170 Savennieres
- 02 41 72 22 32
- www.coulee-de-serrant.com

クレのワインに触れて

　ヴィニョーブル・ド・ラ・クレ・ド・セランでは、ただならないことが起きている。シトー会修道士がこの地にブドウの木を植えたのは1130年だった。頁岩質の大きな岩盤の上に位置するAOCだけでも、このドメーヌの由緒正しい歴史を伝えている。ここに、さらにニコラ・ジョリーが新たな息吹を与えたのだ。1980年からビオディナミ農法にのめり込んだ彼は、洗練された物腰と晴れやかな口調で、世界中にこれを伝え広めてきた。クレはその理論の実践現場である。牛の群れが堆肥を作り、冬には羊が草を食み、蜜蜂がブドウの木の花粉や蜜を集め、牛は土を耕してくれる。

奇跡の自然ワイン！

 クレ・ド・セラン 2015　€€€€
Coulée de Serrant 2015

このドメーヌだけのアペラシオン。急斜面に位置するわずか7ヘクタールの畑しか、伝説的なサヴニエールAOCは名乗れない。現在はニコラの娘のヴィルジニーがカーヴの責任者として、数日後に飲んでも数年後に飲んでも豊潤で精彩あるワインを造っている。

ワイナリー	**Benoît Courault**
	ブノワ・クロー
生産者	**Benoît Courault**
	ブノワ・クロー
AOC	アンジュー

Benoît Courault
ヴァレット、49380　フェイ＝ダンジュー村
Vallette, 49380 Faye-d'Anjou
02 41 54 09 36 または 06 79 25 78 24
benoit.courault@wanadoo.fr

シュナンの男

　ブノワ・クローは、アンジューにおける新しい波の原動力となった大勢の若者のうちのひとりだ。全員の名を紹介することができないのが残念。35歳になった彼は、第一波（もう10年も経つ！）を担った先輩格として後輩たちを助けている。フィリップ・デルメがキャンピングカーでやって来たときも、自分の畑の面積が減ることなど気にせず、その一部を譲った。耕作馬を使うので5ヘクタールで十分だ、野菜畑も増やしていることだし……と言わんばかりに。

奇跡の自然ワイン！

 ジルブール 2016　€€
Gilbourg 2016

ブノワ・クローはシュナンを育てるためにアンジューにやってきた（サルト県出身なので、それほど遠くまで来たわけではないが）。頁岩の畑フェイで発見したのは、打ち捨てられた古い株だった。その株が、今では毎年かならず黄金色のブドウを実らせている。アーモンドの香りが広がり、上質な塩気が喉を心地よくすべるワインだ。

Les Vins Courtois
レ・ヴァン・クルトワ

生産者 **Claude, Julien et Étienne Courtois**
クロード、ジュリアン、エティエンヌ・クルトワ

AOC ソローニュ

Claude Courtois
レ・カイユ・デュ・パラディ、41230　ソワン=アン=ソローニュ村
Les cailloux du Paradis, 41230 Soings-en-Sologne
02 54 98 71 97

GAEC Courtois kuka （農業共同経営集団クルトワ・キュカ）
ル・クロ・ド・ラ・ブリュイエール、752、ラ=クール=モロー、41230　ソワン=アン=ソローニュ村
Le clos de la Bruyere, 752, La-Cour-Moreau, 41230 Soings-en-Sologne
02 54 98 71 97
contact@juliencourtois.com
www.juliencourtois.com

ワインに通ずる道はただひとつ

　クロード・クルトワに一度会ったら忘れられない。50年もの経験を持つ彼を前にしたら、ただ黙ってありがたく話を聞くしかない。クロードは15歳のころから畑に出て1日何時間も働いた。「大切なのはソローニュのワインを造ることだ。自分のいる場所で最大限の努力をするだけだ」。化学薬品など言語道断。ステンレスタンクや最先端の機械もほとんど使わない。小さな圧搾機も樽もすべて木製だ。「ここでの装備は、ぼくたち自身の手なんだ」。クルトワ家の男たちの手は大きくて力強い。

奇跡の自然ワイン！

 オリジネル　€€€€
　　　　　Originel

　火打石の土壌に生長するのは、今は忘れられている古い品種だ。ムニュ・ピノーはソローニュの地場品種。収穫量第一の栽培方針がとられていた時代には顧みられず、どんな味のブドウなのかさえ知られていなかったが、ジュリアン・クルトワがよみがえらせた。完熟した果実ならではのうま味が出て、しかも酸味のあるブドウ、というのはなかなかない。ひとりで飲んでも、親友と分かち合っても楽しめる。

ワイナリー **Domaine Cousin-Leduc**
ドメーヌ・クザン＝ルデュック

生産者 **Olivier Cousin**
オリヴィエ・クザン

AOC　アンジュー

Domaine Cousin-Leduc
7、シャノワーヌ＝コロネル＝パナゴ通り、
49540　マルティニェ＝ブリアン村
7, rue du Chanoine-Colonel-Panagot, 49540 Martigné-Briant
02 41 59 49 09

超地球人

　オリヴィエ・クザンは今、畑よりも海の上にいるときのほうが多い。裁判や迫害にうんざりしたからだ。船旅は昔から大好きだった。高校を卒業するとすぐに船に乗って世界中を旅したくらいだ。海賊、難破、軍事独裁政権……あらゆることを体験した。だから、当局の不条理を相手取った20年間の裁判など、彼にとっては恐れるに足りない。オリヴィエに下されたのは有罪判決だったが、実刑は受けなかった。これなら勝ったも同然だ。とにかくせいせいした！ 今の彼は秋と冬をブドウ畑で過ごし、春の終わりにヨットで航海に出る。

奇跡の自然ワイン！

 ウェッシュ・クザン 2014　€
Ouech' Cousin 2014

オリヴィエ・クザンの息子バティストが畑の半分を管理している。バティストもまた農耕馬を使い、父親と同じカーヴの中で醸造している。「でもバティストのほうがぼくよりきっちりやってる」。繊細で深みのあるグロロのなかに、そんなバティストの姿勢が感じられる。

 ピュール・ブルトン　€€
Pur Breton

ドメーヌの半分はオリヴィエの畑だ。4ヘクタールあるかないかの面積で、カベルネ・フランだけしかない。カベルネ・フランはここではブルトンと呼ばれるが、それはナント港からやって来たブドウだからだ。亜硫酸（オリヴィエは触りたくもないと言う）は絶対に加えず、豊かで芳しい、喉越しの滑らかなワインになる。

ワイナリー	# Domaine Delmée-Martin ドメーヌ・デルメ＝マルタン
生産者	**Philippe Delmée et Aurélien Martin** フィリップ・デルメとオーレリアン・マルタン
AOC	アンジュー

Philippe Delmée et Aurélien Martin

📍 2、サン＝ルイ通り、49380　ファヴレイ＝マシェル村
　2, rue Saint-Louis, 49380 Faveraye-Mâchelles
📞 06 15 37 22 85
✉ goecleslarides@gmail.fr

数学と酒樽

　フィリップ・デルメはまさに理想のお婿さんタイプだった。安定した仕事（数学教師）につき、引退後も悠々自適の暮らしが約束されている。歯並びも美しい。そんな彼が、生まれ故郷プロヴァンス地方のニースを離れてブルターニュ地方に移り住んだのは、まだとても若いときだった。年間日照時間は、ベ・デ・ザンジュ[1]が2千668時間なのに対して、レンヌ[2]はたったの1千626時間。それでも2011年、安定した給与生活を投げ打って、アンジューの穏やかな気候にすべてを任せることにした。

　2015年からは、オーレリアン・マルタンが彼を支えている。レイヨン川の岸辺の8ヘクタールの畑で、グロロ、カベルネ、そしてシュナンを作りながら人生をともに歩むふたりだ。

※1 ニース市の入り江
※2 ブルターニュ地方の首府

奇跡の自然ワイン！

 チュルビュランス　€€
　　　　　　　Turbulence

フィリップ・デルメは泡に賭けた。教師にしては変わっている。微発泡のアンジューのワインは、自然な方法で醸造され、赤から白までのさまざまな色合いに仕上がっている。〈チュルビュランス〉は白。偉大なシュナンがフィリップにすばらしい恩返しをしてくれた。

ワイナリー	# La Ferme de la Sansonnière
	ラ・フェルム・ド・ラ・サンソニエール
生産者	**Mark Angeli**
	マルク・アンジェリ
AOC	アンジュー

La Ferme de la Sansonnière
49380　トゥアルセ村
49380 Thouarcé
02 41 54 08 08

シュナンの蜂蜜

　マルク・アンジェリは喜んでいる！ 大喜びだ！ ビオが国に勝った！ これによって有機認定を受ける農家も出てくるのかもしれないが、それがどうした！ こちとら有機栽培家が増えるだけでもうけた気分だ！「由緒あるアンジューのワイナリーでさえビオを始めている。つまり何十ヘクタールもの畑がいっぺんに有機農法になるということだ。やっとガスマスクを外せるよ！」

　挑発的な性格の元石工マルクは、ロワール地方に着くとすぐに有機農法の普及に取り組み始めた。「大事なのは、飲めるワインを造ることだ」。2010年の調査によると、飲料水の水質汚染許容限度の1千倍から5千倍の汚染が、大部分のワインに検出されたという。しかし、ワイン業界はこれを認めて改善しようとはしないのだ。マルク・アンジェリは自分のブランドの透明性にこだわる。「発酵ブドウ果汁、火山から抽出した亜硫酸を1リットル当たり20ミリグラムのみ使用」。彼のリンゴジュース、小麦、そして紅花油も同じだ。

奇跡の自然ワイン！

 ロゼ・ダン・ジュール　€€
Rosé d'un jour

〈ロゼ・ダン・ジュール〉は、「ロゼ・ダンジュー」と発音したい。しかしマルク・アンジェリはAOCの呼称はもういらないと思っている。相変わらず補糖を続けているような生産者にくれてやるつもりだ。マルクの求める甘味はブドウ畑にある。子供のように単純明快なワイン。

 ヴィエイユ・ヴィーニュ・デ・ブランドリ 2014　€€€
Vieilles Vignes des Blanderies 2014

シュナンはマルクの秘蔵っ子だ。彼のシュナンの木はもうすぐ樹齢80年になる。シュナンという品種だけが持つ、アンジュー・ワインの豊饒なうま味が存分に出ている。しかもこの優雅さは、よそではお目にかかれない！

La Grange aux Belles

ワイナリー

ラ・グランジュ・オ・ベル

生産者　**Marc Houtin, Julien Bresteau et Gérald Peau**
マルク・ウータン、ジュリアン・ブレストー、ジェラルド・ポー

AOC　アンジュー

La Grange aux Belles
レコティエール、49610　スーレーヌ＝シュール＝オーバンス村
L'Ecotière, 49610 Soulaine-sur-Aubance
06 76 84 61 07 または 06 60 77 51 14
info@lagrangeauxbelles

３人の冒険

　2004年、マルク・ウータンは元協同組合員から譲り受けた12ヘクタールの畑でブドウ栽培を始めた。仕事はものすごくきつかった。4年後、助けを求める声に応えて、やる気満々のジュリアン・ブレストーがやって来た。それからがてんやわんやだった。ふたりは畑を有機栽培に変え、カーヴを建て、ワインを造り始めた（当時は協同組合に卸していた）。2013年にジェラルド・ポーがこの冒険に参加し、畑の面積は15ヘクタールになった。「時間をかけなければならなかった。畑は壊滅的な状態だったから。今じゃ、ブドウの木が話しかけてくれるようになった。それも大声でね！」

奇跡の自然ワイン！

 アイヴ・ガット・ザ・ブルージュ 2015　€€€
I've Got the Blouge 2015

音楽に注目！ 歌うようなソーヴィニヨンの最後のミレジムだ（3人組は、グロロを植えるためにソーヴィニヨンは抜いてしまったから）。除梗したあと、果皮をつけたまま老木の樽で1カ月間マセラシオンをおこなう（赤ワインと同様の工程。「オレンジ・ワイン」と呼ばれるワインがあるのをご存知だろうか）。よだれが出そうなほどの上質なタンニンと、かき鳴らすギターのような激しいタッチが感じられる。

ワイナリー	**Domaine La Grange Tiphaine**
	ドメーヌ・ラ・グランジュ・ティフェーヌ
生産者	**Coralie et Damien Delecheneau**
	コラリーとダミアン・ドゥルシュノー
AOC	モンルイ、トゥーレーヌ

Domaine La Grange Tiphaine
リュー＝ディ・ラ・グランジュ・ティフェーヌ、37400　アンボワーズ町
Lieu-dit La Grange Tiphaine, 37400 Amboise
02 47 30 53 80
www.lagrangetiphaine.com

美しいブドウ畑

　ドゥルシュノー家では、何でも逆さまにやってきた。そして申し分ない成果を出している。醸造学の修了証を手に、現代のワイン造りを学びにカリフォルニアへ、そして南アフリカへ渡って働いた。南アフリカでは「機械以下の扱いを受けている『ブラック』たちと労働をした」。こうした体験から、自分たちでできること以上のことは望むまい、と考えるにいたったと言う。ふたりは正しい。自分たちの４本の腕で、トゥーレーヌの家族のドメーヌを再建し、これからのワインを造っていく──ブドウ畑だけに集中すればよいのだ。

奇跡の自然ワイン！

 レ・ゼピネー 2015　€€€
Les Epinays 2015

新しいキュヴェの魅力に、降参！ 樹齢の高い木のブドウはまったく使われていない。しかし 2008 年にダミアン・ドゥルシュノーが植栽したシュナンは、「植物そのものの質」が決め手だと認識させてくれる。さらに、真南向きの砂利質の土壌というすばらしいテロワールに、じっくり時間をかけた発酵。緻密で繊細、美味なワイン。

LOIRE

ワイナリー **La Grapperie**
ラ・グラップリ

生産者 **Renaud Guettier**
ルノー・ゲティエ

AOC コトー＝デュ＝ロワール

La Grapperie
- ラ・スーデリー、37370 ブイユ＝アン＝トゥーレーヌ村
  La Soudairie, 37370 Bueil-en-Touraine
- 02 47 24 48 06
- renaudguettier@lagrapperie.com
- www.lagrapperie.com

ピノ・ドニス

　学業を修めたルノー・ゲティエは、そのままだったら「研究者になってラボで遺伝子組み換え操作にいそしむか、途上国に遺伝子組み換え製品を売り込む仕事をしていただろう」。アフリカで働いていたとき、妻が妊娠したので帰国した。子供が生まれるまで、時間がたっぷりあったので、妻が生まれ育った場所をじっくりと眺めることができた。牛や羊の群れ、穀物の畑。そしてブドウ畑……　これだ。そして、妻の実家からほど近い美しい丘陵地に、畑を見つけた。そこには、この地でしか生長できない、非常に古く今は絶滅したとされている品種が植えられていたのだ。

奇跡の自然ワイン！

 ランシャントレス　€€€
L'enchanteresse

非常に古い木のピノ・ドニス（ロワール地方の希少な品種で、もっぱらコトー＝デュ＝ロワールに生育する）の、2015年と2016年のミレジムをアッサンブラージュしている。胡椒の香りが効いた妙薬のようなこのワインは〈アンシャントレス〉の名にふさわしい。

ワイナリー	**Domaine Guiberteau** ドメーヌ・ギベルトー
生産者	**Romain Guiberteau** ロマン・ギベルトー
AOC	ソミュール

Domaine Guiberteau
- 3、カベルネ袋小路、モレー、
  49260　サン＝ジュスト＝シュール＝ディーヴ村
  3, impasse du Cabernet, Molley, 49260 Saint-Just-sur-Dive
- 02 41 38 78 94
- www.domaineguiberteau.fr

ギベルトー・ワインの飲みやすさ

　カベルネ・アンパス。住所が本当にこんな名前なのである。ロマン・ギベルトーの父親はこの住所に不穏な気配を感じたらしく、医学の道を選んだ。しかしロマン自身は祖父と同じ運命に飲み込まれる羽目になった。ロマンが見つけた袋小路脱出法、それはとにかくブドウ畑で一所懸命働くこと。近隣に住むとても親切なナディ・フーコーが、「いい仕事をしたいのなら、まず畑をビオに変えなさい！」と教えてくれた。カベルネという猛獣を手なずけるのにも時間がかかった。そして現在、庭園のようなロマンの畑には、シュナンのほうが多く植えられている（8ヘクタール）。

奇跡の自然ワイン！

 ブレゼ 2014　€€€€
Brézé 2014

ブレゼ村ではかつて、エティケットにグラン・クリュを表記していた。「土が少ない場所なんだ。畑のすぐ後ろには母岩があって、ここの石灰質はほかとは全然違う。スポンジのように吸収力が高く、水分過多によるストレスから木を守ってくれる。だからワインは優しい味になり、しかもほどよい酸が残る」

Domaine Lise et Bertrand Jousset

ワイナリー

ドメーヌ・リズ・エ・ベルトラン・ジュセ

生産者 **Lise et Bertrand Jousset**
リズとベルトラン・ジュセ

AOC　モンルイ

Domaine Lise et Bertrand Jousset

36、ブヴィヌリ通り、37270　モンルイ＝シュール＝ロワール村
36, rue des Bouvineries, 37270 Montlouis-sur-Loire
02 47 50 70 33
www.domaine-jousset.fr

畑は戦場のように

　ジュセ家の畑は今年もまた深刻な霜の被害に遭った。ブドウ栽培を始めて6年のあいだに4回も同じことが起きている。とてもやっていけないほどだ。モンルイの畑では2017年の4月、霜害が発生し、2週間にわたってヘリコプターが出動した[1]。霜が予想されていなかった朝、ヘリコプターが最後の作業を終えてすでに去ったあと、何とかブドウを収穫した。温暖化のせいかもしれないが、最悪の天候だったということは間違いない。ともかく、地球温暖化などじつは存在しないという主張する人間は、この2メートルの大男に近づかないほうがいい。畑が復活するには時間がかかり、その間も生活を支えていかなければならない。そこでふたりはワインバーを開いた。これがまたすてきな店なのである。

※1 ヘリコプターの旋風によって上空の温暖な空気を地上に下ろすことを狙った

奇跡の自然ワイン！

 クロ・オ・ルナール＝サンギュリエ 2015　€€€
Clos Aux Renards-Singulier 2015

このドメーヌの新しい逸品だ。樹齢100年のシュナンを育てるのは、人の手と馬だけ。「熟成期間をどんどん長くしたいと思っている。スタビリゼ[2]をしなくてすむようにね。完璧なワインを造るためだ」。たしかに完璧だ。

※2 低温でワインにストレスを与え、それによって酒石を除くこと

ワイナリー	**Domaine de Juchepie**
	ドメーヌ・ド・ジュシュピ
生産者	**Eddy et Mileine Oosterlink-Bracke**
	エディとミレーヌ・オオステルリンク＝ブラッケ
AOC	アンジュー

Domaine de Juchepie
- レ・カール＝フェイ・ダンジュー、49380　ベルヴィーニュ＝アン＝レイヨン村
  Les Quarts-Faye d'Anjou, 49380 Bellevigne-en-Layon
- 02 41 54 33 47
- contact@juchepie.com
- www.juchepie.fr

運命のルーレット

　ベルギーで金物を扱うビジネスをしていたオオステルリンク＝ブラッケ夫妻は、かねて引退後はここで暮らしたいと願うほどアンジューを気に入り、休暇旅行でよく訪れていた。悠々自適の隠居生活になるはずが、今、ふたりの生活を支配するのは何トンも採れるブドウの実。公証人が見つけておいてくれた美しい家に、数アールのブドウ畑がついていたことが始まりだ。朝の庭いじり用くらいの大きさである。しかしこの小さな畑がふたりの運命を変えたのだから、人生はわからない。採れたブドウの量が少なすぎて圧搾機にかけられなかったので、もう少し畑を広げようかということになり、オオステルリンク＝ブラッケ夫妻は公証人に地所を見つけてくれるよう頼みに行った。結局、22回も。

奇跡の自然ワイン！

 レ・カール・ド・ジュシュピ 2015　€€€
Les Quarts de Juchepie 2015

オオステルリンク＝ブラッケ夫妻の甘口ワインが大好きだ。もちろん彼らの辛口ワインもますます風味を増しておいしい。しかし今や彼らは、貴腐菌を付着させたり乾燥させたり、シュナン使いの達人となった。2015年の収穫は10月1日から23日のあいだに5回にわたっておこなった。花の蜜のニュアンスのある南国のフルーツの香りが、舌にとてもゆっくりと絡みつく。

LOIRE

ワイナリー **Domaine Landron**
ドメーヌ・ランドロン

生産者 **Jocelyne et Joseph Landron**
ジョスリーヌとジョゼフ・ランドロン

AOC　ミュスカデ

Domaine Landron
レ・ブランディエール、44690　ラ・エ=フアシエール村
Les Brandières, 44690 La Haye-Fouassière
02 40 54 83 27
www.domaines-landron.com

Complémen'terre（コンプレマンテール）
17、ラ・オート=ブルアルディエール、44330　ル・パレ村
17, La Haute-Brouardière, 44330 Le Pallet
06 38 90 41 02、06 76 37 63 13
complementerre@gmail.com
www.complémen-terre-vignerons.com

潮風と髭

　口髭がぴんと跳ねているときは天気がよい証拠。ジョーことジョゼフ・ランドロンの周囲は最近見事に晴れ渡ってきた。若い世代の造り手たちがみな、もっぱら有機農法をおこなうようになっているからだ。しかしミュスカデで有機栽培を推し進めることは、並大抵の仕事ではなかった。

　ロワール川流域北部でも最北に位置するこの地域では、荒れ狂う天候に人びとはじっと耐えてきた。2007年の春は最悪の天候だった。2008年は霜によって蕾が被害を受けた。そして2016年、また同じことが起きた。それでも消費者にとっては、たとえ不作でもミュスカデのワインが値上がりするなど許せない話らしい。ミュスカデは、安定したボン・マルシェだと、一般には思われているのだ。しかし栽培には手間がかかり、生産者にたっぷりマルシェを求めるのもまたミュスカデの特徴なのだ。45ヘクタールもビオディナミ農法の畑を持っていたら、ふくらはぎもたくましくなるだろう。

奇跡の自然ワイン！

　レ・ウー 2015　€
Les Houx 2015

ミュスカデの悪口を言う人間を黙らせるワインの登場だ！　ブラインドテイスティングしてみよう。均整のとれた骨格。10カ月間をかけたシュール・リによる、シャープな果実味。これらに支えられたミネラル感（砂岩と砂利の混ざった土壌）。ミュスカデのミネラル感とはこういうものだと教えてくれる味わいである。牡蠣、いやオマールエビと合わせたい！

　ポシオン・ママ　€€
Potion Mama

ジョゼフ・ランドロンの息子のひとり、マニュエルが、マリオン・ペシューとともに自分のブドウ畑の運営に乗り出した。発泡性の〈ポシオン・ママ〉は、ムロン・ド・ブルゴーニュのカリッとした味わい。正片麻岩のテロワールの大勝利だ！

ジョゼフ・ランドロン。ジョーは1年に何百キロメートルも歩く

ワイン造りを始めたマリオン・ペシュー（左）とジョーの息子マニュエル・ランドロン（右）

LOIRE／ワイナリー

Domaine Richard Leroy
ドメーヌ・リシャール・ルロワ

生産者 **Richard Leroy**
リシャール・ルロワ

AOC アンジュー

Domaine Richard Leroy
52、グランド＝リュ、41230　ラブレー＝シュール＝レイヨン村
52, Grande-Rue, 41230 Rablay-sur-Layon
02 41 78 51 84
sr.leroy@wanadoo.fr

勇者リシャール

　リシャール・ルロワは世界で何カ国語にも翻訳された漫画の主人公だ。『レ・ジニョラン※』はベストセラーになり、この伝説的醸造家は、ワイン好きの夫を持つ妻たちから、ぜひワインを譲ってくれと懇願されている。しかしリシャールはそれに応えたことは一度もない。漫画の成功と本業は別物。アンジューでワイナリーを開いてから20年、彼の造るワインが傑出しているということは、わかる人にはわかる。シュナンのことなら何でも知っている造り手だ（しかし畑の面積はわずか2.7ヘクタール）。「シュナンは、土壌との結びつきがすごく深い品種だ。シャルドネよりも細かいニュアンスが出せる。そしてブドウ本来の個性は揺るぎない。シャルドネにはかならず造り手の個性が現れる一方、それほど多くの味の変化はつけられない」

※ "Les Ignorants" エティエンヌ・ダヴォドー作。2011年。未邦訳

奇跡の自然ワイン！

 モンブノー 2015　€€€
Montbenault 2015

ブドウが揺れるのは、古い文献のなかで讃えられている堂々たる丘の上。リシャール・ルロワも大満足している。わずか2ヘクタールほどの畑では、小さな、柔らかい緑の木が、鉄分によって赤褐色に染まった火山灰の上で生長している。ワインの骨格を形成しているのは流紋岩の土壌で、傑出した味わいをもたらしている。濃厚で、かすかな塩気も感じる。しかも亜硫酸無添加！

 レ・ルリエ 2015　€€€
Les Rouliers 2015

ラブレー＝シュール＝レイヨン村にあるもうひとつの区画では、シュナンが砂岩質の頁岩にしっかりと根付いている。ここでできたワインは少し寝かせてから飲むべきだ。しっかりと熟成に応える力がこのワインにはある。

ワイナリー	**Gérard Marula**
	ジェラール・マリュラ
生産者	**Gérard Marula**
	ジェラール・マリュラ
AOC	シノン、トゥーレーヌ

Gérard Marula

📍 4、ピソ袋小路、37500　ティゼー村
　 4, impasse Pissot, 37500 Thizay
📞 02 47 95 82 33
✉ gmarulavigneron@orange.fr

不運を乗り越えて

　ジェラール・マリュラは長年エティエンヌ・ド・ボナヴァンチュールのドメーヌで働いてきた。独立したのは2012年。はじめに小規模で栽培していたグロロは、雑草を嫌がる畑のオーナーの要請で止めざるをえなかった。「その雑草こそが、オーナーが長いあいだ散布し続けてきた農薬の残留を吸い取っていてくれたのに」。再起を図って育て始めたのが、シノンの地にふさわしいカベルネだった。残りの10％にはシュナンを植えた。今では3ヘクタールの畑を運営している。

奇跡の自然ワイン！

 クロ・ド・バッコネル 2016　€€
Clos de Baconnelle 2016

「クロ・ド・バッコネル」は、エティエンヌ・ド・ボナヴァンチュールが独立当初から貸してくれている区画だ。つまり、かつて一度も「忌々しい物質」を散布されたことのない土地。木の香りを移さないよう、熟成には木製以外の樽を用いているので、カベルネの柔らかく素直な味わいが生きている。

LOIRE

ワイナリー **Jean Maupertuis**
ジャン・モーペルチュイ

生産者 **Jean Maupertuis**
ジャン・モーペルチュイ

AOC コート＝ドーヴェルニュ

Jean Maupertuis
ラ・ガレンヌ通り、63800　サン＝ジョルジュ＝シュール＝アリエ村
Rue de la Garenne, 63800 Saint-Georges-sur-Allier
04 73 77 31 84
jean.maupertuis@sfr.fr

山からのワイン

　ジャン・モーペルチュイは、勢いあるオーヴェルニュ地域の代表だ。本章では紙面の都合で残念ながら掲載できない造り手たちが多い。ピエール・ボージェー、ドメーヌ・ラルブル・ブランのフレデリック・グナン、パトリック・ブージュ、ヴァンサンとマリ・トリコ、フランソワ・デュム、オーレリアン・ルフォール、そして末っ子ヴァンサン・マリ。40人ほどの個人生産者と400ヘクタールのアペラシオンのうち、ヴァン・ナチュールの造り手は10人ほど。「ヴァン・ナチュールの造り手の密度の高さはよそに負けない」。そう話すジャン・モーペルチュイは、その先駆者としてもうすぐ25年のキャリアを誇る。

奇跡の自然ワイン！

 レ・ピエール・ノワール 2016　€
Les Pierres Noires 2016

「思いつく限りの理想の土が全部ここにはあるんだ！」5ヘクタールの畑の色とりどりの土を眺めて満足げなジャン・モーペルチュイ。火山灰、玄武岩（げんぶがん）、そして溶岩の土壌が、ガメイの古木を育ててくれる。「ミネラル感」が陳腐な言葉だという人間がいたら、ひどい目に遭うだろう……。

ワイナリー	**Noëlla Morantin**
	ノエラ・モランタン
生産者	**Noëlla Morantin**
	ノエラ・モランタン
AOC	トゥーレーヌ

Noëlla Morantin
📍 24の2、ナシオナル通り、41140　テゼ村
　　24bis, rue Nationale, 41140 Thésée
📞 06 63 26 83 17
✉ noellamorantin@gmail.com

「葡萄畑で働く女」

　女性の造り手、ついにロワールに登場！　もちろん精力的にパートナーを手伝う女性たちや、応援を得てがんばっているブドウ園の跡継ぎ娘たちもいる。しかしノエラ・モランタンは、単独でワイナリーを開いた数少ない女性のひとりである。トラクターを駆り、圧搾機や樽を扱う彼女が完全に独立したのは2008年。もうひとりのカリスマ的女性醸造家であるカトリーヌ・ルーセル（かつてディディエ・バルイエとともにクロ・ロッシュ・ブランシュを運営していた）の畑を譲り受けた。12ヘクタールだった畑を6ヘクタールに縮小した今、ほっとしている。「よかった！」

奇跡の自然ワイン！

 LBL　ヴィエイユ・ヴィーニュ・ソーヴィニヨン 2015　€€
LBL Vieilles Vignes Sauvignon 2015

ノエラ・モランタンがこの区画を手に入れたばかりのころ、見知らぬおじいさんが乗っていたバイクを止めてこう言った。「ここは村でいちばん美しいテロワールだよ！」本当だった。火打石粘土の土壌に1943年に植えられたブドウの木の恵みが証明してくれている。力強く、石質の土壌ならではの味わい。ソーヴィニヨンが陥りがちな、これ見よがしの、うんざりするような性質が消えている。秀逸な出来栄えだ。

LOIRE

ワイナリー **Domaine Éric Morgat**
ドメーヌ・エリック・モルガ

生産者 **Anna-Maria et Éric Morgat**
アンナ＝マリアとエリック・モルガ

AOC　サヴニエール

Domaine Éric Morgat
クロ・フェラール、49170　サヴェニエール村
Clos Ferrard, 49170 Savennières
02 41 72 22 51
contact@ericmorgat.com
www.ericmorgat.com

シュナンとの長い付き合い

　モルガ家は、レイヨンの地で200年続くドメーヌだ。「ロワール川の左岸出身の人間にとって、右岸のサヴニエールの丘は憧れの場所なんだ」。エリックはその憧れを実現した。手に入れた小さな畑と家には手直しが必要だった。開墾を始めた彼の心を奪ったのは、川の上に張り出した丘の絶景だった。畑仕事するのが難しすぎる地形だったので放置されていた地所。この土地も、まず草木を引き抜いてからしばらく土を休ませ、あらためて植栽した。サヴニエール（350ヘクタール）の半分以上は、現在荒廃農地である。

奇跡の自然ワイン！

 フィデス 2014　€€€
Fidès 2014

「ここのシュナンは、どこよりも個性的だ。畑の土壌は、風成砂の粒を含んだ頁岩。木にとっては栄養は全然ないし、水も少ない」。エリックは長期熟成させることによってこの厳しい条件を克服し、複雑な魅惑のワインを完成させている。

ワイナリー	# Domaine Mosse ドメーヌ・モス
生産者	**Agnès et René Mosse** アニエスとルネ・モス
AOC	アンジュー

Domaine Mosse
📍 4、ラ・ショーヴリエール通り、
49750 サン＝ランベール＝デュ＝ラテー村
4, rue de la Chauvrière, 49750 Saint-Lambert-du-Lattay
📞 02 41 66 52 88

モスのアトモスフィア

　ルネ・モスと妻のアニエスは、以前はロワール川右岸のトゥーレーヌでビストロを営んでいた。店をたたみ、アンボワーズ栽培醸造学校に入学し、クリスチャン・ショサールやティエリー・ピュズラ（193頁）のようなタイプの講師たちに教えを受けた。その後、ブルゴーニュ地方のド・モンティーユのもとで働いてから、ロワール地方に戻った。

　サン＝ランベール＝デュ＝ラテー村では、何もかもが気に入った。「ひ弱な人間の口の皮を剥ぐような」カベルネ、そして素直なシュナン。ここは楽園だ。もちろんふたりの息子、シルヴェストルとジョゼフもよそにいったりはしない。

奇跡の自然ワイン！

 アレナ 2015　€€€
Arena 2015

サヴニエール！ アンジューっ子なら誰もが夢見る由緒正しいテロワールだ。ドメーヌ・モスのふたりはこの眠れる美女を揺り起こし、ハートを射止めた造り手。45 アールの畑で生まれるシュナンはまさに絹織物だ。

LOIRE

ワイナリー
Domaine du Moulin
ドメーヌ・デュ・ムーラン

生産者 **Hervé Villemade**
エルヴェ・ヴィルマード

AOC トゥーレーヌ、シュヴェルニー

Domaine du Moulin, Hervé Villemade
97、ムーラン＝ヌフ通り、41120　セレット町
97, rue du Moulin-Neuf, 41120 Cellettes
02 54 70 41 76
herve.villemade@wanadoo.fr

住み慣れたシュヴェルニーで

　エルヴェ・ヴィルマードは家族から背中を押されるままにドメーヌを継いだ。「学校で習ったとおり、従来のワイン造りを熱心に実行していた。化学薬品を使って除草し、人工酵母で発酵させてね」。そんなとき、近所に住むピュズラ家（再び登場！ 193頁）のワインを飲む機会があった。「どこからこんなアロマが生まれるのかわからなかったよ！」ピュズラ兄弟は、ブドウの株の下は微生物たちが活発に動き回り、土のミネラル分を可溶化して、ワイン造りに影響を与えているのだと教えてくれた。自生酵母の豊かさと、香りの多彩さについても語ってくれた。エルヴェは降参するしかなかった。

奇跡の自然ワイン！

 アカシア 2016　€€
Acacias 2016

ロモランタンで造ったワイン！ 現在は数十ヘクタールの畑にしか残っていない。クール＝シュヴェルニーという小規模のアペラシオンに独特の品種である。エルヴェ・ヴィルマードの火打石粘土の畑で育つロモランタンは、南国のフルーツと豊かな植物の香りが美しく複雑に絡み合っている。

ワイナリー	# Domaine Vincent Pinard ドメーヌ・ヴァンサン・ピナール
生産者	**Clément et Florent Pinard** クレマンとフロラン・ピナール
AOC	サンセール

Domaine Vincent Pinard
- 42、サン＝ヴァンサン街道、18300　ビュエ村
  42, route Saint-Vincent, 18300 Bué
- 02 48 54 33 89
- www.domaine-pinard.com

サンセールの名門

　大ニュース。サンセール村は、サンセール・ワインの中心地ではなかった。1平方メートル当たりの超一流醸造家の人数とテロワールの力からすると、最大の銘醸地はサンセール村の隣にあるビュエ村に軍配が上がる。カイヨット（硬質石灰岩）を豊かに含んだ小さな谷と丘には、ふっくらとした果肉のソーヴィニヨンや黒々としたピノ・ノワールが集中して育つ。

　名門ピナール家の仕事は、自然派ヴィニュロンの手本だ。除草剤、殺虫剤、防腐剤をまったく使わず、総合的に自然派農法をおこなう。しかし有機認定は受けていない。模範的であると同時に反骨精神も旺盛な、ポパイのようなピナール家なのである。この家風をしっかりと継いでいるのが息子たちのクレマンとフロランだ。父親のヴァンサン同様、ワイン造りへの厳しい姿勢を貫き、さらにテロワールを拡大する意欲を見せる（白の新しいキュヴェ〈ル・シャトー〉を造った）。赤の〈ヴァンダンジュ・アンティエール〉は、サンセールのワインとしては、ヴォルネー（ブルゴーニュ地方）の格にもっとも迫るワインに仕上がった。

奇跡の自然ワイン！

 ヴァンダンジュ・アンティエール 2014　€€€
Vendanges Entières 2014

サンセールの（いや、フランス全土で）こんなピノ・ノワールなら、何度でも飲みたい！ 名前が示すように、ブドウは果梗ごとアンティエール使って醸造されるため、芯の強い果汁になる。熟成具合も申し分なく、ワインの能力を引き出している。おかわり！

ワイナリー	# Domaine de la Porte Saint-Jean
	ドメーヌ・ド・ラ・ポルト・サン゠ジャン
生産者	**Pauline Foucault et Sylvain Dittière**
	ポーリーヌ・フーコーとシルヴァン・ディティエール
AOC	ソミュール

Domaine de la Porte Saint-Jean

- 100、ポルト・サン゠ジャン通り、49260 モントルイユ゠ベレー村
  100, rue Porte Saint-Jean, 49260 Montreuil-Bellay
- 02 41 40 41 22
- sylvain.dittiere@hotmail.fr

ごちそうさま

　ブドウ栽培家のシルヴァン・ディティエールは夢見がちな少年時代を過ごした。ドゥエ゠ラ゠フォンテーヌという村に男の子はたくさんいるが、幼いころからブドウに興味を示したりする子はシルヴァンくらいだ、ということに苗木屋を営む両親は気づいていた。12歳のときにポーリーヌに出会って一目惚れ。一家全員がワインの造り手という家（クロ・ルジャールのフーコー家）で生まれ育った女の子だ。14歳のころからポーリーヌの母親（当時シャトー・イヴォンヌにいたフランソワーズ・フーコー）のもとに通い詰め、ヴィニュロン見習いをさせてもらった。2010年に独立して、まずは買い付けたブドウで（現在も2ヘクタールは委託している）、今ではポーリーヌとともに6ヘクタール半の畑を耕して自分でブドウを作っている。

奇跡の自然ワイン！

 レ・コルミエ 2015　€€
Les Cormiers 2015

ジュラ紀（恐竜の時代！）の石灰質層に植えられている樹齢60年のカベルネ・フラン。ドゥエ゠ラ゠フォンテーヌ村はまさにこのブドウのゆりかごだ。ブドウの品質の高さはもちろんのこと、フーコー家における熟成の方法がすばらしい。3分の1は新樽、3分の1は1回使用した樽、残りの3分の1は2回使用した樽を使う。するとカベルネが、まっすぐに芯の通った、エレガントで、気品のある、しかも気分を強くかきたてるようなワインになるのだ。

ワイナリー	**Domaine de l'R**
	ドメーヌ・ド・レール
生産者	**Frédéric Sigonneau**
	フレデリック・シゴノー
AOC	シノン

Domaine de l'R
- 14、コトー・ド・ソネー、37500　クラヴァン＝レ＝コトー村
  14, côteaux de Sonnay, 37500 Cravant-les-Côteaux
- 06 85 10 01 02
- tontonred@free.fr
- domainedelr.com

グランテール

「情けないきっかけだったんだ！」と言うのはフレデリック・シゴノー。トゥーレーヌ生まれの若者は、滅茶苦茶な生活の中で全財産を飲み食いに使い果たしてしまった。立ち直りを目指し、偉大なシノンの醸造家、ベルナール・ボードリーの畑で季節労働者として働いた。そんな彼を見たボードリーは、すぐに醸造学校への入学を勧めた。学校を出たフレデリックはスペインで自分にぴったりの仕事を得たうえに、妻とビオディナミ農法に出会った。故郷に戻ると、父親が他人に委託していた代々続く非常に古いブドウ畑を探し出した。過酷な職業に疲れきっていた父親は、息子フレデリックには跡を継がせたくないと考えていたのだ。

奇跡の自然ワイン！

 レ・5(サンク)・エレマン　€€
Les 5 Éléments

「シゴノーのせがれ」は優れたカベルネ・フラン使いだ。砂利混じりの粘度質の小さな丘の上には、樹齢70年のブドウの木が植わっている。収穫量を抑え、手摘みして小箱に丁寧に収めていく。そして「ボーヌ並みのシノンを造ること」をつねに念頭に置いて、嗅覚を研ぎ澄ます。近づいただけで、何も考えずに飲み干したくなるようなカベルネ・フランのワインはこうして生まれる。あっという間に1本終わってしまう。もう1本開けよう！

LOIRE

ワイナリー **Domaine Nicolas Reau**
ドメーヌ・ニコラ・ロー

生産者 **Nicolas Reau**
ニコラ・ロー

AOC アンジュー

Domaine Nicolas Reau, Clos des Treilles（クロ・デ・トレイユ）

- 19、サント＝ヴェルジェ街道、79100　サント＝ラドゴンド村
  19, route de Sainte-Vergé, 79100 Sainte-Radegonde
- 06 24 63 20 75
- nicolasreau@yahoo.fr

地層のごちそう

　ニコラ・ローはドゥー＝セーヴル県にしっかりと根を下ろした男。ここにある数ヘクタールの稀有なブドウ畑は、アンジューからは忘れられていた存在だった（ほとんどの畑が隣のメーヌ＝エ＝ロワール県にある）。「偉大なテロワールなのに！」トアルシアン（トゥアール村に由来する名）とは、約1億8千万年前の、ジュラ紀前期の最後の地層の名前だ。みんながこの地層を見にやって来る。地質学者たちまで、地球の裏側からサント＝ヴェルジュ街道にあるニコラの畑の下にある土を拝みに来る。ニコラ自身は、2002年に取得した元修道院の2ヘクタールの畑と、高台にあるカベルネの4ヘクタールの畑を運営している。

奇跡の自然ワイン！

 アンファン・テリブル 2015　€€€
Enfant Terrible 2015

褐色の小石が敷き詰められた畑に植えられたカベルネ・フランの2本の古木。滑らかで唾が湧いてくるようなタンニンと長い余韻が心地よい。ものすごいごちそうである。

ワイナリー

Domaine Les Roches
ドメーヌ・レ・ロッシュ

生産者 **Jerôme Lenoir**
ジェローム・ルノワール

AOC　シノン

Domaine Les Roches
- 19, ディゾレ通り、37420　ボーモン＝アン＝ヴェロン村
  19, rue d'Isoré, 37420 Beaumont-en-Véron
- 02 47 58 93 97
- jeromelenoir@gmail.com

シノンが待っていてくれた

　ジェローム・ルノワールの親父さんはブドウ栽培家で、美容師で、レストラン経営者でもあった。「配管工と整備工もやっていた」。物心ついたときから、週末と休暇にはいつも父親にくっついてブドウ畑で過ごした。そんなジェロームが選んだ職業は工業デザイナーだったが、すぐに辞めてしまった。「こそこそと逃げ出して実家に戻った。いつかこうなることはわかっていたよ。ただ、その時機がわからなかっただけ……」。2001年、ボーモンにある3.5ヘクタールの畑の手入れを始め、2014年に父親が他界したのちに現在の5ヘクタールにまで拡張した。

奇跡の自然ワイン！

　レ・ロッシュ 2010　€€
　　　　　　Les Roches 2010

ジェローム・ルノワールは赤ワイン1種類（と、シュナンの白ワイン）だけを造っている。北向きの粘土石灰質の土壌に育まれたブドウだけを使う。熟成期間はいつも長めの3〜6年。「ブドウの力を超越すること、ワインという方法を通して果実を手なずけること。つまり、ブドウのエッセンスだけを取り出そうとしているんだ」。まさにこのワインはシノンの真髄。

ティエリーの農耕馬は、28ヘクタールの畑のうち7ヘクタール分の仕事を任されている

Domaine des Roches Neuves

ワイナリー

ドメーヌ・デ・ロッシュ・ヌーヴ

生産者　**Thierry Germain**
ティエリー・ジェルマン

AOC　ソミュール＝シャンピニー

Domaine des Roches Neuves
- 56、サン＝ヴァンサン大通り、49400　ヴァラン村
  56, boulevard Saint-Vincent, 49400 Varrains
- 02 41 52 94 02
- thierry.germain@wanadoo.fr
- www.rochesneuves.com

カベルネ愛好家

　ティエリー・ジェルマンにはブレーキが利かない。ドメーヌの仕事に参加し始めたばかりの子供たちにも、彼のことは止められない。いつも何かの工事がおこなわれているドメーヌ。近ごろ、3頭の馬のための馬房が増設された。

　カベルネ・フランが密植されているすばらしい区画もある（1ヘクタール当たり1万株は、従来の2倍の密度）。一大資産となったこのドメーヌ完成までに7年かかったのは、フランス中の最高のカベルネの苗が選り抜かれて集められたからだ。そのあいだにも、ジョージア方式のアンフォラでの熟成や亜硫酸使用への問題提起など、活動は続けられた。ティエリー・ジェルマンは大きく躍進している。1992年にボルドー地方から来たばかりの若いティエリーがドメーヌを開いたときには、見向きもされなかったのだが。

奇跡の自然ワイン！

 クロ・ド・レシュリエ 2016　€€€
CLOS DE L'ECHELIER 2016

まずは石灰土に覆われた古い畑を訪ね、そのブドウを讃えよう。ソミュール＝シャンピニーにはほとんどこのような場所は残っていない。地中30センチメートルから、ブドウの木は石灰質の土壌に根を伸ばす。ここから巧緻に織り交ぜられた味わいを持つカベルネが生まれる。その風味はまるで、小さなおいしい実のうえにふんわり浮かんでいるかのようだ。

テール　€€€€
Terres

イタリア旅行から帰ったティエリー・ジェルマンは、シュナンで造られることは珍しい「オレンジ・ワイン※」を試してみたくなった。手で果梗を除いたブドウの実は、果皮と一緒にスペイン製のアンフォラに入れて8カ月間マセラシオンする。圧搾後、少しのあいだ小樽の中で休ませる。こうしてできたワインは、濃厚で、複雑、そしてとても深い。

※ 白ブドウを原料に赤ワインの製法で造られるワイン

Domaine Saint-Nicolas

ワイナリー

ドメーヌ・サン゠ニコラ

生産者 **Thierry Michon**
ティエリー・ミション

AOC フィエフ゠ヴァンデアン

Domaine Saint-Nicolas
11、ヴァレ通り、85470　ブレム゠シュール゠メール町
11, rue des Vallées, 85470 Brem-sur-Mer
02 51 33 13 04
contact@domainesaintnicolas.com

大地の塩

　ティエリー・ミションの畑はロワール川流域の最西部にある。バカンス客がのんびりと過ごしにやって来るこの地で、彼はおびただしい量の仕事をこなす。ビオディナミ農法に切り替えて10年以上経った今、フィエフ゠ヴァンデアンは旅行客向けのワインしか造らない、という定説を覆そうと挑戦中。オロンヌ地域では、ワイナリーはここ1軒、ティエリーは37ヘクタールの畑と10人の従業員の面倒を見ている。ブドウの木は地上すれすれのところで剪定されているが、これは激しい潮風から木を守るためだ。また、土を手入れすれば根は深く伸びていくが、地下の塩分に触れたらあっという間に枯れてしまう。

奇跡の自然ワイン！

 ジャック 2013　€€€
Jacques 2013

ティエリー・ミションが育てるブドウ品種の数は、あまりに多くて笑いさえ誘う。フロントンのネグレット、カベルネ、シュナン、シャルドネ、グロロ・グリ……しかしわたしたちが大好きなのは、ブルゴーニュも真っ青のピノ・ノワールだ。繊細でスパイシーな〈ジャック〉は、彼のピノ・ノワールの傑作である[*]。

※ ティエリー・ミションの造るワインが、VDQSだったフィエフ゠ヴァンデアンをAOCに格付けさせた

ワイナリー	**Domaine Antoine Sanzay**
	ドメーヌ・アントワーヌ・サンゼイ

生産者	**Antoine Sanzay**
	アントワーヌ・サンゼイ

AOC	ソミュール＝シャンピニー

Domaine Antoine Sanzay
- 19、ロッシュ・ヌーヴ通り、49400　ヴァラン村
  19, rue des Roches Neuves, 49400 Varrains
- 02 41 52 90 08
- antoine-sanzay@wanadoo.fr

土から学んだ

　アントワーヌ・サンゼイはワインをよそで覚えた。10歳のときに父親が他界。1999年に祖父母のブドウ畑を継ぐことになったときには、協同組合にブドウを卸してワインを造ってもらうという、それまでのやり方を踏襲する以外のことは思いつきもしなかった。2001年、除草剤を使わないで造ったワインを飲む機会があってから、アントワーヌは畑を育て直し始めた。「醸造所からの支払いに釣り合わないほど収穫量を減らしたんだ」。2002年、4ヘクタール分のブドウを彼自身で醸造できるよう、醸造所が対応してくれるようになった。

奇跡の自然ワイン！

 ポワイユー 2015　€€€
Poyeux 2015

アントワーヌ・サンゼイの珠玉作。クロ・ルジャールが発見した伝説的なこのテロワールは、砂質の土壌だ。アントワーヌはカベルネ・フランから繊細なタンニンを引き出した。強く贅沢な味わい。10年寝かせてから飲みたい。

LOIRE

ワイナリー
Christian Venier
クリスチャン・ヴニエ

生産者　**Christian Venier**
　　　　クリスチャン・ヴニエ

AOC　　トゥーレーヌ

Marie-Ju et Christian Venier
（マリ＝ジュ・エ・クリスチャン・ヴニエ）

3、ピュイ通り、マドン、41120　カンデ＝シュール＝ブヴロン村
3, rue du Puits, Madon, 41120 Candé-sur-Beuvron
02 54 79 40 09

| フレッシュ・ウール |

　クリスチャン・ヴニエのワイナリーはガイドブックには載っていない。ネットサービスにも関与していない。メールアドレスさえ持っていないのだ。すべて郵便局経由だ。郵便配達人がワインのおかわりをしてくれるのがクリスチャンの最上の喜びである。ワイン醸造については、隣人で従兄弟でもあるピュズラ兄弟（193頁）のもとで、飲みながら学んだ。その前は、羊の毛刈りをしながら世界中を回っていた。4日間で500頭の雌羊の毛を刈ったことがある！　業界では定評ある腕利きだったのだ。しかし、いつかかならずブドウ畑に戻ると決めていた彼は、何年もかけてワイナリーを再構築したのだ。

奇跡の自然ワイン！

 ラ・ゴートリ 2016　　€
La Gauterie 2016

クリスチャン・ヴニエのワインははずれが絶対になく、価格もいつだって抑えてある。サンセール村から100キロメートル離れた、ショーモン城のすぐ裏手のこの地は、ソーヴィニヨンの古木が必要としている石灰質の土壌に恵まれている。どんなテロワール？「塩気の少ない畑だ」

ワイナリー	# Les Vignes de l'Angevin
	レ・ヴィーニュ・ド・ランジュヴァン
生産者	**Jean-Pierre Robinot**
	ジャン゠ピエール・ロビノ
AOC	サヴニエール

Les Vignes de l'Angevin
- ル・プルジディアル、72340　シャエーニュ村
  Le Presidial, 72340 Chahaignes
- 02 43 44 92 20
- lesvignesdelangevin.vinsnaturels.fr

ロビノー・リミット

　ジャン゠ピエール・ロビノはパリで配管工をしていた。そしてどんなパイプを持っていたのか定かではないが、ビストロを始めた。ワインがたっぷり飲める店だ。ビストロ・ランジュヴァンでは、当時のフランスでは野暮ったいと考えられていたロワール・ワインをパリっ子たちに飲ませた。「それが嫌ならほかの店に行きな」。60歳になったジャン゠ピエールは、身体のことを考えて再出発を決意、パリでの華やかな生活と決別した。そして自分にとって何よりも大切な場所、つまり生まれ故郷に戻ったのだ。「自分にこう言ったんだ。お宝は自分の足の下に埋まっているってね」。そのとき、故郷の大地は彼の足元で喜びに震えたに違いない。

奇跡の自然ワイン！

 ルギャール・デュ・ロワール　€€
Regard du loir

ジャン゠ピエール・ロビノのキュヴェに囲まれていると、迷いに迷う。しかも彼はさらに植樹を続けているという（もうすぐ5ヘクタールになる）！目下、アペラシオンの認定を受けている1千800ヘクタールのうち、ブドウ畑として機能しているのは500ヘクタールだけなのだ。このワイン、ピノ・ドニスであるとすぐにわかる。みっちりと詰まった小さな実のブドウだ。胡椒のスパイシーさ。間違いない！

LOIRE

ワイナリー
Les Vins Contés
レ・ヴァン・コンテ

生産者
Olivier Lemasson
オリヴィエ・ルマソン

AOC　トゥーレーヌ

Les Vins Contés,
Cécile et Olivier Lemasson（セシル・エ・オリヴィエ・ルマソン）

📍 11、ラ・クール＝オート通り、41120　カンデ＝シュール＝ブヴロン村
11, rue de la Cour-Haute, 41120 Candé-sur-Beuvron
☎ 02 54 20 12 30
🌐 www.lesvinscontes.fr

たっぷり造る男

　ソムリエの仕事に疲れたオリヴィエ・ルマソンが、エルヴェ・ヴィルマードとロワール＝エ＝シェール県で共同経営を始めたのが2002年だった。それから3年間、小規模ながら優れたネゴス業を営んだ。畑よりもワインセラーに興味があったからだ。しかし数年前から畑に目覚めている。「躊躇していていたのは、準備が大変そうだったのと、畑探しが難しそうだったから！」そう言う彼は、今では8ヘクタールの畑を仕切るボスだ（ピノ・ノワールの古木、ガメイ、「すかすかの」ソーヴィニヨンの古木、カベルネが少々、コット、シャルドネ。そして友人の畑を回ってかき集め、自分で植えたピノ・ドニスが1ヘクタール）。これに4ヘクタール分の買い付けたブドウが加わり、だいたい15のキュヴェになる。ただし、霜さえ降りなければ！2017年はそのせいで90％のブドウが収穫できなかったのだ！

奇跡の自然ワイン！

 R16　€
R16

目にも止まらない勢いで軽やかに空気の中をすべるようなワイン。15日間マセラシオンをほどこしたガメイが3分の1、軽く4日間だけマセラシオンをほどこしたカベルネが3分の1、そしてタンクから滴り落ちるコットの果汁。樽の中で3カ月間熟成させて、新鮮な果実そのもののワインの出来上がり！

シュナンブランのブドウの木

PROVENCE

10 VIGNERONS　10 VINS　100% RAISIN

プロヴァンス
［ヴァン・ナチュールの現状］

　フランスのワインのなかで、プロヴァンス地方のロゼ・ワインの消費量は突出した伸びを見せている。夏に屋外で飲むロゼの需要が高く、この地方のワインの生産量のうち80％をロゼが占める。透きとおった色のロゼは、素直でわかりやすい味わいを好む消費者に人気が高く、プロヴァンス全体で供給を増やすよう求められている。たしかにプロヴァンス地方のロゼにはおいしいものもある。しかしなかには、人工酵母や酵素、さらに鮮度を保つための酒石酸などが入る製品も多い。これらはみな、規格化され、低温物流システムのなかで売られることを第一に造られた、退屈なワインだ。

　プロヴァンス地方のロゼが成功したのは、味そのもののおかげではない。まず、とても低い温度（5～6℃）で供される爽やかさ。次に、どんな料理にも合う口当たりのよさ。そしてもちろん、あの色合い。軽やかで、飲みやすい、ライトな感覚が好まれている。多くの人びとが、ロゼをアルコール度数の低い、より自然な、罪悪感の少ないワインだと考える。しかしこれは間違いだ。

　その起源、ブドウ品種、醸造方法、ミレジムなどの視点からとらえると、ロゼ・ワインの特色は多様性にある。一口にロゼといっても、アンスニとバンドールのあいだには、魚でいえばカワカマスとヒメジくらいの違いがある。コート＝ド＝プロヴァンスの新人女優のような初々しいロゼもあれば、海岸沿いのレストランで出されるボトル40ユーロ以上もするバンドールのワインもある。そして、無名とは言わないまでも、あまり知られていない内陸部のエクスやコトー＝ヴァロワのロゼも、あまりに地味なたたずまいではあるが、おいしいものだ。さらに、プロヴァンスのワインのコストパフォーマンスの高さについてはもちろんご存知だと思う。

　赤と白も忘れてはならない。とくに、地中海を思わせる色合いを持つプロヴァンスの白ワインが、がぶ飲み系ワインとして人気上昇中だ。酸味が少ない分、ミネラル感のある苦みを持ち、塩味の効いた地中海料理によく合う。若い白ワインのアロマはまだ控えめだが、3～4年熟成させると、樹脂や蜂蜜やアーモンドを思わせる複雑な風味を持つようになる。オリーブオイルでローストした野菜を添えた、スパイスやガリッグのハーブを効かせた岩場の魚の潮の香りにぴったりだ。

ワイナリー
Domaine de la Bastide Blanche
ドメーヌ・ド・ラ・バスティッド・ブランシュ

生産者　**Michel Bronzo et Stéphane Bourret**
　　　　ミシェル・ブロンゾとステファヌ・ブレ

AOC　バンドール

Domaine de la Bastide Blanche
367、オラトワール街道、83330　ル・カステレ町
367, route des Oratoires, 83330 Le Castellet
04 94 32 63 20
www.bastude-blanche.com

バンドールの段々畑から

　避暑地コート・ダジュールの玄関口といわれるニース市やトゥーロン市は夏、ヴァカンス客でごった返す。のんびり過ごしたければもっと内陸に行こう。ブドウ畑が海に背を向けるようにして並ぶ、ここはバンドール AOC の生産地。リゾート物件で儲けようとする不動産業界からの圧力に抵抗するため、ワイン生産業の地位を向上させようと、ほかのどんな地域よりもがんばってきた。いったいいつまでがんばり続けなければならないのか？　ミシェル・ブロンゾ（1973年からブドウ園を経営）と彼のドメーヌ・ド・ラ・バスティッド・ブランシュには武器がある。レスタンクと呼ばれる段々畑 34 ヘクタール、そして多様な地勢を誇るバンドールのテロワールが生み出すキュヴェの数々。赤ワインでは、カディエールの粘土に育まれたまろやかなフォンタノー、粘土石灰質のテロワールでできるエスタニョルは、ムールヴェードルらしく実直で長期熟成向きだ。

　バンドールのドメーヌは、土地所有者（経営者）と責任者のふたりが中心となって成り立っている場合が多い。責任者は「メートル（醸造責任者）」であり「シェフ（栽培責任者）」でもある。バスティッド・ブランシュの「メートル兼シェフ」はステファヌ・ブレ。重要な仕事を全面的に任されている。11年間かけて畑を有機栽培に変え、さらにビオディナミ農法を全面導入した。黙々と使命をまっとうするステファヌは、声を荒げはしないが、その南仏風のアクセントが強い印象を残す。

奇跡の自然ワイン！

　バンドール・ブラン 2016　€€
Bandol Blanc 2016

プロファンス地方のテロワールは、白ワインの地位がいまだに確立していないが、これはぜひ飲んでおきたい。未熟なブドウや発酵操作によって造られた製品とは別物だ。クレレットとユニの豊満なブドウ果汁をベースにした、ローストの香り。魅力的で豊かな味わい（パウンドケーキ、バニラ、シロップ漬けの白いフルーツ※など）と、ほどよい元気さが感じられる。急いで開栓しないほうがいいだろう。

※ 梨、リンゴ、桃など

ワイナリー	**Domaine Hauvette** ドメーヌ・オーヴェット
生産者	**Dominique Hauvette** ドミニク・オーヴェット
AOC	ボー＝ド＝プロヴァンス

Domaine Hauvette
- ラ・オート・ガリーヌ、ヴォワ・オーレリア、13210 サン＝レミー＝ド＝プロヴァンス町
  La Haute-Galine, Voie Aurélia, 13210 Saint-Rémy-de-Provence
- 04 90 92 03 90
- domainehauvette@wanadoo.fr

> 鉄の女 ラグビー選手のようなワイン

　女性が造ったワイン！ 昨今のワイン購入者の半数以上を占める主婦層にアピールする市場戦略だ。しかし現実には、エティケットに名を記している女性醸造家の多くは、実務を他人に任せている。そんななか、ドミニク・オーヴェットは何もかも自分でやろうと奮闘してきた。カーヴでの事故で視力を失いかけたこともある。どんなに偉そうな男でさえ、くじけてしまうような苦しい場面もあった。ドミニクの粘り強さは驚嘆に値する。挫折があってもかならずはい上がってきた彼女にとっての最大の労いは、グラスの中のワインだ。ワインは自然に、しかし入念に見守られながら熟成する。赤ワインも傑出した白ワインも、力強く個性が際立ち、プロヴァンス地方のワインにしか出せない豊かな味わいを持つ。エンデュランス競走馬の生産で定評のあるドミニクは、ワイン造りにおいても良心と情熱をもって臨んでいる。これほど充実した人生はなかなかない。

奇跡の自然ワイン！

 アメティスト 2015　€€€
Améthyste 2015

昔からずっと、ラグビー選手のようなワインを造ってきたのだと打ち明けてくれたドミニク・オーヴェットだが、今ではその男っぽさは近隣のワイナリーに譲っている。「酔っぱらうためのワインを造りたいの。飲めば飲むほど止まらないようなワインをね」。そのとおり、例の卵型コンクリートタンクで熟成された、60％のグラスを口から離すのは難しい。滑らかなタンニンと繊細な穀物の味わい。ドミニクにとって会心の出来だ。

ワイナリー **Domaine Henri Milan**
ドメーヌ・アンリ・ミラン

生産者 **Henri et Théophile Milan**
アンリとテオフィル・ミラン

AOC ボー＝ド＝プロヴァンス、ヴァン・ド・フランス

Domaine Henri Milan
ヴィア・オーレリア、ラ・ガリーヌ、
13210　サン＝レミー＝ド＝プロヴァンス町
Via Aurélia, La Galine, 13210 Saint-Rémy-de-Provence
04 90 92 12 52
www.domaine-milan.com

酸化防止剤無添加の誇り

　ミラン家は代々公証人だった。しかし、アンリは計算が苦手だ。「手を使って何かを作りたかった。一方父親はこの土地を売り払おうとしていた」。アンリは、この畑で何かできると直感した。土地を肥やすためにまず、蓄積していた化学物質を完全に取り除くことから始めた。「それまでブドウの木が飲まされていた化学肥料のせいで、収穫量を抑えることもブドウを完熟させることもできなくなっていた。時間をかけたよ。毎年、ひとつずつワインの種類を減らした。そして有機栽培ができるようになり、1997年にやっと全部のキュヴェが有機ブドウで造られるようになった」。ところが、魔物は醸造所でも猛威をふるっていた。「何が耐えられないかって、飲んだあとの頭痛だ。それが亜硫酸のせいだとわかったから、使うのを止めた。すごくおいしいワインができるときもあったし、どうしようもないワインを造ってしまうときもあった。極端だったけれど、今ではほどよいバランスを保っているよ」。

　彼は暑さに耐えられるような強いワインを造ろうという考えを捨てた。「酸化防止剤無添加」と記してあるキュヴェ以外には、移動中の品質低下を防ぐため、亜硫酸を必要に応じて少量だけ加える。一方、ブドウの果梗はどうしても取り除けない。「美女を洗濯機に放り込むような気分になりそうだから」。糖分が完全に発酵を終える前にワインを発酵タンクから取り出してしまうこともある。「フレッシュさとリッチな甘みを出すためなんだ。十分なタンニンがあるから、とにかくおいしいワインになる」。アペラシオンの制度に反発し、2007年からはボー＝ド＝プロヴァンスの呼称を止め、ヴァン・ド・ターブル、今はヴァン・ド・フランスしか造っていない。息子のテオフィルも父親譲りの性格で、アルピーユ山脈の男だ。2011年からは楽しげに自分のブランドのワインを造っている。

奇跡の自然ワイン！

 パピヨン・ルージュ 2016　€€
Papillon Rouge 2016

美しいエティケットには誇らしく「酸化防止剤無添加」と記してある（ブドウから自然に発生する二酸化硫黄は少量含まれている）。消費者を引きつけるためではない。心から誇りに思うからだ。そして、大量に流通させてスーパーマーケットで売るワインではないと言いたいのだ。複雑でジューシーなブドウの実の存在感。グルナッシュに、シラーの鋭さとムールヴェードルのスパイスの風味さが加わった、ごちそう的な味わい。高揚感をもたらすワインだ。

ワイナリー	# Château de la Réaltière
	シャトー・ド・ラ・レアルティエール
生産者	**Pierre Michellan**
	ピエール・ミシェラン
AOC	コトー＝デクス＝アン＝プロヴァンス

Château de la Réaltière
 ジューク街道、83560　リアン村
 Route de Jouques, 83560 Rians
 04 94 80 32 56
 www.larealtiere.com

胸を突き刺すカリニャン

　ピエール・ミシェランは次頁に登場するピーター・フィッシャーの隣人。シャトー・ド・ラ・レアルティエールのワインは、ジューク村とリアン村というテロワールの特徴を帯びている。プロヴァンス・ワインの特徴である太陽の光で煮詰まったようなジャムの果実味というよりは、高地に生長するブドウの実の味わいを持つ。父親ジャン＝ルイが仕事中に急逝したのをきっかけに、農学者のピエールは水産養殖業の世界を離れ、賑やかで楽しいブドウ畑とワインの世界に飛び込んだ。このとき近所のワイナリーで働く友人たちがいなかったら、ピエールには手も足も出なかっただろう。父親は有機栽培を実践しており、ピエールが2012年からビオディナミ農法に切り替えた。ミレジムを重ねるごとに個性が際立つようになってきた彼のワインには、地中海ワインというよりもローヌ・ワインの趣がある。主体となるカリニャン・ノワールは、際立ってまっすぐな味わいを赤ワインやロゼに与えている。ユニ（〈ブラン・ピュブリック〉に使われている）とカリニャン・ブランのすばらしい白ワインには惚れ込んでしまった。不当なまでにまだ知名度の低いシャトー。ぜひ現地で味わってほしい。

奇跡の自然ワイン！

 カント・グロー 2014　€€€
Cante Grau 2014

2013年にこのキュヴェの白に驚かされたのだが、2014年には赤が出た！ 樹齢100年になるカリニャンを主体に、シラー、グルナッシュ、そしてカベルネ・ソーヴィニヨンを少々。高地の粘土石灰質の土壌で育まれたブドウたちだ。ドゥミ・ミュイ*で1年間、次にボトルで2年間熟成させる。こうしてできたワインは筆舌に尽くしがたい！ 鉄分やスパイスの風味と、うっとりするようなタンニン。まろやかでありながらもたくましい。マグナム・ボトルでも入手できる。

※ 500〜600リットルの中樽。厚みがあるのでゆっくり熟成する

ワイナリー	**Château Revelette**
	シャトー・ルヴレット

生産者	**Sandra et Peter Fischer**
	サンドラとピーター・フィッシャー

AOC	コトー＝デクス＝アン＝プロヴァンス

Château Revelette
- 13490　ジューク村
  13490 Jouques
- 04 42 63 75 43
- chateaurevelette@orange.fr
- www.revelette.fr

正しいやり方

　ピーター・フィッシャーはもう少しですべてを売り払うところだった。すばらしいシャトーと24ヘクタールの畑に嫌気がさしたのだ。「バカンスも本を読む時間もない。銀行からは貸し付けを拒否される。念のために言っておくけど、もともとぼくは金持ちのボンボンだったんだ」。ドイツ人とプロヴァンス人の両親を持ち、カリフォルニアで教育を受けたピーターはかんしゃくを起こした。そして頭を冷やすためにブドウ畑に来た。「30年ここで働いた今では、ブドウ畑のことなら何でも知っている。思いどおりの結果を得たり、思いどおりのワインを造ったりなんてことは不可能なんだ。始めたばかりのころはへまばかりしていたな。経験を重ねて、自分の持てるものを使ってワインを造っていかなければならないと思うようになった。正しいやり方とそうでないやり方の違いが見えるんだ。正しさ、という言葉を胸にテロワールに向き合っているよ」「未熟なブドウの実は一粒だって木から落とさないようにしている。葉も切らない。木が勝手に、いいタイミングで葉を増やすのを止めるからだ。秋になると、ブドウの実が色づいて収穫時期を教えてくれる。そして摘果したあと、木はその細胞内に栄養を蓄え始めるんだ」

奇跡の自然ワイン！

 ル・グラン・ブラン 2015　€€€
Le Grand Blanc 2015

プロヴァンス北部における、もっとも風味のよいシャルドネがこのワインだ。タンク、大樽、そして小樽で熟成させる。濃厚で、豊潤、丸みがある。繊細な苦みを備えており、7〜8年の熟成でより開花するだろう。白ワインの最高峰。

ワイナリー	# Château de Roquefort
	シャトー・ド・ロックフォール

生産者	**Raimond de Villeneuve**
	レイモン・ド・ヴィルヌーヴ

AOC	コート＝ド＝プロヴァンス

Château de Roquefort
カルティエ・デ・バスティッド、
13830　ロックフォール＝ラ＝ベドゥール村
Quartier des Bastides, 13830 Roquefort-la-Bédoule
04 42 73 11 19
www.deroquefort.com

がり勉の耳

　騎士道精神の持ち主ヴィルヌーヴ侯爵は、城と25ヘクタールのビオディナミ農法のブドウ畑を所有している。城に住んでいないのは、建物が醜いからだと言う。しかし農業については、気難しいことは言わない（念のため、ロックフォールというドメーヌ名はチーズではなく、ラテン語のロッカ・フォルティスから来ている）。彼が実践するのはビオディナミ農法。レイモンは幼いころからビオディナミに親しんできた。小さなころからシュタイナー教育を受けてきたからだ。だから、シュタイナー主義者がいると、匂いでわかるという。「シュタイナー教育を受けたけれど、人智学※は苦手なんだ」。たしかに、侯爵は典型的なシュタイナー主義者というより、もっと享楽的な人間に見える。シュタイナーの理念的には、禁欲生活がお勧めなのだろうが、幸いにしてそんなブドウ栽培家はめったに存在しない。

　感覚器官のなかでもっとも大切にしているのは耳だという。「ワインがどのような方向に進みたいと言っているのかを聞き取り、理解できなければならないんだ。大切なのは、造り手がワインに指図してはいけないということ。ワインがどっちつかずの味になったときというのは、おそらく醸造家と酒のあいだのコミュニケーションに、表現上の問題があるからだろう」。バンドールやカシスのほかのワイナリーとは違って、畑は北向き。そのため、赤ワインには絶妙なバランスが生まれ、主力製品であるロゼ・ワインは恐ろしいほどに飲みやすい。花や桃の明快でフレッシュな香りを嗅ぐと、セミの澄みきった鳴き声が聞こえるようだ。

※ 哲学者で神秘思想家、ビオディナミ農法の提唱者でもあるルドルフ・シュタイナーの唱えた思想

奇跡の自然ワイン！

 ブラン・プティ・サレ 2016　　€
　　　Blanc Petit Salé 2016

「サレ」はこの地方ではクレレットのことを指す（このキュヴェにはヴェルメンティノも少し使われた）。堅固な砂利質の土壌にブドウの木が植えられたのは1954年。マセラシオンはやや低温（5℃）でおこなわれ、熟成期間も短め（5カ月間）だ。爽やかなアニスの香りがするワインは、パスティスを玉座から蹴落としかねない。そんなことが本当に実現したら楽しいのに……。

画像提供：登酒店

ワイナリー	**Château Sainte-Anne**
	シャトー・サン＝タンヌ

生産者	**Françoise et Jean-Baptiste Dutheil**
	フランソワーズとジャン＝バティスト・デュテイユ

AOC	バンドール

Château Sainte-Anne
- サン＝タンヌ・デヴノ、83330　エヴノ町
  Sainte-Anne d'Évenos, 83330 Évenos
- 04 94 90 35 40
- chateausteanne@free.fr

冷涼な気候の贈り物

　ムールヴェードルは、プロヴァンス沿岸の男臭い品種だ。ところがこのブドウ、女性醸造家の手によって育てられている。タンプリエ・ド・ケーラン、シャトー・ド・プラド、ドメーヌ・ラフラン＝ヴェイロールなど、有名なワイナリーの多くが偉大な女性たちの力で生まれた。多くの女性醸造家同様、フランソワーズ・デュテイユも夫の逝去後にシャトーの経営を始めた。夫は、1960年代にすでにエティケットに「ヴァン・ナチュール」と表記していた、この世界では名を知られた人物。農業技術者の夫婦は二人三脚でワインを造っていた。当時の極端な醸造学に背を向け、自然と共生する道を選んだのだ。「自然界で起こっていることを観察して尊重するだけでいいのよ。形式的に薬品類を与えたり、化学肥料を使ったりしたことは一度もないわ」。
　シャトー・サン＝タンヌの畑のある場所は、バンドールのなかでもっとも冷涼だ。収穫時期もいちばん遅く、そのころになると夜はかなり涼しくなる。シャトー・サン＝タンヌの6代目を継ぐことが決まっている息子のジャン＝バティストは33歳、この仕事が楽しくて仕方ないようだ。

奇跡の自然ワイン！

 シャトー・サン＝タンヌ・ブラン 2016　€€€
Château Sainte-Anne Blanc 2016

わたしたちはシャトー・サン＝タンヌのムールヴェードルで造る繊細な赤ワインが大好きだ。しかし、この白ワインにも完全にノックアウトされた。北東向きのレスタンク、つまりさらに涼しい場所で完熟するユニ・ブランとクレレット・ヴェルトのデュオだ。潮の香り、たおやかな苦み、陽光を思わせる温かみ。そしてこの爽やかな空気感！もちろん添加物はいっさい使用していない。あっという間に飲めて、胃腸に優しいワイン！

ワイナリー	# Domaine Tempier
	ドメーヌ・タンピエ
生産者	**Famille Peyraud et Daniel Ravier**
	ペイロー一家とダニエル・ラヴィエ
AOC	バンドール

Domaine Tempier
- 1082、ファンジュ道、83330　ル・プラン・デュ・カステレ村
  1082, chemin des Fanges, 83330 Le Plan du Castellet
- 04 94 98 70 21
- www.domainetempier.com

その男ラヴィエ

　1834年以来ペイロー家が所有するドメーヌ・タンピエは、プロヴァンス地方では例外的な存在だ。総面積30ヘクタール（ボーセ村、カディエール村、カステレ村）の畑は細かい区画に分かれている。非常に古いリュー・ディ（ブルゴーニュ地方であれば「クリマ」と呼ばれる畑の小区画）も活用し、ブドウは区画別に醸造する。ムールヴェードルが植わっている畑の向きや配分量によって、さまざまな種類のキュヴェを造る。バンドールの赤ワインをこのように変えてきたのが、ドメーヌ・タンピエだ。

　2000年、ペイロー家はバンドールのなかでもっとも美しいこのドメーヌの舵取りをダニエル・ラヴィエに任せた。ダニエルは畑を有機農法に転換したが、認証は得ていない。彼は古代ローマ時代から続く、古いが生産性の高いブドウ畑（ムールヴェードル、カリニャン、サンソー、そしてグルナッシュ）の手入れという重労働には慣れている。しかも、完全な伝統的方式に従って、巨大な木樽で発酵をおこなう醸造所でも、きめ細かな統率力を発揮する。

　醸造所では、ムールヴェードルから3つのワインが生まれる。〈ラ・ミグア〉（ムールヴェードルが全体の半分、これにグルナッシュ、サンソー、そしてシラーが加わる）、〈ラ・トゥルティーヌ〉（ムールヴェードルの割合をもう少し増やし、サンソーとシラーを加える）、そして〈カバソー〉（ムールヴェードル95％に、シラーとサンソーがほんの少し）だ。バンドールには、赤ワインだけでなく、優れた白ワインもある。スイカズラと月桂樹の香りは、3〜4年寝かせるとアーモンドの芳香とかすかな酸化香を放つようになる。完熟クレレットのワインはこうして飲むのがベストだ。

奇跡の自然ワイン！

 バンドール・ルージュ 2015 キュヴェ・クラシック　€€€
Bandol Rouge 2015 Cuvée Classique

バンドールの入門ワインでありながら、インパクトは強烈だ！　若飲みできるおいしいムールヴェードルはめったにない（ムールヴェードル75％に、グルナッシュ、サンソー、そしてカリニャンが加わる）。力強く堂々としているうえに、甘やかなおいしさもある。もちろん寝かせておいてから飲むのもいい。〈ラ・ミグア〉、〈ラ・トゥルティーヌ〉、そして〈カバソー〉とともに、コレクションに加えよう。

ワイナリー	# Domaine de Terrebrune
	ドメーヌ・ド・テールブリューヌ
生産者	**Reynald Delille**
	レイナール・ドゥリール
AOC	バンドール

Domaine de Terrebrune
- 724、ラ・トゥレル道、83190　オリウール町
  724, chemin de la Tourelle, 83190 Ollioules
- 04 94 74 01 30
- www.terrebrune.fr

ムールヴェードルの味を知っているか

　ボルドー地方のサン＝テミリオンはかつて、繊細で澄みきったエレガンスと力強さが同居したワインを生むテロワールとして愛されていたのだが、そんなことは今ではすっかり忘れられている。プロヴァンスの赤ワイン、とりわけバンドールの骨太のムールヴェードルについても同じだ。重たく殺風景で味気ない赤ワインであることが誇張されて、本来のムールヴェードルのよさを顧みる人はいない。

　ドメーヌ・ド・テールブリューヌは、アントシアニン[1]を誇張したワインに魂は売らず、まっとうなムールヴェードルのワインを造り続ける。少し離れたオリウール（バンドールの最南東）の砂地から生まれるバンドール・ワイン（ムールヴェードル85%、グルナッシュ10%、サンソー5%）は、大樽（フードル）からボトルに移されるときすでにピノ・ノワールを思わせるような繊細さを持つ。花の香りからスパイスの香りへ、ベルベットから絹の舌ざわりへと展開する。ミレジムによっては傑出したワインに仕上がっている。

※1 ポリフェノール化合物の植物色素。ブドウの皮に含まれる

奇跡の自然ワイン！

 　バンドール 2013　€€€€
Bandol 2013

穏やかな色とボディのワインは、今飲んでもおいしい。ミルテ[2]やサクランボの香り。タンニンが醸し出す、砂糖とは違うまろやかさ、贅沢な甘いコク。7〜8年熟成させてから味わおう。

※2 フトモモ科の植物。ギンバイカ

Domaine Les Terres Promises
ドメーヌ・レ・テール・プロミーズ

ワイナリー | PROVENCE

生産者　**Jean-Christophe Comor**
ジャン＝クリストフ・コモール

AOC　コトー＝ヴァロワ、バンドール

Domaine Les Terres Promises
- ラ・ペルセヴェランス道、83136　ラ・ロックブリュサーヌ村
  Chemin de la Persévérence, 83136 La Roquebrussane
- 06 81 93 64 11
- jccomor@lesterrespromises.fr
- www.lesterrespromises.fr

わがワイン わが闘争

「ペルセヴェランス道」を上り切ったところにある畑で、ジャン＝クリストフ・コモールは苦難に耐えてきた。2003年、猛暑に襲われた真夏の日、古いトラクターの弱々しい光を頼りに、初めて収穫したブドウを初めて使うタンクに投入した。春にこのトラクターから落ちて骨折もしている。ここまで運が悪いと、何かの罰があたったのかと思いたくもなる。ジャン＝クリストフはみずからの「悪行」の数々を告白してくれた。政界での20年には、禊が必要らしい。「ヴァン（vain）に満ちた生活から、ヴァン（vin）造りの生活」に入り、人生は一変した。選挙戦は田舎暮らしに、野次はセミの鳴き声にとって代わった。やがて、彼の骨折りは栄光を導く。

結局人生は何とかなるものだ。元大学教授は私財を投げ打って、コトー＝ヴァロワとバンドールに15ヘクタールのブドウ畑を購入した（2ヘクタール分はシャトー・ド・サレットで醸造される）。ジャン＝クリストフは、毎年わたしたちを驚かせてくれ、キュヴェの数もますます充実している（IGP※、ヴァン・ド・フランス、またはアペラシオンワインが10以上）。まるで選挙公約をどんどん果たしていく、幸せな政治家のように。

※ 地理的表示保護ワイン。EUの規定による

奇跡の自然ワイン！

 アブラカタブランテスク 2015　€€
Abracadabrantesque 2015

情熱的なムールヴェードルと威勢のいいカリニャンの、思いがけない決闘が始まった。ガリッグ、フルーツ、そして黒オリーブの香りの駆け引きを十分に引き出して楽しみたいので、ぜひゆったりとした気分で、時間をかけて味わってほしい。スパイシーさとフレッシュさの絶妙なバランス。口当たりのよさと同時に、太陽の恵みのタンニンが炸裂する。心を射貫かれてしまった。

プロヴァンス地方、ヴァール県ラ・カディエール=ダジュールの村で

ローヌ北部
[ヴァン・ナチュールの現状]

リヨン南部からヴァランス郊外にかけての地域は、ここ30年間で評判を取り戻したテロワールだ。誘惑的なシラー、魔法のようなヴィオニエ、深みのあるマルサンヌなどが知名度を上げている。ローヌ川に浸食された中央山地の山裾、急斜面の段々畑(シェイエと呼ばれる)に整然と生えている、支柱に固定されたブドウの木の眺めには、つくづく見入り、感嘆するしかない。

ローヌ北部のすべての小規模クリュに共通していることだが、とくにコルナス(全110ヘクタール)ではワインの品質の向上にともなって価格も急上昇している。コート゠ロティほどではないが。サン゠ジョゼフでは、丘陵地のワインと平野のワイン、そして南部(モーヴ地区とトゥルノン地区)の凝縮感のあるシラーと北部の生き生きとしたシラーとのあいだには、それぞれ大きな違いがある。コンドリューはヴィオニエだけを使った白ワインの産地で、畑の面積は約100ヘクタール。ブドウの木は急斜面に植えられている。薫り高いコンドリューの白は、アンズやスミレを思わせる風味と喉越しのよさが特徴で、例外はあるものの、基本的に若飲みのワインだ。サン゠ペレーの白(スティルワインと微発泡ワイン)は、ほどよい苦みと表情豊かな味わい、そしてアーモンドの芳香が際立っている。そして、エルミタージュは不可解な問題を抱えている。ここの赤ワインがコート゠ロティのような商業的大成功を収めていないのはなぜだろうか? 繊細で複雑なアロマ(胡椒、脂身、スミレ)を持つ若飲みのシラーが主流の昨今、エルミタージュのワインはこってりとした果実の蜜さながら、香りよりも味わいが前面に出た、強い個性を押し出している。プラムを添えたジビエなど、古典料理とともに味わうと本領を発揮する。数年寝かせてやっと理解できるワインであり、20〜30年熟成したワインを飲んでみなければそのよさはわからないだろう。これらのことから、現代生活にはそぐわないワインとも言えよう。またクリュごとに品質にばらつきが見られる。出来がそこそこのミレジムになると、多くの生産者が低品質のワインをネゴスに売却する。こうしたクリュのワインについては、ただコート゠デュ゠ローヌ*と名乗らせるのではなく、例外措置的な呼称を与えた方がいいのではないだろうか。

※ 広域AOC

ワイナリー **Domaine Thierry Allemand**
ドメーヌ・ティエリー・アルマン

生産者 **Thierry Allemand**
ティエリー・アルマン

AOC コルナス

Domaine Thierry Allemand
- 22、グランジュ袋小路、07130 コルナス村
  22, impasse des Granges, 07130 Cornas
- 04 75 81 06 50
- allmand.th@wanadoo.fr

希少なコルナスっ子

　日陰の存在から脱却し、北部の隣人エルミタージュやコート＝ロティの名声に追いついたコルナス。畑の総面積は100ヘクタールしかないけれど、ちょっとひなびた風情のあるこのシラーは評価されてしかるべきだ！ ここのワインを味わうには、とにかく現地を見ることをお勧めする。まずは風景のなかに身を置いてみよう。勾配60°の斜面に作られた畑は、不慣れな人間には歩けたものではない。不安定な体勢のまま、砂利の急斜面を進むのだ。耕作機械は使えない。ティエリー・アルマンはこんな場所で30年以上働いてきた。5ヘクタールの彼の畑には、ときには22人もの働き手が来る。「ぼくは細かいところにうるさくてね。正確な作業がしたい。だから人手は多くないと」。ブドウ作りを始めて何年にもなるが、ブドウが1カ月以上かけてゆっくりと成熟するようになったことがうれしいという。「そうそう、写真に撮られるのはいつもぼくの畑なんだ！」

奇跡の自然ワイン！

 レイナール 2014　€€€€€
Reynard 2014

誰もがうらやむコルナスのテロワール。シラーの古木がごくわずかな粘土質の混ざった土壌で力強く育ち、凍れるような風にさらされずにすんでいる。このワインにはそんなシラーの骨太な魅力が感じられる。だからこそ、その魅力を醸造の途中で台無しにしてしまわないようにしなければならない。少しでも酸化防止剤を使うとすべてが変わってしまうと、ティエリー・アルマンは言う。完全な不使用を理想としているのは、素朴さが持ち味のコルナス・ワインには、同時に身体に優しいワインでもあってほしいからだ。そして、その目的は達成されている！ 2014年はまれに見る良年だった。みずからの経験知を駆使して、テロワールを変えるのではなく、その特徴をさらに引き出すことが、栽培家の仕事だ。

ワイナリー	**Franck Balthazar**
	フランク・バルタザール

生産者	**Franck Balthazar**
	フランク・バルタザール

AOC	コルナス

Franck Balthazar
8、ヴィオレット通り、07130　コルナス村
8, rue Violettes, 07130 Cornas
04 75 80 01 72 または 06 20 05 41 79
balthazar.franck@akeonet.com

運任せにはしない

　2002年に家族のドメーヌを継ぐ前、電気機械技術の学校を出たフランク・バルタザールはテキスタイル関係のグローバル企業に勤務していたが、土が恋しくてならなかった。彼は故郷に戻り、祖父カジミールのドメーヌを広げていった。さらに、シャイヨと呼ばれる優良な畑から、シラーが植えられている区画を買いとった。ここには父が植えたブドウの木もある。売ってくれたのは1980年代の伝説的なコルナスの醸造家で叔父でもあるノエル・ヴェルセだ。以来、2種類のキュヴェを新しいカーヴで、伝統的な醸造法に従って造り続けている。新しいカーヴは昔の建物より断熱性に優れているが、大きさはほとんど変わらない。また、2012年からは亜硫酸を使用しないワイン造りに挑戦し、すばらしい成果をあげている。有機認定は2010年に受けた。

奇跡の自然ワイン！

 　シャイヨ 2012　€€€
　　　　Chaillot 2012

ドゥミ・ミュイ*の中で18カ月間熟成、除梗はしていない。はじけるような果実のみずみずしさ。口当たりは上品で輪郭がくっきりとしている。タンニンがカリッとしたアクセントを添える。素直で飲みやすく、しかも濃厚。10年寝かせたら最高のときを迎えるだろう。亜硫酸はごく少量（最大量1リットル当たり43ミリグラム）使用。「酸化防止剤無添加」のキュヴェも除梗していないタイプで、驚くほどに輪郭が際立ち、のびのびとしている。もうすっかり手を広げて飲み手を歓迎してくれているようだ。

※ 500〜600リットルの中樽。厚みがあるのでゆっくり熟成する

ワイナリー

Domaine Les Bruyères
ドメーヌ・レ・ブリュイエール

生産者 **David Reynaud**
ダヴィッド・レノー

AOC　クローズ＝エルミタージュ

Domaine Les Bruyères
- 12、スタッド道、26600　ボーモン＝モントゥー村
  12, chemin du Stade, 26600 Beaumont-Monteux
- 04 75 84 74 14
- contact@domainelesbruyeres.fr
- www.domainelesbruyeres.fr

ノリノリのクローズ・ワイン

　醸造販売協同組合へ卸していた17ヘクタール分の取引をすべて引き揚げるのは、大変な思いきりが必要だ。ダヴィッド・レノーが踏みきったのは、2002年のことだった。畑はすでに有機農法に転換していた。「手間暇がかかるブドウ栽培なのに、協同組合ではその価値があまり認められていない」。2003年に最初のミレジムを世に出したころ、ビオディナミについて知ったダヴィッドは2005年から認定取得に向けて取り組み始めた。彼のカーヴにあるタンクはすべてコンクリート製。重力によってブドウやワイン液が自然に循環するようにするためだ。ボーモン＝モントゥー村に位置する畑には、深くまで沖積土※1が堆積しているので、肉付き豊かな、成熟の手本のようなクローズ・ワインになる。毎年、ミレジムは好調だ。

　元ラグビー選手という経歴をもつダヴィッドにとってすべてはうまくいっている。それに、もうすぐ40歳になる彼は、成功して思い上がるタイプではない。万一そんなことがあったら、コルナスやサン＝ジョセフやシャトーヌフ＝デュ＝パップなどにいる、ブドウを交換し合う仲間たちが黙ってはいない。たちまちスクラムの中に引きずり込まれてしまうだろう。

　白ワインの〈オ・ベティーズ〉も忘れてはいけない。ルーサンヌよりもマルサンヌを多く使い、卵型コンクリートタンクの中で発酵・熟成をおこなう。信じられないほどおいしい！

※1 河川に運ばれて低地に堆積した土砂が土壌化したもの

奇跡の自然ワイン！

 アントル・シエル・エ・テール 2014　€€€
Entre Ciel Eterre 2014

除梗したシラーを自生酵母で発酵させ、卵型コンクリートタンクの中の繊細な澱の上で熟成させる。瓶詰め時に亜硫酸は使用しない。素材の非常に豊かな味わいが生き、黒いフルーツ※2、スパイス、そしてカカオが入り混じった力強さ。かならずカラフェに移してから飲もう。

※2 カシス・ブラックベリーなど

ワイナリー
Domaine Jean-Louis Chave
ドメーヌ・ジャン゠ルイ・シャーヴ

生産者 **Jean-Louis Chave**
ジャン゠ルイ・シャーヴ

AOC エルミタージュ

Domaine Jean-Louis Chave
37、サン゠ジョゼフ大通り、07300　モーヴ村
37, avenue du Saint-Joseph, 07300 Mauves
04 75 08 24 63
domaine@domainejlchave.fr

エルミタージュ・マハル

　ネックラベルに記してあるとおり、「1481年創業以来父子相伝のワイナリー」。エティケットには、エルミタージュの名が大きく、醸造家の名前が小さく書かれている。「ドメーヌはまずエルミタージュのものなのだ。ブドウ畑の丘は永遠に残るが、人はいつか死ぬ。造り手は謙虚に存在を消し、テロワールに語らせるんだ」「ブドウ畑での仕事は本当にきつい。みんなにこんな苦労をさせたくないとは思う。できるのに努力しないのはよくない。偉大なワイン？ 貧しいブドウ栽培家が造ることもあるだろうし、裕福なワイナリーが造ることもあるだろう。もちろん畑は有機農法で、醸造は自然な方法にするべきだ」「エルミタージュの特徴は、地質を生かすというより、むしろ土壌と闘ってきたことにある。かつてここのヴィニュロンは、家の前の畑をさらに広げていくことに関心を持たなかった。彼らはみな、エルミタージュにないものを求めてよその地域で畑を探した」
　醸造所ではテロワールごとに樽を変えている。「これらはまだ本物のエルミタージュ・ワインにはなっていない」と、最後にははねられるワインもある（そのようなワインはネゴスに卸す）。残ったワインをアッサンブラージュし、キュヴェを造りあげる。一口飲むたびにエルミタージュの風景が浮かぶよう。めまいさえ感じさせる。

奇跡の自然ワイン！

 サン゠ジョゼフ 2014
Saint-Joseph 2014　€€€€

急勾配の段々畑をジャン゠ルイ・シャーヴが入念に復元し、今では濃厚で繊細なワインを生み出すブドウが生育している。時と流行を超えたスタイル。ほかの地域では食道楽の品種とされ、これ見よがしなわかりやすいアロマが誇張されているシラー。その品種がここでは調和のとれた古典的なワインとなった。

 エルミタージュ 2014　€€€€€
Hermitage 2014

「美しいワインとは、シンプルなワインのことだ。でもシンプルとは簡単であるという意味ではない。昔は、エルミタージュ・ワインはビストロで飲まれていた。そして別のビストロにもっといいものが入荷されたと聞いたら、そこに移って飲んだものだよ」。そう遠い昔の話ではない……「最近では、ワインといえばテイスティングばかりしたがる傾向にある。スピッティングボウルに吐き出すためのワインだ。ぼくが造りたいのは酒飲みのためのワインなんだ」。2014年のこの白ワイン（マルサンヌと最小で20％のルーサンヌのアッサンブラージュ）について言えば、まったくそのとおりだと思う。クリーミーで蜜のよう、桃とアンズの香りも潜んでいる。このミレジムはとくにバランスがよく、余韻の長さがすばらしい。

ワイナリー	**Domaine Combier** ドメーヌ・コンビエ	
生産者	**Laurent Combier** ローラン・コンビエ	
AOC	クローズ＝エルミタージュ	

Domaine Combier
- 国道7号線、26600　ポン＝ド＝リゼール村
  RN7, 26600 Pont-de-l'Isère
- 04 75 84 61 56
- domaine-combier@wanadoo.fr
- www.domaine-combier.com

天に選ばれたヴィニュロン

　1970年代、父親のモーリスはすでに有機農法に熱中していた。1989年に父親の跡を継いだローラン・コンビエは、畑の面積を増やし、最高品種のピノと同じ方法を採用して栽培環境を整え、酸化防止剤の使用を止め、シラーの輝きを引き出した。ポン＝ド＝リゼール村の、玉砂利の混ざった粘土石灰質の土壌が生み出す果実味の濃さと、軽やかなタンニンが特徴だ。天と地のあいだには、ローラン・コンビエが立ち、胡椒の香りの効いた彼のシラーが育つ。また、軽飛行機パイパー・アローも飛んでいる（着陸時には気をつけて）。空と大地の男ローランの笑顔は、大空がふと漏らした微笑みそのものだ。

奇跡の自然ワイン！

 クローズ＝エルミタージュ 2016　€€€€
Crozes-Hermitage 2016

クローズ＝エルミタージュの赤ワインほどは知られていないが、樹齢50年以上になるルーサンヌ95％のこの白ワインは、シラーと同様、まれに見るベルベットのようなボリューム感のある舌ざわりを持つ。酸味は意外に少なく、洗練されたアプリコットやミラベルの風味がとても素直だ。コンビエ家のこのワインは、つねにミレジムごとに異なる豊かな個性を持っている。それを味わえる幸せといったら。

 クロ・デ・グリーヴ 2015　€€€€
Clos des Grives 2015

グリーヴは、樹齢50年になるシラーを育む9.5ヘクタールの畑。なだらかな円丘の上に位置する広大な水はけのよい段々畑で、土壌はシャシ地区の小石混じりの砂利質だ。30メートル下のローヌ川が、ブドウの木を直接濡らすことなく、どんなに暑い日も土壌に水分を与えている。澄みきった華やかな香りのシラーは、コート＝ロティをうらやむ必要もないほど。

ワイナリー

Domaine du Coulet
ドメーヌ・デュ・クレ

生産者 **Matthieu Barret**
マチュー・バレ

AOC　コルナス

Domaine du Coulet
41、43、45、リュイソー通り、07130　コルナス村
41, 43 et 45 rue du Ruisseau, 07130 Cornas
04 75 80 08 25
contact@domaineducoulet.com
www.domaineducoulet.com

幸先よし

　ドローム県のヴァランス市に面する雄大な花崗岩の丘陵地で生まれた、力強い小さなクリュ。コルナス・ワインは太陽の恵みをたっぷり受けたシラーから造られる。田舎風というより浮世離れした感じのコルナスは、エリート主義的ではないシラーの愛好家に人気だ。ドメーヌ・デュ・クレはこのクリュの中でもっとも広い畑（12ヘクタール以上）を持つドメーヌのうちのひとつ。陽気で大声のマチュー・バレが有機農法からビオディナミ農法に切り替えて運営している。快男児マチューは実力派のブドウ栽培家で、テロワールは休む間も与えられないくらいだ。段々畑と急斜面の畑は冷涼で風が吹きわたっている。年によっては収穫量がぐんと落ちるが、シラーの品質はけっして落ちない。まっすぐで豊潤なシラーは、たくましく、少しエキセントリックで、畑の主人をほうふつとさせる。〈ル・ブリーズ・カイユ〉は木樽と卵型コンクリートタンクで熟成させ、黒オリーブのアロマを引き出す。若飲みコルナス・ワインに特徴的な、タプナード※の風味だ。小規模ながら、コート＝デュ＝ローヌ（〈ル・プティ・トゥルス〉が有名）、クローズ＝エルミタージュ、そしてコート＝ロティで、品質にとくにこだわった有機ワインのネゴスとしても活躍している。

※ オリーブの実で作るペースト

奇跡の自然ワイン！

　ル・プティ・ウルス 2016　€€
　　Le Petit Ours 2016

垢抜けたシラー。ラードで燻したトリュフのような香りと、滑らかな毛並み。カリッとした植物性の風味がアクセントになり、とてつもないごちそう感のあるワインに仕上げている。よく練り上げられている。

　ル・ブリーズ・カイユ 2015　€€€€
　　Le Brise Cailloux 2015

マチュー・バレによるコルナスの「シンプル」版は、「プティ」モンスターだ。相変わらず若飲みでもおいしい。今年の〈ル・ブリーズ・カイユ〉はピーナッツとスパイスのノートのあとに、張りのある野生的な余韻が残る。誘惑に勝つのは難しいかもしれないが、少なくともあと3〜4年は寝かせてから飲むのが妥当だ。

ワイナリー	# Dard et Ribo ダール・エ・リボ
生産者	**René-Jean Dard et François Ribo** ルネ＝ジャン・ダールとフランソワ・リボ
AOC	サン＝ジョゼフ、クローズ＝エルミタージュ

Dard et Ribo
ブランシュ＝レーヌ、26600　メルキュロル村
Blanche-Laine, 26600 Mercurol
04 75 07 40 00

クローズは永遠に

　わたしたちを太陽のもとへ連れて行ってくれる国道7号線から、ルネ＝ジャン・ダールとフランソワ・リボのカーヴが見える。しかし見学はできない。つまり、観光のための場所ではないのだ。売り物もない。学ぶことはたくさんある。ここでは、ワイナリーの主人たちと同様、大樽に入ったワインもまた自然体だ。もしワインが糖分をまだすべて発酵させたくないのなら、1年、いや2年でも必要な時間だけ待つ。主人はワインである。状態の良好ではないワインセラーの中での陳列に耐えるために、ほんの少し亜硫酸が必要だというのなら、加える。偉い指揮官というわけではない。ふたりの醸造家には、生きたワインを30年間造り続けてきた実績があるだけだ。

奇跡の自然ワイン！

 セ・ル・プランタン 2015　€€
C'est le Printemps 2015

「セ・ル・プランタン」と、花を添えて口にしたい。快適な季節を喜んで迎えるために造られたワイン。ここで造るワインは見るためではなく飲むためのものだ。シラーの香りをそっと嗅いだだけで、太陽の光をたっぷりと感じる。

画像提供　野村ユニゾン

ワイナリー	**François Dumas** フランソワ・デュマ
生産者	**François Dumas** フランソワ・デュマ
AOC	コンドリュー、サン＝ジョゼフ

François Dumas
- ブーブレ、42520　ロワゼー村
Bourbouray, 42520　Roisey
- 06 77 29 31 54
- domainefrancoisdumas@free.fr

> コンドリューが気になってしかたない

　フランソワ・デュマはもう少しで体育教師になるところだった。国民教育に従事しなくてもすんだのは、故郷の田園風景のおかげだった。「ブドウ栽培もスポーツのひとつさ。しかもアウトドア・スポーツだ！」

　ワイン造りは、ジャン＝ルイ・シャーヴとジャン＝ルイ・トラペのワイナリーという最高の教育機関で学んだ。2010年、独立。このときはまだ調子はいまひとつ。「サン＝ジョゼフとコンドリューの抱える問題は何かっていうと、何にもないってことなんだ！」そこで開墾と植栽にいそしんだ。おかげで、今では3ヘクタール半に広がった。「でも、出発点がよかったんだ。優秀な土壌で、化学物質を解毒してくれた！」理想のワイン造りまであと少しだ。

奇跡の自然ワイン！

 コンドリュー 2014　€€€
Condrieu 2014

フランソワ・デュマは2010年にこの美しい段々畑を斜面に作った。「マサル・セレクションの株だけを使っている。クローンはなし！」わたしたちはふだんはあまりヴィオニエを飲まないが（コンドリューにはヴィオニエしかない）、このワインについては脱帽だ。活力、ミネラル感、花の香り……　すばらしい。

ワイナリー	**Pierre Gonon**
	ピエール・ゴノン

生産者	**Pierre et Jean Gonon**
	ピエールとジャン・ゴノン

AOC	サン゠ジョゼフ

Pierre Gonon
- 34、オジエ大通り、07300　モーヴ村
  34, avenue Ozier, 07300 Mauves
- 04 75 08 45 27
- gonon-pierre@wanadoo.fr

ペアの勝利

　コート゠ロティの奇跡的な大成功をけなすわけではないが、ワインの愛好家として絶対に見逃せないのは、サン゠ジョゼフだ。モーヴ、トゥルノン、サン゠ジャン゠ド゠ミュゾルを囲む丘陵と渓谷から成る、由緒正しいワイン産地である。控えめなアロマを持つワインで（香りの強いヴィオニエを使って若飲み用に香りを強化したりはしない）、泥灰岩と花崗岩がほどよく混ざった土壌のおかげで、上品でありながら独特の濃密な味わいを感じさせる。この特徴をもっともよく表現しているのが、ゴノン兄弟によるワインだ。赤ワイン（8ヘクタール分）は濃く、しかもエレガントで、20年の熟成に耐える力を持つ。とはいえ、人をもっとも魅了するのは白の〈レ・ゾリヴィエ〉（2ヘクタール分）だ。クリーミーなグラン・クリュで、ローストしたアーモンドやハシバミの風味で、地中海の美食をさらにおいしくするマルサンヌの持ち味が最大限に生かされている。とくに2014年がすばらしい。同業者からは丘陵地のワイナリーの模範として挙げられることが多い（有機農法。ウィンチ、つるはし、馬のサムソンが大活躍）。兄ピエールと弟ジャンの延々と続く労働の成果は、赤と白の2色のブドウとなって現れる。二人三脚の勝利だ。

奇跡の自然ワイン！

 サン゠ジョゼフ 2015　€€€€
Saint-Joseph 2015

ブドウの木をしっかりと根付かせることが、気候変動からブドウを守り、年によって品質にばらつきが出るのを防ぐ最大の秘訣だ。その成果は、ゴノン兄弟が造るサン゠ジョゼフ・ワインすべてに、見事に表われている。豊かな実りのあった2015年のキュベは、土の香りよりもミネラル感が勝っている。ドゥミ・ミュイ（新樽は使わない）での熟成もこれに一役買っている。2本か3本開けたら、残りはワインセラーの奥深くにしまって、10〜20年寝かしておこう。

アラン・グライヨの息子マクシムは、みずから新しい地平を開いていく

ワイナリー	**Domaine Alain Graillot**
	ドメーヌ・アラン・グライヨ
生産者	**Alain, Maxim et Antoine Graillot**
	アラン、マクシム、アントワーヌ・グライヨ
AOC	クローズ＝エルミタージュ

Domaine Alain Graillot
- シェーヌ・ヴェール、26600　ポン＝ド＝リゼール村
  Les Chênes Verts, 26600 Pont-de-L'Isèe
- 04 75 84 67 52
- graillot.alain@wanadoo.fr

クローズ・ザ・ライン

　ローヌ川からやって来た平たい小石の上で、アンズの木と仲良く日の光を分け合いながら、整然と並ぶブドウの木。昔はこんな風にしていたのだ。アラン・グライヨは1988年にこの畑を開いた。「グルノーブルでエンジニアをしながらね。農業技師ではないけれど！」新卒後、殺菌殺虫剤を作る会社で何年か働いた経験を否定はしない。収穫が最悪の年には、会社からの給料を補填に充てることができた。彼にとって有機農法は闘いではないが、遺伝子組み換え作物撲滅運動に積極的に取り組んでいる。偉大な醸造家であるアランは、息子のマクシムと弟のアントワーヌに、シャシとセット・シュマンにある20ヘクタールの畑と、サン＝ジョゼフの1.5ヘクタールの畑の将来を託した。

　マクシムは、ピュイ＝ド＝ドーム県のボーモン市でネゴスの会社「エキ」を成功させ、ドメーヌ・デ・リーズを設立した（全梗発酵が少なめの醸造方法を採用している）。果実味を感じさせるリッチな味わいのシラーが主体のワインを造っている。

奇跡の自然ワイン！

 ラ・ギロード 2013　€€€
La Guiraude 2013

単一の区画のブドウではなく、複数の区画の最高のブドウを集めて造られるキュヴェ。「カーヴでは、生産量が少ないほどいいワインができる。全梗発酵で、もちろん人工酵母は使わない。ほとんど何の手も加えない……ぼくたちがやるのは樽の選定ぐらいだ」。〈ラ・ギロード〉は独特の音楽を奏でる。最初は控えめだが、そのうち現れるのは上品な味わい。長く、精巧な織物のような、気高い余韻。シラーの完熟したなかにある素直さが、立ち上ってくるスミレの残り香によってまろやかに変わる。今飲めば、フルーティな味わいが楽しめ、10年待てば官能的なワインになるだろう。

ワイナリー	**Domaine Jamet**
	ドメーヌ・ジャメ
生産者	**Corinne, Jean-Paul et Loïc Jamet**
	コリンヌ、ジャン＝ポール、ロイック・ジャメ
AOC	コート＝ロティ

Domaine Jamet
4600、ルクリュ街道、ル・ヴァラン、69420　アンピュイ村
4600, route du Recru, Le Vallin, 69420 Ampuis
04 74 56 12 57
domainejamet@wanadoo.fr
www.domaine-jamet.com

いつもいつもジャメのワイン

　河岸を離れてアンピュイ村を背に放牧地の広がる台地を上っていくと、ジャン＝ポールとコリンヌが息子ロイックとともに経営するカーヴが見えてくる。ブドウ畑があるのは、ジェリーヌ、ムートンヌ、ロシャン、そしてもちろんコート・ブリュンヌなどを含む16のリュー・ディを擁する、プルミエール・コート。ジャン＝ポール・ジャメが運転する4輪駆動車の助手席に乗り、険しい斜面を上ってロシャンまで行くには図太い神経が必要だ。うっとりするような風景から一転して、峻厳な峡谷の中に入るからである。天気のいいときには楽しみもある。モンブランが、ローヌ川を下方に従えてそびえ立っている景色が目の前に広がるのだ。頁岩の段々畑、シェイエであらためて気づくことのなかでも、もっとも注目に値するのはブドウの木の支柱の仕立てだ。「ぼくたちは2.8メートルの杭を使っている。すると葉が高いところまで生り、蔓を巻き付けるのは難しくなるけれど、ブドウの完熟度が最高になるんだ」。ほとんどすべてのワインで全梗発酵をおこなうので、果梗の完熟度はとても大切なのだ。この方法を用いているジャメ家のシラーはフレッシュで上品なテクスチャーで、生き生きとした肉付きを持つ。同じ地域で造られるよそのシラーとは、そのスタイルによって一線を画している。新樽はごくわずかだけ使用。酒好きの世界では、みなこう言うだろう。ジャメの登場後、すべてが変わったと。

奇跡の自然ワイン！

 シラー 2015　€€
Syrah 2015

プリンスのレコード・ジャケットのような紫色。果実と胡椒の香り。滑らかで喉越しがよい、シンプルでピュアなシラー。するすると身体の中に入っていくような感覚。若飲み向け。

 コート＝ロティ 2014　€€€€€
Côte-Rôtie 2014

骨格がしっかりしていて長命なので、熟成させて飲みたいミレジム。しかし、同時にジャメのワインらしく、フルーティで脂身を感じさせる味わいは今すぐ飲んでも楽しめる。最高のバランスのためにはあと15年寝かせたい。

ワイナリー **Domaine de Pergaud**
ドメーヌ・ド・ペルゴー

生産者 **Eric Texier**
エリック・テクシエ

AOC コート＝デュ＝ローヌ、ブレゼーム

Domaine de Pergaud
- リュー・ディ・スリエ、26400 アレックス村
  Lieu-dit Soulier, 26400 Allex
- 04 72 54 45 93
- vins@eric-texier.com

スリーヌの歌を聴こう

　エリック・テクシエは工業エンジニアだったが、レストランでおいしいクスクスを食べていたときに転機が訪れた。「メニューにはワインが２種類しかなかった。シャモナールとトロラだ。ヴァン・ナチュールかどうかなんてどうでもよかった。とにかく飲んでみて両方本物だと思ったんだ」。すっかり心を奪われて、彼はふたつのワイナリーを訪ねた。そしてそのまま居ついてしまった。「醸造家たちは、ワインについてすばらしい分析力を持っている。でもそれを人びとと共有する機会が少なかったんだ」。エリックはこれはもったいないと、ヴァン・ナチュールを一般に広めるという使命を思いついた。1993 年の１年間を基礎を学ぶために費やし、次の１年で自分の畑探しにかかった。見つかったのはドローム川とローヌ川の合流点の辺り、ローヌ北部のなかでもっとも南寄りのブレゼーム。とはいえ、夜間はヴェルコール山地からドローム川を渡ってくる冷たい風にさらされる。ここで少しずつ畑を耕し、増やしていった。20 ヘクタールほどになった畑で生まれるワインは、エルミタージュくらいの値が張る。

奇跡の自然ワイン！

 ブレゼーム・ヴィエイユ・ルーセット 2014　€€€
Brézème Vieille Roussette 2014

「地元で正式にはルーセットと呼ばれる、ルーサンヌの原種を使っている。樹齢は 60 年以上。ルーサンヌの変わった個性にはいつも驚かされる。てっきり高地の畑でできる品種だと思っていたんだ（ブレゼームはシャトーヌフ＝デュ＝パップよりもサヴォワに近い）。ピエール・ガレのブドウ研究によると、ルーセットは 1940 年代まではエルミタージュでも植えられていたらしい」。数カ月にわたって皮ごとマセラシオンしたあと、自生酵母で発酵させ、繊細な澱の上で 12 カ月間熟成させる。亜硫酸は添加せず、テラコッタのアンフォラを使っている。清澄も濾過もおこなわない。太陽の光を思わせる豊潤なボディだが、余分な肉はついていない。繊細なエキゾチックさがグラスの中でそのまま引き立つ。めったにお目にかかれない。

 サン・ジュリアン＝アン＝サン・アルバン・ヴィエイユ・スリーヌ 2013　€€€
St-Julien-en-St-Alban Vieille Serine 2013

ローヌ北部の南の端に、４人の栽培家が耕す 50 ヘクタールの畑がある。スリーヌとは、北部のシラーの古代品種につけられた名前だ。ここでは房ごとすべて使い、大樽の中でシュール・リ製法で６カ月間、その後ドゥミ・ミュイの中で 18 カ月間熟成させる。濾過も清澄もおこなわない。発酵中と熟成中に亜硫酸は用いない。ベルベットのような舌ざわり、繊細に香るスパイス。独特の旋律を奏でる、北と南を結ぶワインだ。

ワイナリー	**Domaine Romaneaux-Destezet**
	ドメーヌ・ロマノー＝デストゥゼ
生産者	**Béatrice et Hervé Souhaut**
	ベアトリスとエルヴェ・スオ
AOC	サン＝ジョゼフ、アルデッシュ

Domaine Romaneaux-Destezet
07410　アルルボスク村
07410 Arlebosc
04 75 08 57 20
romaneaux.destezet@free.fr
romaneaux.destezet.free.fr

スオは丘に登った

　人の出会いとは不思議なものだ！　パリ出身で生物学専攻の学生エルヴェ・スオは、アルデッシュ出身の美しいベアトリスに出会って一目惚れした。その数年後、地中海の浜辺で、隣で日光浴していた人が持参していたボジョレーとマルセル・ラピエールのワインをごちそうしてくれた。波も砕けんばかりの衝撃。当時よりベアトリスの実家はアルデッシュにブドウ畑を所有していたが、高地のアルルボスク村はほとんど手つかずになっていた。そこでエルヴェは1993年から植栽と開墾を始め、今では7ヘクタールの畑でブドウを作っている。

奇跡の自然ワイン！

 ラ・スートロンヌ 2015　€€
La Souteronne 2015

丘の下方には、すばらしいシラーのブドウの木が植えられている。そこから離れたところに、ガメイの木が数本。地質の似ているボジョレー地方よりも、少しだけ多く日の光に恵まれた場所で育つガメイは、よりしっかりとしたボディと、ガメイらしい張りのある果実の味わいを併せ持つ。

ワイナリー
Domaine Jean-Michel Stephan
ドメーヌ・ジャン＝ミシェル・ステファン

生産者 **Jean-Michel Stephan**
ジャン＝ミシェル・ステファン

AOC コート＝ロティ

Domaine Jean-Michel Stephan
1、アンシエンヌ・ルート・ド・スモン、
69420　テュパン＝スモン村
1, ancienne route de Semons, 69420 Tupin-Semons
04 74 56 62 66
jean-michel.stephan3@wanadoo.fr

アルデンテのコート＝ロティ

　コート＝ロティはローヌ川を見下ろす丘陵地帯に広がる229ヘクタールのブドウ畑だ。急斜面の下方の畑には、ごく手短かに説明すると、ふたつの異なる特徴がある。南側のコート・ブロンドと北側のコート・ブリュンヌは、ふたつのテロワールのようなものだ。その真ん中には川が流れている。今でこそワイン造りに恵まれた土地になっているが、かつてここは果樹園だった。
　「ぼくの両親がブドウの木を植えていたのは、果樹園の境界線代わりにするためだった」。ジャン＝ミシェル・ステファンは今でもリンゴ、梨、そしてアンズなどを栽培してオーガニック・ネクターを造っているが、果汁たっぷりのブドウの実も育つようになった。20年間、ブドウ栽培は順調に発展している。ネゴスがよい仕事をしており、ブドウ畑（4.5ヘクタール）を効率よく運営できるよう手助けしてくれる。「除草剤を使わなくてすむように人手を頼むこともできる。農薬の散布もあまりしない。ブドウの木の本数自体が少ないから病害の心配も少ない。同時栽培をおこなうことで、いいエコシステムになっている」。醸造時には亜硫酸を使わず、ブドウの房ごと醸造する。熟成は古樽で。濾過も清澄も、瓶詰め時の亜硫酸添加もしない。

奇跡の自然ワイン！

 コート＝ロティ・ヴィエイユ・ヴィーニュ・アン・コトー 2013　€€€
Côte-Rôtie Vieilles Vignes en Coteaux 2013

勾配22°というコート・ブロンドの畑のうち、1ヘクタール分の区画からできるブドウを使用。段々畑は、花崗岩が粘土と酸化鉄で覆われた層になっている。シラーの原種であるスリーヌは1896年から1975年にかけて多く植えられた品種だ。静かに寝かせたあと、スリーヌは饒舌に語りだす。スパイス、そして赤や黒や青いフルーツの風味。深みがあり、砂利質の土壌の個性が生きたワイン。

ワイナリー
Domaine Alain Voge
ドメーヌ・アラン・ヴォージュ

生産者　**Alberic Mazoyer**
アルベリック・マゾワイエ

AOC　サン＝ペレー

Domaine Alain Voge
4、レケール袋小路、07130　コルナス村
4, impasse de l'Équerre, 07130 Cornas
04 75 40 32 04
www.alain-voge.com

さあ乾杯しよう

「パリをヴァランスの町外れに変えてしまう国道7号線……※」。ヴァランスの町外れで、サン＝ペレーの白ワインでシャルル・トレネに乾杯しよう。丘陵地に位置する90ヘクタールに満たないこのアペラシオンは、都市化の波に抗ってきた。すぐ隣には男性的なワインができるコルナス。サン＝ペレーで造られる白ワインは発泡とスティル（ドメーヌ・ヴォージュのものが最高）があるが、いずれもきわめて独特だ。酸味はなく、花崗岩で育つマルサンヌのたおやかな苦みがある。栽培が難しい品種だが、エキゾチックなルーサンヌと合わせるとその魅力がさらに増す。タンニンが強く、フランスの白ワインのなかでもっとも赤ワインに近い存在。熟成させるとプラリネや砂糖漬けの梨の香りが楽しめる。

　ノダン、グリパ、テュネル、クラープなど、すばらしいワイナリーには事欠かないサン＝ペレー。そのうちのひとつが、2004年からアルベリック・マゾワイエが統括するドメーヌ・アラン・ヴォージュである。アルベリックと結束力の強い彼のチームの働きで、このドメーヌはビオディナミ農法に転換し、コルナスとサン＝ペレーのチャンピオンの座に返り咲いた。小石の多い傾斜したブドウ畑の耕作は、すべて人の手によっておこなわれている。正統派の自然な凝縮感と、かつてなかったほどの爽やかさを併せ持つワインだ。

※ フランスの歌手、シャルル・トレネ作詞・作曲の『国道7号線 (Route Nationale 7)』より

奇跡の自然ワイン！

 コルナス・レ・ヴィエイユ・ヴィーニュ 2015　€€€€
Cornas Les Vieilles Vignes 2015

ドメーヌ・アラン・ヴォージュの象徴的キュヴェ。10区画のブドウのアッサンブラージュである。熟成の工程でワインの若さが損なわれていた時代はもう終わった。この華やかな2015年のキュヴェを飲めば、現在のシラーの自然な凝縮感と磨きのかかった爽やかさがどんなものかわかるだろう。

ローヌ地方、アルデッシュ県のコルナス村で

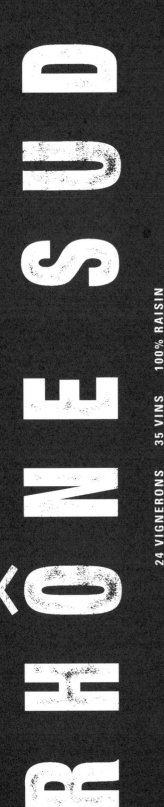

ローヌ南部
[ヴァン・ナチュールの現状]

渋くて重い、ぱっとしない大量生産のコート＝デュ＝ローヌの時代は終わった。繊細でフルーティで飲みやすいワインの世界が、ごくふつうのワイン好きであるわたしたちの目の前に広がっている。昨今のローヌ地方の売りは太陽光線の強さばかりではない。ヴォークリューズやドローム、アルデッシュ、そしてガールという地域で、勾配15°の急斜面で育ったブドウでないと失格だと言わんばかりに奮闘していたのは、前世紀の話である。

ローヌ南部のヴィニュロンたちは、フェノール成熟度と糖度の玄妙な結びつき[※1]から生まれる神のワインを追い求めている。もし「太陽の光はみんなに平等に与えられた黄金」であるなら、ローラン・ヴルジー[※2]の言うとおり、太陽はどのブドウにも平等に降り注ぎ育んでいることになる。ならば、ブドウの味の決め手は土壌に求めなければならないだろう。これを実現するには、長く険しい道がブドウ栽培家を待ち受けている。有機農法やビオディナミ農法への転換という難局を、持てる力を駆使して乗り越え、ブドウの木本来の姿に合った畑作りをしなければならない。ローヌ南部のワインが立ち直ってきているのは、人の力だけでまかなえる規模の畑で、効率のよいブドウ栽培がおこなわれているからでもある。

古くからのブドウ畑の再評価も忘れてはならない。収穫量や糖度の点で不利とされていたサンソーやグルナッシュの古い株が、入念に手入れされ、ワインの味わいの主役を張れるほどのブドウとして復活した。グルナッシュの自然な甘味やサンソーの優しい果実味が気に入って、ローヌ・ワインの味に親しむようになったファンの力も大きい。いつものシャルドネやソーヴィニヨンに飽きた舌にとって、マルサンヌ、ルーサンヌ、クレレットが作り出す、陰影に富んだ、官能的で力強く、樽香が少ない白ワインは、気分転換にもってこいだ。しかも、ひとたびコート＝デュ＝ローヌにはまったなら、今流行りの料理によく合うワインとの最高のひとときが約束される。ビストロが腕を振るう地中海風のごちそうだけでなく、インド料理、中華料理、そして中東料理にもぴったりだからだ。

※1 ブドウ果実は成熟過程において、色や香りやタンニンをつくるフェノールが成熟し、アルコールを作る糖分が蓄積されていく
※2 フランスの歌手。1948年生まれ。引用は『太陽は与える（Le soleil donne）』より

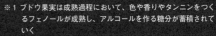

ワイナリー	**Domaine de l'Anglore**
	ドメーヌ・ド・ラングロール

生産者	**Éric Pfifferling**
	エリック・ピフェルリング

AOC	タヴェル

Domaine de l'Anglore
- 81、ヴィニョーブル街道、30126　タヴェル村
  81, route des Vignoble, 30126 Tavel
- 04 66 33 08 46
- anglore@wanadoo.fr

タヴェルの蜂蜜

　エリック・ピフェルリングは養蜂家だった。しかし1990年代初頭、蜜蜂が殺虫剤の大量散布の影響を受けて死滅。ちょうどそのころ、誰も相続したがらない4ヘクタールのブドウ畑を、自然が大好きなエリックに託そう、と一族の女性が全員で決めた。エリックは年配者たちからブドウ栽培を習い、できたブドウは協同組合に卸していた。そんなある日、ワインの試飲をさせてもらった。この出来事の後ろで糸を引いていたのは、ジャン=フランソワ・ニック（当時、ヴァン・ナチュールのエステザルグ協同組合の組合長を務めていた）だ。エリックは彼の助けを得て醸造を始め、初のミレジムを2002年に出した。ただしこの年、ガール県は収穫時期に大雨に襲われ、ブドウは大打撃。ぞっとするようなワインになってしまった。エリックは亜硫酸を使わない。「亜硫酸を加えたらせっかく生きているワインを殺すことになってしまう」。

　現在、ワイナリーでの仕事は安定しており、白、赤、ロゼを造っている。アペラシオンはヴァン・ド・フランス、そしてリラックとタヴェルだ。どのワインも魅力的で、健やかで飲みやすい南仏ワインの代表格となっている。エリックと妻マリの息子たち、ティボーとジョリスが両親の傍らで働くようになってから、手入れの行き届いたブドウ畑での仕事が少し楽になっている。

奇跡の自然ワイン！

 タヴェル 2015　€€
Tavel 2015

タヴェルにはロゼしかない。エリック・ピフェルリングのロゼは赤よりも濃いときがあり、AOPに認定されないこともある。エリックはここに、砂地の畑で育つグルナッシュ、サンソー、ムールヴェードル、クレレット、カリニャンを加えたりして、こういうワインの造り方も可能なんだと思い出させてくれる。

 ピエール・ショード 2015　€€€
Pierres Chaudes 2015

グルナッシュの古木から採れるブドウに、引き締め役として白ブドウのクレレットが加えられる。ドゥミ・ミュイ*で1年間熟成した、エリックの渾身作だ。ぎらぎらと照りつける砂利石の畑から生まれるのは、美味の化身そのもの。まるでブドウの魂がゆらりと現れたかのようだ。

※ 500〜600リットルの中樽

ワイナリー	# Andréa Calek アンドレア・カレク
生産者	**Andréa Calek** アンドレア・カレク
AOC	ローヌ、アルデッシュ

Andréa Calek
- ル・ヴィラージュ、07400　ヴァルヴィニェール村
  Le Village, 07400 Valvignères
- calekff@hotmail.fr

> チェコ・ポイント

　アンドレア・カレクは「ボヘミアン」である。髪の毛の大胆なメッシュやよく着ているスカートからついたあだ名ではない。かすかなボヘミア訛りが混じっていることからもわかるように、じっさいにチェコの出身なのだ。そんなアンドレアがアルデッシュでワイン造りにとりかかったとき、人びとはたいして期待を寄せていなかった。醸造学の最高学位を持っていた彼でも、ワイナリーでの修行は最底辺の下働きから始めた。10年間働いたあと、4ヘクタール半の畑をジェラルド・ウストリックから受け継いで独立する。こうして2007年、ヴァルヴィニェールの大サーカスに、新たな曲芸師が登場したのだ。

奇跡の自然ワイン！

 バビオール 2014　€€
　　　　　Babiole 2014

この「ボヘミアン」はワイン造りにかんしてはすこぶる腕利きだ。グルナッシュとシラーの、上質なタンニンが生み出す力強さは、太陽の光を思い起こさせる。亜硫酸を使わないですむよう、ガスを瓶に残したままにしてあるのでご注意を。デキャンタージュすれば大丈夫だ。

ワイナリー	# Château La Canorgue
	シャトー・ラ・カノルグ

生産者	**Jean-Pierre et Nathalie Margan**
	ジャン＝ピエールとナタリー・マルガン

AOC	リュブロン

Château La Canorgue
- ポン＝ジュリアン街道、84480　ボニウー村
  Route du Pont-Julien, 84480 Bonnieux
- 04 90 75 81 01
- www.chateaulacanorgue.com

まじめなリュブロン・ワイン

　シャトーは見学できないが、まるで、セザンヌの絵画から抜け出してきたような美しいたたずまいだ。ジョージ・クルーニーといえばエスプレッソだが、プロヴァンスといえばイギリス人作家ピーター・メイル。そのメイルのベストセラーが原作の映画、リドリー・スコット監督、ラッセル・クロウ主演による『プロヴァンスの贈り物』のファンも、ここでは心から満足するだろう。

　シャトー・ラ・カノルグで、40年以上にわたってリュブロンの庭園を愛し続けてきたのはジャン＝ピエール・マルガン。1970年代半ばに、PACA（プロヴァンス・アルプ・コート・ダジュール地域圏）で有機農法に取り組み始めたヴィニュロンたちのひとりだ。今では娘のナタリーがワイン造りに参加し、リッチで洗練された赤・白・ロゼのワイン醸造を担う。

　太陽の恵みをたっぷりと受けた飲みやすいワインは、一見シンプルでありながら、じつはこれ以上ないくらい緻密だ。一般大衆向けリュブロン・ワインとして絶対に欠かせない存在。

奇跡の自然ワイン！

 リュブロン 2015　€
Luberon 2015

使われているさまざまなブドウが醸し出すのは、フェンネルやオレンジの皮の香り、肉厚のテクスチャー、ミネラルや果汁たっぷりの梨を感じさせる余韻。トマトのサラダと合わせたら最高だ。ほかにはない、流行とは無縁の貴重な味。

ワイナリー
Domaine Charvin
ドメーヌ・シャルヴァン

生産者
Laurent Charvin
ローラン・シャルヴァン

AOC　シャトーヌフ＝デュ＝パップ

Domaine Charvin
シュマン・ド・モーコワル、84100　オランジュ村
Chemin de Maucoil, 84100 Orange
04 90 34 41 10
domaine.charvin@free.fr

ラフル・ローラン

　ボーヌ（ブルゴーニュ地方）の醸造学校では、ワイン造りの世界をかいま見ただけだった。「実家に戻ったぼくに親父が言った。『勉強してきたんだから造ってみな』って。1990年だった。順調な年だったよ。疑問がわいてきたのは1992年から1993年にかけてだった。学校では、ワイン造りのためにはどんどん苦労しろと教わった。いろいろな疑問を持ちながら、たくさんワインを飲んだ。訪ねたヴィニュロンたちは、ぼくが感じていたことをうまく言語化してくれた。それから田舎に引っ込んで、この閉ざされたような地域に居場所を見つけたんだ。造り手は自分の可能性に集中するべきで、よそのワイナリーが何を造っているかなんて気にするべきじゃない」

　ローラン・シャルヴァンは、28ヘクタール中16ヘクタールの畑を正統派〈コート＝デュ＝ローヌ〉専用にしている。「でもここがシャトーヌフ＝デュ＝パップであることを否応なしに認めざるえないことは多い。たとえば畑は、不調から勝手に回復する強さを持っている。均質な土壌だからだ。そんなに手をかけなくても大丈夫なんだ」

　ワインは柔軟で、深みがあり、余韻は長く、豊かだ。つねに謙虚な姿勢で醸造に取り組む彼は、何も足さず何も引かない。カーヴには大樽も除梗機も濾過機もない。ブドウがただその生をまっとうし、開花しているだけだ。多くの醸造家とは反対に、ローランはブドウのラフルを取り除かない。「果梗はブドウの実と株とをつなげるへその緒だ。命にかかわる部分であって、全体から切り離さずに大切にしたいんだ」

奇跡の自然ワイン！

 コート＝デュ＝ローヌ 2015　€€
Côtes-du-Rhône 2015

この年の酷暑に影響されることがなかったような、繊細で控えめなグルナッシュ。上質なボジョレー・ワインのように、満月の夜にぴったりの飲み物に仕上がっている。1本空けるたびに悲しくて泣いてしまう。

 シャトーヌフ＝デュ＝パップ 2014　€€€€
Châteauneuf-du-Pape 2014

グルナッシュ・ノワールの、満開のオレンジ園を思わせる温かみのある香りがじんわりと浸み出すよう。胡椒やカカオ、花嫁のレースのベールのようなパウダリーな香りが舌の後ろに残る。くらくらするようなワイン。

ワイナリー	# Domaine Chaume-Arnaud
ドメーヌ・ショーム゠アルノー
生産者	**Phillipe Chaume et Valérie Chaume-Arnaud**
フィリップ・ショームとヴァレリー・ショーム゠アルノー
AOC	ヴァンソーブル

Domaine Chaume-Arnaud
レ・パリュッド、26110　ヴァンソーブル村
Les Paluds, 26110 Vinsobres
04 75 27 66 85
chaume-arnaud@wanadoo.fr

ショームを所望

　ヴァンティオブリガ（ヴァンソーブルの旧称）は高台に建つ要塞だ。ここからは何にもさえぎられることなくエギュ川の渓谷の村が眺望できる。7キロメートルに渡るドローム川沿いの丘陵地（標高 250 ～ 420 メートル）は、ヴォークリューズ県の丘陵地よりも温暖な気候だ。

　ヴァンソーブルの赤ワインの最大の特徴は酸味だ。とくにグルナッシュはフルーティで薫り高い。その反面、タンニンに角があり、寒い年には渋みが強くなる。ミレジムによって異なるこうした側面は、ヴァレリー・ショーム゠アルノーと夫フィリップ・ショームによって巧みに調整されている。

　35ヘクタール以上ある畑ではとにかく忙しい。農家兼ブドウ栽培家であるふたりは、バランスの取れたブドウ畑（ビオディナミ農法）を作ることに注力しており、活力を与えるためにオリーブ、穀物、ブナの木などを同時栽培しているからだ。

　赤ワインは、柔らかなタンニンと上品な果実味に寄り添う「ピノ感」が特徴で、飲みやすく癖がない。また、ヴァンソーブルのデイリーワイン──〈マルスラン〉〈ル・プティ・コケ〉〈コート゠デュ゠ローヌ〉は、力強いが、けっして重たくはない。

奇跡の自然ワイン！

 ラ・カデンヌ 2014　€€
　　　　La Cadenne 2014

3種類のブドウ（シラー、グルナッシュ、ムールヴェードル）の何よりの魅力は、その完璧なハーモニーだ。それぞれの味わいが結びつき、補い合う。柔らかなタンニンのあるテロワールの小気味よさ。すばらしいローヌ・ワイン。もうそろそろ飲みごろだ。

ワイナリー	**Clos des Grillons**
	クロ・デ・グリヨン
生産者	**Nicolas Renaud**
	ニコラ・ルノー
AOC	コート＝デュ＝ローヌ＝ヴィラージュ＝シニャルグ

Clos des Grillons
25、グラン＝ポン通り、30650　ロシュフォール＝デュ＝ガール村
25, rue du Grand-Pont, 30650 Rochefort-du-Gard
04 90 92 44 47
closdesgrillons@yahoo.fr

グリヨンのグリ・グリ[※1]

　エリック・ピフェルリング（ドメーヌ・ド・ラングロール、261頁）の隣人であり崇拝者でもあるニコラ・ルノーは、2007年にブドウ畑を一から始めて以来、収穫量が少なすぎるために誰も欲しがらなかった樹齢100年のブドウの木の再生に取り組んできた。もともとは歴史の教師だった。若いころからアンリ・ボノー[※2]のシャトーヌフ＝デュ＝パップの畑の手伝いをしていたエリックは、あるとき歴史の教科書を剪定ばさみとピペットに持ち替えた。ドメーヌ・ド・ラングロールのファンとしては、亜硫酸不使用の、自然の力を利用した醸造方法をとるワイナリーがまた増えたことに喜びを感じる。

　完熟したサンソー、クレレット、ブールブラン、グルナッシュが使われた、油気のない、飲みやすいワインだ。〈リル・ルージュ〉は喉越しよく飲めてしまうものの、ごつごつした石のニュアンスがアクセントとなっており、忘れられない味である。急いで開栓しないように。

※1 お守りの一種
※2 シャトーヌフ＝デュ＝パップの伝説的な造り手。2016年、78歳で死去

奇跡の自然ワイン！

 レ・グリヨン 2016　€€
　　　　Les Grillons 2016

誇張しない、ほどよい完熟味を感じさせる白ワイン。クルミの上品な苦みとガリッグ[※3]のロースト香が美しい調べを奏でる。口に含むときの幸福感。おいしいものを食べてはしゃぐ子供に返ったようになってしまう。

※3 石灰質を多く含んだ地に育つ植物群

ワイナリー **Domaine Jean David**
ドメーヌ・ジャン・ダヴィッド

生産者 **Martine et Jean David**
マルティーヌとジャン・ダヴィッド

AOC コート゠デュ゠ローヌ゠ヴィラージュ゠セギュレ

Domaine Jean David
- カルティエ・ル・ジャ、84110 セギュレ村
  Quartier Le Jas, 84110 Séguret
- 04 90 46 95 02
- vin@domaine-jean-david.com
- www.domaine-jean-david.com

造り手の人柄そのまま

　クリュ名をエティケットに記載する権利がある15の村のひとつ、セギュレ。しかし誰もがそうするわけではない。ダヴィッド家はその意義を信じている。「ぼくたちはずっとここに住んで、ブドウ栽培をやってきた。ずっと有機農法だ。協同組合に卸していたころからそうだった」。ジャン・ダヴィッドは、自分の名前によってワインを買ってくれる消費者が増えていることをよくわかっている。彼は仕事の作法にもこだわる。「ワイン造りをダメにするような厳しい有機農法はおこなわない。手間を惜しまず、土からの恵みである自生酵母を使うことが大事だ。創造過程を楽しみ続けたいね」

　収穫期には収穫人たちと畑で過ごす。「自分の目でブドウを見て、どうやって摘み、醸造すればよいかを見きわめるためだ」

　2015年と2016年の第一弾は極上だった。ローヌ南部のクリュのなかでもまれに見る高い調和のとれたワインで、その美味には感動すら覚える。ジャン・ダヴィッドが創造しようとしているのは洗練されたセギュレ・スタイル。隣のジゴンダス地域の表情豊かなスタイルとは一線を画している。優しく善良な造り手自身を思い起こさせる、フレッシュなワインだ。完熟した果梗だけが表現できるかすかなタンニンが、味わいを引き締めている。

奇跡の自然ワイン！

 ル・ボー・ネ 2016　€€
Le Beau Nez 2016

「人工酵母は使わず、冷やしたり温めたりもしない。樽も使わない。いっさいを削ぎ落してみたんだ。栽培したブドウそのものの味わいを再発見して、テロワールを理解したかったからさ。ワインはシンプルな飲み物。複雑なワインにはあまり興味がないね」。語るべきこともないワインにかぎって、そうだったりするものだ。しかしこのワインはそんな次元からかけ離れている。

 レ・クシャン 2015　€€€
Les Couchants 2015

味覚よ立ち上がれ。グルナッシュとクノワーズの〈レ・クシャン〉を飲めば、夜が更けるまで起きていられる。ねっとりと濃厚なこのエネルギーの塊があれば、日が沈んでも全然眠くならない。

ドメーヌ・レ・ドゥー・テール（次頁）のふたり。
ヴァン・ナチュールの世界ではよくあること
だが、これもまた出会いの物語である

ワイナリー
Domaine Les Deux Terrres
ドメーヌ・レ・ドゥー・テール

生産者 **Manuel Cunin et Vincent Fargier**
マニュエル・キュナンとヴァンサン・ファルジエ

AOC アルデッシュ

Domaine Les Deux Terrres
- カルティエ・プレーヌ・ド・トゥルノン、07170　ヴィルヌーヴ＝ド＝ベール村
  Quartier Plaine de Tournon, 07170 Villeneuve-de-Berg
- 06 42 91 38 62 または 06 71 92 76 70
- lesdeuxterres@oranges.fr

息ぴったりのふたり

　ミュージシャンとして何とか暮らしていたマニュエル・キュナンは、生まれ故郷のアルデッシュ県に帰省していたとき、たまたまジル・アゾーニ（280頁）とジェラルド・ウストリック（277頁）と知り合った。過疎化していたこの地方に人びとが住みつくようになったのは彼らの力によるところが大きい。そうこうするうちにマニュエルにも白羽の矢が立った。彼はワイン醸造法を学ぶことを承諾し、醸造学のクラスでヴァンサン・ファルジエと出会う。意気投合したふたりは、それぞれブラブラしたあと、2年間アルピーユ山地で一緒に働いた。これがとてもうまくいった。

　その後、マニュエルはアルデッシュに数ヘクタールの畑を見つけ、ヴァンサンは父親が退職するのを待ってから、ワイナリーを始めた。そして2009年、ブドウはできたもののカーヴを持っていなかったふたりに、醸造を学んでいた学校が校舎の一角を貸してくれた。こうして晴れて醸造を始められるようになったのだ。ふたりの共同作業は息ぴったり合っている。しかも、ふたりの畑のテロワール（それぞれ粘土石灰質と玄武岩の土壌）もまた息がぴったり合っているという、すばらしい巡り合わせだ。

奇跡の自然ワイン！

 シレーヌ 2016　€€
Silène 2016

「避けてきたものの筆頭、それがメルローさ！」それなのに、2ヘクタール分のメルロー畑を譲り受けてしまった！　評判の芳しくないブドウ品種を救ったのは、ここの土壌だ。中央山地の最南端、フランス南部の最北部に位置する（ここではオリーブの木は北限を超えて育たない）畑は、深みのあるベルベットのような味わいをメルローから見事に引き出している。

画像提供：ヴァンクール

ワイナリー
Domaine La Ferme Saint-Martin
ドメーヌ・ラ・フェルム・サン＝マルタン

生産者 **Guy et Thomas Julien**
ギィとトマ・ジュリアン

AOC ボーム＝ド＝ヴニーズ

Ferme Saint-Martin
- 84190　シュゼット村
  84190 Suzette
- 04 90 62 96 40
- contact@fermesaintmartin.com
- www.fermesaintmartin.com

土を枯渇させないための時間

　ジュリアン家の人びとは、シュゼット村の土地に腹を立てたことはない。すり鉢状の段々畑の上は冷涼で、オリーブの古木の木陰で頭も冷えるからだ。ギィ・ジュリアンの父親もブドウ栽培で生計を立てており、壊滅的な霜被害に遭った1956年まで現役だった。この村で最初の個人ブドウ園経営者だったが、醸造はネゴシアンに任せていた。跡を継いだ息子のギィは醸造に取り組み始めた。計画的に、30年という長い時間をかけて畑の半分を植え替えた。とにかくゆっくりとおこなったと言う。「土を休ませるためなんだ。単作農業の問題はそこにある。十分な時間を与えてやらないと、土は枯渇してしまう」。こうしてギィが土壌を整えているあいだ、ギィの息子のトマはトラックに乗ってフランス中（とスイス）を周っていた。ルシヨン地方の血気盛んな若手醸造家との交流で情報を収集したり、オリヴィエ・クザンの野生的なロワール・ワインを学んだり……。2010年にくたくたになって帰郷したトマを、ギィは喜んで迎えた。〈ヴァントゥー〉から〈ボーム＝ド＝ヴニーズ〉にいたるまで、すべて間違いのないキュヴェばかりだ。

奇跡の自然ワイン！

 オストラル 2015　€€
Austral 2015

2017年新発売のワイン。高台にある三畳紀の地層である粘土石灰質の土壌から生まれたブドウは、ルーサンヌ80％、グルナッシュ・ブラン20％を使ってマセラシオンをおこなっている。小樽を使った緻密な熟成方法で、ほかのワインと同様、醸造用添加物は無添加で、亜硫酸の量は1リットル当たり20ミリグラム以下だ。甘さと塩気のあるブドウが作り出す驚くべき個性。鼻腔より、舌の粘膜に長い長い余韻で訴えかける白ワインだ。

 ボーム・ド・ヴニーズ・サン・マルタン 2015　€€
Beaumes de Venise Saint Martin 2015

樹齢の高いブドウの木の真髄がここに発揮されている。黒いフルーツ※、黒たばこ、なめし皮の香り。こってりとしていながら、きわめて緻密で洗練された味わい。もう少しのあいだ寝かせておこう。2019年冬には飲みごろになる。　※カシス、ブラックベリーなど

ワイナリー	# Domaine de Fondrèche ドメーヌ・ド・フォンドレーシュ
生産者	**Sébastien Vincenti et Nanou Barthélemy** セバスチャン・ヴァンサンティとナヌー・バルテルミ
AOC	ヴァントゥー

Domaine de Fondrèche

2589 ラ・ヴニュ・サン゠ピエール゠ド゠ヴァソル、84380 マザン村
2589 La venue Saint-Pierre-de-Vassols, 84380 Mazan
04 90 69 61 42
contact@fondreche.com
www.fondreche.com

ヴァントゥー山の幸

　たとえ頭に霞がかかったような状態で、初めての試飲をそそくさと済ませただけだとしても、ドメーヌ・ド・フォンドレーシュのことはけっして忘れられないだろう。瑣末なことはどうでもよい。〈ペルシア〉の最初の一口が、舌に強烈な思い出を残すということだけが重要なのだ。このキュヴェは、セバスチャン・ヴァンサンティが「イダンティ・テール※」と呼ぶ古いブドウ畑から選りすぐった果実が使われている。

　広大なドメーヌの畑面積は 38 ヘクタール。そのうち醸造所を取り囲む 28 ヘクタールは、均質な砂利混じりの、水はけのよい粘土石灰質の土壌で、ローヌ地方の富士山的な存在であるヴァントゥー山の裾に位置する。この土地のブドウの木は、湿気のストレスを受けることがないどころか、水分が過多になる心配がまったくない。

　最初の数年は、ワインはかなり凝縮感が強かった。初めはオークの新樽、その後はドゥミ・ミュイの中でかなり長いあいだ「閉じ込め」られていたからだ。卵型コンクリートタンクと発酵槽に切り替えたところ、果実の持ち味がより生きた、開花し、飲みやすい、ドライではないタンニンが生まれた。もちろん白ワインも忘れてはいけない。また、ヴァントゥー・ワインの頂点に君臨する名高い〈ペルシア〉は、直球勝負の味わいを出しながらも、しつこくはないルーサンヌが主体。〈ペルシア〉にはロゼもある。斬新さだけはないけれど 2016 年は理想的だ。

※ アイデンティティと、土壌を意味するテールを掛け合わせている

奇跡の自然ワイン！

 ヴァントゥー・ナチュール 2016　€
Ventoux Nature 2016

亜硫酸不使用。このグルナッシュをよく空気に触れさせると、10 ユーロ以下で贅沢なワインを楽しめる。さまざまなフルーツの競演。若飲み用。

 イレ・テ・テュヌ・フォワ 2015　€€€€
Il Etait Une Fois 2015

このカーヴの代表的キュヴェ（グルナッシュ・ノワールが 80%）。フルーツのコンフィの風味と力強さを備えたタンニンの上に構築された、上質な赤ワインだ。スパイス、石の香り、少しだけ火を入れて歯ごたえを残したフルーツ。まだとても若い。

ワイナリー **Domaine Gourt de Mautens**
ドメーヌ・グール・ド・モータン

生産者 **Jérôme Bressy**
ジェローム・ブレシー

AOC ラストー

Domaine Gourt de Mautens
- ケランヌ街道、84110　ラストー村
  Route de Cairanne, 84110 Rasteau
- 04 90 46 19 45
- info@gourtdemautens.com
- www.gourtdemautens.com

ブレシー的精密ワイン

　ジェローム・ブレシーのところへは、けっしてヴィニュロンを連れていってはいけない。一生、苦しむ羽目になるかもしれないからだ。ここでは、どんなにささいな事柄も偉大なワインを造るために役立てられる。外を見れば、13ヘクタールの畑は20年来有機農法。内を見れば、醸造所は思いのままに操作できるよう、隅ずみまで完璧に計算しつくされて小さな容器がずらりと整列している。さらに上を見上げると、さまざまな形のコンクリート槽の中でゆっくりと発酵がおこなわれている。下を見下ろすと、18カ月にわたって熟成させるための樽がきちんと並んでいる。「ぼくのワインには酸素呼吸も必要なので、あまり大きな樽は使わない」。しかし、ほどよい酸素摂取のためには、小さすぎてもいけない。瓶詰めしたあとのワインは10カ月間かけて熟成させる。赤は10種類、白は12種類のブドウ品種に、調和しながらそれぞれの持ち味を発揮させるためだ。こうして晴れて造り手は味の確認ができる。しかしそのころには、すでに彼の頭の中は次のミレジムのことでいっぱいになっているのだ。

奇跡の自然ワイン！

 　ルージュ 2014　€€€€
Rouge 2014

力強いボディ、濃厚なテクスチャー、2013年に比べると角がとれたが、カーヴでおとなしくさせておくべきワイン。4〜5年は待ちたい。

 　ブラン 2014　€€€€
Blanc 2014

最初は控えめだが、だんだんと、クリーミーなハッカの風味が出てくる。ガリッグを思わせるさまざまな灌木の香りが立ち上る。口に含むと滑らかな樽香が上品にまとわりつき、優しい苦みが余韻を引き締める。

ワイナリー	**Domaine Gramenon**
	ドメーヌ・グラムノン
生産者	**Michèle Aubéry-Laurent**
	ミシェル・オベリー＝ローラン
AOC	コート＝デュ＝ローヌ、ヴァンソーブル

Domaine Gramenon
- 26770　モンブリゾン＝シュール＝レズ村
  26770 Monbrizon-sur-Lez
- 04 75 53 57 08
- domaine.gramenon@club-internet.fr
- www.domaine-gramenon.fr

この味は妖精のしわざかもしれない

　ドメーヌ・グラムノンのワインは本来の目的を思い出させてくれる。ヴァン・ナチュールの先駆者であるミシェル・オベリー＝ローラン（ともに活躍した夫は1999年に他界）は、亜硫酸不使用にはこだわらない。「酸化防止剤を使わなくてすむのは贅沢なこと。ヴィニュロンヌとしての喜びよ。亜硫酸を加えたらワインの何かが台無しになるし、深みも消えるから」。難しいミレジムのときには亜硫酸を加えたことを隠さず、自分にもワインにも自信を持って提供する。この自信は畑で生まれる。

　ミシェルはビオディナミ農法と詩に夢中だ。「ワインは、自然界のあらゆる要素、つまり大地と空とを結びつけるわ。わたしはタンクの中に太陽のエネルギーを閉じ込めているの。だから開栓したとたん、この1年という月日がボトルから流れ出てくるのよ」。ワインには、思い出を飲み手に伝える力がある。そして、ドメーヌ・グラムノンのワインは永遠に記憶に残る。

　ミシェルの息子マキシムも、自分の畑で作ったブドウを彼女と同じカーヴで醸造している。彼のワインも味わってみてほしい。

奇跡の自然ワイン！

 ポワニェ・ド・レザン 2015　€€
Poignée de Raisins 2015

ミシェル・オベリー＝ローランはエティケットのデザインも手がける。グルナッシュとサンソーの若木がドメーヌ・グラムノンらしい。澄んだフルーツや花の香りは、今まさに開いたところだ。

ラ・パペス 2014　€€€
La Papesse 2014

ドメーヌのもうひとつのテロワールがヴァンソーブルだ。南寄りにある高台に生るグルナッシュとシラーの色合いはやや暗い。しかし、強い日差しに照りつけられたブドウの実は、濃い酸味と小石の香りを持つ。甘さもこっくりと濃厚だ。

ワイナリー	**Domaine Guillaume Gros**
	ドメーヌ・ギヨーム・グロ
生産者	**Guillaume Gros**
	ギヨーム・グロ
AOC	コート゠デュ゠リュブロン

Domaine Guillaume Gros

📍 325、カレール道、カルティエ・ブテイエ、84660　モーベック村
　325, chemin du Carraire, quartier bouteiller, 84660 Maubec
📞 06 75 70 87 50
✉ domaineguillaumegros@free.fr
🌐 www.domaineguillaumegros.com

期待のアペラシオン

　コート゠デュ゠リュブロンは、ローヌ川沿岸地域のなかでもプロヴァンスのいちばん端に位置している、成長中の若いアペラシオンだ。展望は明るい。たとえば元ソムリエで2001年にワイナリーをここに開いたギヨーム・グロ。アルザス地方のアンドレ・オステルタグ、シャトーヌフ゠デュ゠パップのサボン家が率いるドメーヌ・ド・ラ・ジャナスなどで醸造を学び、有機農法に基づいたブドウ栽培計画を少しずつ実行していった。30近くある区画のブドウ畑での仕事は重労働である（赤ワイン用ブドウが7ヘクタール、白ワイン用が1ヘクタール）。糖分が凝縮しすぎていない、バランスの取れたブドウの実を摘まなければならないのだ。赤は柔らかな味わいで、まるでオー゠ヴァールのプロヴァンス・ワインとプリオラート※の長所が合わさったよう。これからが楽しみだ。

※ スペイン・カタルーニャ地方のワイン産地

奇跡の自然ワイン！

 リュブロン 2014　€€€
Luberon 2014

悲しいことに毎年毎年同じことが起こる。2015年と2016年の生産もまた、悪天候のせいで壊滅状態だった。ハンニチバナとスパイスが香る、個性的な美しさ。カヴィストを何軒か回って探し出し、黒いフルーツの表情や、グルナッシュ（50%）の滑らかなタンニンを堪能してほしい。

ワイナリー

Domaine Jérôme Jouret

ドメーヌ・ジェローム・ジュレ

生産者 **Jérôme Jouret**
ジェローム・ジュレ

AOC アルデッシュ

Domaine Jérôme Jouret
- ル・プティ・トゥルノン、07170　ヴィルヌーヴ＝ド＝ベール村
  Le petit Tournon, 07170 Villeneuve-de-Berg
- 04 75 94 71 63
- jouret.j@wanadoo.fr

ひんやり涼しい峡谷で

　ジェローム・ジュレは25歳で父親の跡を継いだ。父親のように日中はずっとブドウ畑で過ごし、夕方からはワイン醸造のために協同組合に詰めていた。そんなジェロームが、夕方からの新しい過ごし方を知った。もっと楽しい時間が持てるのだ。それがジル・アゾーニ（280頁）やジェラルド・ウストリック（次頁）らのワイナリー。「ここからだと畑を突っ切っていけば会いに行ける」。ただ、彼らのような醸造家になるには10年かかった。最初のミレジムは2006年、初めてのワイン造りに感動した。「人びとがここまでしてワインを手に入れたがるとは想像もしなかったよ。ひとつの小さな世界が生み出すワインには、その世界を超越する何かがある。理解するためにはまず飲んでみないとね」

奇跡の自然ワイン！

 ジャヴァ 2016　€
Java 2016

南仏のなかでもやや北寄りの地に対するわたしたちの期待に、見事に応えてくれるワイン。グルナッシュとシラーの花の香りが繊細に引き出され、フレッシュな飲み心地でいい気持ちにさせてくれる。

ワイナリー	**Le Mazel**
	ル・マゼル

生産者	**Jocelyne et Gérald Oustric**
	ジョスリーヌとジェラルド・ウストリック

AOC	アルデッシュ

Le Mazel
- 07400　ヴァルヴィニェール村
  07400 Valvignères
- 04 75 52 51 02
- domainedumazel@gmail.com

選択の妙技

　アルデッシュ南部のワインの90％は、アルデッシュブドウ生産者協同組合で造られている。かなりの量だ。組合は長年、ブドウ栽培家とネゴシアンとの力関係を調整してくれる貴重な存在だった。ジェラルド・ウストリックの祖父は、その組合の地位を守るために闘ってきた。一方、ジェラルド自身がワイン造りを始めたのは1997年、ボジョレー地方のワイナリー仲間にそそのかされ、「面白半分に樽ひとつから始めた」のがきっかけだ。そのうちブドウ栽培にも取り組み始め、今や30ヘクタールの畑全体にまで拡張した。ひとりでやるには大仕事だったので、足を踏み出せずにいた若者たちを後押しし、この世界に引き込んだ。こうして、地元での新しい生産者同盟が生まれたのである。

奇跡の自然ワイン！

 ラウール 2014　　€

Raoul 2014

装備は整っている。丘陵地の中腹にある大規模なカーヴでは、すべてが重力に任せておこなわれる。カリニャンのマセラシオンは高い場所で、樽を使った熟成は室温10℃の地下で。官能的な味わいを楽しむには寝かせるか、カラフェに入れて飲もう。

ワイナリー	# Domaine La Monardière ドメーヌ・ラ・モナルディエール
生産者	**Martine, Chrisutian et Damien Vache** マルティーヌ、クリスチャン、ダミアン・ヴァッシュ
AOC	ヴァッケラス

Domaine La Monardière
- 84190　ヴァッケラス村
  84190 Vacqueras
- 04 90 65 87 20
- info@monardiere.fr
- www.monardiere.com

つるはしを持って

　1987年、クリスチャン・ヴァッシュと妻マルティーヌは一念発起して農業を始めた。エンジニア時代の安定した給与生活とは決別したのである。小作地である21ヘクタールの畑でふたりは猛烈に働き、少しずつ自分たちの畑も購入し始めた。隣村ジゴンダスの陰に隠れて目立たない存在のヴァッケラス。ジゴンダスのワインはヴァッケラスの5倍の値段で売れている。しかし知名度の低いアペラシオンによくあるように、そこがヴァッケラスの強みでもある。よりよいワイン造りのために創意工夫を凝らし、有機栽培に切り替え、有意義な自問自答を重ねながら仕事をする。新世代にはこんな醸造家がたくさんいる。

奇跡の自然ワイン！

 レ・ドゥー・モナルド 2014　€€
Les 2 Monardes 2014

太陽の恵みがたっぷりのワイン。石灰質と砂岩質の土壌で、夏のあいだじゅうに鍛えられたグルナッシュとシラー。しかし味は甘くコクがあり、長期熟成にも耐える。

ワイナリー **Domaine Oratoire Saint-Martin**
ドメーヌ・オラトワール・サン゠マルタン

生産者 **Frédéric & François Alary**
フレデリックとフランソワ・アラリー

AOC ケランヌ

Domaine Oratoire Saint-Martin
570、サン゠ロマン街道、84290　ケランヌ村
570, route de Saint-Roman, 84290 Cairanne
04 90 30 82 07
www.oratoiresaintmartin.fr

ローヌ川の分岐点で

　アラリー兄弟が所有するのは「ケランヌでもっとも美しいテロワール」。隣人で著名な醸造家のマルセル・リショー（282頁）による最大級の賛辞だ。兄弟の祖父は嗅覚が利く人間で、低地にある畑を売り、丘陵地で放置されていた畑を買い取った。醸造所も建て、収穫したブドウを冷暗所にすぐに貯蔵できるようにした。
　フレデリックとフランソワは計28ヘクタールになるビオディナミ農法の畑でブドウを育てている。アーチ状に生育しているブドウの木のなかからもっとも美しい木だけを残し、こぶ状の株の手入れをする。混植の伝統を守り続け、異なる品種のブドウを同じ畑に植えている。「驚きなのは、混植すると完熟時期が同じになってくるんだ。晩熟の品種でも、単独で植えたときよりも早く完熟する」。唯一無二の畑の財産ともいうべきブドウの実はカーヴに運び込まれると、大樽の中でゆっくりと熟成する。赤も白も肉厚で、風味が豊か。適度なバランスを追求する姿勢が、もったいないようなつつましい価格にも表れている。

奇跡の自然ワイン！

 ル・プティ・マルタン 2016　€
Le P'tit Martin 2016

高貴で愛らしい味わいのキュヴェは亜硫酸無添加で、一口飲むごとに心が癒やされ、微笑みを誘われる。気の置けない友人と食事しながら飲みたいワイン。何本も買っておこう。

 ケランヌ・レセルヴ・デ・セニュール 2016　€€
Cairanne Réserve des Seigneurs 2016

2016年、ローヌ南部の白ワインには、かつてなかったほどのエネルギーが満ちあふれた。しかしわたしたちはすでにアラリー家のワインでこの味を経験済みだった。このドメーヌの白ワインは、日光の強さを感じさせながらも、飲みやすく滑らかに喉を下りていく。すでにとてもおいしいが、ワインセラーの中で6〜8年寝かせておくべき。そうすればシャトー・ヌフ゠デュ゠パップよりも優れたワインになるだろう。

ワイナリー	# Le Raisin et l'Ange
	ル・レザン・エ・ランジュ
生産者	**Gilles Azzoni**
	ジル・アゾーニ
AOC	ローヌ、アルデッシュ

Le Raisin et l'Ange
マ・ド・ラ・ベギュード、レ・サレル、07170 サン゠モーリス・ディビ村
Mas de la Bégude, Les Salelles, 07170 Saint-Maurice-d'Ibie
06 26 43 64 25
leraisinetlange@gmail.com
www.leraisinetlange.com

みんなの優しい兄貴分

　ジル・アゾーニは他者のために譲る人間だ。ブドウ畑も分け与えてきた。今の彼にあるのは1ヘクタール半の畑だけ※。息子のアントナンに1ヘクタールを分け、古くからあるドメーヌ・ド・ラ・ベギュードの残りの畑はロワール゠エ゠シェール県からやってきた新人に譲った。パリ郊外出身のジルは、若手栽培家からブドウを買い付けてもいいと考えるようになり、今ではじっさいにそうしている。そして残りの時間は社会活動に使う。ワイン醸造と演説はお手の物なのだ。「口数が多すぎて、おしゃべり防止のワクチン注射までされた」とか。「亜硫酸を使わないでワインを造ることは、恐れを乗り越えることだ」とも言う。その恐れを大きく乗り越えた今のジルの顔には、微笑みが絶えない。

※ ル・レザン・エ・ランジュは2016年から、ジルに代わり息子のアントナンが醸造している。ただしジルは引退したわけではなく、アントナンとは別でジル本人のワインを造っている

奇跡の自然ワイン！

 オマージュ・ア・ロベール 2015　€
Hommage à Robert 2015

ロベールとは、1983年にジル・アゾーニにブドウ畑を譲った人物の名前だ。マセラシオン・カルボニックをおこなったメルロー、グルナッシュ、そしてシラーの、はじけるようなスパイシーな風味。1年ほどゆっくり休ませると、本来の持ち味が発揮できる。

ワイナリー **Château Rayas**
シャトー・ラヤス

生産者 **Emmanuel Reynaud**
エマニュエル・レイノー

AOC シャトーヌフ＝デュ＝パップ

Château Rayas
84230　シャトーヌフ＝デュ＝パップ村
84230 Châteauneuf-du-Pape
04 90 83 73 09
www.chateaurayas.fr

ワインのパップ（法王）

　シャトー・ラヤスのワインを飲むことは名誉だが、シャトー見学はそう簡単ではない。エマニュエル・レイノーは1997年、伝説の醸造家である叔父から10ヘクタールの神秘的な畑を受け継いだ。彼は何年も沈黙を守り、扉を閉ざしたままでいた。扉は認められた人間に対してしか開かれない。舗装されていない、何の表示もない道を何キロメートルも車で走ると、小さな緑の丘が見えてくる。丘の上にぽつりと幽霊屋敷のような建物がある。「ぼく自身もめったにここには来ない。それほど夢中になって試飲もしない。ワインはそっとしておいてあげるのがいちばんなんだ。カーヴは簡素にしておくのがいちばんだと思っている。古い木製の栓もまだ現役だし、樽も年月とともに黒ずんでいくままにしている」。黒い樽はまるで石でできているようにも見える。もっとも古いもので80年、ほとんどの樽は30年使っている。醸造学への挑戦か。「タンクを買い集めて置いておくなんて意味がない」。数世代ものあいだ、ここでは何も変わっていないかのようだ。「すべてがワインの味に響く。ここは侵してはならない領域といえるかもしれない。酵母や香りが染みこんでいるこの場所で、命が育まれているんだ」

奇跡の自然ワイン！

　シャトー・デ・トゥール 2006　€€€€€
Château des Tours 2006

シャトー・ラヤスを飲む機会を待つあいだ、もう少し生産数の多い（40ヘクタール）〈シャトー・デ・トゥール〉をどうぞ。これこそ最上級のヴァッケラス！　または、〈シャトー・ド・フォンサレット〉もお薦めだ。もちろん、こちらもエマニュエル・レイノーみずからが造っている。

　シャトー・ラヤス 2004　€€€€€
Château Rayas 2004

「砂質の土壌は、きっとグルナッシュに最適なテロワールなのだろう。ケイ酸質できめがとても細かく、まるで砂浜の砂のようなんだ。粘土質はほんのわずかしか含まれていないから、グルナッシュの繊細な味わい、フレッシュでシルキーな風味は長く続く。テロワールを吸収したグルナッシュだと言えるね」。ジュール・ショヴェはこのワインを評してこう言った。「滑らかで切れ目のないワインの骨格には目を見張るものがある。滑らかな丸みと、清らかさ、そして強さが結びついている。偉大なワインだ」

ワイナリー

Domaine Marcel Richaud
ドメーヌ・マルセル・リショー

生産者 **Claire, Thomas et Marcel Richaud**
クレール、トマ、マルセル・リショー

AOC ケランヌ

Domaine Marcel Richaud
ラストー街道、84290　ケランヌ村
Route de Rasteau, 84290 Cairanne
04 90 30 85 25
marcel-richaud@wanadoo.fr

ローヌの達人

　マルセル・リショーのブドウ栽培歴は長い。42年間この仕事をしているが、今でも驚くべき発見があるという。「ミレジムが痕跡として残してくれるものをそのまま保っておきたい。表情が乏しい見本のようなワインはつまらない。カーヴで自分たちが造るもの以上の何かを期待したっていいと思う。ブドウ液を見つめながら、いったいどんなワインになっていくのだろう、ってね。ワインには確かめられないことが多いのさ」。毎年20万本を生産し、そのうちの半数がビオディナミ農法で造られ、亜硫酸はほぼ無添加だ。彼の正確な仕事ぶりは、今や伝説にまでなっている。「素人くさい香りの、ぼんやりしたワインは造りたくないんだ。よそのワインだったら、そういうものでも飲むけれどね！」
　そんなマルセル・リショーも、うちのワインよりおいしいから行ってごらんよ、とよそのワイナリーを推薦してくれるようになった。娘のクレールと息子のトマがドメーヌでの仕事を手伝うようになってからは、さらに人間が丸くなったようだ。

奇跡の自然ワイン！

 スルス・ア・ヴァン 2016　€
Source à Vin 2016

収穫量の大きい、ドメーヌでいちばん若いブドウの木からは、コンクリート槽で熟成させた上品で豊かな味わいのワインができる。カリッとした赤いフルーツのコンポートの風味が、喉を心地よくすべっていく。コクがあって素直。ごく若いうちに飲みたい。

 ケランヌ 2015　€€
Cairanne 2015

複数のテロワールが互いを補い合いながら、見事に調和している。その品種は4種類（グルナッシュ、ムールヴェードル、カリニャン、シラー）。太陽の光を受けて育ったブドウの存在感に由来する、ボリューム感とオイリーさが主張する。2018年冬からすばらしいワインになりそうだ。

ワイナリー	# Domaine de la Roche Buissière
	ドメーヌ・ド・ラ・ロッシュ・ビュイシエール
生産者	**Pierre, Antoine et Laurence Joly**
	ピエール、アントワーヌ、ロランス・ジョリー
AOC	コート＝デュ＝ローヌ

Domaine de la Roche Buissière
- 84、ヴェイゾン街道、84114　フォーコン村
  84, route de Vaison, 84110 Faucon
- 04 90 46 49 14
- rochebuissiere@free.fr
- www.larochebuissiere.fr

ワインバーへ行こう

　今でこそヴェイゾン・ラ・ロメーヌ町の土地にこだわっているが、じつは5月革命※世代で、パリに暮らしていたピエール・ジョリー。政治的信念を持っていたものの、故郷のことも忘れられなかった。ドメーヌを運営することになったピエールは、ブドウとアンズとオリーブの木が植えられた20ヘクタールの畑を有機農法に切り替えた。

　息子のアントワーヌがパートナーのロランスの助けを借りながらすべてを引き継いだ（アンズ栽培はのちに中止）のは、1999年のことだ。そして経済的困難に陥った2008年、ワインバーを開業。バーのおかげで生活の立て直しができて、人生がより豊かになったという。今では経営も順調で、おまけにワイン造りの楽しさも再発見しているところ。何よりだ！

※ 1968年5月10日に発生した反体制運動

奇跡の自然ワイン！

 ガイア 2014　€€
Gaia 2014

ドメーヌ・ド・ラ・ロッシュ・ビュイシエールのワインのなかでもっとも高額なキュヴェだ（ジョリー家は空前絶後のコストパフォーマンスを誇る8ユーロの〈プティ・ジョー〉で知られる）。しかしこのワインをよく味わえば、テロワールの景色が見えてくるようだ。標高400メートルに位置する、南向きの粘土石灰質の畑で、シラー（80％）とグルナッシュの古木がヴァントゥー山を向いて育っている。2年の熟成期間を経て、くっきりとした個性が現れている。魔法のようなワイン。

ワイナリー	# Domaine du Trapadis
	ドメーヌ・デュ・トラパディス

生産者	**Helen Durand**
	エレン・デュラン

AOC	ラストー

Domaine du Trapadis
2302、オランジュ街道、84110　ラストー村
2302, route d'Orange, 84110 Rasteau
04 90 46 11 20
hd@domainedutrapadis.com
www.domainedutrapadis.com

ラストーのロケット

　ケランヌとラストーはクリュに認定されるだけの実力を持っている。隣り合うふたつの村の畑は地続きだ。1960年代、地元のブドウ栽培家たちは、コリウールとバニュルス[※1]のように、自然派の辛口ワインと甘口ワインの共同のアペラシオンを創設してはどうかと考えた。ラストーは1944年からVDN[※2]として知られている。半円状の段々畑で、上の方のブドウと下の方のブドウでは収穫期に1カ月の差がある。骨太で濃厚なラストーのグルナッシュは、ブランデー漬けの黒いフルーツ、イチジク、プルーンのアロマを持つワインになる。欠点は、しばしば過熟して、べっとりとした味わいになってしまうことだ。

　エレン・デュランは32ヘクタールのビオディナミ農法の畑を所有し、一部は馬を使って株の周囲を丁寧に耕している。この作業によって生長周期が長くなり、アルコール熟成度とフェノール熟成度を同時に得られる。「ぼくが思いついたわけじゃない。祖父はすでにこの方法だった」。カーヴでも細やかな作業は続く。抽出よりも浸出を重視し、コンクリート槽できめ細かい澱の上で熟成させる。澱は樽の内容量の10％だけだ。こうして出来上がる強力な爆弾のようなワインは、フレッシュで飲みやすい。

※1　フランス南部にある生産地。同じ生産地域でできるワインについて、赤・白・ロゼのスティルワインをコリウール、酒精強化の甘口ワインをバニュルスと呼ぶ
※2　ヴァン・ドゥー・ナチュール。天然甘口ワイン

奇跡の自然ワイン！

 ラスト—・レ・クラ 2014　　€
Rasteau les Cras 2014

このグルナッシュの、タンニンの上品さと凝縮感にはいつも驚いてしまう。それでいて甘いコクがあり、飲みやすいのだ。すばらしいコストパフォーマンス。

 ラスト—・ヴァン・ドゥー・ナチュール 2015　　€€
Rasteau Vin Doux Naturel 2015

人のよさがにじみ出ているこの醸造家が愛する、ふくらみのある、個性のはっきりしたVDN。土のミネラルのエネルギーと、グルナッシュの自然な糖分の奥にあるきりっとした果実味が特徴だ。しかし、糖分やアルコール分はいったいどこに隠れているのだろう？　このVDNはそれほどまでに心地よく飲めてしまう。罪深いワインだが、大歓迎だ。フォンダン・オ・ショコラやクリーミーなゴルゴンゾーラと合わせると最高。

ワイナリー
Domaine de Villeneuve
ドメーヌ・ド・ヴィルヌーヴ

生産者 **Stanislas Wallut**
スタニスラス・ワリュ

AOC　シャトーヌフ＝デュ＝パップ

Domaine de Villeneuve
- クルテゾン街道　D72, 84100　オランジュ村
  Route de Courthézon, D72, 84100 Orange
- 04 90 34 57 55
- domainedevilleneuve@free.fr
- www.domaine-de-villeneuve.fr

髭に懸けてうまい

　ビオ・サロンやビオディナミ・サロンに行くと、スタニスラス・ワリュが醸造家仲間に囲まれている場面によく出くわす。彼らはみな、スタニスラスと同様、うまい酒と飯が大好きな髭面の男たちだ。たとえばコルナスのマチュー・バレ（248頁）やクローズ＝エルミタージュのダヴィッド・レノー（245頁）。この3人は、その名も「レ・トロワ・バルビュ」（3人の髭男）というコラボのマグナム[※1]を造っている。それぞれのブドウを持ち寄りアッサンブラージュした、コクのあるフレッシュなワインで（〈ヴァン・ド・フランス2014〉。2014年はマグナムで900本製造）、「ゲーム・オブ・スローンズ[※2]」における騎士の若者たちがエティケットに描かれている、コレクター用の商品だ。というと華やかなワインビジネスをやっているようだが、じつはスタニスラスは内気な栽培家で、平均すると60年以上経つ、合計8ヘクタール半の畑で丁寧に働く毎日を送る。

　以下、フランス語にご注意を。彼が造る唯一の「Chato9」（シャトーヌフ）は〈レ・ヴィエイユ・ヴィーニュ〉と名付けられ、深さと同時にバランスのよさも感じさせる。そしてコート＝デュ＝ローヌの〈ラ・グリフ〉は、包み込むようなタンニンのベールが造るスパイシーな力強さが、いかにもキャステル・パパル的（法王の城館）だ。しかも、目玉が飛び出るほどの価格ではないところも、うれしい。

※1　1千500ミリリットルボトル
※2　アメリカHBOのテレビドラマシリーズ

奇跡の自然ワイン！

 レ・ヴィエイユ・ヴィーニュ 2013　€€€€
Les Vieilles Vignes 2013

一筋縄ではいかないミレジムだ。しかしここ数年、粘り強く働き、上手にブドウを選別してきたおかげで、ブドウは変化してきている。植物のシャープな青さとグルナッシュの甘さとの対比。非常に美しいワイン。

ワイナリー

Domaine Viret
ドメーヌ・ヴィレ

生産者 **Alain et Philippe Viret**
アランとフィリップ・ヴィレ

AOC　サン＝モーリス

Domaine Viret
レ・ゼスクーランシュ、
26100　サン＝モーリス＝シュール・エギュ村
Quartier Les Escoulenches, 26100 Saint-Maurice-sur Eygues
04 75 27 62 77
www.domaine-viret.com

水からのメッセージ

　ワイン造りには大量の水が必要だ。ヴィレ家がパラディというすてきな名前の丘の上に醸造所を建てようと決めたとき、水は通っていなかった。そこで地下水脈鑑定の専門家の力を借りたのだが、これがきっかけで、アラン・ヴィレは地球生物学（地球上の水の流れにかんする学問）に夢中になった。そしてアランと息子のフィリップは「宇宙栽培」なる方法を真面目に考察した。古代文明にヒントを得て、星図を地面に応用したり50ヘクタールの大規模な圏谷に鍼術をほどこしたりした。「人間の身体と同じように、大地にもエネルギーが出会うツボがあるんだ。これらのツボはネットワークの収斂地点で、地球のエネルギーと宇宙のエネルギーが出会う場所だ」。じっさいの作業では、畑の土壌のバランスを取り戻し、土と天候の相性を合わせるように調整して、ブドウの自然の抵抗力がしっかりと引き出されるようにしている。

奇跡の自然ワイン！

 ドリア・シラー 2015　€€€
Dolia Syrah 2015

ヴィレ家が古代のワイン醸造法を再現し始めてから10年になる。アラン・ヴィレと息子のフィリップは、アンフォラに入れて醸造されたシチリア・ワインを試飲したとき、衝撃を受けた。このときから父子は自分たちも同じ方法を試そうと、地元の窯元に、ドメーヌ周辺の土に近い粘土を使って壺をこしらえるよう頼んだりもした。アンフォラを用いると、ワインはゆっくりと発酵し、酸素を取り込み続けるので、まろやかに花開く。〈ドリア〉シリーズは茶褐色がかった白ワインで、ミュスカ・ア・プティ・グラン、ブールブラン、クレレット・ローズ、ルーサンヌ、そしてグルナッシュ・ブランのアッサンブラージュだ。香りは並外れて強く、ドライフルーツと蜂蜜を感じさせるノートは、古代劇場の中で聞こえてくる合唱のよう。また、シラーは強烈なまでに甘く、リッチで、純粋。はっきりとした味わいながら、飲みやすい。ブドウの上品なタンニンが繊細に引き出されている。忘れられないワイン。

フランス南部、ダンテル・ド・モンミライユの山近くのブドウ畑

ROUSSILLON

18 VIGNERONS　20 VINS　100% RAISIN

ルシヨン
[ヴァン・ナチュールの現状]

　ルシヨン地方は現在、巨大なラングドック地方（24万6千ヘクタール）の一地域として扱われている。本書では、2万600ヘクタールの畑を持つルシヨン地方の輝ける歴史と将来のために、独立した産地として取り上げることにした。非常に古い歴史を持つワインの産地ルシヨンが栄えたのは、甘口ワインのおかげだが（今もフランスのヴァン・ドゥー・ナチュールの80％がルシヨン産だ）、その甘さはまた、消費者離れを起こした原因でもある。

　最近、古くからある甘口ワイン用のブドウ畑に可能性を見出し、意欲を燃やす若いヴィニュロンが増えてきた。頁岩（けつがん）、砂岩、片麻岩（へんまがん）、花崗岩（かこうがん）、石灰岩などさまざまな土壌の山地で、粘り強く畑仕事に取り組んでいる。地質時代の第三紀から第四紀※にかけて激しい変動を経たルシヨン地方の農地は多様性に富む。ここでブドウを栽培すれば、個性がはっきりとしたさまざまな表情が出てくるのがすぐにわかるだろう。さらに、土着品種の種類も多いので、理想的なワインの実現も夢ではない。あとは、悪魔のような北風にさらされる段々畑でもめげずに働けるかどうかだ。

※約6430万年前から現在まで

ワイナリー	# Le Bout du Monde
	ル・ブー・デュ・モンド
生産者	**Édouard Laffitte**
	エドゥアール・ラフィット
AOC	コート゠デュ゠ルシヨン

Le Bout du Monde
- 13、プラターヌ大通り、66720　ランサック村
  13, avenue des Platanes, 66720 Lansac
- 06 77 50 94 22
- edouard.laffitte@laposte.net
- www.domaineleboutdumonde.sitew.com

> ブー・デュ・モンド＝地の果て

　エドゥアール・ラフィットはロッチルド※とは関係はない。エステザルグ協同組合の組合長という重責を、ジャン゠フランソワ・ニックから引き継いだ。しかしニックと同様、彼もまたじかに畑に触れて働き、ワイン造りをとことん究めたいと考えていた。ところがまたもや、協同組合との縁が待ち受けていた！　彼にとって畑ほど居心地のよい場所とは言えない、協同組合のものだった建物に入ってみると、大きな部屋の中でロイック・ルール（300頁）が待ち受けており、エドゥアールに言った。「この辺だと、農家の人にいいブドウ畑ですねって言えば、二束三文で売ってくれるよ」。しかも、誰も居つかないような厳しい気候と、ワイン商売をするためにわざわざこんな高いところまで上がってくるもの好きがいないおかげで、畑はふたりの若者に手が届く値段だった。

※ メドック地区の著名なシャトー・ラフィット・ロッチルド（ドイツ語読みはロートシルト）

奇跡の自然ワイン！

 アヴェック・ル・タン 2016　€€
Avec le Temps 2016

北向きの6.7ヘクタールの畑から摘み取ったブドウを、テロワール別に醸造して6つのキュヴェに仕上げた。このワインは花崗岩質砂層（風化した花崗岩でできた砂）のもの。血色のよい、食欲をそそるようなカリニャンだ。

ワイナリー	# Domaine Carterole
	ドメーヌ・カルトロル
生産者	**Joachim Roque**
	ジョアキム・ロック
AOC	コリウール、バニュルス

Domaine Carterole, Les 9 Caves

- 25-2、オランジェ通り、66650　バニュルス=シュール=メール村
  25bis, rue des Orangers, 66650 Banyuls-sur-Mer
- 06 73 22 19 88
- domaine.carterole@yahoo.fr

受け継がれるブドウ栽培

　ジョアキム・ロックは地元っ子だ。祖父はコリウール町最後の漁師で、ジョアキムは子供のころから「将来のために」勉強をするように言われて育った。しかしBTS（上級技術者免状）取得に失敗したため、働かなくてはならなくなった。

　ブドウ畑での仕事に飛び込んでみたら、新しい世界が開けた。子供のころに収穫を手伝ったことがあるジョアキムは、有機栽培農家の組合員のもと急勾配のブドウ園で作業することがどれほど困難か、すぐに理解する。「それなら自分の畑を持った方がましだ！」そう考えて畑をいくつか購入し、ブドウを協同組合に卸すようになった。そんなときに、彼から有機ブドウを買い付けたブリュノ・デュシェンヌと知り合った。ブリュノは驚きを隠さずこう言った。「まだ25歳なのに、自分でワインを造ろうと思わないのかい？　まいったなあ！　とにかくうちにおいで！」それからというもの、ジョアキムは毎晩ブリュノのもとへ通った。やがてブリュノとその仲間たちが協同組合の中の醸造所をジョアキムに貸してくれた。この協同組合は、バニュルスに醸造所とレストランと宿（「レ・ヌフ・カーヴ」）を開業するために、彼らが建てて間もない場所だった。

奇跡の自然ワイン！

 HJV　€€€
HJV

HとJは畑のオーナーであるアンリ=ジョアキム（Henri-Joachim）の頭文字だ。誰も有機農法に理解を示してくれなかったとき、この気のいい人物は、自分の最良の畑をすべてジョアキム・ロックに託してくれたのだ。Vはヴェルメンティーノ（velmentino）。オーナーはこのコルシカの品種をコリウールで最初に栽培した。このブドウをアンフォラに入れて数週間マセラシオンをおこなうのがジョアキムのやり方だ。強烈なワインが出来上がる。強いアロマを果皮のタンニンが包み込んでいる。

ワイナリー	**Clos du Rouge Gorge**
	クロ・デュ・ルージュ・ゴルジュ
生産者	**Cyril Fhal**
	シリル・ファル
AOC	ヴァン・ド・ペイ・デ・コート・カタラーヌ

Clos du Rouge Gorge
- 6、マルセル・ヴィエ広場、66720　ラトゥール＝ド＝フランス村
  6, place Marcel-Vié, 66720 Latour-de-France
- 04 68 29 16 37 または 06 31 65 25 89
- cyrilfhal@gmail.com

ファール・イン・ラブ

　シリル・ファルは的確な言葉を選んで話し、心動かすワインを造る。「精彩を欠くワインと、調和の取れたワインがある。でも調和というのは醸造学用語ではなく、理詰めで実現できるものではない。ここにぼくの仕事があるんだ。醸造工程の外にね」。はじめのうちは大変な困難を経験した。ブドウの古木が厳しい気候に耐えられなかったのだ。「ここでは、死んだ動植物を活用しなければやっていけない。テロワールというと人はすぐ母岩を思い浮かべるけれど、その上にある土壌がいちばん役に立つんだ。腐植土は土壌にとっての肌のようなものなんだ。もともと、ブドウの木は森の栄養たっぷりの腐植土の上で生長していたからね」

奇跡の自然ワイン！

 ジュヌ・ヴィーニュ 2016　€€€
Jeunes Vignes 2016

シリル・ファルがひとりで運営する5ヘクタールの畑のなかで、このワインに使われる若いグルナッシュの木はもっとも勾配の緩い場所に生えている。発酵期間は短めにして、ブドウ果実のエネルギーを温存する。豊かなコクと張りを感じる。

Domaine Danjou-Banessy

ワイナリー

ドメーヌ・ダンジュー＝バネシー

生産者 **Benoît et Sébastien Danjou**
ブノワとセバスチャン・ダンジュー

AOC コート＝デュ＝ルシヨン

Domaine Danjou-Banessy
📍 1-2、ティエール通り、66600　エスピラ・ド・ラグリー村
1bis, rue Thiers, 66600 Espira de l'Agly
📞 04 68 64 18 04 または 04 68 67 53 48

正しい血筋

　ダンジュー兄弟は祖父から畑を引き継いだ。父の代がブドウ栽培を嫌がっていたわけではない。祖父が畑から離れようとしなかったのだ。72歳まで30ヘクタールのブドウ畑を完璧に世話していた。「じいちゃんは80歳になっても、畑にやって来ては一緒につるはしを振っていたよ！」しかし2001年、「ドメーヌが売られそうになったから大急ぎで戻ってきたんだ」

　兄ブノワはそのころ家を出てワインを売る方法を学びに学校に通っていた。それ以外のことは彼も弟セバスチャンも何でも知っていたからだ。村の長老たちやじいちゃんからしっかり学び取っていたのだ。じいちゃんは化学肥料を嫌い、人工酵母を使ったことがなかった。ただ、甘口ワインばかり造っていて、残りのブドウはすべて協同組合に卸していた。ブノワとセバスチャンは辛口ワインの醸造に乗り出し、必要なブドウの木だけを選び出し、畑の半分だけを残した。選ばれなかった木は森に植え替えて保護している。

奇跡の自然ワイン！

 ラ・トリュフィエール 2015　€€€
La Truffière 2015

ここは、とても南仏らしい土地だ。丘の上に洗濯物がたなびいていないのがもったいないほど、晴天が長く続く。そして眺めはとても美しい。ダンジュー兄弟のワインは、赤も白も、奇跡的に繊細でフレッシュだ。頁岩に根を張って育ち、1年半をかけたオーク樽の中での熟成ののち、のびのびと持ち味を引き出されたグルナッシュとカリニャンの二重奏。燻製、森の下生え、ハッカ、ユーカリを感じさせる香り。口に含んだときの黒鉛のニュアンスはブドウの出来がよかったことを示している。ああ、もう空になってしまった。

画像提供・セパージュ

ワイナリー	**Bruno Duchêne**
	ブリュノ・デュシェンヌ
生産者	**Bruno Duchêne**
	ブリュノ・デュシェンヌ
AOC	コリウール

Bruno Duchêne
- 3、ジャン＝ブーラ通り、66650　バニュルス＝シュール＝メール村
  3, rue Jean-Bourrat, 66650 Banyuls-sur-Mer
- 04 68 88 06 94

海とブドウと太陽と

　ブリュノ・デュシェンヌは豊かな想像力の持ち主だ。その時々の環境や条件ならではのワインを生み出す才能がある。照りつける太陽からは空気のように軽いワイン、膨大な農作業からは滑らかな果汁。バニュルスには「強制労働場」とあだ名される場所がある。この山の上の畑で有機農法をおこなう決心をしたなら、それは宿命だ。「30日かけてつるはしで除草したけれど、化学薬品を使っていたら1日で終わるだろうね」。もちろん除草剤使用について非難しているわけではない。誰も登って来なくなった急勾配の畑は、これまで除草剤のおかげで存続できたのかもしれないのだから。しかしたとえ化学薬品の助けを借りたとしても、この土地は栽培家にはお手上げだった。AOCコリウールとバニュルスの2千ヘクタールの畑のうち、1千800ヘクタール分のブドウが協同組合に送られる。そして協同組合もまた財政危機を抱え、重労働に対する十分な報酬を支払えないでいる。

奇跡の自然ワイン！

 イネス 2016　€€€€
Inès 2016

ブリュノ・デュシェンヌは「オレンジ・ワイン」を造り始めたところだ。今回のマセラシオンはちゃんとしたオレンジ色になった（いつもこういうわけにはいかない）。薄皮をつけたままのグルナッシュ・ブランとグルナッシュ・グリが3カ月間トスカナ産のアンフォラの中で熟成する。かすかな還元香は不可欠に思われるし、わずかに感じられる糖分がよく調和している。バラ、ベチバー、カレーなど、さまざまなアロマを感じさせる。それでもブドウの持ち味はそのままだ！

ROUSSILLON

ワイナリー	**Domaine Face B**
	ドメーヌ・ファス・ベー

生産者	**Géraldine et Séverin Barioz**
	ジェラルディーヌとセヴラン・バリオス

| AOC | ヴァン・ド・ペイ・デ・コート・カタラーヌ |

Géraldine et Séverin Barioz
- 19、エスタジェル街道、66600　カルス村
  19, route d'Estagel, 66600 Calce
- 06 60 69 50 16
- contact@vins-face-b.fr
- www.vins-face-b.fr

泡のミュージック！

　セヴラン・バリオスは2015年、ブルゴーニュ地方のワイナリー労働組合での要職を辞した。アメリカのメンフィスでブルースシンガーがリズム三昧になるように、ブルゴーニュ地方での彼は、テロワールというコンセプトにどっぷりとつかっていた。妻のジェラルディーヌと乗っていたキャンピングトレーラーを停めたのは、「行き止まりの道の端にちょこんと位置していた」カルス村。じつはここ、グルナッシュ・ブランのお膝元だ。人口200人ほどの村で、これだけ数多くの英雄的な醸造家（ジェラール・ゴビー（296頁）、オリヴィエ・ピトン、ジャン＝フィリップ・パディエ、トーマス・テイベルト……）に会えることなどめったにない。そういえば、3.5ヘクタール分のブドウを醸造するための設備を譲ってくれたのはオリヴィエ・ピトンだった。カルス村にスター醸造家が多いのは、そこが石灰岩の土壌を取り巻くすばらしいテロワールだからだ。もちろん、バリオス夫妻の2016年の初ミレジム〈ファス・ベー〉も、恵まれたテロワールを反映している。生命力にあふれた豊かな味わいの4種類のワインは、『スモーク・オン・ザ・ウォーター*』調の赤とロゼから、バブルポップとバラードの辛口白ワインまで、一度飲んだら絶対に忘れられない。

※ 1972年のディープ・パープルのヒット曲。ハードロック調

奇跡の自然ワイン！

アングルナッシュ 2016　€€
Engrenaches 2016

電気が流れているようなワイン。カルス村のグルナッシュの魅力たっぷりの激しさの復活だ。活力に満ちたなかに、ほんの少しのミネラル感がアクセントを添える。

ピフ・パフ　€€
Pif Paf

モーザックとシュナンの組み合わせは、『コミック・ストリップ』でのゲンズブールとバルドーのようだ。優しく、開かれた、スムーズな、満足感を与えるワインで、しかめっ面は似合わない。張りがありしかも官能的。バンバン、パンパンと泡が弾ける楽しさ。

ワイナリー **Les Foulards Rouges**
レ・フラール・ルージュ

生産者 **Jean-François Nicq**
ジャン＝フランソワ・ニック

AOC ルシヨン

Domaine des Foulards Rouges
10、ロワ道、66740　モンテスキュー＝デ＝ザルベール村
10, chemin du Roi, 66740 Montesquieu-des-Albères
04 68 54 24 12 または 06 75 73 48 65
lesfoulardsrouges@orange.fr

にっくき売り切れ

　ジャン＝フランソワ・ニックは長いあいだ集団の一員として働いてきた。たとえば、エステザルグ協同組合（ガール県）。ここでは醸造長としてこの協同組合にいたすべてのヴィニュロンたちをヴァン・ナチュール造りに移行させた。彼らは今でもヴァン・ナチュールを造っている。
　ジャン＝フランソワ自身は 2002 年に組合を去り、ふと思いついてフランスの最南端に移住し、そこで真北向きの土地を探した。ちょうどアルベール山地で畑が安く売り出されていたので、まずは近隣のワイナリーで試飲をしてみて、そこの購入を決めた。ブドウの木を初めて自分で剪定した。うまくできるようになるまでに 5 ～ 6 年かかり、ブドウの木に調和が生まれるまでにさらに 5 年かかった。

奇跡の自然ワイン！

 ラ・ヴィエルジュ・ルージュ 2016　€€
La Vierge Rouge 2016

ジャン＝フランソワ・ニックのワインは売り切れ中だ。本書に登場するヴィニュロンの多くに同じことが言えるのだが、飲みたければカヴィストと仲よくなって分けてもらうしかない（巻末リストを参照のこと！）仕方がないので、今回は彼が愛する女性、「ヨヨ」に助けを求めよう。役所関係の書類には、彼女の名はロランス・マーニャ・クリエフと記載されている。ジャン＝フランソワをすっかり骨抜きにしたヨヨのブドウの木は、樹齢 80 年のグルナッシュ・グリ（要するに白ブドウ）とグルナッシュ・ノワール（20%）の混植だ。ヨヨの小さな足でそっと踏んで表面を軽く破砕したブドウを発酵させて造ったこのワインは、軽やかでフローラル。女の実力はすごい……。

ワイナリー	# Domaine Gauby
	ドメーヌ・ゴビー
生産者	**Gérard et Lionel Gauby**
	ジェラールとリオネル・ゴビー
AOC	ヴァン・ド・ペイ・デ・コート・カタラーヌ

Domaine Gauby
- ラ・ムンタダ、66600　カルス村
  La Muntada, 66600 Calce
- 04 68 64 35 19
- domainegauby@outlook.fr
- www.domainegauby.fr

お日さま熊

「ジェラールは熊の着ぐるみを着たバレリーナだ」とあるとき誰かが言った。ラグビーでフロントローが務められそうな体躯、開拓者並みの強靭な精神、そしてバレリーナのような繊細さ。まるで、サルダーナ*の調べに乗って踊る、お日さま熊である。親しい人たちからジェジェと呼ばれる彼は、特別なプロフィールを持つ。というのも、南仏ワインの新しい幕開けに先駆けて、すでに活動を始めていたのだ。彼は最初のミレジム（1985年）から、より繊細な果汁を生み出すブドウを育む畑を作ろうと決めていた。つまり太陽からの過度なストレスを浴びない、おいしいブドウ作りだ。植物抽出物、精油、堆肥などを駆使した。畑作りに必要なものはしょっちゅう「手作り」し、粗い砂利質の畑の区画（ムンタダ、クーム・ジネスト……）ごとに仕様も変えている。今は子熊ではなくなった息子のリオネルも、45ヘクタールの畑を管理し、生まれついての繊細な味覚を武器に、人びとを躍らせるようなワインを造っている。

※ カタルーニャ地方の伝統舞踊

奇跡の自然ワイン！

 ムンタダ 2015　€€€€€
Muntada 2015

そう、ゴビー家の伝説的キュヴェを開栓したのである！このワインがどうしても語りたいというので、一生に一度くらいは話を聞くべきだと思ったのだ。2015年は魔法の歌声のようなワインである。ゴビー家の友人で、今は亡きシャルリ・フーコーのカベルネを思い起こさせるかのような味わいだ。グルナッシュ73％とカリニャン20％に、少しだけシラーが加わる。ブドウの房全体（果梗を取り除かない）のマセラシオンは2週間。何よりも、ゴビー家の魔術、感性、そして畑での猛烈な仕事が、ブドウのエネルギーをボトルに閉じ込める。ありがとう、ゴビーのみなさん。

ワイナリー	**Domaine Léonine**
	ドメーヌ・レオニーヌ

生産者	**Stephane Morin**
	ステファヌ・モラン

AOC	ルシヨン

Domaine Léonine, Stephane Morin
- カルラザ道、66690　サン゠タンドレ゠デ゠ザルベール村
  Chemin de Carrerasa, 66690 Saint-André-des-Albères
- 06 07 82 99 35
- domaineleonine@live.fr
- www.domaineleonine.fr

写真とワイン

　モラン家はもともと写真店だった。「デジタル印刷に移行したのはいいけれど、機械のボタンを押して操作するだけの仕事に飽き飽きしたんだ」というステファヌは、店をたたんでまずは1年間、将来についてよく考えた。ひとつたしかに言えるのは、屋外での仕事がしたいということだった。とはいえ、何をしたらよいのか……　そうだ、ブドウ栽培をしよう！　そうと決まったらすぐに行動だ。まずは醸造学校へ。研修先を探していたとき、たまたまジャン゠フランソワ・ニック（295頁）のワイナリーであるレ・フラール・ルージュを紹介された。「あんなワインは飲んだことがなかった！　モノクロ写真を現像するときの興奮を思い出させるような、ものすごい世界を見つけた気がした。一定のパラメータで決められたありふれた印刷方法のカラー写真と違って、モノクロ写真の可能性は無限だ。自由で創造的なんだ」。13年経った今も、その興奮は冷めやらない。

奇跡の自然ワイン！

 アントル゠クール 2015　€€€
　　　　　Entre-Cœur 2015

ブドウ畑にちなんで名付けられた、もっともかわいらしい名前のワイン（アントル゠クール*はトマトだとグルマンと呼ぶ部分）。ポール゠ヴァンドル町の頁岩の痩せた土壌では、アントル・クールはほとんど成長しない。しかし、グルナッシュはそこから空気のように軽やかなミネラル感を吸収する。はじけるような純粋な果実味を感じさせる。

※ ひとつの芽から出る第二の枝。第一の枝よりも細く小さい

ワイナリー	# Domaine Matassa
	ドメーヌ・マタッサ

生産者　**Tom Lubbe**
　　　　トム・ルッブ

AOC　　コート・カタラーヌ

Domaine Matassa
2、レール広場、66720　モントナー村
2, place de l'Aire, 66720 Montner
04 68 64 10 13
matassa@orange.fr
www.matassawine.com

アフリカを遠く離れて

　トム・ルッブはアフリカで畑を所有していた。しかしアフリカ以外のワインの世界が見たくなって、1999年にジェラール・ゴビーのもとで研修を始めた。そこでゴビーの妹ナタリーを妊娠させる。映画ならここで終わりだ。しかしナタリーとトムは子供たちを当時の政情不安定な南アフリカで育てたくはなかった。妻のためにトムはアフリカのブドウ畑を手放した。「それに、アフリカで亜硫酸無添加のワインを造るのは難しかった。じっさい、始めたのもぼくが最初だったし」。アフリカに持っていたカーヴはそのままトムの研修生だったクレイグ・ホーキンスが受け継ぎ、同じ理念の下でワインを造っている。トムとナタリーはカルス村に移住してワイナリーを開き、畑は15ヘクタールになった。ビオディナミ農法と土壌を尊重した栽培方法（繊細な土質なのでできるだけ手を加えない）で、ふつうなら気温がここより2～3℃低いところで育つタイプのブドウも収穫できるようになった。地球温暖化対策として、遺伝子組み換えブドウを思いつく人間なら少なからずいるだろうが、トムは、気温が高くなっても育つようなブドウ栽培方法を考えたのだ。

奇跡の自然ワイン！

　クーム・ド・ロラ　€€
Coume de l'Olla 2016

トム・ルッブは最初、ミュスカにてこずった。そこで、赤ワインを造るときのようにマセラシオンをおこなってみた（ふつうこれは「オレンジ・ワイン」と呼ばれる）。皮も果梗もつけたまま4週間発酵させてから圧搾し、樽の中で8カ月間熟成させる。こうしてできるのが、アルコール度数11％のフルーティなワインだ。ちらりと感じさせるタンニンのあんばいが心憎い。

ワイナリー	**La Petite Baigneuse**
	ラ・プティット・ベニューズ
生産者	**Celine et Philippe Wies**
	セリーヌとフィリップ・ヴァイス
AOC	コート＝デュ＝ルシヨン、モリー

La Petite Baigneuse
レ・プラネル、66220　サン＝ポール＝ド＝フヌイエ村
Les Planels, 66220 Saint-Paul-de-Fenouillet
04 68 73 83 25
philippe.wies@orange.fr

マゾシスト

　フィリップ・ヴァイスがモリーにワイナリーを開いてからもうすぐ10年になる。「すぐに手ごたえが感じられるようなテロワールが欲しかったんだ」。当時、シストのテロワール目がけて南アフリカや南米からの農業投資家が大挙したが、ほとんどが失望して去っていった。フィリップは根っからの農民だ。アルデッシュ県で古代品種の野菜を作っていた一家は、一度は見切りをつけて航海の旅に出たが、やがて陸に戻った。居場所が必要になったとき、山がちなモリーの地で、グルナッシュの古木の畑8.5ヘクタールが売りに出されていた（現在は12.5ヘクタール）。

奇跡の自然ワイン！

 グラン・ラルグ 2013　€€
Grand Largue 2013

黒い小石に照りつける太陽の光を想像できるだろうか。モリーの大峡谷には、それしか見当たらない。頁岩質の畑が延々と続き、そこから小さな枝がぴんと伸びている。このキュヴェには、グルナッシュではなく、その古い近縁種であるルドネール・プリュと少しのカリニャンが使われている。「日に焙られた感」を出すためだ。かすかな塩気とうま味がルドネール・プリュのシャープな胡椒の風味で引き立てられている。コクがあり、力強く、石のミネラル感がある。開けば開くほどおいしくなる。

ROUSSILLON

ワイナリー
Domaine du Possible
ドメーヌ・デュ・ポッシブル

生産者
Loïc Roure
ロイック・ルール

AOC　コート＝デュ＝ルシヨン

Domaine du Possible
13、プラターヌ大通り、66720　ランサック村
13, avenue des Platanes, 66720 Lansac
04 68 92 52 78
loic.roure@laposte.net

可能性の歌

　マルセル・リショー（282頁）とティエリー・アルマン（243頁）のもとで厳しく鍛えられたロイック・ルールは、冒険に乗り出す自信があった。シリル・ファル（291頁）から「ジャジャキスタン※」のすばらしさを聞き、北風の吹くこの地までよじ登ってやってきたのだ。地元のワインをじっさいに口にする前に、車から見える風景だけで納得する。ブドウ畑の猛々しいほどの色彩。よくあるテロワールのタイプではない。ぎらぎら光る茶色、赤褐色、そして青い小石から生えているのはねじ曲がった真っ黒な枝。ドメーヌ・デュ・ポッシブルは田園風景の真ん中にあった。ロイックはその光景を目にし、軽トラックを急停車させたのだった。初めは車の中で噴霧器に寄りかかって身体を丸めて寝泊まりし、アグリー川で身体を洗った。住む場所が見つからなかったので、購入したのはもう少し上にあるランサックの協同組合の建物。ここが彼ひとりでは手に余る広さだったので、そのころやはりワイン造りに着手しつつあったエドゥアール・ラフィット（289頁）と共同で使うことにした。

※ 自分たちのワイナリーをこう呼ぶ若手生産者がいる。ここでは、ファルがルシヨン地方の自分のドメーヌについてこう表現している

300

奇跡の自然ワイン！

トゥー・ビュ・オア・ナット・トゥー・ビュ 2016　€€
Tout Bu or Not To Bu 2016

7ヘクタールある古木からできるワインにコクが足りなかったので、ロイック・ルールはネゴス業も始め、その造詣の深さで活躍している。グルナッシュ、シラー、そしてカリニャンが優雅なワインとして生まれ出た。たっぷりの果実味が楽しめる。

コウマ・アコ 2016　€€
Couma Acò 2016

ロイックがコルナスでさんざん見てきたようなシラー。しかし、頁岩質の土壌で育てるとなると話は別だ。除梗してほどよく熟成させたシラーは、繊細なスパイシーさが特徴。マグナムボトルもある。

ワイナリー	**Domaine de la Rectorie** ドメーヌ・ド・ラ・レクトリー
生産者	**Therry et Jean-Emmanuel Parcé** ティエリーとジャン゠エマニュエル・パルセ
AOC	コリウール

Domaine de la Rectorie
- 65、ピュイ゠デル゠マ大通り、66650　バニュルス村
  65, avenue du Puig-del-Mas, 66650 Banyuls
- 04 68 88 13 45 または 06 30 48 31 24
- la-rectorie@orange.fr
- www.la-rectorie.com

光の兄弟

　ルシヨン地方において、少なくとも頁岩とグルナッシュの重要性が増したことにかんしては、マルクとティエリー・パルセ兄弟のおかげである。ふたりは地元のあきらめムードと保守主義に真っ向から挑んだ。1980年代末から始まったパルセ兄弟の活動により、コート・ヴェルメイユの辛口ワインと発酵停止ワイン[※1]は、現代的でありながら本来の特徴を活かした表情を見せるようになった。

　現在マルクがかかわっているのは流通販売分野のみ。そして、知性派ピアニストでジャズマンである醸造家のティエリーが、息子のジャン゠エマニュエルとともに、20ヘクタールのドメーヌを運営している。海側の区画でも山側の区画でも、同じようにその手腕を発揮している。飲みやすく、かすかに塩気を感じさせるコリウールと、饒舌なバニュルス。どちらも緻密で軽快な仕上がりだ。

※1 目的の糖度に達した段階で発酵を止め、糖分を残したワイン

奇跡の自然ワイン！

 オリアンタル 2016　€€
L'Oriental 2016

日焼け止めが SPF30 では足りないくらいの日光が降り注ぐ畑。グルナッシュ・ノワール（とカリニャン 10%）はバニュルスのワイン（天然甘口ワイン）に使うブドウと同じくらいの完熟度で収穫される。違いは発酵停止させない点だ。したがってアルコール度数は 15% に抑えられている。しかし畑の小石がいい仕事をしてくれているおかげで、度数など忘れてしまう。スパイスやタプナード[※2]を感じさせる濃密さ。夕方 6 時になるまで飲まない方がいい。

※2 プロヴァンス地方を発祥とするオリーブのペースト

ワイナリー	**Domaine Le Roc des Anges et Domaine Les Terres de Fagayra**
	ドメーヌ・ル・ロック・デ・ザンジュと ドメーヌ・レ・テール・ド・ファゲイラ
生産者	**Marjorie et Stéphane Gallet** マルジョリーとステファヌ・ガレ
AOC	ヴァン・ド・ペイ・デ・コート・カタラーヌ

Le Roc des Anges

📍 1、モントネール街道、66720　ラトゥール＝ド＝フランス村
1, route de Montner, 66720 Latour de France
📞 04 68 29 16 62
🌐 www.rocdesanges.com

ペガサスとイカロス

　ブドウを馬にたとえてみよう。ルシヨン地方の内陸部の馬なら、きっと引き締まった強い筋肉を持つアラブ馬の系統だろう。ここにノルマン馬の血が入っていれば、マルジョリー・ガレと夫ステファヌが熟知している馬になる。マルジョリーの目指すスタイルである張りのあるワインには、やはりしっかりとした張りのあるブドウが必要だ。北向きの畑に生える古いグルナッシュとカリニャンの生態を熟知しているステファヌが、ゆっくりと丁寧に醸造をおこない、彼女の理想どおりのワインを造る。〈イグレジア・ヴェラ〉（グルナッシュ・グリ）、〈シャマーヌ〉（ミュスカ）、〈イマラヤ〉（カリニャン・グリ）、そして〈ロカ〉（すばらしいマカブーの古木）といった白ワインの、純粋さと上品さ、そして活力にはいつも感銘を受ける。

　ガレ家のワイナリーではモリーのヴァン・ドゥー・ナチュール（ドメーヌ・レ・テール・ド・ファゲイラ）も造っており、柑橘類を思わせる香りの飲みやすい甘口白ワインは最高だ。

奇跡の自然ワイン！

 ルム 2016　€€€
Llum 2016

「ルム」はカタロニア語で「光」という意味だ。グルナッシュ・グリ、マカブー、そしてグルナッシュ・ブランの古木（樹齢100年以上の木も）が頁岩質の土壌の表土に根を張っている。甘さとオイリーさのバランスがほどよいなかに、味覚を刺激する酸味が効いている。グレープフルーツ、ハッカ、アーモンドを思わせる香り。

ワイナリー **Domaine La Tour Vieille**
ドメーヌ・ラ・トゥール・ヴィエイユ

生産者 **Vincent Cantié et Christine Chateau-Campadieu**
ヴァンサン・カンティエとクリスチーヌ・シャトー゠カンパデュー

AOC　バニュルス

Domaine La Tour Vieille
- 12、マドロック街道、66190　コリウール村
  12, route de Madeloc, 66190 Collioure
- 04 68 82 44 82
- www.latourvieille.com

ここは地中海に面したバルコニー

　フランスのワイン産地を1軒の家にたとえるなら、コリウールはさしずめ日がさんさんと降り注ぎ、強風にさらされるバルコニー部分にあたる。地中海の脇腹にへばりついているこの地域の畑は、急勾配で曲がりくねっている。ここで生まれるのは、刺激的なランシオ※、ほっとする味わいの甘口ワイン、活力あるドライでミネラル感たっぷりの赤と白。頁岩地帯をそぞろ歩けば、ヴァンサン・カンティエとクリスチーヌ・シャトー゠カンパデューの家がある。

　アンチョビ販売者の家に生まれたヴァンサンは、丘陵地帯にある細かい手入れが必要なブドウ畑での重労働に人生を捧げている。クリスチーヌは高い教養を武器に、あちこちを旅しながらカタルーニャのワインを広める活動をしている。〈ル・ピュイ・ガンベイユ〉（コリウール赤、2013）は辛口で、肉厚、そして深みのあるワインだ。〈レ・カナデル〉（コリウール白、2014）はかすかな樹脂のノート。辛口ランシオの〈カップ・ド・クルー〉はイエロー・ワインと上質なドライ・シェリーのちょうど中間のような味わいだ。

※ 熟成中に高温にさらして風味を加えたワイン

奇跡の自然ワイン！

 ピュイ・ゴリオル 2015　€€
Puig Oriol 2015

頁岩質の母岩の中にしっかりと根付いたシラー（60％）とグルナッシュが主体。シラーの草木を思わせるほどよい鋭さとグルナッシュのベルベットのような刺激。お香の香りが心地よく、柔らかな敷物の上でくつろいでいるような気分になる。手堅く造られていながら、愉快な時間をともにできるワインだ。

Jean-Louis Tribouley
ジャン＝ルイ・トリブレー

生産者　**Jean-Louis Tribouley**
ジャン＝ルイ・トリブレー

AOC　コート＝デュ＝ルシヨン

Jean-Louis Tribouley
9、マルセル＝ヴィエ広場、66720　ラトゥール＝ド＝フランス村
9, place Marcel-Vié, 66720 Latour-de-France
04 68 29 03 86 または 06 83 50 89 62
jean-louis.tribouley@orange.fr

ラトゥール＝ド＝フランス１位

　ジャン＝ルイ・トリブレーはラトゥール＝ド＝フランス村にワインを造りにやってきた最初のひとり。山をひとつ越えたカルス村にある、偉大なジェラール・ゴビーのワイナリーで研修生として働いていた。しかしジャン＝ルイはカルス村に定住しようとは思わなかった。「暑すぎるんだ。ここなら太陽の光は十分にあるうえ、冷たい空気もある。正面にあるカニグー峰がぼくたちの冷蔵庫さ」。2002年、村には若者がほとんどいなかった。その後やって来た開拓者によって、1千800ヘクタールのうち180ヘクタールの畑が有機農法に転換された。今では、全体の10％にしか満たない有機農法の畑からの収益が、そうではない畑の収益の総計に匹敵するという。

奇跡の自然ワイン！

 レ・コピーヌ 2016　€€
Les Copines 2016

ジャン＝ルイ・トリブレーはパーカーポイントで高評価を得ている。それも納得である。なぜなら、こんなにも自然派を究めていながら、いつも安定した仕上がりを見せるから。このワインにはちょっと遊び心が加えられている。ほとんど除梗していないカリニャンとグルナッシュにマセラシオン・カルボニックをほどこしているのだ。ブドウの持ち味が完璧に引き出されている。

ワイナリー	**Domaine Gilles Troulliers**
	ドメーヌ・ジル・トゥルイエ

生産者	**Gilles Troullier**
	ジル・トゥルイエ

AOC	ヴァン・ド・ペイ・デ・コート・カタラーヌ

Domaine Gilles Troulliers
- 1、ラヴォワール通り、66310　エスタジェル村
  1, rue du Lavoir, 66310 Estagel
- 06 10 57 55 55
- g.troullier@sfr.fr

ルシヨンの切れ者

　ジル・トゥルイエはラトゥール＝ド＝フランス村に「最後にやってきた人たち」のなかでは一番乗りだった。ミシェル・シャプティエが、2000年にルシヨンに進出したときのチームの一員だったのだ。ローヌの偉大な醸造家の指揮下で現地責任者を務めながら、2002年からは自分が育てたいと思うブドウ品種を集め、畑を少しずつ買い、状況をよく観察し情報収集に努めた。ついに完全に独立したのは2012年。「この長いあいだ、ゆっくりと時間をかけて自分が何をしたいのか、どこで働きたいのかを見きわめることができた。今は、あまり人が足を踏み入れなかった花崗岩質の高台にある畑の世話をしている。ここでできるブドウはとても晩生なんだ」

奇跡の自然ワイン！

 ドゥラ 2015　€€
Delà 2015

どこにいてもこのフレッシュな赤ワインが涼しさを運んでくれる。2週間の時間差で収穫された、花崗岩質のテロワールの高台に育つ2種類のシラーのアッサンブラージュ。限界ぎりぎりの完熟度。フレッシュで、繊細。優雅そのもの。

ワイナリー **Vinyer de la Ruca**
ヴィネヤー・ド・ラ・ルカ

生産者 **Manuel di Vecchi Staraz**
マニュエル・ディ・ヴェッキ・スタラス

AOC バニュルス

Vinyer de la Ruca
25-2、オランジェール通り、66650　バニュルス＝シュール＝メール村
25bis, rue des Orangers, 66650 Banyuls-sur-Mer
06 65 15 78 38
m.divecchistaraz@vinyerdelaruca.com または
info@vinyerdelaruca.com
www.vinyerdelaruca.com

幻の吹きガラス

　マニュエル・ディ・ヴェッキ・スタラスに初めて会ったのは、トリノで開催されていたスローフード・ワークショップだった。賑やかなイタリア男がバニュルスの仲間のワインを褒め称えながら参加者に振る舞っていた。そして彼のワインの番。会場が静まり返った。いったいこのワインは？「全部手作業で造ってる」。いっさい機械を使わずに育てられたブドウからできたワインが、吹きガラスのボトルに詰められている。「ブドウの圧搾をしていいのは女性の足だけ。ポルト酒を造るときと一緒さ」。山岳地帯にあるこの辺の畑で、ごくごく少ない収穫量のために、人一倍の時間をかけようとする人間はめったにいない。外国からやってきたマニュエルではあるが、粘り強かった。ブドウの糖度が最大限になったところで収穫し、発酵停止のために添加するアルコールの度数を2〜3％に抑える（従来は10〜15％）。ここに秘密があった……。

奇跡の自然ワイン！

 バニュルス 2014　€€€€
Banyuls 2014

2015年、マニュエルはラトゥール＝ド＝フランス村の畑をいくつか買い、気軽に飲めるワインを造ろうとした。しかし2016年の悪天候ですべてが台無しになった。そこでバニュルスの畑に戻ったものの、ここでも収穫量はそう多くはない。しかもできたワインは故郷のイタリア人に買い尽されてしまっている。彼の吹きガラスのボトルを入手するには、小さなカヴィストを回って探すしかない。1本のボトルにこれだけの光が詰められていることに、驚くだろう。

バニュルス＝シュール＝メール村を見下ろすブドウ畑

5 VIGNERONS　5 VINS　100% RAISIN

サヴォワ
[ヴァン・ナチュールの現状]

　その雪を目がけてスキーリゾートに大挙してやってくる人びとに、あたかもエネルギー補給のように大量に消費されるようになる前、サヴォワ・ワインは農民による農民のためのワインだった。牧畜、干し草作り、乏しい穀類と果実類の栽培のかたわら、アルプス山麓地帯の人びとは昔からブドウを栽培してきた。もともとはチーズや塩漬け製品を食べて乾いた喉を癒やすための、自家製ワインを造るブドウだった。サヴォワとアオスタの渓谷地帯の冬は長い。自分で造って自分で飲むというのがふつうで、もっとも流通しているワインでもせいぜいカントン※内だった。

　畑はごく小さいが、その歴史は古く、フィロキセラ被害以前は現在の10倍の面積の畑があった。タランテーズ谷の奥深く、レマン湖のほとりに位置するサヴォワ地方のブドウ畑は、高原と丘陵地に広がっている。日当たりがとてもよい日が多く、気温も高い。猛暑の夏も一度ならずあった。

　また、新世代のヴィニュロンたちが、絶滅の危機にある古代品種を復活させよう試みている。シャルドネやガメイ、ピノはたしかにおいしいがサヴォワのブドウじゃないし、世界中どこにでもあるじゃないか──そういうことをちゃんと理解している世代だ。ジャケール、マルヴォワジー、ベルジュロン、グランジェ、シャスラ、アルテス。これらはみな、サヴォワ固有の白ブドウ品種だ。赤ワインならモンドゥーズとペルサン。とくに空中庭園を手入れするかのように育てられたブドウ畑は、ブドウ栽培の世界の精華。同じような峡谷地帯の畑を持つ同業者たちの称賛の的となっている。

　ファンが増えている状況を踏まえ、手造りのワインにこだわりつつ、サヴォワ地方の醸造家たちは今、フレッシュで、キリリとした、ミネラル感のある、21世紀らしいスティルワインと発泡ワインを造っている。飾り気のない素材を使った、シンプルな地元料理にぴったりだ。

※ フランスの県、郡に次ぐ行政区分である小郡のこと

ワイナリー **Domaine Belluard**
ドメーヌ・ベリュアール

生産者 **Dominique Belluard**
ドミニク・ベリュアール

AOC ヴァン＝ド＝サヴォワ＝エーズ

Domaine Belluard
283、レ・シュネヴァス街道、74130　エーズ村
283, route Les Chenevaz, 74130 Ayze
04 50 97 05 63
contact@domainebelluard.fr
www.domainebelluard.fr

エーズの畑を駆け降りて

　ヴァン＝ド＝サヴォワ＝エーズの白ワインは、アルコール度数が小さい酸味の強い発泡ワイン。オー＝サヴォワ県のカフェのカウンターで出されたり、チーズフォンデュのチーズを溶かすための液体とみなされたりする存在だった。ヴァン＝ド＝サヴォワ＝エーズの白ワインをはじめとする山の中腹のクリュの多くは、人びとから忘れ去られている。ドミニク・ベリュアールのような勇気と情熱を持ったヴィニュロンが、グヴェルツトラミネールの遠縁種といわれるグランジェという品種の栽培を定着させてくれたのは、まさに幸いだ。この土着品種の畑は現在22ヘクタールのみが稼働しているが、そのうち10ヘクタールが堆積岩の丘陵地にあるベリュアール家の畑で、ビオディナミ農法で手入れされている。〈モン・ブラン〉〈レ・ペルル・デュ・モン・ブラン〉〈レ・ザルプ〉はすべてグランジェだが、テロワールが異なる。それぞれ個性豊かな発泡ワインだ。澱と接触させたまま2〜4年間瓶内熟成させている。これはシャンパーニュの平均熟成期間よりも長い。また、アンフォラの中で熟成させて生まれ変わった、フランスで最高のモンドゥーズ※もぜひ味わいたい。

※ サヴォワ地方の土着品種

奇跡の自然ワイン！

 ル・フー 2015　€€€€
Le Feu 2015

厚い果皮の、晩生の品種であるグランジェが、熟練した栽培によって強い個性を持った花の香り漂う白ワインになった（これは発泡性ではない）。澄みきった味わいと、塩気を感じさせる余韻を持つ、ごちそうのようなすばらしい白ワイン。急いで飲まなくてもいい。

Domaine Partagé Gilles Berlioz

ドメーヌ・パルタジェ・ジル・ベルリオーズ

生産者 **Christine et Gilles Berlioz**
クリスチーヌとジル・ベルリオーズ

AOC ヴァン＝ド＝サヴォワ＝シニャン

Domaine Partagé Gilles Berlioz
ル・ヴィヴィエ、73800 シニャン村
Le Viviers, 73800 Chignin
04 79 28 00 51
domainepartage@gillesberlioz.fr
www.domainepartagegillesberlioz.fr

あの娘たちに夢中

　エティケットに描かれている、ミレジムごとに異なるベルリオーズ家の「レ・フィーユ」はとてもすてきで、ロック・グループ「オ・ボヌール・デ・ダム」の歌に出てきそうな感じだ。従来式の農法で7ヘクタールの畑を開墾したジル・ベルリオーズと妻クリスチーヌは、その後畑面積を半分まで減らし、まず有機農法に、次いでビオディナミ農法に転換した。ブドウ栽培やワイン醸造の方法については、絶えず検討を重ねている。丘陵地の畑における重要な働き手は馬だ。ベルリオーズ家では、自分たちのドメーヌを「開発する」場所ではなく「交流の」場所だと考えている。「ドメーヌ・パルタジェ」の名もそこから生まれた。
　モンドゥーズの〈ラ・ドゥーズ〉も、より軽くスパイシーなシニャン・ベルジュロンの〈ロデット〉〈レ・フィーユ〉〈レ・フリッポン〉も、軽みを増しながらも忘れられないような深い味わいが加わり、アルコール度数は控えめで驚くほどに飲みやすい。生産量はとても少ない（がっかり）。

奇跡の自然ワイン！

 レ・フィーユ 2015　€€€
Les Filles 2015

シニャン・ベルジュロンを100％使ったワイン。サン＝ジョゼフ、クローズ、またはクローズ＝エルミタージュでは、マルサンヌと合わせて使われるルーサンヌの別名だ。このワインはたとえて言うならおしゃれで気前のいいサヴォワの女の子。ドライフルーツとほのかな蜂蜜の香りをまとい、味わいまで果実と蜂蜜だ。たっぷりと力強いキスを浴びせてくれる。一緒に飲みたがる友人には事欠かないだろう。

ワイナリー	# Domaine Cellier Des Cray ドメーヌ・セリエ・デ・クレ
生産者	**Adrien Berlioz** アドリアン・ベルリオーズ
AOC	ヴァン゠ド゠サヴォワ゠シニャン

Domaine Cellier Des Cray

- アモー・ル・ヴィヴィエ、73800　シニャン村
  Hameau le Viviers, 73800 Chignin
- 04 79 28 00 53
- adrienberlioz@hotmail.com

> シニャンがなければ始まらない

　5ヘクタール半の畑（ヴァン゠ド゠サヴォワ゠シニャンのテロワール）から生み出されるキュヴェは14種類。サヴォワ地方の日の光の下、こだわりぬいたブドウ作りをする。アドリアン・ベルリオーズはジル・ベルリオーズ（左頁）の年若い従弟（そして隣人）だ。彼は代々続く畑の一区画のブドウを植え替え、若いブドウの木を多く使い、厳格な有機農法を実践した。10年前からみずからのワインを発売しているが、アドリアンの名がついた生き生きとしたワインはすぐに評判を呼んだ。熱狂したカヴィストたちによって買い占められ、すぐに売り切れる幻のワインだ。亜硫酸をほとんど使っておらず、スキーリゾートに来た大勢の観光客がお土産に買うようなワインではない。白ワインでは、コクのある〈ルーセット・ド・サヴォワ・ジュリーム〉（ブドウ品種はアルテス）。活力みなぎる、重さを感じさせない、よだれが出そうな余韻を残すワインだ。赤ワインにはモンドゥーズとペルサンが使われているが、これほど生き生きとして繊細な両品種のワインを味わったことはない。発売が始まったら予約は必須だ。

奇跡の自然ワイン！

 キュヴェ・デ・グー 2016　€€€
Cuvée des Gueux 2016

所有者が放置しようとしていたジャケールの木が密植された畑を手入れし、そこで採れたブドウを使う。大変な労力が必要だったが、いつかそれも「この地を変えていく楽しみ」になったという。その成果は見事にボトルの中に表現されている。一見シンプルなこのワインに隠された、高貴な優雅さを感じよう。アルコール度数（と価格）がそれほど高くないので、豪快な飲み方ができる。

Domaine Curtet
ドメーヌ・キュルテ

生産者 **Floriant et Marie Curtet**
フロリアンとマリ・キュルテ

AOC ヴァン＝ド＝サヴォワ

Domaine Curtet
シャトーフォール、73310　モツ村
Chateaufort, 73310 Motz
04 79 61 49 95 または 07 82 29 85 53
earlcurtet@gmail.com

マイエからキュルテへ

　偉大なる醸造家ジャック・マイエが引退した。何年も協同組合で献身的に働き、その後20年間サヴォワ地方の有機農法推進に大きく貢献してきた彼のワインは、もう1本もない。ジャックは今、形式上の畑16アールを維持しているだけだ。

　フロリアン・キュルテはワイン見本市でジャック・マイエに出会い、4年かけて畑を引き継いだ（やはりそれくらいはかかるのだ）。そして、最後の年に収穫人として参加していたマリが、フロリアンのよき伴侶となった。ふたりは2017年1月1日から、4ヘクタールと87アールの畑で、傾斜26.6度ほどの畑に植えられたルーセット、ジャケール、アルテス、モンドゥーズ、ピノ、ガメイを育てている。あり余るエネルギーを持つ若いカップルは来年、さらにグランジェ（オー＝サヴォワ県のエーズ村にしかない品種）とジャケールを植える予定だ。

奇跡の自然ワイン！

 ショターニュ 2016　€€
Chautagne 2016

ジャック・マイエの畑を引き継ぐ前に、フロリアン・キュルテと妻マリは小さな畑を始めていた。ガメイが20アールでモンドゥーズが10アール。全房マセラシオンを6週間かけておこなう（チャレンジ精神だ！）ピノらしさが感じられるとすれば、それは「ロッシュ・フォルト」という名のテロワールのせいだろう。全体的にはベルベットのような舌ざわりのお菓子を思わせ、胡椒、バラ、ボタン、キイチゴの香りが楽しめる。

ワイナリー	**Jean-Yves Péron** ジャン＝イヴ・ペロン
生産者	**Jean-Yves Péron** ジャン＝イヴ・ペロン
AOC	ヴァン＝ド＝サヴォワ、ヴァン・ド・フランス

Jean-Yves Péron
- シェフ・リュー、74210　シュヴァリーヌ村
  Chef Lieu, 74210 Chevaline
- 09 53 55 35 61
- domaine.peron@gmail.com

> オレンジ・ワインの天使が通った

　ジャン＝イヴはサヴォワ出身の30歳。ボルドー地方の醸造学校を卒業し、ローヌ北部に上ってジャン＝ルイ・グリッパやティエリー・アルマンのもとで働き、厳しく鍛えられた。2004年、アルベールヴィルを望むコンフランの南の丘陵地に小さな段々畑を入手。険しい斜面の畑の土壌は、コルナスやサン＝ジョゼフのようにかなり痩せており、ブドウの木は支柱に支えられて育つ。ブドウの木の中には、樹齢が100年ほどになるものもあり、畑作業はすべてつるはしやウィンチを使っておこなう。彼が新たに植えた品種はペルサン、アルテス、そしてルーサンヌ（別名ベルジュロン）。

　ブドウ畑での労働の成果をさらに引き立てるのは、サヴォワ地方ならではの醸造法、つまり白ワイン用マセラシオンだ。白ブドウで造るキュヴェのほとんど、つまり、ジャケールの〈ロッシュ・ブラン〉、アルテスの〈グランド・ジュルネ〉、アッサンブラージュした〈レ・バリウー〉にマセラシオンをほどこしている。アルプスの反対側ではよくおこなわれている製法だ。

　赤ワインは、クラシカルなキュヴェもあれば伝統を破壊するかのような挑戦的なキュヴェもある。モンドゥーズを使って醸造するとき、白ワインと同じ方法を用いたり、スー・ヴォワルをおこなったりするからだ。どの製法をとるかには、きちんと根拠があり、ステレオタイプなワインとは一線を画す。とても個性的な側面だけでなく、果実味よりも花やスパイスの香りを前面に出すという面白みも狙っている。

奇跡の自然ワイン！

 レ・バリウー 2014　€€
Les Barrieux 2014

「2014年は、今までで最高のワインができた！」〈レ・バリウー〉は、ジャン＝イヴの理念の具現化ともいえるワインだ。そしてこの年は当たり年でもあった！ ルーサンヌ（50％）、ジャケール（40％）、そしてアルテス（10％）を合わせて10週間マセラシオンをほどこし（ひんぱんにピジャージュする）、そのあと1年以上樽で熟成させる。濃いオレンジ色のワインは、バランスの取れた成熟した味わい。

SUD-OUEST

18 VIGNERONS　20 VINS　100% RAISIN

南西部
[ヴァン・ナチュールの現状]

みなさん、覚悟はよろしいだろうか。フランス南西部ワインが力強く返り咲いた。ガイヤックとカオールの主要ワイナリーがすでにその下地を築いていたが、この広大なブドウ畑を持つ地域（8県にまたがる5万ヘクタールの耕作面積）は、長年ボルドー地方のネゴスの支配下で目立たない存在だった。しかし現在、ベルジュラック地域からスペイン国境周辺にかけて、南西部ならではの個性を表現するワインが造られている。とりわけ、カオール・ワインの原料マルベック（ここではオーセロワと呼ばれるが、地方によりコットという呼び名もある）から、ジュランソンのプティ・マンサンにいたるまで、南西部にしか生育しないブドウ品種が数多くあることも強みだ。わたしたちがフランス南西部にやって来るのは、忘れることのできない造り手たちによるワインが与えてくれる強い感動を味わうためだ。隣のボルドー地方とは異なり、同じ人間が、ブドウ畑で働き、醸造所でワインを造り、ワイナリー全体を所有する。税金逃れのためにワイン商売をする国際企業などではない。

本章で紹介する先見の明の持ち主たちは、南西部ワインはタンニンが強い素朴なワイン、というイメージを払拭することに成功した。畑でも醸造所でも、より自然な方法を実践してきた成果だ。今では、スポーツの試合の前、観戦中、そして試合後のひとときに一杯やるためのワインになった。

ワイナリー	**Domaine Arretxea**
	ドメーヌ・アレチェア
生産者	**Thérèse et Michel Riouspeyrous**
	テレーズとミシェル・リウペイル
AOC	イルレギー

Domaine Arretxea
64220　イルレギー村
64220 Irouléguy
05 59 37 33 67
arretxea@free.fr

脱ベレー帽

　南西部でももっとも南端に位置するイルレギー。ブドウを栽培をこのリスクの高い山岳地帯に賭ける人間は少ない。ましてや有機農法などとんでもない話。今でも稼働している畑はわずか220ヘクタールだ。しかし、代々この土地でブドウ園を経営してきたリウペイル一家は、この農園とともに生きてゆきたいと望んだ。となれば、畑を再構築していくしかない。8ヘクタールの段々畑の曲線にそってブドウの株をひとつひとつ植えていった。ビオディナミ農法は、取り入れてすぐに生活に欠かせないものとなった。今ではビオディナミのリズムが畑での1日のリズムをつかさどっている。「ビオディナミは農民に備わった良識なんだ。それが意味するところは、古くからの知恵の集積、直観、そして絶え間ない観察を通して、畑を作っていくことだ」

奇跡の自然ワイン！

 テロワール・グレ2014　€€€
Terroirs Grès 2014

なんとすばらしいワインだろう！　そのわけは原料の育て方にある（もう何度も言っているけれど！）ドメーヌ・アレチェアでは、タナ[※1]を中間台木にして、フィロキセラ被害以前のプティ・マンサンとプティ・クルビュを接ぎ穂する、二重接ぎという方法をとっている。困惑するほどのエネルギーのほとばしりの強さ。ほとんど「シャルトルーズ色[※2]」と呼べそうな色合い。パッションフルーツ、柑橘類、ゲンチアナを感じさせる香り。優しく、成熟した、美しいワインである。

※1 南西部の土着品種　※2 明るい黄緑

ワイナリー	# Domaine Camin Larredya
	ドメーヌ・カマン・ラレジャ
生産者	**Jean-Marc Grussaute**
	ジャン゠マルク・グリュソート
AOC	ジュランソン

Domaine Camin Larredya
- シャペル・ド・ルース、64410　ジュランソン村
  Chapelle de Rousse, 64410 Jurançon
- 05 59 21 74 52
- contact@caminlaredya.fr
- www.caminlaredya.fr

良質ジュランソン

　元県会議員はやる気に満ちあふれている。ジャン゠マルク・グリュソートは1988年までプロのラグビー選手として活躍していたが、1994年に、一家所有の小さなドメーヌの運営に乗り出し、協同組合との取引きをすべてやめてブドウを植え替えた。凶作だった2007年、彼は有機栽培とがっちりスクラムを組む。ベト病が発生しやすいピレネー山脈の段々畑では、簡単なことではない。ところが今や、丘の上の9ヘクタール半の小さな畑はジュランソン・ワインのファンたちのお気に入りスポットになってしまった。

奇跡の自然ワイン！

 ラ・ヴィラダ 2016　€€
La Virada 2016

ジュランソンのブドウ——グロ・マンサン、プティ・マンサン、そしてクルビュの最高トリオの組み合わせ。過熟寸前で収穫したブドウを優しく圧搾し、樽で寝かせる。仕上げられたワインは、ソムリエの感覚さえ混乱させる。スパイス、柑橘類、ミネラル、花、草木……いったいどれなのかがわからないほどだからだ。

ワイナリー	**Domaine Causse Marines**
	ドメーヌ・コース・マリーヌ

生産者	**Virginie et Patrice Lescarret**
	ヴィルジニーとパトリス・レカレ

AOC	ガイヤック

Domaine Causse Marines
- ル・コース、81140　ヴュー村
  Le Causse, 81140 Vieux
- 05 63 33 98 30
- contact@causse-marines.com
- www.causse-mariness.com

言葉遊びの裏にパトリス

　パトリス・レカレは、まるでサンペ[※1]が描く人物のようだ。彼の個性や詩的な風情が、サンペの漫画の登場人物そのものなのである。そしてパトリス自身も絵を描く。エティケットに描かれたアナグマの禁止マークは彼の発明。妊婦のアルコール摂取警告のためのマーク[※2]に対する憤慨を表明したものだ（そして多くのヴィニュロンがこのアナグマ禁止マークを使用している）。

　ワイナリーを開いて25年、パトリスは品種の名前を逆さまにして（モーザックはザクモー、オンダンクはダンコン、そしてデュラスはラデュに……）、褒めたたえて遊ぶのが大好きだ。幸い、それはヴィルジニーというパートナーを得て、やや落ち着いてきた模様だ。

※1『プティ・ニコラ』シリーズで有名なフランスの漫画家。1932年生まれ
※2 ワイングラスを持ったお腹の大きな妊婦の上に禁止マークが重ねられている

奇跡の自然ワイン！

 プレスカン・ビュル　€
Presqu'en Bulles

もともとはプレアンビュル（Préenbulles[※3]）という名前である。ところが年によっては酵母が怠け者で糖分を十分食べてくれず、炭酸ガスの量が少ないときがあるために、プレスカン・ビュル[※4]に変更された。モーザック100％の甘くコクのある味わいはそれだけで十分で、リンゴ（この品種の特徴）やフルーツのコンフィを感じさせる。これだけで立派なデザートの1品だ。

※3「前置き、前触れ」を意味するpréambuleから　※4「かろうじてスパークリング」のような意

SUD-OUEST

ワイナリー	**Domaine Nicolas Carmarans**
	ドメーヌ・ニコラ・カルマラン

生産者	**Nicolas Carmarans**
	ニコラ・カルマラン

AOC	ヴァン・ド・ペイ・ド・ラヴェイロン

Nicolas Carmarans
- イザーグ、12460 モンテジック村
  Izagues, 12460 Montézic
- 06 71 48 58 77
- nicolas.carmarans@orange.fr

カフェから畑へ

　非の打ちどころのないアヴェロン人、ニコラ・カルマランはパリのビストロ経営者だった※。パンテオンの裏手にあるカフェ・ビストロ「ヌーヴェル・メリー」では、開業当初からヴァン・ナチュールをグラスで出している。今ではニコラ自身が造ったワインが飲める。

　2007年、彼はかわいがっていた給仕たちにエプロンを預けて、自分は生まれ故郷の山岳地帯に戻った。アントレグ村とル・フェル村の畑を合わせても20ヘクタールほどにしかならない。ニコラはその中から4ヘクタールを買い、標高450メートルの高さにある段々畑を開墾し、ブドウの木を植栽した。物は背負い、脚を使って歩き、キャタピラーやホイストを使って作業する。「よほど好きじゃなければ、こんな急斜面の上で働けないよ」。パリから戻ったニコラに期待していなかった人びとも、今では彼のワインの大ファンだ。

※ 気候の厳しいアヴェロンでは仕事が少ないため、昔からパリに出て飲食店を営む人が多い

奇跡の自然ワイン！

 セルヴ 2016　€€
Selves 2016

シュナンのワイン！ ロワール地方アンジュー産の品種が、どういうわけか南西部にやって来てから2世紀になる。ニコラ・カルマランがワイナリーを始めてすぐに、樹齢50年ほどになる株を発見して植えた木がワインになった。真砂土の土壌からくるミネラル感が、まるで畑の下を流れるセルヴ川のような生き生きとしたうま味を与える。

ワイナリー	**Chateau Combel-la-Serre** シャトー・コンベル＝ラ＝セール
生産者	**Julien Ilbert** ジュリアン・イルベール
AOC	カオール

Chateau Combel-la-Serre

クルノン、46140　サン＝ヴァンサン＝リヴ＝ドルト村
Cournon, 46140 Saint-Vincent-Rive-d'Olt
06 75 01 50 28
combel.la.serre@wanadoo.fr

マルベックを盾にして

　カオールが本気で動き出した。ロット川を眼下に望む標高300メートルの場所にある石灰質の高原に君臨するのは、ジュリアン・イルベール。「カオールの畑の3分の1ほどの面積だけれど、ここに集まっているのはやる気のある若手ばかりだ！ 石灰質が酸性に傾いているせいで、フレッシュなワインができる。マチュー・コス（320頁）が先鞭をつけてくれたんだ。でも当時は2000年代で、ブドウ栽培家はほかに誰もいなかった」。父親がネゴスに1リットル当たり45ユーロ・サンチームで売っていた2004年製造のワイン、そしてくたくたになるまで働いてやっと造ったマルベックの見本ワインのことを、ジュリアンは今でも忘れない。

奇跡の自然ワイン！

 ル・ピュール・フリュイ・デュ・コース 2016　€
Le Pur Fruit du Causse 2016

コースとは、「ブドウ畑がなかったら砂漠になっていた」であろう、石灰質の高原地帯の名前だ。コットかオーセロワかマルベックと呼ばれる品種がここで育つと、美しいブドウになる。ジュリアン・イルベールのシャトーでは、その美しさはつつましやかに開花する。「畑で働く人を喜ばせる」ためだけに存在しているかのように。サクランボやその種のエキスを思わせる味わいに、舌鼓を打とう。

ワイナリー
Domaine Cosse-Maisonneuve
ドメーヌ・コス=メゾンヌーヴ

生産者 **Catherine Maisonneuve et Matthieu Cosse**
カトリーヌ・メゾンヌーヴ と マチュー・コス

AOC カオール

Domaine Cosse-Maisonneuve
46700　ラカペル=カボナック村
46700 Lacapelle-Cabonac
06 78 79 57 10
cossemaisonneuve@orange.fr

> カオールのマルベック

　大男マチュー・コスはきわめて鋭敏な嗅覚の持ち主だ。ボトルを開けるだけで、何もかもわかる。元パートナーのカトリーヌ・メゾンヌーヴとここカオールにワイナリーを開いたとき、どうすればよいワインができるかはわかっていた。最初のうちはマチューが力ずくで試行錯誤していた、とカトリーヌは白状してくれた。「まともなワイナリー」になるには10年かかったそうだ。トラクターに乗り、つるはしを使って畑で作業し、17ヘクタールの畑で採れたブドウは、醸造所で素朴な方法で仕込む。マチューはプロヴァンス地方で20ヘクタールの畑も運営している。「でもカオールでの醸造方法とは全然違う。ここでは開業当初から変わらないやり方を貫いている。ワイン造りのすべては畑にある。ビオディナミの栽培方法と調合剤のおかげで、バランスのよいブドウの木が育つようになった。ブドウの粒を選別をしていると、捨てなければならない粒がどんどん減っていることがわかるんだ」。バランスのよいブドウの木からはバランスのよいワインができる（「バランス」はワイン醸造のキーワードだ！）

奇跡の自然ワイン！

 レ・ラケ 2014　€€€
Les Laquets 2014

マルベックは、ドメーヌ・コス=メゾンヌーヴにおけるバレリーナともいえる品種だ。ドメーヌのふたりがマルベックにトウシューズでの踊り方を教えた。赤粘土の土壌から生み出される空気感のあるワインは、テロワールの持ち味を決して失わない。品品と純粋さを備え、まろやかにとろけるような飲み心地。今すぐ飲んでも、長期熟成させてもよい。

ワイナリー

Domaine Elian Da Ros
ドメーヌ・エリアン・ダ・ロス

生産者　**Sandrine et Elian Da Ros**
サンドリーヌとエリアン・ダ・ロス

AOC　コート＝デュ＝マルマンデ

Domaine Elian Da Ros
- ラクロット、47250　コキュモン村
  Laclotte, 47250 Cocumont
- 05 53 20 75 22
- contact@eliandaros.fr
- www.eliandaros.fr

> ダ・ロス・プレーゴ！ 赤ワインを！

　ダ・ロスは「赤の」という意味のイタリア語。エリアン・ダ・ロスはイタリア系の一家に生まれた。父親は農業を営みブドウ園も所有していた。自分もブドウを作るんだとまだ回らぬ口で幼いエリアンは言ったという。しかし父親は過酷なこの仕事を息子に継がせる気はなかった。この土地のほかのブドウ園と同様、一家のブドウは協同組合に卸されていた。

　協同組合はコート＝デュ＝マルマンデのワインのうち97％を造っている。一方エリアンは家を出て著名な醸造家のもとで修業をした。アルザス地方の偉大なドメーヌ、ツィント＝フンブレヒト（35頁）で5年間働いたあと、セミトレーラーに新たなスタートに必要な資材を積んで、希望に目を輝かせながら戻ってきた。わたしたちがコート＝デュ＝マルマンデというアペラシオンの存在を知ったのは1998年だ。

奇跡の自然ワイン！

 ウートル・ルージュ 2015　€
Outre Rouge 2015

グレナディン※1風味のワインがどんなものかは誰でも知っている。しかしこの新キュヴェで、エリアン・ダ・ロスは飲みやすいワインが陥りがちな罠を巧みに回避している。ほとんどロゼに近く、アブリューという地場品種とほかの赤ワイン用ブドウの表面を軽く破砕し、直接圧搾するか、何もせずに自然に滴り落ちる果汁を使う。こうするとブドウはタンニン抜きでまるごとその味わいを発揮し、フルーツ、花、柑橘類を感じさせるアロマだけが引き立つ。〈ウートル・ルージュ〉が目指すのは、「フランス南西部の英雄、偉大なスーラージュ※2のように、光を表現すること」だという。輝きを放つキュヴェだ。

※1 ザクロのシロップ　※2 アヴェロン出身の画家。1919年生まれ

 クロ・バケ 2012　€€€
Clos Baquey 2012

真南を向いている粘土石灰質の土壌の畑で育ったメルロー、カベルネ・フラン、ソーヴィニヨン、そしてアブリュー。搾汁はおこなわない。樽での熟成は2年間。よちよち歩きのエリアンの足元にテロワールが存在していたことを実証するワインだ。

ワイナリー	**Domaine Haut Campagnau**
	ドメーヌ・オー・カンパーニョ

生産者	**Dominique Andiran**
	ドミニク・アンディラン

AOC	コート＝ド＝ガスコーニュ

Domaine Haut Campagnau
- 2、ロテル・ド・ヴィル広場、32250　モンレアル＝デュ＝ジェール村
  2, place de l'Hotel de Ville, 32250 Montréal-du-Gers
- 05 62 29 11 56
- hautcampagnau@aliceadsl.fr

ワインで千鳥足

　ドミニク・アンディランは長年ヨットの指導員をしていた。しかし今では、海ではなくブドウ畑でさらに濃く日焼けしている。アルマニャックが酒の王座に君臨している地方で、彼はワインを造る。1千ヘクタールほどの畑を誇るワイナリーの隣で、ドミニクは8ヘクタール足らずの畑で長時間の重労働に耐えている。隣人はあのタリケ（ヨーロッパで最大規模のドメーヌ）だ。ドミニクはタリケの社長、グラッサ氏を尊敬している。「彼のおかげで、ジェール県はアルマニャック一辺倒ではなくなったんだ！」ドミニク自身の運営方法とは違うけれども。「ぼくの仕事は、ブドウを育てること。いいブドウができたら、おのずといいワインができるものさ」

奇跡の自然ワイン！

 ヴェイン・ド・リュ 2016　€
Vain de Rû 2016

ドミニク・アンディランの十八番は白ワインだ。辛口、甘口、スー・ヴォワル*など、いろいろな変化を持たせたワインを造っている。アルマニャックの原料として使われることが多いコロンバールだが、ドミニクはごくごくと飲める酸味が爽やかな白ワイン用ブドウ品種として、その威光を復活させた。

※ 薄い酵母の膜の下で発酵させたワイン

ワイナリー	# Château Jonc-Blanc シャトー・ジョン＝ブラン
生産者	**Isabelle Carles et Franck Pascal** イザベル・カルルとフランク・パスカル
AOC	ベルジュラック

Domaine du Jonc-Blanc
- 24320　ヴェリーヌ村
  24320 Vélines
- 05 53 74 18 97
- jon.blanc@free.fr

ベルジュラックで勇気りんりん

　以前、ベルジュラックにはたいして何もなかった。だからこそフランク・パスカルとパートナーのイザベル・カルルはここでひっそりと暮らすようになったのだろう。「離婚に解雇。息がつまるようなパリから逃げてきたんだ！」2000 年、ベルジュラックに居を落ち着ける。パリとの環境の違いにちょっと戸惑ったが……。サン＝テミリオン村からたったの 30 分の場所にあるベルジュラックは、まだまだ知名度が低い。面積が大きすぎて（1万２千ヘクタールのブドウ畑の面積はアルザス地方全体に匹敵する）、玉石混交でどう選べばよいのかわからないのが原因かもしれない。しかし今、若手の造り手がこうしてワイナリーを運営し始めている。ベルジュラックが始動する日は近い！

奇跡の自然ワイン！

 アンティジェル※　€
Antigel

もう少しで造れなくなるところだった、新しいキュヴェだ。2017 年は畑の 90％をジェルにやられてしまった。収穫不足に備えていた彼らは、近隣の有機ブドウ栽培家と協力してカベルネ・フランとメルローで絶妙なバランスのワインを造りあげた。カシスやラズベリーを感じさせる。ソルベが欲しくなる！

※「不凍液」の意

SUD-OUEST

ワイナリー **Domaine Labranche Laffont**
ドメーヌ・ラブランシュ・ラフォン

生産者 **Christine Dupuy**
クリスチーヌ・デュピュイ

AOC マディラン

Domaine Labranche Laffont
32400　モーミュッソン＝ラギアン村
32400 Maumusson-Laguian
05 62 69 74 90
christine.dupuy@labranchelaffont.fr

女性の手

　1千500ヘクタールしかない小さなアペラシオンのマディラン。ここのブドウ品種はタナひとつだ。「タナはわたしたちのアイデンティティで、武器でもあるの！」そう言うクリスチーヌ・デュピュイは、カベルネの木を引き抜いて、土着品種であるタナを植えた（カオール、イルレギー、そしてウルグアイで少しだけ栽培されている）。「水と暑さが大好きで、気まぐれなブドウよ」。クリスチーヌが白状するところによると、タナは甘やかさない方が丈夫になり、葉も緑に茂るという。ドメーヌ・ラブランシュ・ラフォンでは、フランス革命以来、女性がこのブドウを手なずけてきたというが、それも道理だ。

奇跡の自然ワイン！

 パシュラン・デュ・ヴィック＝ビル・セック 2016　€
Pacherenc du Vic-Bilh Sec 2016

クリスチーヌ・デュピュイの赤ワインについてはこれまで何度も話してきた。こちらのワインは白。パシュラン・デュ・ヴィック＝ビルというアペラシオン。聞いたことがあるだろうか？　一度飲んだら忘れられない傑作だ。マディランの代表格でありながら評価の低かったグロ・マンサンとプティ・マンサン。アルコール度数14.5％のこのワインは、思いがけないほどのフレッシュさを持つ。リンドウを思わせる力強い香り、草木を思わせる味わい。張りのある飲み心地で、そうこう言っているあいだに1本空けてしまうほど飲みやすい。パシュランに乾杯！

ワイナリー	# Domaine Mouthe Le Bihan ドメーヌ・ムート・ル・ビアン
生産者	**Cathy et Jean-Marie Le Bihan** カティとジャン＝マリ・ル・ビアン
AOC	コート＝ド＝デュラス

Domaine Mouthe Le Bihan
- 47120　サン＝ジャン＝ド＝デュラス村
  47120 Saint-Jean-de-Duras
- 05 53 83 06 98
- www.mouthes-le-bihan.com

よだれが出るメルロー

　カティ・ル・ビアンはいつもおしゃれ。もともとは華やかな業界関係者だった。「かっこいい音響技師のボーイフレンドとショービジネスの世界を渡り歩いていたの。そんなある日、ジャン＝マリがトラクターに乗って現れた。業界に別れを告げて、大地での暮らしに飛び込むことにしたわ」

　ジャン＝マリは穀物生産者だった。南西部では、耕作地のほとんどが穀作地。そして、ふたりが熱望して手に入れた畑は、広大な穀作地の真っただ中に唐突に出現する。ワイナリーを開いたのは2000年。最初のミレジムは失敗だった。「それで、とにかくワインを飲みまくったの。それから、気に入ったワインを造っている醸造家に会いに行った。こうしてわかったことはただひとつ。すべては畑にある。当時の醸造技術者には辞めてもらったわ」

奇跡の自然ワイン！

 レメ・シェ 2014　€
L'Aimé Chai 2014

だじゃれを好きになれとは言わないが、この「レメ」（愛される）ワインを愛さずにはいられない！　以前はネゴスに卸していたキュヴェを、直接顧客に届けることで、価格と満足度の最適バランスを実現しよう……、ドメーヌ・ムート・ル・ビアンのふたりは決心した。メルローの比率が高く（70%）、これにカベルネ・フランとソーヴィニヨン、ほんの少量のマルベックが加わる。ムスクが香るよく熟れたフルーツを思わせる。南西部のワインはもっと高くてもいい！

売り飛ばされそうになったブドウ畑に戻ってきた、放浪人のカミーユ・マルケ（左）とマティアス（左）

ワイナリー	**Château Lestignac**
	シャトー・レスティニャック
生産者	**Mathias et Camille Marquet**
	マティアスとカミーユ・マルケ
AOC	ベルジュラック

Château Lestignac
4、シグレ街道、24240　シグレ村
4, route de Sigoulès, 24240 Sigoulès
06 71 46 61 88 または 05 53 23 74 86
chateaulestignac@gmail.com
www.chateaulestignac.weetoolbox.com

自分に合ったやり方

　マルケ家は、4世代にわたりシャトー・レスティニャックの13ヘクタールのブドウ畑を所有してきた。しかし、じっさいにブドウを栽培しようとする人間はいなかった。マティアスの父親はシャラント県でワイナリーを経営していた。そしてあるとき、レスティニャックの地所の価格が急上昇しているから売ることにした、とマティアスに告げた。そのころのマティアスはカミーユと一緒にニュージーランドを放浪しており、野菜の集約栽培やフルーツの収穫などをしながら食いつないでいた。そろそろ本腰を入れて働こうとしていたタイミングもあり、レスティニャックに戻ってきたというわけである！ 最初のミレジムは2008年。あまりうまくはいかなかったのだが……。

奇跡の自然ワイン！

プルッフ 2014　€
Plouf 2014

「研究所の人が箱一杯に詰まった製品を持ってやって来たんだ。亜硫酸、アラビアガム、クリの木から抽出したタンニン、ビタミン類、チアミン、人工酵母、バクテリア……など、とりあえず全部使ってみた！」しかし今では原料はブドウだけ（必要であれば、亜硫酸を加える）。カベルネ・フランとメルローにほんの少しだけマセラシオンをほどこしたワイン。ブドウの生命がここによみがえったかのようだ。

ワイナリー

Domaine du Pech

ドメーヌ・デュ・ペシュ

生産者　**Ludovic Bonnelle et Magalie Tissot**
リュドヴィク・ボネルとマガリ・ティソ

AOC　ビュゼ

Domaine du Pech
47310、サント゠コロンブ゠アン゠ブルイオワ、
39600　ピュピラン村
47310 Sainte-Colombe-en-Bruilhois, 39600 Pupillin
05 53 67 84 20
pechtis@orange.fr

ビュゼの評判赤ワイン

　ようこそ、ビュゼ゠シュール゠バイズへ。ちょっと発音しにくい地名だが……。マガリ・ティソとパートナーのリュドヴィク・ボネルは南西部出身ではない。マガリはジュラ地方のワイナリーの名家、ティソ家（151頁）の一員だ。しかし彼女の父親がピュピュラン村に根を下ろすことを決め、ドメーヌの絶景の丘の上で、一株一株ブドウの木を植えた。畑を引き継いだマガリとリュドヴィクは、暗中模索で減農薬栽培を始めた。しかし「減農薬用製品の営業が、栽培家の罪悪感を和らげるために甘い言葉でいんちき製品を売りつけるばかり」だったという。その後ふたりはビオディナミにすっかり傾倒し、馬耕作や、自分たちで作った精油を使った畑作りをおこなっている。

奇跡の自然ワイン！

 ラ・バディヌリ・デュ・ペシュ 2008　€€€
La Badinerie du Pech 2008

ドメーヌ・デュ・ペシュでは赤が十八番だ。オーク樽の中で長期熟成させる。〈ラ・バディヌリ〉はドメーヌでもっとも樹齢の高いブドウの木の持ち味を存分に引き出している。砂礫の土壌に育つメルローとカベルネ・フラン、そして石灰岩に根を張るカベルネ・ソーヴィニヨン。砂利質たっぷりのテロワールならではの、生き生きとした高級なビュゼ・ワインだ。

ワイナリー | **Domaine Plageoles**
ドメーヌ・プラジョル

生産者 | **Myriam, Bernard, Romain et Florent Plageoles**
ミリアム、ベルナール、ロマン、フロラン・プラジョル

AOC | ガイヤック

Domaine Plageoles
トレ・カントゥ、81140　カユザック＝シュール＝ヴェール村
Très Cantous, 81140 Cahuzac-sur-Vère
05 63 33 90 40
vinsplageoles@orange.fr
www.vins-plageoles.com

家宝

　家族ってすばらしい！ プラジョルという名が出るたび、心のなかで叫んでしまう。南西部のワインの覚醒と結びつけて語られる一家の名だ。祖父のマルセルが、素朴な、しかし 2000 年の歴史を誇るガイヤックのワインをボトルに詰め始めた。そして父親のロベールは、忘れ去られていた古来品種をよみがえらせた。おかげで今やガイヤックは、生きた饒舌な博物館のような存在となっている。

　ミリアムとベルナールはこの生きた博物館のおしゃべりを、さらに個性的なワインとして発展させてきた。規範重視の公機関によってエティケットへのガイヤック村名の記載が拒否されると、彼らは抗議の声を上げる。息子のロマンとフロランもこれに唱和して、両親を凌駕する力強い意見を発してくれる。家族の絆は血縁だけに限らない。たとえば、従業員のジェローム・ギャローや隣人のマリーヌ・レイスの開業支援から、南仏のあちこちに散らばっている親類縁者にいたるまで、あとに続く人びとのために一家は力を尽くしてきた。

奇跡の自然ワイン！

 ヴェルダネル　€€
Verdanel

「ヴェルダネル」とは、14 あるガイヤック・ワインの伝統品種のひとつ。もちろん、プラジョル家はこの品種を植えて復活させた。すると、例によって権威機関が、ヴェルダネルは認定された品種として目録に載っていないと通達してきた。アペラシオンは何であれ、この区画から生まれる最上のワインはねっとりとした美味な白ワインとなり、十分に開くとアニスや生い茂った草木の香りがする。

 コントル＝ピエ　€€
Contre-Pied

醸造所を任されるようになった「弟子たち」による新しいキュヴェ！ 初めてデュラスにマセラシオン・カルボニックをほどこした（ボジョレー・ワインと同じ製法）ものである。胡椒、燻製、鉄の香りをまとったフルーティなワイン。まだ木になっているサクランボの味も！ 飲みやすいが気をつけて。これでもアルコール度数が 14.5％もあるのだから……。

ワイナリー	# Château Plaisance
	シャトー・プレザンス
生産者	**Marc Penavayre**
	マルク・ペナヴェイル
AOC	フロントン

Château Plaisance
- 102、市役所広場、31340　ヴァキエ村
  102, place de la Mairie, 31340 Vacquiers
- 05 61 84 97 41
- château-plaisance@wanadoo.fr
- www.chateau-plaisance.fr

ネグレット・オルフェ

　ペナヴェイル家は闘う農家だ。すぐ近くに空港建設の話が持ち上がると、ドメーヌの入り口にこんな垂れ幕を下げた。「フロントンに飛行機はいらない！ 飛行機の中でフロントンを飲め！」トゥールーズ市の小さな畑でできるワインを売るには、奮闘しなければならないのだ。トゥールーズのご当地自慢といえばラグビーだが、ペナヴェイル一家にとっては、ワイン自慢のトゥールーズなのである。

奇跡の自然ワイン！

 セール・ダ・ベグ 2016　€€
Serr da Beg 2016

セール・ダ・ベグ、オック語※で「黙れ！」という意味だ。しかしマルク・ペナヴェイル以上のおしゃべり人間を見つけるのは難しい……。このワインでもネグレット（フロントン生粋の土着品種だ）が大活躍する。フレッシュでシャープな味わい。圧倒的なスミレのブーケ。お花畑の中にいるようなワインを楽しもう…… おしゃべりはこれくらいにしておいて。

※ フランス南部の一部地域で話される方言

ワイナリー	**Domaine de la Ramaye**
	ドメーヌ・ド・ラ・ラマイエ

生産者	**Sylviane et Michel Issaly**
	シルヴィアーヌとミシェル・イサリー

AOC	ガイヤック

Domaine de la Ramaye

- サント＝セシル・ダヴェス、817、
  ラ・ラマイエ街道、81600　ガイヤック村
  Sainte-Cécile d'Avès, 817, route de la Ramaye, 81600 Gaillac
- 05 63 57 06 64
- contact@michekissaly.com
- www.michelissaly.com

挑戦し続けるガイヤック

　ミシェル・イサリーはめったにパリに行かなくなったが、かつては15年以上にわたってひんぱんにパリを訪れた。個人ブドウ生産者組合の組合長として、大量生産品から手作りのワインを守り、均一化傾向から各ワイナリーの個性を守るために奔走していたのだ。現在、彼の闘いの舞台は丘陵地にある5ヘクタールの畑。大量生産ワインが水よりも安く売られる土地である。彼は父親のドメーヌから3分の1しか譲り受けなかった。「本物のテロワールの上で古来品種のブドウを育てたいんだ」。近隣の栽培者に、こんなワイン造りもあるのだと示すために。

奇跡の自然ワイン！

 ル・グラン・テルトル 2015　€€€
Le Grand Tertre 2015

ガイヤックの主要ブドウ品種がおでましである。ブロコルとプリュヌラール（マルベックの祖先だということが最近判明した）。開けたての葉巻、柑橘類、胡椒、ユリの香り。しっかりとしたボディを持ちながらも滑らかな喉越しで、いくらでも飲めてしまう。

ワイナリー **Domaine de Souch**
ドメーヌ・ド・スーシュ

生産者 Yvonne Hégoburu
イヴォンヌ・エゴビュル

AOC ジュランソン

Domaine de Souch
- 805、スーシュ道、64110　ラルアン村
  805, chemin de Souch, 64110 Larouin
- 05 59 06 27 22
- domaine.desouch@neuf.fr
- www.domainedesouch.com

> みんなのすてきなおばあちゃん

　ジュランソンはフランスでもっとも古いアペラシオンのひとつだ。イヴォンヌ・エゴビュルはもうすぐ90歳になる。南西部のヴィニュロンたちにとって、かわいいおばあちゃんといった存在だ。みんなのアイドルなのだ。「夫と出会ったのは15歳のとき。そして彼は60歳でこの世を去ったの。残されたわたしは何かに夢中にならなければならなかった」。イヴォンヌは家の周囲にブドウの木を植えた。「ブドウの木ほど人間に似ているものはないと思うわ。辛いことでもじっと耐えるの。だからよく世話をして、どんな問題が起きているのか見きわめてあげなければならない。わたしには、ブドウの世話が生きていくために必要だった。亡くなった主人のことをいつまでも忘れないためにも」。
　もうひとりの偉大な貴婦人がジュランソンのワインをこう讃えている。「思春期のわたしは、王子さまに出会った。彼は、大のプレイボーイによくあるように情熱的で、横柄で、不実だった。彼の名は、ジュランソン」（コレット『小説集』）

奇跡の自然ワイン！

 ジュランソン 2015　€€€
Jurançon 2015

標高332メートル。ピレネー＝アトランティック地方の眺望をさえぎるものは何もない。太陽の恵みをたっぷり受けたプティ・マンサンとグロ・マンサンが10月に入るまでゆっくりと熟し、そのエネルギーによって、よくこなされ、完璧な糖度を持つワインになった。摘みたてのハーブやマルメロのかすかな香り。合わせやすいもの（フォアグラ）から意外なもの（クリーム仕立ての肉や魚、チーズ）まで、さまざまな料理と合う。

ワイナリー	**Domaine Vignereuse**
	ドメーヌ・ヴィニュルーズ
生産者	**Marine Leys**
	マリーヌ・レイス
AOC	ガイヤック

Marine Leys
📍 フレシネット、81140　モンテル村
　　Frayssinette, 81140 Montels
📞 06 19 87 07 81
✉ marine_leys@yahoo.fr

極上のデュラス

　ガイヤックが動き始めた。有機農法をおこなう若いヴィニュロンが、今では30人を数える。彼らの年齢は20〜25歳！ マリーヌ・レイスは彼らより20歳年上だが、情熱は誰にも負けない。20年間、カメラを片手に世界中を飛び回り、水中での映画撮影も手がけていた。しかしこの専門分野に需要はそれほどなく、マリーヌは定職を持つことにした。当時彼女は恋人を追ってアイルランドへ、さらに彼が働き始めたトルコにも住んだ。トルコの職場があった場所にはブドウの木が植えられていた。ここでブドウ栽培の楽しさに目覚め、今日にいたる。ボーヌとイスタンブールを往復して農業栽培責任者資格を取得し、最終的に腰を落ち着けたのがガイヤックだった。そしてプラジョル家（329頁）の支援を受け、自身のワイナリーを開くことができた。

奇跡の自然ワイン！

 ア・ラ・サンテ・デ・メクレアン 2015　€€
　　　　À la Santé des Mécréants 2015

マリーヌ・レイスの畑は3.5ヘクタール。丘陵地の頂上に育つ、もっとも古いブドウの木からこのワインは造られた。100%デュラスを使用しているが、固さはない。かすかな塩気を感じさせるほどよいタンニン。『シャルリー・エブド*』の「メクレアン」のために乾杯しよう。2013年末に彼女がワイナリーを始めたときに祝福してくれた彼らに。

※ フランスの週刊風刺新聞。2015年国際テロ組織によって襲撃され、編集長をはじめとする12人が殺害された

| CAVIST LIST |

ブドウ100%のワインを扱う

フランスの
ベスト・カヴィスト

リスト作成：ピエリック・ジェギュ

　カヴィストは、ワイン生産者というひとつの大家族の一員。
みんな情熱を持った人たちばかりだ。ヴァン・ナチュールには、
ブドウ園で起こった1年間の出来事がつまっている。四季の変
化を全身で吸収したそんなワインたちは、下手に取り扱うとす
ねてしまう。だから、並々ならぬ情熱がなければ、ヴァン・ナ
チュールについて語ることは難しい …… もちろん、発酵した
ブドウを滅菌処理しただけの飲み物を扱っているなら、解説な
んかしなくてもいいのだけれど。ワインこそいちばん自然な飲
み物であると信じ込んでいる消費者の目を覚ましてあげようと
いう努力は、報われるのだろうか？
　ここで紹介するカヴィストたち（とソムリエたち）は、自分の
店で取り扱うワイン生産者の毎日の生活にまで精通している。
ときには彼らの仕事を手伝い、夜の飲み会までずっと一緒に過
ごすのだ。数年前から、パリの一部の人たちが「BOBO※」と
呼ばれるようになり、この傾向はさらに人里離れた田舎でも広
まりつつある。伝統回帰という「トレンド」が気軽なものとし
て受け止められ、意識の高い人たちがヴァン・ナチュールを楽
しむようになった。しかも、創作料理の分野においても、ヴァン・
ナチュールが注目されて取り入れられている。農業そのものが、
生き残るための工業化とブランド化にさらされているこのご時
世、そろそろクローンのブドウから造られたワインを熱心に売
りつける無意味さに気づき始めた人が多いのではないか ……
おっと。しゃべりすぎて喉がからからになるところだった。

※ブルジョワ＝ボヘミアン。経済的に余裕があり、自由で、社会貢献に関心の高い層

──────────── リストの見方 ────────────

● 県の前の数字はフランスの県番号です　● 電話番号は現地のものになります。日本か
ら掛ける場合は、フランスへの国際電話の掛け方をご参照ください　● 店舗情報は発刊
時点のものです。実際に訪れる際は、あらかじめ最新情報をご確認ください

01 アン県
AIN

ラ・ピュヴェット
La Buvette
- 7、ギシュノン通り、01000　ブール=カン=ブレス市
  7, rue Guichenon, 01000 Bourg-en-Bresse
- 04 74 22 34 32　定休日：日曜、月曜

ラ・グランジュ・オ・ヴァン
La Grange aux Vins
- 11、レグリーズ通り、01630　サン=ジェニ=プイイ
  11, rue de l'Eglise, 01630 Saint-Génis-Pouilly
- 04 50 20 76 83　定休日：日曜、月曜

02 エーヌ県
AISNE

ラ・フォンテーヌ・デ・サンス
La Fontaine des Sens
- 27、カルノ通り、02400　シャトー=ティエリー
  27, rue Carnot, 02400 Château-Thierry
- 03 23 69 82 40　定休日：日曜午後、月曜

03 アリエ県
ALLIER

ラ・カーヴ・ダニエス
La Cave d'Agnès
- 23、リュカ通り、03200　ヴィシー
  23, rue Lucas, 03200 Vichy
- 04 70 96 17 41　定休日：日曜、月曜

ラ・カーヴ・ダニエス
La Cave d'Agnès
- 13、マレシャル=フォッシュ広場、03500　サン=プルサン=シュール=シウール
  13, place du Maréchal-Foch, 03500 Saint-Pourçain-sur-Sioule
- 04 70 47 43 34　定休日：日曜、月曜

04 アルプ=ド=オート= プロヴァンス県
ALPES-DE-HAUTE-PROVENCE

レピスリー・フィーヌ
L'Epicerie Fine
- 1、リュ・ベルリュック=ペリュシス、04300　フォルカルキエ
  1, rue Berluc-Perussis, 04300 Forcalquier
- 04 92 79 11 41　年中無休

05 オート=アルプ県
HAUTES-ALPES

ヴィノ・メロディ
Vino Melody
- 12、ラ・レピュブリック広場、05400　ヴェーヌ
  12, place de la Republique, 05400 Veynes
- 04 92 46 68 80

06 アルプ=マリティーム県
ALPES MARITIMES

ラ・ヴィノテーク
La Vinothèque
- 14、マルソー通り、06400　カンヌ
  14, rue Marceau, 06400 Cannes
- 04 93 99 94 02　定休日：月曜

エスパス・ヴァン・デュ・スパール
Espace Vins du Spar
- 160、ピエール=スマン大通り、06130　グラース
  160, avenue Pierre-Semand, 06130 Grasse
- 04 93 40 40 04　年中無休

ラ・カーヴ・ランブラント
La Cave Rembrandt
- 54、ジェネラル・ルイ=デルフィーノ大通り、06300　ニース
  54, boulevard General Louis-Delfino, 06300 Nice
- 04 93 55 03 04　定休日：日曜

ラ・パール・デ・ザンジュ
La Part des Anges
- 17、ギュベルナティス通り、06000　ニース
  17, rue Gubernatis, 06000 Nice
- 04 93 62 69 80　定休日：日曜

07 アルデッシュ県
ARDÈCHE

カラフ・アン・フォリ
Carafes en Folie
- 56、マレシャル=フォッシュ大通り、07300　トゥルノン=シュール=ローヌ
  56, avenue du Maréchal-Foch, 07300 Tournon-sur-Rhone
- 04 75 08 19 52　定休日：日曜午後、月曜

ヴァン・シュール・ヴァン
Vins sur Vans
- 25、アンリ=ティボン広場、07140　レ・ヴァン
  25, place Henri-Thibon, 07140 Les Vans
- 04 75 88 56 46　定休日：日曜、月曜

10 オーブ県
AUBE

オ・クリュール・ド・ヴァン
Aux Crieurs de Vins
- 4-6、ジャン=ジョレス広場、10000　トロワ
  4-6, place Jean-Jaurès, 10000 Troyes
- 03 25 40 01 01　定休日：日曜、月曜

11 オード県
AUDE

ラッシュ・パ・ラ・グラップ
Lâche pas la Grappe
- 55、ポン=ヴュー通り、11000　カルカッソンヌ
  55, rue du Pont-Vieux, 11000 Carcassonne
- 04 68 26 39 63　定休日：日曜、月曜

レ・ヴァン・シュール・ル・フリュイ
Les Vins sur le Fruit
- 10、ラ・アル広場、11220　ラグラス
  10, place de la Halle, 11220 Lagrasse
- 04 68 49 80 76　定休日：水曜、日曜

ル・コントワール・ド・セレスタン
Le Comptoir de Célestin
- 3、ラムルギエ広場、11000　ナルボンヌ
  3, place Lamourguier 11000 Narbonne
- 04 68 27 55 78　定休日：日曜、月曜

12　アヴェロン県
AVEYRON

カーヴ・リュテーヌ
Cave Ruthène
- パルク・ド・ムーティエ、11、ラントルプリーズ大通り、12000　ロデーズ村
  Parc des Moutiers, 11, avenue de l'Entreprise, 12000 Rodez
- 05 65 42 19 28　定休日：日曜

13　ブーシュ゠デュ゠ローヌ県
BOUCHE-DU-RHONE

ル・ムーラン・ナ・ヴァン
Le Moulin à Vins
- カントン゠ヴェール大通り、13190　アロッシュ
  Avenue du Canton-Vert, 13190 Allauch
- 04 91 05 74 68　定休日：日曜午後、月曜

カーヴ・ド・トランクタイユ
Cave de Trinquetaille
- 8、ラ・ガール゠マリティーム大通り、13200　アルル
  8, avenue de la Gare-Maritime, 13200 Arles
- 04 90 96 64 34 定休日：日曜、月曜

ラ・パール・デ・ザンジュ
La Part des Anges
- 551、ドゥアール大通り、レ・パリュッド工業団地、13400　オーバーニュ
  551, avenue du Douard – ZI Les Paluds, 13400 Aubagne
- 04 42 70 44 27　定休日：日曜

オ・ベル・ヴィーニュ
Ô Belles Vignes
- 28、フォルチュヌ゠フェリーニ大通り、ポン゠ド゠ラ ルク地区、13090　エクス゠アン゠プロヴァンス
  28, avenue Fortune-Ferrini – Quartier Pont-de-l'Arc, 13090 Aix-en-Provence
- 04 42 24 44 07　定休日：日曜、月曜

ラ・パール・デ・ザンジュ
La Part des Anges
- 33、サント通り、13002　マルセイユ
  33, rue Sainte, 13001 Marseille
- 04 91 33 55 70　定休日：日曜、月曜

レ・ビュヴァール
Les Buvards
- 34、グラン゠リュ、13002　マルセイユ
  34, Grand-Rue, 13002 Marseille
- 04 91 90 69 98　定休日：日曜

カーヴ・ド・バイユ
Cave de Baille
- 133、バイユ大通り、13005　マルセイユ
  133, boulevard Baille, 13005 Marseille
- 04 96 12 05 68　定休日：土曜午前、日曜、月曜

ラ・カーヴ・ド・グリニャン
La Cave de Grignan
- 59、グリニャン通り、13006　マルセイユ市
  59, rue Grignan, 13006 Marseille
- 04 91 33 46 59　定休日：日曜、月曜

ノートル・カーヴ・デュ・モン
Notre Cave du Mont
- 10、ロディ通り、13006　マルセイユ
  10, rue de Lodi, 13006 Marseille
- 09 83 69 64 34　定休日：日曜、月曜

プリュ・ベル・ラ・ヴィーニュ
Plus Belle La Vigne
- 36、ジュリアン大通り、13006　マルセイユ
  36, cours Julien, 13006 Marseille
- 04 91 63 11 91　年中無休

ラ・パスレル
LA PASSERELLE
- 26、リュ・デ・トロワ゠マージュ、13006　マルセイユ
  26, rue des Trois-Mages, 13006 Marseille
- 04 91 48 77 24　定休日：日曜

ル・クール・デ・ヴィーニュ
Le Coeur des Vignes
- 57、ダンドゥーム通り、13007　マルセイユ
  57, rue d'Endoume, 13007 Marseille
- 04 91 52 85 47　定休日：日曜午後、月曜

カーヴ・ド・ラ・ポワント・ルージュ
Cave de la Pointe Rouge
- 83、ラ・ポワント・ルージュ大通り、13008　マルセイユ
  83, avenue de la Pointe-Rouge, 13008 Marseille
- 04 91 72 30 53　定休日：日曜、月曜午前

ル・ヴァン・ソーブル
Le Vin Sobre
- 56、ネグレスコ通り、13008　マルセイユ
  56, rue Negresko, 13008 Marseille
- 04 91 32 68 64　定休日：日曜午後

カーヴ・ダミアニ
Caves Damiani
- 86、ブルヴァール・ミレイユ゠ローズ、13010　マルセイユ
  86, boulevard Mireille-Lauze, 13010 Marseille
- 04 91 79 61 68　定休日：日曜午後、月曜

ラ・カラフ
La Carafe
- 65、クール・カミーユ゠ペルタン、13300　サロン゠ド゠プロヴァンス
  65, cours Camille-Pelletan, 13300 Salon-de-Provence
- 04 90 44 31 21　定休日：日曜、月曜

14　カルヴァドス県
CALVADOS

クルール・ヴァン
Couleurs Vin
- ラ・ガール通り、14370　アルジャンス
  rue de la Gare, 14370 Argences
- 02 31 85 53 89　定休日：日曜、月曜

ルージュ・エ・ブラン
Rouge et Blanc
- 5、サン゠ソヴール通り、14000　カン
  5, rue Saint-Sauveur, 14000 Caen
- 02 31 38 24 80　定休日：日曜、月曜

ラ・スイス・グルマンド
La Suisse Gourmande
- 2、デュ・トリポ広場、14570　クレシー
  2, place du Tripot, 14570 Clécy
- 02 31 66 23 58　定休日：日曜午後

ラ・フイユ・ド・ヴィーニュ
La Feuille de Vigne
- 24、ドーファン通り、14600　オンフルール
  24, rue du Dauphin, 14600 Honfleur
- 02 31 98 78 96　定休日：水曜

15　カンタル県
CANTAL

エスパス・ヴァン
Espace Vins
- 66、コント大通り、15000　オーリヤック
  66, avenue de Conthe, 15000 Aurillac
- 04 71 43 52 55　定休日：日曜、月曜

レ・カーヴ・デュ・パレ
Les Caves du Palais
- 1、パレ＝ド＝ジュスティス広場、15100　サン＝フルール
  1, place du Palais-de-Justice, 15100 Saint-Flour
- 04 71 60 71 09　定休日：日曜午後、月曜

16　シャラント県
CHARENTE

ラ・カーヴ・デ・ロシェ
La Cave des Rochers
- ド・ルクー工業団地、16800　ソワイユー
  ZI de Recoux, 16800 Soyaux
- 05 45 92 13 08　定休日：日曜、月曜

17　シャラント＝マリティーム県
CHARENTE-MARITIME

ズバール
Ze'bar
- 13、ラ・シェーヌ通り、17000　ラ・ロシェル
  13, rue de la Chaîne, 17000 La Rochelle
- 05 46 07 05 15　定休日：日曜、毎日午前

プレジール・デュ・ヴァン
Plaisir du Vin
- ZAC・ド・ボーリュー、44、8・メイ通り、17138　ピュイボロー
  ZAC de Beaulieu – 44, rue du 8-Mai, 17138 Puiboreau
- 05 46 69 39 75　定休日：日曜、月曜

ラ・カール
La Cale
- 1、クルビヤック通り、ポール・ラ・ルーセル、17100　サント
  1, rue de Courbiac, Port La Rouselle, 17100 Saintes
- 05 46 90 69 03　定休日：日曜、月曜

18　シェール県
CHER

ラ・カーヴ・デュ・ソレイユ
La Cave du Soleil
- 7、カンブルナック通り、18000　ブールジュ
  7, rue Cambournac, 18000 Bourges
- 02 48 68 98 72　定休日：日曜、月曜

ル・トクサン
Le Tocsin
- 36、エドゥアール＝ヴァイヤン通り、18000　ブールジュ
  36, rue Édouard-Vaillant, 18000 Bourges
- 02 48 65 00 58　定休日：日曜、月曜、火曜

19　コレーズ県
CORRÈZE

メゾン・ドゥノワ
Maison Denoix
- 9、ブルヴァール・デュ・マレシャル＝リオテー、19100　ブリーヴ＝ラ＝ガイヤルド
  9, boulevard du Maréchal-Lyautey, 19100 Brive-la-Gaillarde
- 05 55 74 34 27　定休日：日曜、月曜

20　コルシカ県
CORSE

ル・シュマン・デ・ヴィニョーブル
Le Chemin des Vignobles
- 16、ドクトゥール大通り・ノエル＝フランシーニ、20090　アジャクシオ
  16, avenue du Docteur Noël-Franchini, 20090 Ajaccio
- 04 95 51 46 61　定休日：日曜

21　コート＝ドール県
CÔTE-D'OR

レ・ヴァン・ド・モーリス
Les Vins de Maurice
- 8、エドゥアール＝フレース通り、21200　ボーヌ
  8, rue Édouard-Fraysse, 21200 Beaune
- 03 80 20 84 93　定休日：日曜

カーヴ・マドレーヌ
Caves Madeleine
- 8、フォーブール＝マドレーヌ通り、21200　ボーヌ
  8, rue du Faubourg-Madeleine, 21200 Beaune
- 03 80 22 93 30　定休日：水曜、日曜

ル・コントワール・デ・トントン
Le Comptoir des Tontons
- 22、フォーブール＝マドレーヌ通り、21200　ボーヌ
  22, rue du Faubourg-Madeleine, 21200 Beaune
- 03 80 24 19 64　定休日：水曜、月曜

ラ・ディレッタント
La Dilettante
- 11、フォーブール＝ブルトニエール通り、21200　ボーヌ
  11, rue du Faubourg-Bretonnière, 21200 Beaune
- 03 80 21 48 59　定休日：水曜、日曜

ベー・コム・ブルゴーニュ
B Comme Bourgogne
- 18、ミュゼット通り、21000　ディジョン
  18, rue Musette, 21000 Dijon
- 09 84 49 65 19　年中無休

ダンゴヴィーノ
Dingovino
- 29、ジャナン通り、21000　ディジョン
  29, rue Jeannin, 21000 Dijon
- 03 80 28 50 88　定休日：日曜午後、月曜

オ・グレ・デュ・ヴァン
Ô Gré du Vin
- 📍 106、モンジュ通り、21000　ディジョン
  106, rue Monge, 21000 Dijon
- 📞 03 80 65 90 62　定休日：日曜

22　コート＝ダルモール県
CÔTES-D'ARMOR

カーヴ・デ・ジャコバン
Cave des Jacobins
- 📍 3、サント＝クレール通り、22100　ディナン
  3, rue Sainte-Claire, 22100 Dinan
- 📞 02 96 39 03 82　定休日：日曜、月曜午前

ラ・カーヴ・デ・アール
La cave des Halles
- 📍 4、ミロワール広場、22300　ラニオン
  4, place du Miroir, 22300 Lannion
- 📞 02 96 48 78 26　定休日：日曜午後、月曜

ラ・カーヴ・ダ・コテ
La Cave d'à Côté
- 📍 1、ロテル＝ド＝ヴィル広場、22700　ペロス＝ギレック
  1, place de l'Hôtel-de-Ville, 22700 Perros-Guirec
- 📞 02 96 91 26 49　定休日：日曜午後、月曜

テール・エ・ヴァン
Terre et Vins
- 📍 レ・カトル・ルート、22100　ケヴェール
  Les Quatre Routes, 22100 Quévert
- 📞 02 96 39 92 01　定休日：日曜、月曜

レ・ディヴ・ブテイユ
Les D'Yves Bouteilles
- 📍 5、ポエル通り、22000　サン＝ブリゥー
  5, rue Pohel, 22000 Saint-Brieuc
- 📞 02 96 42 18 39　定休日：日曜、月曜

24　ドルドーニュ県
DORDOGNE

ラ・カーヴ・デメ
La Cave d'Eymet
- 📍 23、ガンベッタ広場、24500　エメ
  23, place Gambetta, 24500 Eymet
- 📞 06 22 56 19 80　定休日：月曜

ヴァン・ブラン・ルージュ
Vin Blanc Rouge
- 📍 3、ラ・プレイストワール並木通り、24620　レ・ゼジー＝ド＝タイャック＝シルイユ
  3, avenue de la Préhistoire, 24620 Les Eyzies-de-Tayac-Sireuil
- 📞 05 53 35 17 41　定休日：日曜

25　ドゥー県
DOUBS

レ・ザンザン・デュ・ヴァン
Les Zinzins du Vin
- 📍 14、ラ・マドレーヌ通り、25000　ブザンソン
  14, rue de la Madeleine, 25000 Besançon
- 📞 03 81 81 24 74　定休日：日曜、月曜、火曜

ル・トゥルー・ド・スリ
Le Trou de Souris
- 📍 マルシェ・クーヴェール・デ・ボー＝ザール、25000　ブザンソン
  Marché couvert des Beaux-Arts, 25000 Besançon
- 📞 03 81 83 26 09　定休日：月曜

テラ・ヴィネア
Terra Vinea
- 📍 1、ラ・ガール通り、25500　モルトー
  1, rue de la Gare, 25500 Morteau
- 📞 03 81 67 52 88　定休日：日曜、月曜

26　ドローム県
DRÔME

ル・ヴァン・ポエット
Le Vin Poète
- 📍 2、ラベ＝マネ広場、26200　デュールフィ
  2, place de l'Abbé-Magnet, 26200 Dieulefit
- 📞 04 75 90 61 55　定休日：日曜午後、月曜

ル・ヴァン・ポエット
Le Vin Poète
- 📍 165、エティエンヌ＝グーニュ通り、26160　ル・ポエット＝ラヴァル
  165, rue Etienne-Gougne, 26160 Le Poët-Laval
- 📞 04 75 90 08 85　定休日：日曜午後、月曜

デ・テラス・デュ・ローヌ・オ・ソムリエ
Des Terrasses du Rhône au Sommelier
- 📍 22、レ・ベサール通り、26600　タン＝レルミタージュ
  22, rue des Bessards, 26600 Tain-l'Hermitage
- 📞 0475 08 40 56　定休日：日曜、月曜

28　ウール＝エ＝ロワール県
EURE-ET-LOIR

カーヴ・サン＝リュバン
Cave Saint-Lubin
- 📍 28、ル・ソレイユ＝ドール通り、28000　シャルトル
  28, rue du Soleil-d'or, 28000 Chartres
- 📞 02 37 21 00 00　定休日：日曜、月曜

オ・グレ・デュ・ヴァン
Au Gré du Vin
- 📍 21、エムリー＝カロン通り、28100　ドルー
  21, rue Esmery-Caron, 28100 Dreux
- 📞 02 37 46 12 20　定休日：日曜、月曜

29　フィニステール県
FINISTÈRE

ラ・カーヴ・ド・バッキュス
La Cave de Bacchus
- 📍 10、アラン＝フルニエ通り、29200　ブレスト
  10, rue de Alain-Fournier, 29200 Brest
- 📞 02 98 44 33 76　定休日：日曜、月曜午前

ラ・カーヴ・デ・ヴァン・グルマン
La Cave des Vins Gourmands
- 📍 49-2、リヨン通り、29200　ブレスト
  49 bis, rue de Lyon, 29200 Brest
- 📞 02 98 44 90 46　定休日：日曜午後、月曜

ル・グロビュル・ルージュ
Le Globulle Rouge
- 📍 27、エミール＝ゾラ通り、29200　ブレスト
  27, rue Émile-Zola, 29200 Brest
- 📞 02 98 33 38 03　定休日：日曜、月曜

ソワフ・ド・ヴァン
Soif de vins
- 📍 13、ロベスピエール通り、29200　ブレスト
  13, rue Robespierre, 29200 Brest
- 📞 02 98 48 19 47　定休日：日曜午後、月曜午前

ラ・プティット・カーヴ
La Petite Cave
- 12、ドクトゥール=ピエール=ニコラ大通り、29900 コンカルノー
  12, avenue du Docteur-Pierre-Nicolas, 29900 Concarneau
- 09 53 87 20 73　定休日：日曜午後、月曜

ラ・カーヴ・ド・ラ・プレスキル
La Cave de la Presqu'île
- 7、グラヴラン通り、29160　クロゾン
  7, rue Graveran, 29160 Crozon
- 02 98 27 18 18　年中無休

ル・ヴィノグラフ
Le Vinographe
- 25、アンジュ=ド=ゲルニサック通り、29600　モルレ
  25, rue Ange-de-Guernisac, 29600 Morlaix
- 06 47 59 79 06　定休日：月曜、火曜

30　ガール県
GARD

レ・プレジール・ド・ラ・ターブル
Les Plaisirs de la Table
- 1、ラシーヌ通り、30900　ニーム
  1, rue Racine, 30900 Nîmes
- 04 66 36 26 06　定休日：日曜、月曜

31　オート=ガロンヌ県
HAUTE-GARONNE

イン・ヴィノ・フレド
In Vino Fredo
- 4、ラ・リベラシオン広場、31130　バルマ
  4, place de la Libération, 31130 Balma
- 05 61 20 26 51　定休日：日曜、月曜

ク・デュ・ボヌール
Que du Bonheur
- 62、ピレネー大通り、31240　リュニオン
  62, avenue des Pyrénées, 31240 L'Union
- 06 70 24 10 95　定休日：日曜午後

ヴィネア
Vinéa
- サントル・コメルシアル・サン=カプレ、31240　リュニオン
  centre commercial Saint-Caprais, 31240 L'Union
- 05 34 27 17 15　定休日：日曜、月曜

ル・タン・デ・ヴァンダンジュ
Le Temps des Vendanges
- サントル・コメルシアル・ベルナデ、31830　プレザンス=ド=トゥーシュ
  centre commercial Bernadet, 31830 Plaisance-de-Touch
- 05 34 59 11 57　定休日：日曜

アン・プレーヌ・ナチュール
En Pleine Nature
- 6、ラ・メリー広場、31130　カン=フォンスグリーヴ
  6, place de la Mairie, 31130 Quint-Fonsegrives
- 05 61 45 42 12　定休日：土曜、日曜、月曜

デ・ブション
Des Bouchons
- 2-3、ドクトゥール・レイゼル=ルードヴィク・ザメンホフ小路、31100　トゥールーズ
  2 ter, allee du dr Lejzer-Ludwik Zamanhof, 31100 Toulouse
- 05 62 83 40 35　定休日：日曜午後

ラクリマ・ヴィニ
Lacrima Vini
- 9、エティエンヌ=ビリエール大通り、31300　トゥールーズ
  9, avenue Étienne-Billières, 31300 Toulouse
- 09 83 41 60 66　定休日：日曜午後、月曜午前

ラクリマ・ヴィニ
Lacrima Vini
- 2、サン=ジョルジュ広場、31300　トゥールーズ
  2, place Saint-Georges, 31300 Toulouse
- 09 83 41 60 66　定休日：日曜、月曜午前

ル・タン・デ・ヴァンダンジュ
Le Temps des Vendanges
- 9、レストラパード広場、31000　トゥールーズ
  9, place de l'Estrapade, 31000 Toulouse
- 05 61 42 94 66　定休日：日曜、月曜

ル・ティール=ブション
Le Tire-Bouchon
- 23、デュピュイ広場、31000　トゥールーズ
  23, place Dupuy, 31000 Toulouse
- 05 61 63 49 01　定休日：日曜、月曜

レ・パショネ
Les Passionnés
- 31-2、ブリエンヌ小路、31000　トゥールーズ
  31 bis, allée de Brienne, 31000 Toulouse
- 05 61 13 99 06　定休日：日曜、月曜

ヴァン・デュヌ・オレイユ
Vins d'Une Oreille
- 103、カミーユ=ピュジョル大通り、31500　トゥールーズ
  103, avenue Camille-Pujol, 31500 Toulouse
- 05 61 80 36 69　定休日：日曜、月曜

33　ジロンド県
GIRONDE

ラ・カーヴ・ダントワーヌ
La Cave d'Antoine
- 14-2、クール・ヴィクトル=ユゴー、33130　ベーグル
  14 bis, cours Victor-Hugo, 33130 Bègles
- 05 56 85 72 48　定休日：日曜、月曜

オートル・シャトー
Autres Châteaux
- 29、クール・ポルタル、33000　ボルドー
  29, cours Portal, 33000 Bordeaux
- 05 57 30 92 24　定休日：日曜、月曜午前

ル・ジャルダン・エ・ル・カーヴ・ド・フロ
Le Jardin et le Cave de Flo
- 56、パレ=ガリアン通り、33000　ボルドー
  56, rue du Palais-Gallien, 33000 Bordeaux
- 09 81 10 00 21　定休日：日曜、月曜

レ・ミレジム
Les Millésimes
- 4、レグリーズ通り、33200　ボルドー
  4, rue de l'Église, 33200 Bordeaux
- 05 47 79 04 01　定休日：日曜午後、月曜

キュヴェ
Quvée
- 355、ティエール大通り、33100　ボルドー
  355, avenue Thiers, 33100 Bordeaux
- 05 40 12 36 24
  定休日：日曜、月曜、火曜午前、水曜午前

オ・ボン・ジャジャ
Au Bon Jaja
- 4、クール・ダルザス＝ロレーヌ、33000　ボルドー
  4, Cours d'Alsace-Lorraine, 33000 Bordeaux
- 07 68 40 35 06　定休日：日曜、月曜

34　エロー県
HÉRAULT

ラ・カーヴ・ドクシターヌ
La Cave d'Occitane
- 259、ジャン＝バティスト＝カルヴィニャック通り、
  34670　バイヤルグ
  259, rue Jean-Baptiste-Calvignac, 34670
  Baillargues
- 04 67 69 02 55　定休日：日曜、月曜

シェ・クリスチーヌ・カナック
Chai Christine Cannac
- 3、ロベール＝シューマン広場、34600　ベダリュー
  3, square Robert-Schuman, 34600 Bédarieux
- 04 67 95 86 14　定休日：日曜、月曜

ル・シャモー・イーヴル
Le Chameau Ivre
- 15、ジャン＝ジョレス広場、34500　ベジエ
  15, place Jean-Jaurès, 34500 Béziers
- 04 67 80 20 20　定休日：日曜、月曜

ル・グラン・ド・レザン
Le Grain de Raisin
- 19、ジュール＝フェリー通り、34170　カステルノー
  ＝ル＝レ
  19, rue Jules-Ferry, 34170 Castelnau-le-Lez
- 04 67 79 59 50　定休日：日曜午後、月曜

レ・カーヴ・グルマンド
Les Caves Gourmandes
- 10、レスプラナード小路、34150　ギニャック
  10, allée de l'Esplanade, 34150 Gignac
- 04 99 63 27 78　定休日：日曜、月曜

ペシェ・ディヴァン、ラ・カーヴ
Péché Divin, La Cave
- 12、ルイ＝ブレゲ通り、34830　ジャクー
  12, rue Louis-Bréguet, 34830 Jacou
- 04 67 86 84 11　定休日：日曜、月曜午前

オ・プティ・グラン
Au Petit Grain
- 4、ラ・カルボヌリ通り、34000　モンペリエ
  4, rue de la Carbonnerie, 34000 Montpellier
- 04 67 52 72 82　定休日：日曜、月曜午前

カーヴ・ド・ラ・カピラ
Cave de la Capilla
- 97、ザルバトロス通り、34000　モンペリエ
  97, rue des Albatros, 34000 Montpellier
- 04 99 64 00 68　定休日：日曜、月曜、毎日午前

ラ・カーヴ・ド・ブトネ
La Cave du Boutonnet
- 57、フォーブール＝ブトネ通り、34090　モンペリエ
  57, rue du Faubourg-Boutonnet, 34090 Montpellier
- 09 83 38 34 50　定休日：日曜午後、月曜、火曜午前

ヴェー・マルシャン・ド・ヴァン
V. Marchand de Vins
- 55、マリ＝ド＝モンペリエ並木通り、34000　モンペ
  リエ
  55, avenue Marie-de-Montpellier, 34000
  Montpellier
- 04 67 69 96 47　定休日：日曜、月曜

ル・ヴァン・ノワール
Le Vin Noir
- 5、ブシェ＝ド＝ベルナール広場、34070　モンペリエ
  5, place Bousschet-de-Bernard, 34070 Montpellier
- 04 67 06 54 92　定休日：日曜午後、月曜、水曜午前

ラ・テラス・デュ・ミモザ
La Terrasse du Mimosa
- 23、ロルロージュ通り、34150　モンペイルー
  23, place de l'Horloge, 34150 Montpeyroux
- 04 67 44 49 80　年中無休

ヴェー・マルシャン・ド・ヴァン
V. Marchand de Vins
- 53、ラヴァン通り、34980　サン＝ジェリー＝デュ＝
  フェスク
  53, rue de l'Aven, 34980 Saint-Gély-du-Fesc
- 04 67 07 96 59　定休日：日曜、月曜午前

オ・ヴァン・ヴィヴァン
Au Vin Vivant
- 6、アンドレ＝ポルト通り、34200　セート
  6, rue André-Portes, 34200 Sète
- 06 64 17 53 97　定休日：日曜午後、月曜、火曜午前

35　イール＝エ＝ヴィレーヌ県
ILLE-ET-VILAINE

ラ・カーヴ・デロディ
La Cave d'Élodie
- 3、ラ・クロワ広場、35190　ベシュレル
  3, place de la Croix, 35190 Bécherel
- 06 59 45 27 84　定休日：土曜と日曜以外の午前

ラ・カーヴ・デムロード
La Cave d'Emeraude
- 17、ウィルソン大通り、35800　ディナール
  17, boulevard Wilson, 35800 Dinard
- 02 99 46 23 06　定休日：日曜、月曜

ル・セリエ・フージュレ
Le Cellier Fougerais
- 26、フートリ通り、35300　フージェール
  26, rue des Feuteries, 35300 Fougères
- 02 99 94 49 03　定休日：日曜、月曜

ラ・カル・グルマンド
La Cale Gourmande
- 31、ジェネラル＝ド＝ゴール通り、35870　ル・ミニイッ
  ク＝シュール＝ランス
  31, rue du Général-de-Gaulle, 35870 Le Minihic-
  sur-Rance
- 02 99 88 53 97　定休日：日曜、月曜

ア・カンティナ
A Cantina
- 6、シャルル＝クロワゼ通り、35740　パセ
  6, rue Charles-Croizé, 35740 Pacé
- 02 99 67 95 26　定休日：日曜、月曜

ラルスイユ
L'Arsouille
- 17、ポール＝ベール通り、35000　レンヌ
  17, rue Paul-Bert, 35000 Rennes
- 02 99 38 11 10　定休日：土曜昼、日曜、月曜。
  レストランの営業時間はショップも開いている。

ラ・カーヴ・デュ・ソムリエ
La Cave du Sommelier
- 24、オッシュ通り、35000　レンヌ
  24, rue Hoche, 35000 Rennes
- 02 99 63 14 68　定休日：日曜、月曜

イストワール・ド・ヴァン
Histoires de Vins
- 47、ヴァスロ通り、35000　レンヌ
  47, rue Vasselot, 35000 Rennes
- 02 99 79 18 19　定休日：日曜

アン・ミディ・ダン・レ・ヴィーニュ
Un Midi Dans Les Vignes
- 115、パリ通り、35000　レンヌ
  115, rue de Paris, 35000 Rennes
- 02 99 36 95 45　定休日：金曜午後、土曜、日曜

ラ・トネル・ア・ヴァン
La Tonnelle à Vins
- 27、ブルヴァール・ド・ヴェルダン、35000　レンヌ
  27, boulevard de Verdun, 35000 Rennes
- 02 56 51 27 78　定休日：日曜

ブリアック・エ・バッキュス
Briac et Bacchus
- 2、グランド＝リュ、35800　サン＝ブリアック
  2, Grande-Rue, 35800 Saint-Briac
- 09 67 50 49 01　年中無休

カーヴ・ド・ラベイ・サン＝ジャン
Cave de L'Abbaye Saint-Jean
- 7、コルディエ通り、35400　サン＝マロ
  7, rue des Cordiers, 35400 Saint-Malo
- 02 99 20 17 20　定休日：月曜

オ・プティ・レコルタン
Au Petit Récoltant
- 86、ヴィル＝ペパン通り、35400　サン＝マロ
  86, rue Ville-Pépin, 35400 Saint-Malo
- 02 23 52 33 28　定休日：日曜午後、月曜

ル・セリエ・ヴィトレアン
Le Cellier Vitréen
- 17-2、ガランジョ通り、35500　ヴィトレ
  17 bis, rue Garengeot, 35500 Vitré
- 02 99 74 00 81　定休日：日曜、月曜

37　アンドル＝エ＝ロワール県
INDRE-ET-LOIRE

アミカルマン・ヴァン
Amicalement Vin
- リュー＝ディ・ベル＝エール、37400　アンボワーズ
  Lieu-dit Bel-Air, 37400 Amboise
- 06 62 48 75 40
  定休日：土曜、日曜。予約したほうがよい。

ラ・バラード・グルマンド
La Balade Gourmande
- 20、バルザック通り、37190　アゼー＝ル＝リドー
  20, rue Balzac, 37190 Azay-le-Rideau
- 09 80 68 29 30　定休日：月曜

ル・ヴァン・アン・カーヴ
Le Vin en Cave
- 15-2、オンズ・ノヴァンブル広場、37510　バラン＝ミレ
  15 bis, place du 11-Novembre, 37510 Ballan-Miré
- 09 83 91 21 49　定休日：日曜午後、月曜

アンファン・デュ・ヴァン
Enfin du Vin
- 1、コンポステル街道、37500　カンド＝サン＝マルタン
  1, route de Compostelle, 37500 Candes-Saint-Martin
- 02 47 95 07 61　定休日：10月から5月までの月曜

ラ・カバーヌ・ア・ヴァン
La Cabane à Vin
- 23、ジェネラル＝ド＝ゴール広場、37500　シノン
  23, place du Général-de-Gaulle, 37500 Chinon
- 02 47 95 84 58　定休日：日曜午後、月曜

ラ・カーヴ・ヴォルテール
La Cave Voltaire
- 13、ヴォルテール通り、37500　シノン
  13, rue Voltaire, 37500 Chinon
- 02 47 93 37 68　定休日：月曜（10月から5月を除く）

レ・フラヴール・ド・ラ・テール
Les Flaveurs de la Terre
- 7、バルザック通り、37600　ロッシュ
  7, rue Balzac, 37600 Loches
- 02 47 59 08 91　定休日：日曜、月曜午前

レノフィル
L'Œnophil'
- 34、ナショナル通り、37250　ソリニー
  34, rue Nationale, 37250 Sorigny
- 02 47 72 07 73　定休日：日曜午後、月曜

ラ・バラード・グルマンド
La Balade Gourmande
- 26、グラン＝マルシェ広場、37000　トゥール
  26, place du Grand-Marché, 37000 Tours
- 02 47 75 11 65　定休日：日曜、月曜

カ・カヴパール・トロワ
La Cav'par 3
- 4、ジョルジュ＝クルトリーヌ通り、37000　トゥール
  4, rue Georges-Courteline, 37000 Tours
- 02 47 38 71 95　定休日：日曜

ラ・カーヴ・シュール・ラ・プラス
La Cave sur la Place
- プラス・ヴェルポー、37000 トゥール
  Place Velpeau, 37000 Tours
- 09 83 30 63 00　定休日：日曜午後、月曜

カーヴ・キャラントセット
Caves 47
- 47、ラ・トランシェ大通り、37100　トゥール
  47, avenue de la Tranchée, 37100 Tours
- 02 47 41 20 66　定休日：日曜、月曜

レドニスト
L'Hédoniste
- 16、ラヴォワジエ通り、37000　トゥール
  16, rue Lavoisier, 37000 Tours
- 02 47 05 20 40　定休日：日曜、月曜午前

メゾン・クレマン
Maison Clément
- ガストン＝ベルー広場、アール・サントラル、37000　トゥール
  Place Gaston-Pailhou, Halles centrales, 37000 Tours
- 02 47 80 04 71　定休日：日曜午後

38　イゼール県
ISÈRE

ラ・バラード・デ・テロワール
La Balade des terroirs
- サント・クレール広場、38000　グルノーブル
  Place Sainte-Claire, 38000 Grenoble
- 04 76 51 15 86　定休日：日曜午後、月曜

ル・ヴァン・デ・ザルプ
Le Vin des Alpes
- 20、ストラスブール通り、38000　グルノーブル
  20, rue Strasbourg, 38000 Grenoble
- 04 76 43 04 39　定休日：日曜、月曜午前

39　ジュラ県
JURA

レ・ジャルダン・ド・サン＝ヴァンサン
Les Jardins de Saint-Vincent
- 49、グランド＝リュ、39600　アルボワ
  49, Grande-Rue, 39600 Arbois
- 06 20 87 44 65　定休日：火曜、水曜

エッセンシア
Essencia
- 24、ノートル＝ダム広場、39800　ポリニー
  24, place Notre-Dame, 39800 Poligny
- 03 84 37 08 46　定休日：日曜午後

40　ランド県
LANDES

プレジール・デュ・ヴァン
Plaisirs du Vin
- 179、ジョルジュ＝クレマンソー大通り、40100　ダクス
  179, avenue Georges-Clémenceau, 40100 Dax
- 05 58 56 17 11　定休日：日曜、月曜

アルドネオ
Ardonéo
- 7、サン＝ロッシュ広場、40000　モン＝ド＝マルサン
  7, place Saint-Roch, 40000 Mont-de-Marsan
- 05 58 75 56 03　定休日：日曜、月曜

41　ロワール＝エ＝シェール県
LOIRE-ET-CHER

レ・キャトルサン・クー
Les 400 Coups
- 42、サン＝リュバン通り、41000　ブロワ
  42, rue Saint-Lubin, 41000 Blois
- 06 77 55 07 70
  定休日：日曜、月曜。閉店時間：18時

42　ロワール県
LOIRE

ル・ソン・デュ・カノン
Le Son du Canon
- 24、ピエール＝ベルナール通り、42000　サン＝テティエンヌ
  24, rue Pierre-Bérnard, 42000 Saint-Étienne
- 06 52 01 10 31　定休日：日曜、月曜、土曜を除く毎日午前

ル・ヴェール・ギャラン
Le Verre Galant
- 6、フランソワ＝ジレ通り、42000　サン＝テティエンヌ
  6, rue Francois-Gillet, 42000 Saint-Étienne
- 04 77 37 81 79　定休日：日曜、月曜

パルファン・ド・カーヴ
Parfums de Cave
- 13、ガブリエル＝クザン大通り、42330　サン＝ガルミエ
  13, boulevard Gabriel-Cousin, 42330 Saint-Galmier
- 04 77 83 50 39　定休日：日曜午後、月曜

44　ロワール＝
　　アトランティィク県
LOIRE-ATLANTIQUE

ル・ガラージュ・ア・ヴァン
Le Garage à Vins
- 20、ラトランティック大通り、44510　ル・プリゲン
  20, boulevard de l'Atlantique, 44510 Le Pouliguen
- 02 40 70 49 85
  定休日：学校休暇以外の日曜午後、火曜

レ・ブテイユ
Les Bouteilles
- 11、ベル＝エール通り、44000　ナント
  11, rue de Bel-Air, 44000 Nantes
- 02 40 08 27 65　定休日：日曜、月曜

レ・キャラフェ
Les Carafés
- 8、グランド＝ビエス通り、44000　ナント
  8, rue Grande-Biesse, 44000 Nantes
- 02 51 72 24 60　定休日：日曜

ラ・コントル・エティケット
La Contre Étiquette
- 1、サン＝ドニ通り、44000　ナント
  1, rue Saint-Denis, 44000 Nantes
- 02 40 75 86 39　定休日：日曜、月曜

ミル・エ・タン・ヴァン
Mille et Un Vins
- 19、ヴィアルム広場、44000　ナント
  19, place Viarme, 44000 Nantes
- 02 40 75 06 93　定休日：日曜午後、月曜午前

ラ・ヌーヴェル・カーヴ
La Nouvelle Cave
- 17、ケ・ド・ラ・フォス、44000　ナント
  17, quai de la Fosse, 44000 Nantes
- 02 53 78 46 94　定休日：日曜、月曜午前

ル・ヴァン・ヴィヴァン
Le Vin Vivant
- 93、マレシャル＝ジョッフル通り、44000　ナント
  93, rue du Maréchal-Joffre, 44000 Nantes
- 02 40 89 79 83　定休日：日曜、月曜

ヴェリーグッド
Verygood
- 28、ブルヴァール・ド・ラ・プレリー＝オ＝デュック、44000　ナント
  28, boulevard de la Prairie-au-Duc, 44000 Nantes
- 02 40 89 28 84　定休日：日曜、月曜

ヴァン・ドゥブー！
Vin Debout!
- 16、アルレー大通り、44300　ナント
  16, avenue du Halleray, 44300 Nantes
- 06 23 83 21 22　定休日：日曜

ヴィノ・ヴィニ
Vino Vini
- 25、ラシーヌ通り、44000　ナント
  25, rue Racine, 44000 Nantes
- 02 40 69 06 66　定休日：日曜、月曜午前

レ・ヴァン・オ・ヴェール
Les Vins au Vert
- 11、サン=レオナール通り、44000　ナント
  11, rue Saint-Leonard, 44000 Nantes
- 02 40 08 51 69　定休日：日曜、月曜

ヴィノ・ヴィニ
Vino Vini
- 164-2、デュ・ジェネラル=ド=ゴール大通り、44380
  ポルニシェ
  164 bis, avenue du Général-de-Gaulle, 44380
  Pornichet
- 02 40 61 72 25　定休日：日曜、月曜

ル・タストヴァン
Le Tastevin
- 87、ジャン=ジョレス通り、44600　サン=ナゼール
  87, rue Jean-Jaurès, 44600 Saint-Nazaire
- 02 40 66 55 57　定休日：日曜、月曜

45　ロワレ県
LOIRET

レ・ベック・ア・ヴァン
Les Becs à Vin
- 8、シャトレ広場、45000　オルレアン
  8, place du Châtelet, 45000 Orléans
- 09 65 16 64 09　定休日：日曜

46　ロット県
LOT

プレジール・デュ・ヴァン
Plaisirs du Vin
- 548、アナトール=ド=モンジー大通り、46000　カオール
  548, avenue Anatole-de-Monzie, 46000 Cahors
- 05 65 21 75 12　定休日：日曜、月曜

47　ロット=エ=ガロンヌ県
LOT-ET-GARONNE

プレジール・デュ・ヴァン
Plaisirs du Vin
- ZAC　アジャン=シュッド、アレ=ド=リオル、
  47000　アジャン
  ZAC Agen-Sud, allée de Riols, 47000 Agen
- 05 53 66 76 42　定休日：日曜

プレジール・デュ・ヴァン
Plaisirs du Vin
- ZAC・ド・ラ・プレーヌ、リュ・アルベール・アインシュ
  タイン、47200　マルマンド
  ZAC de la Pleine, rue Albert-Einstein, 47200
  Marmande
- 05 53 88 08 88　定休日：日曜、月曜

プレジール・デュ・ヴァン
Plaisirs du Vin
- 456、ボルドー大通り、47300　ヴィルヌーヴ=シュー
  ル=ロット
  456, avenue de Bordeaux, 47300 Villeneuve-sur-
  Lot
- 05 53 71 89 30　定休日：日曜、月曜

48　ロゼール県
LOZÈRE

ラ・バリカ
La Barrica
- 3、ラルジャル通り、48000　マンド
  3, rue de l'Arjal, 48000 Mende
- 06 86 41 71 82　定休日：日曜、月曜午前

49　メーヌ=エ=ロワール県
MAINE-ET-LOIRE

ア・ボワール・エ・ア・マンジェ
À Boire et à Manger
- 5、ラ・ヴィジタシオン広場、49100　アンジェ
  5, place de la Visitation, 49100 Angers
- 02 41 72 86 91　定休日：月曜午前、火曜午前

ラ・カーヴ・サン=トーバン
La Cave Saint-Aubin
- 24、サン=トーバン通り、49100　アンジェ
  24, rue Saint-Aubin, 49100 Angers
- 02 41 87 26 26　定休日：日曜、月曜

レ・アール・ド・ラ・ロズレー
Les Halles de la Roseraie
- 26-2、ルート・ド・ブシュメーヌ、49000　アンジェ
  26 bis, route de Bouchemaine, 49000 Angers
- 02 41 44 02 58　定休日：日曜

ル・ピフォメートル
Le Pifomètre
- 64、ブレシニー通り、49100　アンジェ
  64, rue Bressigny, 49100 Angers
- 02 41 77 92 14　定休日：日曜、月曜

ワイン・ナット
Wine Not
- 9、ジェネラル=パットン大通り、49000　アンジェ
  9, avenue du Général-Patton, 49000 Angers
- 02 41 48 15 09　定休日：日曜午後、月曜

ワイン・ナット
Wine Not
- CC　カルフール・マーケット、30-3、ピエール=マン
  デス=フランス大通り、49240　アヴリレ
  CC Carrefour Market, 30 ter, avenue Pierre-
  Mendès-France, 49240 Avrillè
- 02 41 37 90 60　定休日：日曜、月曜

ラルドワーズ
L'Ardoise
- 3、ジョルジュ=クレマンソー広場、49320　ブリサッ
  ク=カンセ
  3, place Georges-Clémenceau, 49320 Brissac-
  Quincé
- 02 41 66 54 22　年中無休

オ・リヴ・グルマンド
Aux Rives Gourmandes
- 45、ナショナル通り、49530　レ・ロジエ=シュール
  =ロワール
  45, rue Nationale, 49350 Les Rosiers-sur-Loire
- 02 41 51 25 91　定休日：月曜

レ・コンパニョン・カヴィスト
Les Compagnons Cavistes
- 2、レオン=ガンベッタ大通り、49300　ショレ
  2, avenue Léon-Gambetta, 49300 Cholet
- 02 41 29 06 33　定休日：日曜、月曜

アトゥー・ヴァン
Atout Vins
- 6、サン=ピエール広場、49700　ドゥエ=ラ=フォンテーヌ
6, place Saint-Pierre, 49700 Doué-la-Fontaine
- 02 40 50 16 22　定休日：日曜午後、水曜

ヴィノ・ヴィニ
Vino Vini
- 10、ラブレー通り、49130　レ・ポン=ド=セ
10, rue Rabelais, 49130 Les Ponts-de-Cé
- 02 41 79 30 00　定休日：日曜午後、月曜

オ・サヴール・ド・ラ・トネル
Aux Saveurs de la Tonnelle
- 4、ラ・トネル通り、49400　ソミュール
4, rue de la Tonnelle, 49400 Saumur
- 02 41 52 86 62　定休日：日曜、月曜

50　マンシュ県
MANCHE

ル・バロン・ルージュ
Le Ballon Rouge
- 9、ポン通り、50100　シェルブール=オクトヴィル
9, rue du Port, 50100 Cherbourg-Octeville
- 02 33 94 34 06　定休日：日曜、月曜

51　マルヌ県
MARNE

サンサンヴァン・シャンパーニュ・エ・ヴァン・ドトゥール
520 Champagnes et Vins d'Auteurs
- 1、ポール=シャンドン大通り、51200　エペルネー
1, avenue Paul-Chandon, 51200 Épernay
- 03 26 54 36 36　定休日：日曜

オ・ボン・マンジェ
Au Bon Manger
- 7、クルモー通り、51100　ランス
7, rue Courmeaux, 51100 Reims
- 03 26 03 45 29　定休日：日曜、月曜

レ・カーヴ・デュ・フォラム
Les Caves du Forum
- 10、クルモー通り、51100　ランス
10, rue Courmeaux, 51100 Reims
- 03 26 79 15 15　定休日：日曜、月曜午前

フロマージュ・エ・ヴァン・デュ・ブーラングラン
Fromages et Vins du Boulingrin
- 28、マルス通り、51100　ランス
28, rue de Mars, 51100 Reims
- 03 26 35 71 77　定休日：日曜午後、月曜

54　ムルト=エ=モーゼル県
MEURTHE-ET MOSELLE

ル・クー・デュ・モノクル
Le Coup du Monocle
- 79、サン=ジョルジュ通り、54000　ナンシー
79, rue Saint-Georges, 54000 Nancy
- 03 83 39 47 86　定休日：土曜、日曜

レシャンソン
L'Echanson
- 9-10、ラ・プリマシアル通り、54000　ナンシー
9-10, rue de la Primatiale, 54000 Nancy
- 03 83 35 51 58　定休日：日曜、月曜

ヴァンディウ
Vindiou
- 1、サン=ミシェル通り、54000　ナンシー
1, rue Saint-Michel, 54000 Nancy
- 09 86 17 34 24　定休日：日曜、月曜

56　モルビアン県
MORBIHAN

ランペログラフ
L'Ampélographe
- 4、ルイ=ブレリオ通り、56400　オレー
4, rue Louis-Blériot, 56400 Auray
- 02 97 56 52 35
定休日：日曜、水曜午前。夏季は日曜午後、月曜

バキュゼウム
Bacchuseum
- 13、ヴィクトル=マセ通り、56100　ロリアン
13, rue Victor-Massé, 56100 Lorient
- 02 97 21 66 68　定休日：日曜、月曜

バキュゼウム
Bacchuseum
- ブルヴァール・ピエール・マンデス=フランス、56100　ロリアン
boulevard Pierre Mendès-France, 56100 Lorient
- 02 97 83 39 31　定休日：日曜

カルネ・ド・ヴァン
Carnet de Vins
- 10、ブルヴァール・デュ・マレシャル=ジョッフル、56100　ロリアン
10, boulevard du Maréchal-Joffre, 56100 Lorient
- 02 97 84 95 07　定休日：日曜、月曜

カーヴ・ピュール・ジュ
Cave Pur Jus
- 8、フォルバン袋小路、56270　プロムール
8, impasse Forbin, 56270 Ploemeur
- 09 67 45 97 34　定休日：土曜、日曜。完全予約制。

ル・グー・ド・ラ・ヴィーニュ
Le Goût de la Vigne
- ルート・ドレー、56330　プリュヴィニェ
Route d'Auray, 56330 Pluvigner
- 02 90 61 25 02　定休日：日曜、月曜

ヴィノ・ヴィニ
Vino Vini
- 14、ルート・ド・ナント、56860　セネ
14, route de Nantes, 56860 Séné
- 02 97 47 57 23　定休日：日曜、月曜

ラ・カーヴ・デュ・ヴァンサン
La Cave du Vincin
- 59、ヴァンサン通り、56000　ヴァンヌ
59, rue du Vincin, 56000 Vannes
- 02 97 46 01 12　年中無休

57　モーゼル県
MOSELLE

ラ・ヴィーニュ・ダダム
La Vigne d'Adam
- 50、ジェネラル=ド=ゴール通り、57050　プラップヴィル
50, rue du Général-de-Gaulle, 57050 Plappeville
- 03 87 30 36 68　定休日：日曜、月曜

58 ニエーヴル県
NIÈVRE

ラ・メゾン・デュ・ヴァン
La Maison du Vin
- 45、コルベール大通り、58000　ヌヴェール
  45, avenue Colbert, 58000 Nevers
- 03 86 61 67 56　定休日：日曜、月曜午前

ユヌ・ノート・ド・ヴァン
Une Note de Vin
- 60、ニエーヴル通り、58000　ヌヴェール
  60, rue de Nièvre, 58000 Nevers
- 03 86 37 79 90　定休日：日曜、月曜、火曜午前

ラ・プティット・カーヴ
La Petite Cave
- 71、グランド=リュ、58700　プレムリー
  71, Grande-Rue, 58700 Prémery
- 03 86 37 97 02　定休日：日曜

59 ノール県
NORD

オ・グレ・デュ・ヴァン
Au Gré du Vin
- 20、ペテルランク通り、59000　リール
  20, rue Péterynck, 59000 Lille
- 03 20 55 42 51　定休日：日曜、月曜

ビオヴィノ
Biovino
- 3、セバストポル広場、59000　リール
  3, place Sébastopol, 59000 Lille
- 03 20 10 62 01　定休日：日曜、月曜

ランシャントゥール・ド・パピーユ
L'Enchanteur de Papilles
- 716、ラ・レピュブリック大通り、59800　リール
  716, avenue de la République, 59800 Lille
- 03 20 01 61 05　定休日：日曜、月曜

レ・ヴァン・ドーレリアン
Les Vins d'Aurélien
- 5、ジャン=サン=プール通り、59000　リール
  5, rue Jean-Sans-Peur, 59000 Lille
- 03 62 64 36 63　定休日：日曜、月曜

ラ・トゥール・デュ・グラン・ブルイユ
La Tour du Grand Bruille
- 4、グラン=ブルイユ通り、59300　ヴァランシエンヌ
  4, rue du Grand-Bruille, 59300 Valenciennes
- 06 72 87 34 92　完全予約制

60 オワーズ県
OISE

レ・ザコルダイユ
Les Accordailles
- 24、ウルム通り、60200　コンピエーニュ
  24, rue d'Ulm, 60200 Compiègne
- 03 44 40 03 45　定休日：日曜、月曜

61 オルヌ県
ORNE

ヴァン・エ・トラディション
Vins et Tradition
- 7、ラ・アール=オ=トワル通り、61000　アランソン
  7, rue de la Halle-aux-Toiles, 61000 Alençon
- 02 33 32 15 07　定休日：日曜、月曜

ラ・ヴェルティカル
La Verticale
- 9、ラ・レピュブリック広場、61130　ベレーム
  9, place de la République, 61130 Bellême
- 02 33 25 67 16　定休日：月曜午後、火曜、水曜

イン・ヴィノ・ヴェリタス
In Vino Veritas
- ヴィルレー、61110　コンドー
  Villeray, 61110 Condeau
- 02 33 83 94 40
  土曜と日曜午前中のみ営業。平日は完全予約制。

ラ・ヴィ・アン・ルージュ
La Vie en Rouge
- 31、サント=クロワ通り、61400　モルターニュ=オ
  =ペルシュ
  31, rue Sainte-Croix, 61400 Mortagne-au-Perche
- 09 66 13 88 20　定休日：月曜、火曜、水曜

62 パ=ド=カレ県
PAS-DE-CALAIS

レ・カナイユ
Les Canailles
- 73、パリ通り、62520　ル・トケ=パリ=プラージュ
  73, rue de Paris, 62520 Le Toquet-Paris-Plage
- 03 21 05 03 03　定休日：日曜午後、月曜

63 ピュイ=ド=ドーム県
PUY-DE-DÔME

**ル・サン=トゥートロップ・エ・ル・コントワール・
デュ・サン=トゥートロップ**
Le Saint-Eutrope et Le Comptoir du Saint-Eutrope
- 4、サン=トゥートロップ通り、63000　クレールモン
  =フェラン
  4, rue Saint-Eutrope, 63000 Clermont-Ferrand
- 04 73 34 30 41　定休日：日曜、月曜

64 ピレネー=アトランティック県
PYRÉNÉES-ATLANTIQUES

レ・ヴァン・ド・ヴァンサン
Les Vins de Vincent
- 13、デスパーニュ大通り、64600　アングレ
  13, avenue d'Espagne, 64600 Anglet
- 05 59 03 68 39　定休日：日曜

レ・ヴァン・ド・ヴァンサン
Les Vins de Vincent
- 20、デュヴェルジエ=ド=オランヌ大通り、64100
  バイヨンヌ
  20, avenue Duvergier-de-Hauranne, 64100
  Bayonne
- 05 59 25 48 04　定休日：日曜

アールノア
Artnoa
- 56、ガンベッタ通り、64200　ビアリッツ
  56, rue Gambetta, 64200 Biarritz
- 05 59 24 78 87　定休日：日曜、月曜

シェリ・ビビ・ラ・コンセルヴリ
Chéri Bibi La Conserverie
- 50、デスパーニュ通り、64200　ビアリッツ
  50, rue d'Espagne, 64200 Biarritz
- 05 59 41 24 75　定休日：水曜、日曜

ワイン・ショップ
Wine Shop
- 1、ラ・ベルジュリ通り、64200　ビアリッツ
  1, rue de la Bergerie, 64200 Biarritz
- 05 59 24 71 87　定休日：日曜午後、夏季以外の月曜

ル・シェ
Le Chai
- 86、ルート・ド・バイヨンヌ、64140　ビレール
  86, route de Bayonne, 64140 Billère
- 05 59 27 05 87　定休日：日曜

メゾン・エギアザバル＝カーヴ・エズ・ケシャ
Maison Eguiazabal-Cave Ez Kecha
- 3、ルート・ド・ベオビ、64700　アンダイエ
  3, route de Béhobie, 64700 Hendaye
- 05 59 48 20 10　定休日：日曜、月曜

レ・パピーユ・ザンソリット
Les Papilles Insolites
- 5、アレクザンデル＝タイロール通り、64000　ポー
  5, rue Alexander-Taylor, 64000 Pau
- 05 59 71 43 79　定休日：日曜、月曜、火曜

ニュメロ・ヴァン
Numéro Vin
- 35-2、ヴィクトル＝ユゴー大通り、64500　サン＝ジャン＝ド＝リュズ
  35 bis, boulevard Victor-Hugo, 64500 Saint-Jean-de-Luz
- 05 59 85 19 28　定休日：日曜午前

プレジール・デュ・ヴァン
Plaisir du Vin
- 18、ジャルデー大通り、6400　サン＝ジャン＝ド＝リュズ
  18, avenue de Jalday, 64500 Saint-Jean-de-Luz
- 05 59 54 13 55　定休日：日曜

66　ピレネー＝ゾリアンタル県
PYRENEES ORIENTALES

エル・ザディック・デル・マール
El Xadic Del Mar
- 11、ピュイグ＝デル＝マス大通り、66650　バニュルス＝シュール＝メール
  11, avenue du Puig-del-Mas, 66650 Banyuls-sur-Mer
- 04 68 88 89 20
  定休日：7月と8月以外の月曜と火曜

レ・ヌフ・カーヴ
Les 9 Caves
- 56、ジェネラル＝ド＝ゴール大通り、66650　バニュルス＝シュール＝メール
  56 avenue du General-de-Gaulle, 66650 Banyuls-sur-Mer
- 04 68 36 22 37　定休日：日曜午後、月曜

オ・ヴァン・キャトル・カノン
Aux Vins 4 Canons
- 24、ジョルジュ＝クレマンソー大通り、66000　ペルピニャン
  24, boulevard Georges-Clémenceau, 66000 Perpignan
- 04 68 80 94 70　定休日：日曜午後、月曜午前

レ・ザンディジェーヌ
Les Indigènes
- 26、ラ・クロッシュ＝ドール通り、66000　ペルピニャン
  26, rue de la Cloche-d'Or, 66000 Perpignan
- 04 68 35 65 02　定休日：日曜、月曜

ヴィア・デル・シス
VIA DEL VI
- 43-2、ジェネラル＝ルクレール並木通り、66000　ペルピニャン
  43 bis, avenue du Général-Leclerc, 66000 Perpignan
- 04 68 67 84 96　定休日：日曜、月曜

オ・セパージュ・フルーリ
Au Cépage Fleuri
- 9、フルナ通り、66240　サン＝テステーヴ
  9, rue du Fournas, 66240 Saint-Estève
- 04 68 92 23 82　定休日：水曜、日曜午後

ラ・ヴォワ・ラクテ
La Voie Lactée
- 5、ガブリエル＝ペリ広場、66300　トゥイール
  5, place Gabriel-Péri, 66300 Thuir
- 09 81 47 20 53　定休日：日曜、月曜

67　バ＝ラン県
BAS-RHIN

ヴァン・エ・テロワール
Vins et Terroir
- 12、マレシャル＝フォッシュ通り、67500　アグノー
  12, rue du Maréchal-Foch, 67500 Haguenau
- 03 88 07 16 47　定休日：日曜、月曜

テール・ア・ヴァン
Terre à Vin
- 3、ルイ＝パストゥール通り、67117　イッタンアイム
  3, rue Louis-Pasteur, 67117 Ittenheim
- 03 88 25 60 20　定休日：日曜、月曜

オ・ビアン・ボワール
Au Bien Boire
- 4、ジェネラル＝ルクレール通り、67210　オベルネ
  4, rue du Général-Leclerc, 67210 Obernai
- 09 83 39 02 25　定休日：日曜、月曜

オ・フィル・デュ・ヴァン・リーブル
Au Fil du Vin Libre
- 26、ケ・デ・バトリエ、67000　ストラスブール
  26, quai des Bateliers, 67000 Strasbourg
- 03 88 35 2 09　定休日：日曜、月曜午前

アントル・ドゥー・ヴェール
Entre Deux Verres
- 9、ラトサムアウザン通り、67100　ストラスブール
  9, rue de Rathsamhausen, 67100 Strasbourg
- 03 88 66 11 89　定休日：日曜、月曜

エノスフェール
Œnosphère
- 33、ジュリック通り、67000　ストラスブール
  33, rue du Zurich, 67000 Strasbourg
- 03 88 36 10 87　定休日：日曜、月曜午前

テール・ア・ヴァン
Terre à Vin
- 1、ミロワール通り、67000　ストラスブール
  1, rue du Mirroir, 67000 Strasbourg
- 03 88 51 37 20　年中無休

ル・ヴィノフィル
Le Vinophile
- 10、ドベルネ通り、67000　ストラスブール
  10, rue d'Obernai, 67000 Stransbourg
- 03 88 22 14 06　定休日：日曜、月曜

68　オー=ラン県
HAUT-RHIN

セザンヌ
Sézanne
- 30、グランド=リュ、68000　コルマール
  30, Grand-Rue, 68000 Colmar
- 03 89 41 55 94　定休日：日曜

ラ・ソムリエール
La Sommelière
- 19、ラ・カテドラル広場、68000　コルマール
  19, place de la Cathédrale, 68000 Colmar
- 03 89 41 20 38　定休日：日曜、月曜午前

ラン・デ・サンス
L'Un des Sens
- 18、ベルト=モリー通り、68000　コルマール
  18, rue Berthe-Molly, 68000 Colmar
- 03 89 24 04 37　定休日：日曜、月曜

69　ローヌ県
RHÔNE

ユヌ・カーヴ・ア・ブロン
Une Cave à Bron
- 51、カミーユ=ルセ大通り、69500 ブロン
  51, avenue Camille-Rousset, 69500 Bron
- 09 81 97 72 01　定休日：日曜午後、月曜

ル・スクレ・デ・ヴァン
Le Secret des Vins
- 1、イポリット=フランドラン通り、69001　リヨン
  1, rue Hippolyte-Flandrin, 69001 Lyon
- 04 78 29 13 74　定休日：日曜、月曜

ル・ヴァン・デ・ヴィヴァン
Le Vin des Vivants
- 6、フェルナン=レイ広場、69001　リヨン
  6, place Fernand-Rey, 69001 Lyon
- 09 83 51 02 77　定休日：日曜、月曜

レ・クルール・デュ・ヴァン
Les Couleurs du Vin
- 47、クール・リシャール=ヴィトン、69003　リヨン
  47, cours Richard-Vitton, 69003 Lyon
- 04 78 54 73 35　定休日：日曜、月曜

ラ・マニュファクチュール
La Manufacture
- 14、フィロベール=ルシー通り、69004　リヨン
  14, rue Philobert-Roussy, 69004 Lyon
- 04 78 30 82 41　定休日：日曜午後、月曜、火曜、水曜、木曜午前、金曜午前

オ・ヴァン・ダンジュ
Ô Vins d'Anges
- 2、ベルトーヌ広場、69004　リヨン
  2, place Bertone, 69004 Lyon
- 09 51 88 20 99
  定休日：日曜、月曜、火曜午前、水曜午前

アンティック・ワイン
Antic Wine
- 18、ブフ通り、69005　リヨン
  18, rue du Bœuf, 69005 Lyon
- 04 78 37 08 96　定休日：月曜

シャトー・ヌフ・デュ・プープル
Château Neuf du Peuple
- 12、レヌリ通り、69005　リヨン
  12, rue Lainerie, 69005 Lyon
- 09 86 28 98 81　年中無休

ヴェルコカン
Vercoquin
- 33、ラ・ティボディエール通り、69007　リヨン
  33, rue de la Thibaudière, 69007 Lyon
- 04 78 69 43 87　定休日：日曜午後、月曜

ヴァン・ナチュール
Vins Nature
- 1、デジレ通り、69001　リヨン
  1, rue Désirée, 69001 Lyon
- 04 26 00 44 54　定休日：日曜、月曜

ラ・プティット・カーヴ・ドゥラン
La Petite Cave d'Oullins
- 31、ラ・レピュブリック通り、69600　ウラン
  31, rue de la République, 69600 Oullins
- 04 78 73 74 66　定休日：日曜、月曜

ラ・メゾン・デ・ヴァン・ピュール
La Maison des Vins P-U-R
- 137、ブルヴァール・アントナン=ラサール、69400　ヴィルフランシュ=シュール=ソーヌ
  137, boulevard Antonin-Lasalle, 69400 Villefranche-sur-Saône
- 09 65 03 13 33　定休日：日曜

70　オート=ソーヌ県
HAUTE-SAÔNE

ラ・カーヴ・ス・ルビッフ
La Cave Se Rebiffe
- 11、ルート・ド・グレー、70150　マルネー
  11, route de Gray, 70150 Marnay
- 03 84 31 90 10　定休日：日曜午後、月曜

71　ソーヌ=エ=ロワール県
SAÔNE-ET-LOIRE

ル・セリエ・サン=ヴァンサン
Le Cellier Saint-Vincent
- 12、サン=ヴァンサン広場、71100　シャロン=シュール=ソーヌ
  12, place Saint-Vincent, 71100 Chalon-sur-Saône
- 03 85 48 78 25　定休日：日曜午後、月曜

オ・プレジール・ディ・ヴァン
Au Plaisir Dit Vin
- 19、メルシエール広場、71250　クリュニー
  19, rue Mercière, 71250 Cluny
- 03 85 59 16 29　定休日：日曜、月曜

ル・セリエ・ド・ラベイ
Le Cellier de L'Abbaye
- 13、ミュニシパル広場、71250　クリュニー
  13, rue Municipale, 71250 Cluny
- 03 85 59 04 00　定休日：日曜午後、月曜

72　サルト県
SARTHE

ラ・カーヴ・デュ・ソムリエ
La Cave du Sommelier
- 12-2、レプロン通り、72000　ル・マン
  12 bis, place de l'Éperon, 72000 Le Mans
- 09 86 29 56 35　定休日：日曜、月曜

ル・バール・ア・ヴァン
Le Bar à Vins

- 3、コルネ通り、72000　ル・マン
  3, rue du Cornet, 72000 Le Mans
- 02 43 23 37 31　定休日：日曜、月曜

ラン・デ・サンス
L'Un des Sens

- 9、ドクトゥール=ルロワ通り、72100　ル・マン
  9, rue du Docteur-Leroy, 72100 Le Mans
- 02 43 80 94 81　定休日：日曜

73　サヴォワ県
SAVOIE

ロナリア
Rhônalia

- 46、ヴォージュラ通り、73100　エクス=レ=バン
  46, rue Vaugelas, 73100 Aix-les-Bains
- 04 79 61 25 91　定休日：日曜、月曜、毎日午前

シラー &Co
Syrah & Co

- 12、ラ・レピュブリック通り、73200　アルベールヴィ
  ル
  12, rue de la République, 73200 Albertville
- 04 79 38 46 99　定休日：日曜、月曜

レ・キャトルサン・クリュ
Les 400 Crus

- 11、ロテル=ド=ヴィル広場、73000　シャンベリー
  11, place de l'Hôtel-de-Ville, 73000 Chambéry
- 04 79 85 61 65　定休日：日曜、月曜

プレジール・デュ・ヴァン
Plaisirs du Vin

- 207、グラン=ヴェルジェ大通り、レ・リヴ・ド・リエー
  ル、73000　シャンベリー
  207, avenue du Grand-Verger, les rives de l'
  Hyères, 73000 Chambéry
- 09 64 07 63 75　定休日：日曜、月曜

74　オート=サヴォワ県
HAUTE-SAVOIE

ラ・ジャヴァ・デ・フラコン
La Java des Flacons

- 49、プティ=ポール大通り、74940　アヌシー=ル=
  ヴュー
  49, avenue du Petit-Port, 74940 Annecy-le-Vieux
- 04 50 23 31 39　定休日：日曜、月曜

ル・ボヌール・エ・ダン・ル・プレ
Le Bonheur est dans le Pré

- 2011、ルート・ド・ヴェルヴュ、74380　リュサンジュ
  2011, route de Bellevue, 74380 Lucinges
- 04 50 43 37 77　要電話予約

ル・ネ・アン・レール
Le Nez en l'Air

- 4、ルート・ド・ラ・ピアズ、74340　サモエン
  4, route de la Piaz, 74340 Samoëns
- 04 50 18 60 85　定休日：日曜午前

ラ・ナチュール・デュ・ヴァン
La Nature du Vin

- 3、ルート・デ・ヴィーニュ、74160　サン=ジュリア
  ン=アン=ジュヌヴォワ
  3, route des Vignes, 74160 Saint-Julien-en-
  Genevois
- 04 50 83 36 19　定休日：日曜、月曜

ワイン＆ヴァン・ショップ
Wine & Vin Shop

- 3610　ルート・ダルベールヴィル、74320　セヴリエ
  3610 route d'Albertville, 74320 Sévrier
- 04 50 02 20 20　定休日：日曜午後、月曜午前

75　パリ
Paris

デ・メ・デ・ヴァン
Des Mets des Vins

- 37、コキリエール通り、75001　パリ
  37, rue Coquillière, 75001 Paris
- 01 42 33 79 83　定休日：日曜、月曜午前

ル・ガルド=ローブ
Le Garde-Robe

- 41、ラルブル=セック通り、75001　パリ
  41, rue de l'Arbre-Sec, 75001 Paris
- 01 49 26 90 60　定休日：日曜、毎日午前

ジュヴニール
Juveniles

- 47、リシュリュー通り、75001　パリ
  47, rue de Richelieu, 75001 Paris
- 01 42 97 46 49　定休日：日曜、月曜

ラヴィニア
Lavinia

- 3-5、ブルヴァール・ド・ラ・マドレーヌ、75001　パ
  リ
  3-5, boulevard de la Madeleine, 75001 Paris
- 01 42 97 20 20　定休日：日曜

マ・カーヴ・フルーリ
Ma Cave Fleury

- 177、サン=ドゥニ通り、75002　パリ
  177, rue Saint-Denis, 75002 Paris
- 01 40 28 03 39　定休日：日曜、月曜午前

コワンスト・ヴィノ
Coinstot Vino

- 26-2、パッサージュ・デ・パノラマ、75002　パリ
  26 bis, passage des Panoramas, 75002 Paris
- 01 44 82 08 54　定休日：土曜、日曜

ルグラン・フィーユ・エ・フィス
Legrand Filles et Fils

- 1、ラ・バンク通り、75002　パリ
  1, rue de la Banque, 75002 Paris
- 01 42 60 07 12　定休日：日曜

ディヴィーノ・マレ
Divvino Marais

- 16、エルゼヴィール通り、75003　パリ
  16, rue Elzévir, 75003 Paris
- 09 83 74 25 04　定休日：月曜

メゾン・プリソン
Maison Plisson

- 93、ブルヴァール・ボーマルシェ、75003　パリ
  93, boulevard Beaumarchais, 75003 Paris
- 01 71 18 19 09　年中無休

ヴェルサン・ヴァン
Versant Vins

- マルシェ・デ・ザンファン・ルージュ、39、リュ・ド・
  ブルターニュ、75003　パリ
  marché des Enfants rouges, 39, rue de Bretagne,
  75003 Paris
- 01 42 72 34 85　定休日：月曜、火曜、水曜

ラ・ブティック・デュ・タクシー・ジョーヌ
La Boutique du Taxi Jaune
- 📍 12、シャポン通り、75003　パリ
  12, rue Chapon, 75003 Paris
- 📞 01 42 76 00 40　定休日：土曜、日曜

シャピトル・ヴァン
Chapitre 20
- 📍 8、サン=ポール通り、75004　パリ
  8, rue Saint-Paul, 75004 Paris
- 📞 01 77 15 20 72　定休日：月曜

レティケット
L'Étiquette
- 📍 10、ジャン=デュ=ベレー通り、75004　パリ
  10, rue Jean-du-Bellay, 75004 Paris
- 📞 01 44 07 99 27　定休日：月曜午前

ロット・オブ・ワイン
Lot of Wine
- 📍 54、ロテル=ド=ヴィル通り、75004　パリ
  54, rue de l'Hôtel de Ville, 75004 Paris
- 📞 01 42 74 81 71　定休日：日曜、月曜

サンキエーム・クリュ
5e Cru
- 📍 4、ゼコール通り、75005　パリ
  4, rue des Écoles, 75005 Paris
- 📞 01 43 29 48 81　定休日：日曜、月曜

レ・カーヴ・デュ・パンテオン
Les Caves du Panthéon
- 📍 174、サン=ジャック通り、75005　パリ
  174, rue Saint-Jacuqes, 75005 Paris
- 📞 01 46 33 90 35　定休日：日曜、月曜午前

エ・シ・バキュス・エテ・テュヌ・ファム
Et Si Bacchus Était Une Femme
- 📍 119、モンジュ通り、75005　パリ
  119, rue Monge, 75005 Paris
- 📞 01 45 35 00 81　定休日：日曜、月曜

レ・パピーユ
Les Papilles
- 📍 30、ゲイ=リュサック通り、75005　パリ
  30, rue Gay-Lussac, 75005 Paris
- 📞 01 43 25 20 79　定休日：日曜、月曜

パリ・テロワール
Paris Terroirs
- 📍 57、モンジュ通り、75005　パリ
  57, rue Monge, 75005 Paris
- 📞 01 46 33 32 65　定休日：日曜、月曜

ル・ポルト=ポ
Le Porte-Pot
- 📍 14、ブートブリ通り、75005　パリ
  14, rue Boutebrie, 75005 Paris
- 📞 01 43 25 24 24　定休日：日曜、月曜

バキュス & アリアーヌ
Bacchus & Ariane
- 📍 4、ロビノー通り、75006　パリ
  4, rue Lobineau, 75006 Paris
- 📞 01 46 34 12 94　定休日：日曜、月曜

ラ・クレムリー
La Crémerie
- 📍 9、キャトル=ヴァン通り、75006　パリ
  9, rue des Quatre-Vents, 75006 Paris
- 📞 01 43 54 99 30　定休日：日曜、月曜午前

ラ・フォート・オ・ヴァン
La Faute au Vin
- 📍 83、シェルシュ・ミディ通り、75006　パリ
  83, rue du Cherche-Midi, 75006 Paris
- 📞 01 53 71 95 73　定休日：日曜午後、月曜午前

ラ・デルニエール・グット
La Dernière Goutte
- 📍 6、ブルボン=ル=シャトー通り、75006　パリ
  6, rue Bourbon-le-Château, 75006 Paris
- 📞 01 43 29 11 62　定休日：月曜

ラ・カンカーヴ
La Quincave
- 📍 17、ブレア通り、75006　パリ
  17, rue Bréa, 75006 Paris
- 📞 01 43 29 38 24　定休日：日曜午後、月曜

ソヴァージュ
Sauvage
- 📍 60、シェルシュ=ミディ通り、75006　パリ
  60, rue du Cherche-Midi, 75006 Paris
- 📞 06 88 88 48 23　定休日：日曜、月曜

アンプロ
Ampelos
- 📍 31、ブルゴーニュ通り、75007　パリ
  31, rue de Bourgogne, 75007 Paris
- 📞 01 45 50 10 05　定休日：日曜、月曜午前

ラ・カーヴ・ド・ラ・グラン・テピスリー・ド・パリ
La Cave de la Grande Épicerie de Paris
- 📍 38、セーヴル通り、75007 パリ
  38, rue de Sèvres, 75007 Paris
- 📞 01 44 39 81 00　定休日：日曜

レピスリー・フィーヌ・リヴ・ゴーシュ
L'Épicerie Fine Rive Gauche
- 📍 8、シャン=ド=マルス通り、75002　パリ
  8, rue du Champs-de-Mars, 75007 Paris
- 📞 01 47 05 98 18　定休日：日曜午後、月曜

レ・プティ・ドメーヌ
Les Petits Domaines
- 📍 208、グルネル通り、75007　パリ
  208, rue de Grenelle, 75007 Paris
- 📞 01 74 30 38 16　定休日：日曜午後、月曜午前

カーヴ・オジェ
Caves Augé
- 📍 116、ブルヴァール・オスマン、75008　パリ
  116, boulevard Haussmann, 75008 Paris
- 📞 01 45 22 16 97　定休日：日曜

レ・カーヴ・タイユヴァン
Les Caves Taillevent
- 📍 228、フォーブール=サン=トノレ通り、75008　パリ
  228, rue du Faubourg-Saint-Honoré, 75008 Paris
- 📞 01 45 61 14 09　定休日：日曜

ラトリエ・デ・ソムリエ
L'Atelier des Sommeliers
- 📍 47、コンドルセ通り、75009　パリ
  47, rue Condorcet, 75009 Paris
- 📞 01 44 63 86 35　定休日：日曜、月曜

ル・カヴィスト・ビオ
Le Caviste Bio
- 📍 50、モーブージュ通り、75009　パリ
  50, rue de Maubeuge, 75009 Paris
- 📞 01 48 78 30 03　定休日：日曜、毎日午前

プラッツ
Pratz
- 📍 59、ジャン=バティスト=ピガール通り、75009　パリ
  59, rue Jean-Baptiste-Pigalle, 75009 Paris
- 📞 01 77 10 67 03　定休日：日曜、月曜、毎日午前

ル・ヴァン・オ・ヴェール
Le Vin au Vert
- 70、ダンケルク通り、75009　パリ
  70, rue de Dunkerque, 75009 Paris
- 01 83 56 46 93　定休日：土曜午前、日曜、月曜

アン・ヴラック
En Vrac
- 48、ノートル=ダム=ド=ロレット通り、75009　パリ
  48, rue Notre-Dame-de-Lorette, 75009 Paris
- 01 44 63 06 01　定休日：日曜、月曜午前

オ・ケ
Au Quai
- 15、アリベール通り、75010　パリ
  15, rue Alibert, 75010 Paris
- 01 42 08 79 60　定休日：日曜以外の毎日午前

ラ・カーヴ・ア・ミシェル
La Cave à Michel
- 36、サント=マルト通り、75010　パリ
  36, rue Sainte-Marthe, 75010 Paris
- 01 42 45 94 47　定休日：月曜、火曜

レ・カーヴ・サン=マルタン
Les Caves Saint-Martin
- 195、フォーブール=サン=マルタン通り、75010　パリ
  195, rue du Faubourg-Saint-Martin, 75010 Paris
- 01 40 05 92 10　定休日：月曜

レ・ザンファン・ガテ
Les Enfants Gâtés
- 6-2、レコレ通り、75010　パリ
  6 bis, rue des Récollets, 75010 Paris
- 09 81 41 38 36　年中無休

アン・ヴラック
En Vrac
- 69、モーブージュ通り、75010　パリ
  69, rue de Maubeuge, 75010 Paris
- 01 42 85 41 17　定休日：日曜、月曜日午前

ジュレス・パリ
Julhès Paris
- 50、フォーブール=サン=マルタン通り、75010 パリ
  50, rue du Faubourg-Saint-Martin, 75010 Paris
- 09 50 32 06 32　定休日：日曜午後、月曜午前

ル・プティ・ニコリ
Le Petit Nicolis
- 23、シャトー=ド一通り、75010　パリ
  23, rue du Chateau-d'Eau, 75010 Paris
- 06 42 23 40 74　定休日：日曜、月曜

ル・ヴェール・ヴォレ
Le Verre Volé
- 67、ランクリー通り、75010　パリ
  67, rue de Lancry, 75010 Paris
- 01 48 03 17 34　定休日：毎日午前中

ヴィヴァン・カーヴ
Vivant Cave
- 43、プティット・ゼキュリ通り、75010　パリ
  43, rue des Petites-Écuries, 75010 Paris
- 01 42 46 43 55　定休日：土曜、日曜

ラ・ビュヴェット
La Buvette
- 67、サン=モール通り、75011　パリ
  67, rue Saint-Maur, 75011 Paris
- 09 83 56 94 11　定休日：月曜、火曜

オ・ヌーヴォー・ネ
Au Nouveau Nez
- 104、サン=モール通り、75011　パリ
  104, rue Saint-Maur, 75011 Paris
- 01 43 55 02 30　定休日：日曜、月曜

レ・バビーヌ
Les Babines
- 25、ラ・レピュブリック大通り、75011　パリ
  25, avenue de la République, 75011 Paris
- 09 51 87 40 97　定休日：日曜、月曜

ラ・カーヴ、ア・ラ・バスティーユ
La Cave, à la Bastille 6、スデーヌ通り、75011　パリ
  6, rue Sedaine, 75011 Paris
- 01 58 30 71 36　定休日：日曜午後、月曜

ラ・カーヴ・デュ・ダロン
La Cave du Daron
- 140、パルマンティエ大通り、75011　パリ
  140, avenue Parmentier, 75011 Paris
- 01 48 06 21 84　定休日：日曜、月曜午前

ラ・カーヴ・デュ・ポール・ベール
La Cave du Paul Bert
- 16、ポール=ベール通り、75011　パリ
  16, rue Paul-Bert, 75011 Paris
- 01 58 53 50 92　年中無休

ラ・カーヴ・ド・ランソリット
La Cave de l'Insolite
- 30、ラ・フォリ=メリクール通り、75011　パリ
  30, rue de la Folie-Méricourt, 75011 Paris
- 01 53 36 08 33　定休日：日曜

ル・カーヴ
Le Cave
- 129、パルマンティエ大通り、75011　パリ
  129, avenue Parmentier, 75011 Paris
- 01 43 55 06 74　定休日：日曜、月曜

ル・サン・ディセット
Le Cent Dix-Sept
- 117、ラ・ロケット通り、75011　パリ
  117, rue de la Roquette, 75011 Paris
- 01 75 57 20 23　定休日：日曜午後、月曜

クリュ・エ・デクーヴェルト
Crus et Découvertes
- 7、ポール=ベール通り、75011　パリ
  7,rue Paul-Bert, 75011 Paris
- 01 43 71 56 79　定休日：日曜

ディヴィーノ
Divvino
- 163、ヴォルテール大通り、75011　パリ
  163, boulevard Voltaire, 75011 Paris
- 09 83 05 27 46　定休日：月曜

ランコニト
L'Incognito
- 71、シャロンヌ通り、75011　パリ
  71, rue de Charonne, 75011 Paris
- 01 43 72 06 34　定休日：毎日午前中

パリ・テロワール
Paris Terroirs
- 68、ジャン=ピエール=タンボー通り、75011　パリ
  68, rue Jean-Pierre-Timbaud, 75011 Paris
- 01 43 57 92 97　定休日：日曜

レトロ・ボッテガ
Retro Bottega
- 12、サン=ベルナール通り、75011　パリ
  12, rue Saint-Bernard, 75011 Paris
- 01 74 64 17 39　定休日：日曜、月曜

セプティーム・ラ・カーヴ
Septime La Cave
📍 3、バスフロワ通り、75011　パリ
3, rue Basfroi, 75011 Paris
📞 01 43 67 14 87　定休日：月曜および毎日午前

スクワット・ワイン・ショップ
Squatt Wine Shop
📍 112、ラ・ロケット通り、75011　パリ
112, rue de la Roquette, 75011 Paris
📞 01 71 24 82 80　定休日：火曜および毎日午前

ル・ヴェール・ヴォレ
Le Verre Volé
📍 38、オベールカンプ通り、75011　パリ
38, rue Oberkampf, 75011 Paris
📞 01 43 14 99 46　定休日：日曜午後、月曜

ル・ヴァン・ド・ボエーム
Le Vin de Bohème
📍 28、ジェネラル=ギレム通り、75011　パリ
28, rue du Général-Guilhem, 75011 Paris
📞 01 43 57 94 14　定休日：月曜午前

レ・カーヴ・ド・ルイイー
Les Caves de Reuilly
📍 11、ブルヴァール・ド・ルイイー、75012　パリ
11, boulevard de Reuilly, 75012 Paris
📞 01 43 47 10 39　定休日：日曜、月曜午前

レ・カーヴ・ド・プラーグ
Les Caves de Prague
📍 8、プラーグ通り、75012　パリ
8, rue de Prague, 75012 Paris
📞 01 72 68 07 36　定休日：日曜、月曜

イシ・メーム
Ici Même
📍 68、シャラントン通り、75012　パリ
68, rue de Charenton, 75012 Paris
📞 01 43 40 00 99　定休日：月曜

デ・メ・デ・ヴァン
Des Mets des Vins
📍 20、アリグル通り、75012　パリ
20, rue d'Aligre, 75012 Paris
📞 01 44 68 22 94　定休日：日曜午後、月曜

オールド・ファッションド
Old Fashioned
📍 194、ドメニル並木通り、75012　パリ
194, avenue Daumesnil, 75012 Paris
📞 01 43 45 41 57　定休日：日曜午後、月曜午前

ル・シフルール・ド・バロン
Le Siffleur de Ballons
📍 34、シテ通り、75012　パリ
34, rue de Cîteaux, 75012 Paris
📞 01 58 51 14 04　定休日：日曜、月曜

ラ・カーヴ・デュ・ムーラン・ヴュー
La Cave du Moulin Vieux
📍 4、ラ・ビュット=オ=カイユ通り、75013　パリ
4, rue de la Butte-aux-Cailles, 75013 Paris
📞 01 45 80 42 38　定休日：日曜午後、月曜午前

ラ・プティット・カーヴ
La P'tite Cave
📍 7、ポール=ロワイヤル大通り、75013　パリ
7, boulevard de Port-Royal, 75013 Paris
📞 01 47 07 10 91　定休日：日曜午後、月曜、火曜午前

シモーヌ、ラ・カーヴ
Simone. La Cave
📍 48、パスカル通り、75013　パリ
48, rue Pascal, 75013 Paris
📞 01 43 37 82 70　定休日：日曜、月曜、毎日午前

ラ・ブティック・グルマンド
La Boutique Gourmande
📍 14、ラミラル=ムーシェ通り、75014　パリ
14, rue de l'Amiral-Mouchez, 75014 Paris
📞 01 53 80 00 69　定休日：日曜午後

カーヴ・バルタザール
Cave Balthazar
📍 16、ジュール・ゲード通り、75014　パリ
16, rue Jules-Guesde, 75014 Paris
📞 01 43 22 24 45　定休日：日曜、月曜

ラ・カーヴ・デ・パピーユ
La Cave des Papilles
📍 35、ダゲール通り、75014　パリ
35, rue Daguerre, 75014 Paris
📞 01 43 20 05 74　定休日：日曜午後、月曜午前

レ・クリュ・デュ・ソレイユ
Les Crus du Soleil
📍 146、シャトー通り、75014　パリ
146, rue du Château, 75014 Paris
📞 01 45 39 78 99　定休日：日曜午後

ミ=フューグ・ミ=レザン
Mi-Fugue Mi-Raisin
📍 36-38、ドゥランブル通り、75014　パリ
36-38, rue Delambre, 75014 Paris
📞 01 43 20 12 06　定休日：日曜午後、月曜午前

ラ・トレイユ・ドール
La Treille d'Or
📍 21、ラ・トンブ=イソワール通り、75014　パリ
21, rue de la Tombe-Issoire, 75014 Paris
📞 01 45 80 35 49　定休日：日曜、月曜午前、水曜午前

ラ・カーヴ・ド・ルルメル
La Cave de Lourmel
📍 4、ルルメル通り、75014　パリ
4, rue de Lourmel, 75015 Paris
📞 01 45 77 39 35　定休日：日曜午後、月曜

カーヴ・ド・ロス・ア・モエル
Cave de L'Os à Moelle
📍 181、ルルメル通り、75015　パリ
181, rue de Lourmel, 75015 Paris
📞 01 45 57 28 28　定休日：月曜

カーヴ・デ・ザントルプルヌール
Cave des Entrepreneurs
📍 41、アントルプルヌール通り、75015　パリ
41, rue des Entrepreneurs, 75015 Paris
📞 01 45 77 17 41　定休日：日曜

カーヴ・ダルジャン
Cave Dargent
📍 45、ヴィエ通り、75015　パリ
45, rue de Vouillé, 75015 Paris
📞 01 40 45 09 10　定休日：日曜午後、月曜午前

ル・グー・デ・ヴィーニュ
Le Goût des Vignes
📍 12、ラカナル通り、75015　パリ
12, rue Lakanal, 75015 Paris
📞 01 42 50 00 33　定休日：日曜、月曜午前

カンディシ
Quindici
- サントル・ボーグルネル、ドゥージエム・エタージュ、バティマン・パノラミック、7、リュ・リノワ、75015 パリ
  Centre Beaugrenelle, 2e étage, Bâtiment Panoramic, 7, rue Linois, 75015 Paris
- 01 45 78 21 22　年中無休

オ・カーヴ・ド・パシー
Aux Caves de Passy
- 3、デュバン通り、75016 パリ
  3, rue Duban, 75016 Paris
- 01 42 88 85 56　定休日：日曜午後、月曜

カーヴ・サン＝ヴァンサン
Caves Saint-Vincent
- 26、ベル＝フィユ通り、75016 パリ
  26, rue des Belles-Feuilles, 75016 Paris
- 01 45 05 91 72　定休日：日曜午後

デ・メ・デ・ヴァン
Des Mets des Vins
- 15、ドートゥイユ通り、75016 パリ
  15, rue d'Auteuil, 75016 Paris
- 01 45 20 68 07　定休日：日曜、月曜午前

ヴァン・ドゥー・クール
Vins 2 Cœur
- 2、バスティアン＝ルパージュ通り、75016 パリ
  2, rue Bastien-Lepage, 75016 Paris
- 01 45 25 66 66　定休日：日曜、月曜

カーヴ・ディセット
Cave XVII
- 41、ゲルサン通り、75017 パリ
  41, rue Guersant, 75017 Paris
- 01 45 74 84 18　定休日：日曜

ラ・カーヴ・サンシス
La Cave 106
- 106、カルディネ通り、75017 パリ
  106, rue Cardinet, 75017 Paris
- 01 43 80 21 25　定休日：日曜、月曜

カーヴ・ペトリサン
Cave Pétrissans
- 30-2、ニエル大通り、75017 パリ
  30 bis, avenue Niel, 75017 Paris
- 01 42 27 83 84　定休日：土曜、日曜

カーヴ・サン＝ヴァンサン
Caves Saint-Vincent
- 39、ロギエ通り、75017 パリ
  39, rue Laugier, 75017 Paris
- 01 47 54 05 02　定休日：日曜

クルール・ド・テロワール
Couleurs de Terroirs
- 14、ラ・ジョンキエール通り、75017 パリ
  14, rue de la Jonquière, 75017 Paris
- 01 71 60 55 12　定休日：日曜午後、月曜午前

レベニスト・デュ・ヴァン
L'Ébéniste du Vin
- 72、ブルソー通り、75017 パリ
  72, rue Boursault, 75017 Paris
- 01 42 28 80 43　定休日：日曜、月曜、毎日午前

レ・グランド・カーヴ
Les Grandes Caves
- 9、ポンスレ通り、75017 パリ
  9, rue Poncelet, 75017 Paris
- 01 43 80 40 37　定休日：日曜午後、月曜

メ・ザコール・メ・ヴァン
Mes Accords Mets Vins
- 10、ブリデーヌ通り、75017 パリ
  10, rue Bridaine, 75017 Paris
- 01 55 06 09 53　定休日：日曜午後、月曜午前

メイユール・ヴァン・ビオ
Meilleurs Vins Bio
- 183、ルジャンドル通り、75017 パリ
  183, rue Legendre, 75017 Paris
- 01 80 89 80 20　定休日：日曜午後、月曜午前

ラ・ヴィーニュ・オ・ヴェール
La Vigne au Verre
- 12、サン＝フェルディナン通り、75017 パリ
  12, rue Saint-Ferdinand, 75017 Paris
- 01 45 72 39 48　定休日：日曜午後、月曜

ル・ヴァン・アン・テット
Le Vin en Tête
- 30、バティニョール通り、75017 パリ
  30, rue des Batignolles, 75017 Paris
- 01 44 69 04 57　年中無休

ディズユイット・シュール・ヴァン
18 sur Vin
- 154、オルドネー通り、75018 パリ
  154, rue Ordener, 75018 Paris
- 09 81 44 10 16　定休日：日曜、月曜午前、金曜午前

ル・トラントユイット・グルマン
Le 38 Gourmet
- 35、トルシー通り、75018 パリ
  35, rue de Torcy, 75018 Paris
- 09 53 80 31 36　定休日：日曜午後

カーヴ・ディズユイット
Cave 18
- 65、ラメー通り、75018 パリ
  65, rue Ramey, 75018 Paris
- 01 42 52 77 77　定休日：日曜午後、月曜午前

カーヴ・デ・ザベス
Cave des Abbesses
- 43、ザベス通り、75018 パリ
  43, rue des Abbesses, 75018 Paris
- 01 42 52 81 54　定休日：月曜

カーヴ・マルカデ
Cave Marcadet
- 157、マルカデ通り、75018 パリ
  157, rue Marcadet, 75018 Paris
- 09 80 78 64 88　定休日：日曜、月曜午前

カーヴ・オヴニ
Cave Ovni
- 35、トロワ＝フレール通り、75018 パリ
  35, rue des Trois-Frères, 75018 Paris
- 09 67 10 59 22　定休日：日曜、月曜

カーヴ・ダルジャン
Caves Dargent
- 176、オルドネー通り、75018 パリ
  176, rue Ordener, 75018 Paris
- 01 42 28 80 79　定休日：日曜午後、月曜午前

レ・カーヴ・デュ・ロワ
Les Caves du Roy
- 31、シマール通り、75018 パリ
  31, rue Simart, 75018 Paris
- 01 42 23 99 11　定休日：日曜、月曜午前

ル・セリエ・ド・ラ・ビュット
Le Cellier de la Butte
- 113、コランクール通り、75018 パリ
  113, rue Caulaincourt, 75018 Paris
- 09 67 33 94 47　定休日：月曜

アン・ヴラック
En Vrac
- 2、ロリーヴ通り、75018　パリ
  2, rue de l'Olive, 75018 Paris
- 01 53 26 03 94　年中無休

レ・グランド・カーヴ
Les Grandes Caves
- 63、ダムレモン通り、75018　パリ
  63, rue Damrémont, 75018 Paris
- 01 53 41 06 77　定休日：日曜午後、月曜

テロワール・デ・グルメ
Terroirs des Gourmets
- 10、ブルヴァール・ド・ラ・シャペル、75018　パリ
  10, boulevard de la Chapelle, 75018 Paris
- 01 46 07 65 61　年中無休

ド・ヴェール・アン・ヴェール
De Verres en vers
- 1-2、ジョゼフ＝ド＝メーストル通り、75018　パリ
  1 bis, rue Joseph-de-Maistre, 75018 Paris
- 01 46 06 80 84　定休日：月曜午前

ヴァン・トゥール・ヴァン
Vingt Heurs Vin
- 15/17、ジョゼフ＝ド＝メーストル通り、75018　パリ
  15/17, rue Joseph-de-Maistre, 75018 Paris
- 09 54 66 50 67　定休日：月曜、毎日夕方以降営業

ヴィーナム・ピカタム
Vinum Picatum
- 7、ルトール通り、75018　パリ
  7, rue Letort, 75018 Paris
- 09 72 34 89 44　定休日：日曜午後、月曜午前

カーヴ・ダルジャン
Caves Dargent
- 27、シモン＝ボリヴァー大通り、75019　パリ
  27, avenue Simon-Bolivar, 75019 Paris
- 01 42 06 26 52　定休日：日曜午後、月曜午前

ラ・カーヴ・ド・ベルヴィル
La Cave de Belleville
- 51、ベルヴィル通り、75019　パリ
  51, rue de Belleville, 75019 Paris
- 01 40 34 12 95　定休日：月曜午前

マ・カーヴ・アン・ヴィル
Ma Cave en Ville
- 105、ベルヴィル通り、75019　パリ
  105, rue de Belleville, 75019 Paris
- 01 42 08 62 95　定休日：日曜午後、月曜

オ・ボン・プレジール
Au Bon Plaisir
- 104、ピレネー通り、75020　パリ
  104, rue des Pyrénées, 75020 Paris
- 01 43 71 98 68　定休日：日曜午後、月曜

オ・ボン・ヴァン
Au Bon Vingt
- 52、バニョレ通り、75020　パリ
  52, rue de Bagnolet, 75020 Paris
- 01 43 56 94 55　定休日：日曜、月曜

ラ・カーヴ・デュ・マルカンド
La Cave du Marcande
- 213、ピレネー通り、75020　パリ
  213, rue des Pyrénées, 75020 Paris
- 01 43 58 37 57　定休日：日曜、月曜午前

フィーヌ・レピスリ
Fine l'Épicerie
- 30、ベルヴィル通り、75020　パリ
  30, rue de Belleville, 75020 Paris
- 09 81 17 95 88　定休日：月曜

ラ・グット・オ・ネ
La Goutte au Nez
- 2、ラ・ビダソア通り、75020　パリ
  2, rue de la Bidassoa, 75020 Paris
  定休日：日曜、月曜午前、火曜午前、水曜午前

ル・リュー・デュ・ヴァン
Le Lieu du Vin
- 3、ガンベッタ大通り、75020　パリ
  3, avenue Gambetta, 75020 Paris
- 01 46 36 43 39　定休日：日曜午後、月曜

ル・タブリエ・ルージュ
Le Tablier Rouge
- 40、ラ・シーヌ通り、75020　パリ
  40, rue de la Chine, 75020 Paris
- 01 46 36 18 30　定休日：日曜

オ・ディヴァン
Ô Divin
- 130、ベルヴィル通り、75020　パリ
  130, rue de Belleville, 75020 Paris
- 01 43 66 62 63　年中無休

76　セーヌ＝マリティーム県
SEINE-MARITIME

ル・カジエ・ア・ブティユ
Le Casier à Bouteille
- 80、プレジダン＝ウィルソン通り、76600　ル・アーヴル
  80, rue du Président-Wilson, 76600 Le Havre
- 02 35 21 54 22　定休日：日曜午後、月曜

カーヴ・ベリニー
Caves Bérigny
- 94、ポール＝ドゥメール通り、76600　ル・アーヴル
  94, rue Paul-Doumer, 76600 Le Havre
- 02 35 42 37 06　定休日：日曜、月曜

カーヴ・ベリニー
Caves Bérigny
- 7、ロロン通り、76000　ルーアン
  7, rue Rollon, 76000 Rouen
- 02 35 07 57 54　定休日：日曜午後、月曜

カーヴ・ピエール・ノーブル
Caves Pierre Noble
- 21、ヴェルダン大通り、76000　ルーアン
  21, boulevard de Verdun, 76000 Rouen
- 02 35 88 56 40　定休日：日曜、月曜

77　セーヌ＝エ＝マルヌ県
SEINE-ET-MARNE

ラ・カーヴ・エ・ラトリエ
La Cave et L'Atelier
- 3、ラ・ガール通り、77590　ボワ＝ル＝ロワ
  3, rue de la Gare, 77590 Bois-le-Roi
- 01 60 68 56 96　定休日：月曜

ミスター＆ミセス・ワイン
Mr & Mrs Wine
- 13、ポール＝ラゲス通り、77700　シェシー
  13, rue Paul-Laguesse, 77700 Chessy
- 09 83 37 99 56　定休日：日曜、月曜

カーヴ・デュ・ソムリエ
Cave du Sommelier
- 18、クール・ガンベッタ、77120　クーロミエール
  18, cours Gambetta, 77120 Coulommiers
- 01 64 03 00 33　定休日：月曜

78 イヴリーヌ県
YVELINES

レ・カーヴ・マルリー
Les Caves Marly

📍 29-2、ヴェルサイユ街道、78560　ル・ポール＝マルリー
29 bis, route de Versailles, 78560 Le Port-Marly

📞 01 39 17 04 00　定休日：日曜、月曜

79 ドゥー＝セーヴル県
DEUX-SÈVRES

ル・プティ・ルカン
Le P'tit Rouquin

📍 92、ラ・ガール通り、79000　ニオール
92, rue de la Gare, 79000 Niort

📞 05 49 24 05 34
定休日：土曜、日曜、レストラン営業時間内

80 ソンム県
SOMME

ヴィノテーク
Vinothèque

📍 8、オ・ラン通り、80000　アミアン
8, rue au Lin, 80000 Amiens

📞 03 22 91 44 31　定休日：日曜、月曜

81 タルン県
TARN

ラ・クレ・デ・ヴァン
La Clef des Vins

📍 9-3、ラペルーズ広場、81000　アルビ
9 ter, place Lapèrouse, 81000 Albi

📞 05 63 76 83 51　定休日：日曜、月曜

オ・リュー・ディヴァン
O Lieu Divin

📍 88、ダンブール大通り、81100　アルビ
88, avenue Dembourg, 81100 Albi

📞 09 51 96 91 13

ミネラル＆パテュラージュ
Minéral & Pâturage

📍 1-3、パストリエール通り、81000　アルビ
1-3, rue des Pasteliers, 81000 Albi

📞 09 83 88 78 86　定休日：日曜午後、月曜

ヴィーニュ・アン・フール
Vigne en Foule

📍 80、ラ・リベラシオン広場、81600　ガイヤック
80, place de la Libération, 81600 Gaillac

📞 05 63 41 79 08　定休日：日曜、月曜

ラコール・パルフェ
L'Accord Parfait

📍 24、ジョルジュ＝サボ大通り、81500　ラヴール
24, avenue George-Sabo, 81500 Lavaur

📞 05 63 33 59 43　定休日：日曜、月曜午前

ヴィノフィル
Vinophil'

📍 21、ガストン＝コルムール＝ウレス通り、81200　マザメ
21, rue Gaston-Cormouls-Houlès, 81200 Mazamet

📞 05 63 98 12 17　定休日：日曜、月曜、火曜、水曜

82 タルン＝エ＝ガロンヌ県
TARN-ET-GARONNE

プレジール・デュ・ヴァン
Plaisir du Vin

📍 210、パリ大通り、82000　モントーバン
210, avenue de Paris, 82000 Montauban

📞 05 63 20 68 89　定休日：日曜、月曜

83 ヴァール県
VAR

レ・キーユ
Les Quilles

📍 6、ダルム広場、83000　トゥーロン
6, place d'Armes, 83000 Toulon

📞 04 94 24 23 53　定休日：日曜、月曜午前

84 ヴォークリューズ県
VAUCLUSE

ヴェー・コム・ヴァン
V Comme Vin

📍 16、セティエ広場、84400　アプト
16, place du Septier, 84400 Apt

📞 04 90 04 77 38　定休日：日曜、月曜

ル・ボヌール・プールシュイ・ソン・クール
Le Bonheur Poursuit Son Cours

📍 20、クール・トーリニャン、84110　ヴェゾン＝ラ＝ロメーヌ
20, cours Taulignan, 84110 Vaison-la-Romaine

📞 04 90 46 45 27　定休日：日曜、月曜

85 ヴァンデ県
VENDÉE

ラ・ヴィノポスタル
La Vinopostale

📍 4、アール通り、85000　ラ・ロッシュ＝シュール＝ヨン
4, rue des Halles, 85000 La Roche-sur-Yon

📞 06 81 43 86 62　定休日：日曜、月曜

ラ・カーヴ・ス・ルビッフ
La Cave Se Rebiffe

📍 45、プロムナード・ジョルジュ＝クレマンソー、85100　レ・サーブル＝ドロンヌ
45, promenade Georges-Clémenceau, 85100 Les Sables-d'Olonne

📞 06 85 34 71 17
シーズン中は年中無休（休業日はFacebookでお知らせ）

コテ・ヴァン
Côté Vins

📍 3、ブルヴァール・ジョルジュ＝ポンピドゥー、85800　サン＝ジル＝クロワ＝ド＝ヴィ
3, boulevard Georges-Pompidou, 85800 Saint-Gilles-Croix-de-Vie

📞 02 28 12 96 56　年中無休

86 ヴィエンヌ県
VIENNE

ル・シェ
Le Chai

📍 29、ジャック＝クール大通り、86000　ポワティエ
29, avenue Jacques-Coeur, 86000 Poitiers

📞 05 49 38 02 95　定休日：日曜

オ・ジボラン
Ô Gibolin
- 86、ラ・カテドラル通り、86000　ポワティエ
  86, rue de la Cathédrale, 86000 Poitiers
- 06 61 35 61 06　定休日：日曜、月曜

プレジール・デュ・ヴァン
Plaisir du vin
- 145、ユイ・メ・ミルヌフサン・キャラントサンク大通り、86000　ポワティエ
  146, avenue du 8 mai 1945, 86000 Poitier
- 05 49 11 36 39　定休日：日曜、月曜

87　オート＝ヴィエンヌ県
HAUTE- VIENNE

ラ・アール・オ・ヴァン
La Halle aux Vins
- 228、ジェネラル＝ルクレール大通り、87100　リモージュ
  228, avenue du Général-Leclerc, 87100 Limoges
- 05 55 37 80 50　定休日：日曜

89　ヨンヌ県
YONNE

ナチュレルマン・ヴァン
Naturellement Vin
- 2、ラ・トゥレル通り、89200　ブラネー
  2, rue de la Tourelle, 89200 Blannay
- 03 86 32 08 55　予約制

メゾン・パイヨ＝カーヴ・サン＝ヴァンサン
Maison Paillot-Cave Saint-Vincent
- 14、ロテル・ド＝ヴィル広場、89310　ノワイエ＝シュール＝スラン
  14, place de l'Hôtel de Ville, 89310 Noyers-sur-Serein
- 03 86 82 82 16　定休日：日曜午後、月曜

ル・マルシェ・デ・ヴァン
Le Marché des Vins
- 5、ボフラン広場、89100　サンス
  5, place Boffrand, 89100 Sens
- 03 86 65 57 46　定休日：日曜

90　テリトワール・ド・ベルフォール県
TERRITOIRE DE BELFORT

ラ・グランジュ・ド・マリ＝ジョー
La Grange de Marie-Jo
- 1、グランド＝リュ、90300　シュアルス
  1, Grande-Rue, 90300 Suarce
- 03 84 29 67 45
  金曜午後、土曜のみ営業。ほかの時間帯は予約制

91　エソンヌ県
ESSONNE

ラ・パール・デ・ザンジュ
La Part des Anges
- 88、シャルル＝ド＝ゴール通り、91440　ビュール＝シュール＝イヴェット
  88, rue Charles-de-Gaulle, 91440 Bures-sur-Yvette
- 01 69 28 26 90　定休日：日曜午後、月曜

ラ・カーヴ・ドルセー
La Cave d'Orsay
- 5、ドクトゥール・エルネスト＝ロリア通り、91400　オルセー
  5, rue du docteur Ernest-Lauriat, 91400 Orsay
- 01 69 07 24 96　定休日：日曜、月曜

ラ・カーヴ・ド・ジョン
La Cave de John
- 7、ロルム通り、91580　ヴィルヌーヴ＝シュール＝オーヴェール
  7, rue de l'Orme, 91580 Villeneuve-sur-Auvers
- 01 60 80 29 26　定休日：日曜午後、月曜、火曜

92　オー＝ド＝セーヌ県
HAUT-DE-SEINE

ミル＆ジムーカーヴ・ダニエール
Mille & Zim – Cave d'Asnières
- 6、ヴェルダン通り、92600　アニエール
  6, rue de Verdun, 92600 Asnières
- 01 47 33 04 05　定休日：日曜、月曜

カーヴ・サン・クレール
Cave Saint-Clair
- 247、ジャン＝ジョレス大通り、92100　ブーローニュ＝ビヤンクール
  247, boulevard Jean-Jaures, 92100 Boulogne-Billancourt
- 01 47 61 05 12　定休日：日曜、月曜

ミル＆ジムーカーヴ・ド・ベコン
Mille & Zim – Cave de Bécon
- 4、ガリエニ並木通り、92400　クルブヴォワ
  4, avenue Gallieni, 92400 Courbevoie
- 01 43 33 27 52　定休日：日曜、月曜

ミル＆ジムーカーヴ・ド・クルブヴォワ
Mille & Zim – Cave de Courbevoie
- 21、コロンブ通り、92400　クルブヴォワ
  21, rue de Colombes, 92400 Courbevoie
- 01 43 33 13 83　定休日：日曜

シュマン・デ・ヴィーニュ
Chemin des Vignes
- 113-2、ヴェルダン大通り、92130　イシー＝レ＝ムリノー
  113 bis, avenue de Verdun, 92130 Issy-les-Moulineaux
- 01 46 38 90 51　定休日：日曜、月曜

レ・クリュ
Les Crus
- 72、シャルル＝ド＝ゴール並木通り、92350　ル・プレシ＝ロバンソン
  72, avenue Charles-de-Gaulle, 92350 Le Plessis-Robinson
- 01 46 32 15 69　定休日：日曜午後、月曜

ル・デカントゥール
Le Décanteur
- 62、アンリ＝ジヌー並木通り、92120　モンルージュ
  62, avenue Henri-Ginoux, 92120 Montrouge
- 01 46 54 35 56　定休日：日曜午後、月曜午前

ロー・フェリュジヌーズ
L'Eau Ferrugineuse
- 16、ジャン＝ジョレス大通り、92120　モンルージュ
  16, avenue Jean-Jaurès, 92120 Montrouge
- 01 57 21 33 26　定休日：日曜

ヴィヴァン
Vivin
- 114、アシル=ブレッティ通り、92200　ヌイイ=シュール=セーヌ
  114, avenue Achille-Peretti, 92200 Neuilly-sur-Seine
- 01 46 24 19 19　定休日：日曜、月曜

93　セーヌ=サン=ドゥニ県
SEINE-SAINT-DENIS

ラミティエ・リ
L'Amitié Rit
- 120、プレジダン=ウィルソン通り、93100　モントルイユ
  120, avenue du president-Wilson, 93100 Montreuil
- 09 54 83 17 71　定休日：月曜

ル・ヴェール・デュゴー
Le Verre d'Hugo
- 4-3、ヴィクトル=ユゴー小路、93340　ル・ランシー
  4 ter, allée Victor-Hugo, 93340 Le Raincy
- 01 83 48 34 79　定休日：日曜、月曜

ミル & ジム — カーヴ・デ・リラ
Mille & Zim – Cave des Lilas
- 128、パリ通り、93260　レ・リラ
  128, rue de Paris, 93260 Les Lilas
- 09 75 75 54 44　定休日：日曜

レ・パンタン
Les Pantins
- 6、ヴィクトル=ユゴー通り、93500　パンタン
  6, rue Victor-Hugo, 93500 Pantin
- 01 57 14 38 74　定休日：日曜

94　ヴァル=ド=マルヌ県
VAL-DE-MARNE

カーヴ・ディヴリー
Cave d'Ivry
- 40、マラ通り、94200　イヴリー=シュール=セーヌ
  40, rue Marat, 94200 Ivry-sur-Seine
- 01 46 58 33 28　定休日：日曜、月曜午前

ル・コントワール・デュ・ペルー
Le Comptoir du Perreux
- 5、ラ・リベルテ大通り、94170　ル・ペルー=シュール=マルヌ
  5, boulevard de la Liberté, 94170 Le Perreux-sur-Marne
- 01 43 24 20 61　定休日：日曜午後、月曜

レピキュリアン
L'Épicurien
- 57、ブルヴァール・デュ・ジェネラル=ド=ゴール、94160　サン=マンデ
  57, boulevard du Général-de-Gaulle, 94160 Saint-Mandé
- 01 43 74 53 79　定休日：日曜午後、月曜

ル・プティ・ヴェルド
Le Petit Verdot
- 4、ギー=モケ通り、94370　シュシー=アン=ブリ
  4, rue Guy-Moquet, 94370 Sucy-en-Brie
- 01 56 31 09 76　定休日：日曜

ラ・ボワット・ア・ヴァン
La Boîte à Vins
- 23、パリ通り、94300　ヴァンセンヌ
  23, avenue de Paris, 94300 Vincennes
- 01 43 74 43 81　定休日：日曜午後、月曜午前

95　ヴァル=ドワーズ県
VAL-D'OISE

オ・セパージュ・デルモン
Aux Cépages d'Ermont
- 5、ラ・レピュブリック通り、95120　エルモン
  5, rue de la République, 95120 Ermont
- 01 34 13 54 09　定休日：日曜午後、月曜

カーヴ・デュ・クロ
Cave du Clos
- 16、ジェネラル=ルクレール通り、95410　グロスレー
  16, rue du Général-Leclerc, 95410 Groslay
- 01 39 83 32 93　定休日：日曜午後、月曜、火曜

ラ・カーヴ・ア・リトン
La Cave à Riton
- 20、クール=バッタン広場、95490　ヴォレアル
  20, place du Cœur-Battant, 95490 Vauréal
- 01 34 40 51 88　定休日：日曜午後、月曜

テール・ド・ヴィーニュ
Terres de Vignes
- 1、ドクトゥール=ドゥミルロー通り、95160　モンモランシー 1, rue docteur-Demirleau, 95160 Montmorency
- 01 34 12 62 73

とっておきのワイン・ショップ
本書と同じスピリットが感じられる
13のサイト

www.ljourlvin.com
www.amicalementvin.com
www.carnetdevins.fr
www.cavepurjus.com
www.la-bouteille.com
www.lacavedespapilles.com
www.petitescaves.com
www.rhonalia.fr
www.veilleurdevin.com
www.vinisat.com
www.vinnouveau.fr
www.vinscheznous.com
www.vinsnaturels.fr

おすすめのワイン・アプリ

Raisin
どこにいてもヴァン・ナチュールを探したり、情報をシェアしたりできる！

ワイン索引（五十音順）

アルザス
アンドー・リースリング ……………………… 29
オーセロワ・キャリエール …………………… 26
クレマン ………………………………………… 33
ゲヴュルツトラミネール・クヴェヴリ・ヴァン・ダン
　フォール …………………………………… 21
コート・ダムルシュヴィール ………………… 23
サンギュリエ（ヴィニョーブル・ル・レヴール）… 25
シルヴァネル・フロンベール ………………… 31
ストランゲンベルグ・ピノ・ノワール ……… 24
ビネール・ビルステュックレ・リースリング 2014
　ド・ステファヌ …………………………… 23
ピノ・グリ・ロッシュ・ヴォルカニック …… 35
ピノ・ノワール・アンプラント ……………… 34
ピノ・グリ・シュタイネール ………………… 27
ミュスカ・プティット・フルール …………… 32
ラ・コリンヌ・セレスト ……………………… 28
リースリング・グラン・クリュ・ヘンクスト … 22

コルシカ
ア・マンドリア・ディ・シニャドール ……… 139
アルタ・ロッカ ………………………………… 138
カルコ …………………………………………… 133
グロッティ・ディ・ソル ……………………… 134
サン・ジョヴァンニ …………………………… 135
ダミアヌ ………………………………………… 141
パトリモニオ …………………………………… 140
フォースティーヌ・ヴィエイユ・ヴィーニュ … 136
ミュルサグリア ………………………………… 137

サヴォワ
キュヴェ・デ・グー …………………………… 311
ショターニュ …………………………………… 312
ル・
　フー ………………………………………… 309
レ・
　バリウー …………………………………… 313
　フィーユ …………………………………… 310

シャンパーニュ
アン・ヴァラングラン ………………………… 116
アントル・シエル・エ・テール ……………… 110
ヴィエイユ・ヴィーニュ・デュ・ルヴァン … 121
ヴィオレーヌ …………………………………… 119
エクストラ・ブリュット・ブラン・ド・ブラン・ラ・
　コリーヌ・アンスピレ …………………… 122
エクストラ・ブリュット・レ・ベギーヌ …… 113
エレモン・11（オンズ）・グラン・クリュ …… 124
キュヴィエール・ロゼ・ブリュット・ナチュール … 123
ギョーム・S（エス）………………………… 130
クール・ド・テロワール・メニル …………… 114
グラン・クリュ・ドザージュ・ゼロ ………… 126
コンプランテ・エクストラ・ブリュット …… 109
サピエンス ……………………………………… 124
シェーヌ ………………………………………… 123
シャンパーニュ 740（セット・サン・キャラント）… 118
シャンパーニュ・トラディション・グラン・クリュ … 115
シャンパーニュ・ブリュット・プルミエ …… 127
ディ・ヴァン・スクレ ………………………… 110
ディアパゾン …………………………………… 114
テロワール・エクストラ・ブリュット ……… 109
トレランス ……………………………………… 125
ブラン・ダルジル・エクストラ＝ブリュット … 131

ブラン・ド・ノワール ………………………… 119
ブリュット・5（サンク）・センス …………… 116
ブリュット・ブラン・ド・ブラン・シュブスタンス … 130
レ・
　コニョー …………………………………… 128
　ソリスト …………………………………… 129
　ラシェ ……………………………………… 111
　ロング・ヴォワ …………………………… 120
3C（トロワ・セー）・コレクション ………… 112

ジュラ
アルボワ・
　ピュピラン・サヴァニャン・マセラシオン・
　ペリキュレール …………………………… 143
　アルボワ＝ピュピラン・サヴァニャン …… 149
　アルボワ＝ピュピラン・プールサール …… 149
ヴァン・ド・ベイ・ルージュ ………………… 145
ウッフ！ ………………………………………… 144
コート＝デュ＝ジュラ ………………………… 148
シャトー＝シャロン …………………………… 148
シャトー・シャロン …………………………… 151
シャルドネ・レ・グラヴィエ ………………… 151
ド・
　トゥット・ボテ …………………………… 146
トゥルソー・アン・ナンフォール …………… 151
フルール・ド・サヴァニャン ………………… 150
ラ・
　ピエール …………………………………… 147
リュヴァ ………………………………………… 150
レ・
　シャラス・ヴィエイユ・ヴィーニュ ……… 146

南西部
ア・ラ・サンテ・デ・メクレアン …………… 333
アンティジェル ………………………………… 323
ウートル・ルージュ …………………………… 321
ヴェイン・ド・リュ …………………………… 322
ヴェルダネル …………………………………… 329
クロ・バケ ……………………………………… 321
コントル＝ピエ ………………………………… 329
ジュランソン …………………………………… 332
セール・ダ・ベグ ……………………………… 330
セルヴ …………………………………………… 318
テロワール・グレ ……………………………… 315
バシュラン・デュ・ヴィック＝ビル・セック … 324
ブルッフ ………………………………………… 327
プレスカン・ビュル …………………………… 317
ラ・
　ヴィラダ …………………………………… 316
　バディヌリ・デュ・ペシュ ……………… 328
ル・
　グラン・テルトル ………………………… 331
　ピュール・フリュイ・デュ・コース ……… 319
レ・
　ラケ ………………………………………… 320
レメ・シェ ……………………………………… 325

ブルゴーニュ
ア・ミニマ ……………………………………… 104
アロース・コルトン …………………………… 82
ヴォーヌ＝ロマネ ……………………………… 98
ヴォルネー・プルミエ・クリュ・クロ・デ・シェーヌ
　…………………………………………… 79, 86
エグゾジラ・ヴィルギュラ …………………… 84
オーセイ・デュレス …………………………… 90
コート・ド・ニュイ・ヴィラージュ・レ・ゼサール … 87
コート・ド・ボーヌ・アン・グレゴワール … 83

コルトン・ル・クロ・デュ・ロワ ……… 107
サヴィニー=レ=ボーヌ ……… 107
サヴィニー=レ=ボーヌ・ヴィエイユ・ヴィーニュ ……… 73
サヴィニー=レ=ボーヌ・プルミエ・クリュ・レ・
　ラヴィエール ……… 90
サン=ロマン ……… 103
サン・タムール・コート・ド・ベセ ……… 100
サントネー・クロ・ド・タヴァンヌ・プルミエ・クリュ ……… 93
シャブリ ……… 97
ジュリエナ ……… 75
スー・ラ・ヴェル ……… 74
ニュイ=サン=ジョルジュ・プルミエ・クリュ・レ・
　サン・ジョルジュ ……… 88
ニュイ=サン=ジョルジュ・レ・オー・プルリエ ……… 89
ニュイ=サン=ジョルジュ・レ・テラス・デ・
　ヴァルロ ……… 89
プイイ=フュイッセ・レ・ビルベット ……… 100
プイイ・ヴァンゼル・ヴィエイユ・ヴィーニュ ……… 105
ブドー ……… 77
ブルゴーニュ=オート=コート=ド=ニュイ・
　ミョゾーティス・アルヴェンシス ……… 94
ブルゴーニュ・アリゴテ ……… 92, 101
ブルゴーニュ・アリゴテ・クロ・デュ・ロワ ……… 96
ペルノー・ヴェルジュレス・プルミエ・クリュ・
　イル・デ・ヴェルジュレス ……… 76
ボーヌ・プルミエ・クリュ・レ・グレーヴ ……… 73
ボーヌ・プルミエ・クリュ・レ・ブシュロット ……… 85
ポマール ……… 95, 102
マコン・クリュジル・マンガニット ……… 106
マコン・クロ・ド・ラ・クロシェット ……… 79
マランジュ・ラ・クロワ・モワーヌ ……… 78
マルサネ・ラ・モンターニュ ……… 96
ムーラン・ナ・ヴァン ……… 95
ムルソー・レ・ティレ ……… 101
メルキュレ・ラ・プラント・シャセ ……… 80
ラ・
　シャトレーヌ ……… 75
　ターシュ ……… 99
リュリー・プルミエ・クリュ・ル・メ・カド ……… 81

プロヴァンス

アブラカタブランテスク ……… 240
アメティスト ……… 232
カント・グロー ……… 234
シャトー・サン・タンヌ・ブラン ……… 237
パピヨン・ルージュ ……… 233
バンドール ……… 239
バンドール・ブラン ……… 231
バンドール・ルージュ 2015 キュヴェ・クラシック ……… 238
ブラン・プティ・サレ ……… 236
ル・
　グラン・ブラン ……… 235

ボジョレー

キュヴェ・ド・シャ ……… 39
キュヴェ・マルセル・ラピエール ……… 46
コート・ド・ブルイィ ……… 42
サン=タムール ……… 48
シェナ ……… 51
プティ・マックス ……… 38
ブルイィ ……… 40
ブルイィ・ラ・クロワ・デ・ラモー ……… 45
フルーリ・ヴィエイユ・ヴィーニュ・テロワール・
　シャンパーニュ ……… 44
フルーリ・カオ・シュプレーム ……… 37
モルゴン・コート・ド・ピィ ……… 42
ラ・マドンヌ ……… 39

リュルティム ……… 47
ルー・イ・エ・テュ? ……… 41
レ・
　ヴィブラシオン ……… 50
レザン・ゴーロワ ……… 46
レニエ ……… 49

ボルドー

アルテル・エゴ ……… 68
ヴォルスレスト ……… 66
エッセンシア ……… 53
エルボール ……… 70
キュヴェ《ピヴェール》 ……… 67
グラン・ヴァン ……… 57
サテリット ……… 59
サンテミリオン・グラン・クリュ・エスプリ・ド・
　メイレ ……… 65
サンテミリオン・グラン・クリュ・クラッセ ……… 58, 60
ジゼル ……… 55
シャトー・トゥール・デュ・パ・サン・ジョルジュ ……… 71
セップ・ダンタン ……… 53
バラーニュ ……… 55
バルサック ……… 54
バルテルミー ……… 64
ポイヤック ……… 69
ボール・ドー・アンフェリュール・キュヴェ・マレ・
　バス ……… 61
ポムロル ……… 59
マルゴー ……… 56
ラ・
　フルール・ギャルドローズ ……… 70
ランクロ ……… 66

ラングドック

アヴァンティ・ポポロ ……… 174
オトゥール・ド・ジョンキエール ……… 164
オロ ……… 172
キャラミット ……… 153
キュヴェ・スペシャル ……… 175
クラス《ア・タッチ・オブ・クラス・イン・ア・
　グラス》 ……… 159
クルティオル ……… 158
コクシグリュ ……… 170
ブラン ……… 155
ラ・
　カルボネル ……… 156
　シュエット・ブランシュ ……… 162
　ニーヌ ……… 173
　パール・ド・ロラージュ ……… 167
　ボダ ……… 154
ル・
　カリニャン・ド・ラ・スルス ……… 161
　プティ・ドメーヌ・ド・ジミオ ……… 171
　ラウジュ ……… 168
　レガル ……… 165
　ルイ ……… 163
レ・
　クラパス ……… 169
　ロゼタ ……… 166
　ロリヴェット ……… 160

ルシヨン

アヴェック・ル・タン ……… 289
アングルナッシュ ……… 294
アントル=クール ……… 297
イネス ……… 293
オリアンタル ……… 301

クーム・ド・ロラ	298
グラン・ラルグ	299
コウマ・アコ	300
ジュヌ・ヴィーニュ	291
トゥー・ビュ・オア・ナット・トゥー・ビュ	300
ドゥラ	305
バニュルス	306
ピフ・パフ	294
ピュイ・ゴリオル	303
ムンタダ	296
ラ・	
ヴィエルジュ・ルージュ	295
トリュフィエール	292
ルム	302
レ・	
コピーヌ	304
HJV（アッシュ・ジ・ヴェ）	290

ローヌ南部

イレ・テ・テュヌ・フォワ	272
ヴァントゥー・ナチュール	272
オストラル	271
オマージュ・ア・ロベール	280
ガイア	283
ケランヌ	282
ケランヌ・レセルヴ・デ・セニュール	279
コート=デュ=ローヌ	264
ジャヴァ	276
シャトー・デ・トゥール	281
シャトー・ラヤス	281
シャトーヌフ=デュ=パップ	264
シレーヌ	270
スルス・ア・ヴァン	282
タヴェル	261
ドリア・シラー	286
バビオール	262
ピエール・ショード	261
ブラン	273
ボーム・ド・ヴニーズ・サン・マルタン	271
ポワニエ・ド・レザン	274
ラ・	
カデンヌ	265
パペス	274
ラウール	277
ラスト・ヴァン・ドゥー・ナチュール	284
ラスト・レ・クラ	284
リュブロン	263, 275
ル・	
プティ・マルタン	279
ボー・ネ	267
ルージュ	273
レ・	
ヴィエイユ・ヴィーニュ	285
クシャン	267
グリヨン	266
ドゥー・モナルド	278

ローヌ北部

アントル・シエル・エ・テール	245
エルミタージュ	246
クロ・デ・グリーヴ	247
クローズ=エルミタージュ	247
コート=ロティ	254
コート=ロティ・ヴィエイユ・ヴィーニュ・アン・	
コトー	257
コルナス・レ・ヴィエイユ・ヴィーニュ	258
コンドリュー	250
サン=ジョゼフ	246, 251
サン・ジュリアン=アン=サン・アルバン・	
ヴィエイユ・スリーヌ	255
シャイヨ	244
シラー	254
セ・ル・プランタン	249
プレゼーム・ヴィエイユ・ルーセット	255
ラ・	
ギロード	253
スートロンヌ	256
ル・	
プティ・ウルス	248
ブリーズ・カイユ	248
レイナール	243

ロワール

アイヴ・ガット・ザ・ブルージュ	202
アカシア	216
アレナ	215
アンファン・テリブル	220
イジドール	187
ヴァンダンジュ・アンティエール	217
ヴィエイユ・ヴィーニュ・デ・ブランドリ	201
ヴーヴレ・セック	186
ウェッシュ・クザン	199
エルゴ・スム	179
オリジネル	198
カリグラム	181
クー・ド・カノン	188
クレ・ド・セラン	196
クロ・オ・ルナール・サンギュリエ	206
クロ・ド・バッコネル	211
クロ・ド・レシュリエ	223
ジャック	224
シュナン	191
シュナン・ダイユール	190
ジルブール	197
ソミュール・ルージュ・コリエ	194
チュルビュランス	200
テール	223
ニュイ・ディヴレス	184
ピュール・ブルトン	199
フィデス	214
フリリューズ	193
ブルグイユ	189
ブレゼ	205
ペット・セック	185
ポシオン・ママ	208
ポワイユー	225
ミュスカデ・グラニット	180
モンブノー	210
ラ・	
カイエール	193
ゴートリ	226
リュンヌ・ド・ベルテーヌ	178
ルヴェ	177
ランシャントレス	204
ル・キャピタリズム・ルージュ・エ・タン・ヴァン・	
ド・ギャラージュ	192

ルギャール・デュ・ロワール ……………… 227
レ・
　ウー …………………………………………… 208
　カール・ド・ジュシュピ ………………… 207
　コルミエ …………………………………… 218
　ゼピシエール ……………………………… 195
　ゼピネー …………………………………… 203
　ヌリソン …………………………………… 182
　ピエール・ノワール ……………………… 212
　ランド ……………………………………… 183
　ルリエ ……………………………………… 210
　ロッシュ …………………………………… 221
　5（サンク）・エレマン …………………… 219
ロゼ・ダン・ジュール ……………………… 201
LBL（エル・ベー・エル）ヴィエイユ・ヴィーニュ・
　ソーヴィニヨン …………………………… 213
R16（エール・セーズ） ……………………… 228

ワイナリー索引（五十音順）

アルザス
アガット・ブルサン …………………………… 24
オシェール ……………………………………… 28
カトリーヌ・リス ……………………………… 34
ドメーヌ・
　ガングランジェ・ジャン・エ・フィス …… 27
　クリスチャン・ビネール …………………… 23
　クンプフ＝メイエー ………………………… 31
　ジュリアン・メイエー ……………………… 32
　ツィント＝フンブレヒト …………………… 35
　バルメス＝ビュシェ ………………………… 22
　ピエール・フリック ………………………… 26
　マルク・クレイデンワイス ………………… 29
　マルセル・ダイス …………………………… 25
　リエッシュ …………………………………… 33
レ・ヴァン・
　ダルザス・ローラン・バンワルト ………… 21

コルシカ
カンティーナ・ディ・トラ ………………… 137
クロ・カナレリ ……………………………… 138
クロ・シニャドール ………………………… 139
ドメーヌ・
　アレナ ……………………………………… 133
　アントワーヌ＝マリ・アレナ …………… 135
　ウ・スティリチオヌ ……………………… 141
　コント・アバトゥッチ …………………… 136
　ジャン＝バティスト・アレナ …………… 134
　ジュディチェリ …………………………… 140

サヴォワ
ジャン＝イヴ・ペロン ……………………… 313
ドメーヌ・
　キュルテ …………………………………… 312
　セリエ・デ・クレ ………………………… 311
　バルタジェ・ジル・ベルリオーズ ……… 310
　ベリュアール ……………………………… 309

シャンパーニュ
シャンパーニュ・
　アグラパール＆フィス …………………… 109
　ヴェット＆ソルベ ………………………… 131
　エグリー＝ウリエ ………………………… 115

オリオ・オリヴィエ ………………………… 116
ジャクソン …………………………………… 118
ジャック・セロス …………………………… 130
ジャック・ラセーニュ ……………………… 122
ジョルジュ・ラヴァル ……………………… 123
パスカル・ドケ ……………………………… 114
ブノワ・ライエ ……………………………… 119
フランク・パスカル ………………………… 125
フランシス・ブラール＆フィーユ ………… 111
フランソワーズ・ブデル＆フィス ………… 110
ブルジョワ＝ディアズ ……………………… 112
マルゲ・ペール・エ・フィス ……………… 124
ラエルト・フレール ………………………… 120
ラルマンディエ＝ベルニエ ………………… 121
リュペール＝ルロワ ………………………… 128
ロデズ ………………………………………… 126
J-M（ジー＝エム）・セレック …………… 129
シャンパーニュ・ラ・
　クロズリー ………………………………… 113
メゾン・
　ルイ・ロデレール ………………………… 127

ジュラ
ドメーヌ・
　アンドレ・エ・ミレイユ・ティソ ……… 151
　ジャン＝フランソワ・ガヌヴァ ………… 146
　ボールナール ……………………………… 143
　マクル ……………………………………… 148
ドメーヌ・デ・
　カヴァロード ……………………………… 145
ドメーヌ・ド・ラ・
　トゥルネル ………………………………… 150
メゾン・ピエール・オヴェルノワ・エ・
　エマニュエル・ウイヨン ………………… 149
レ・
　グランジュ・パクネス …………………… 147
レ・ボット・ルージュ ……………………… 144

南西部
シャトー・
　コンベル＝ラ＝セール …………………… 319
　ジョン＝ブラン …………………………… 323
　プレザンス ………………………………… 330
　レスティニャック ………………………… 327
ドメーヌ・
　アレチェア ………………………………… 315
　ヴィニュルーズ …………………………… 333
　エリアン・ダ・ロス ……………………… 321
　オー・カンパーニョ ……………………… 322
　カマン・ラレジャ ………………………… 316
　コース・マリーヌ ………………………… 317
　コス＝メゾンヌーヴ ……………………… 320
　ニコラ・カルマラン ……………………… 318
　プラジョル ………………………………… 329
　ムート・ル・ビアン ……………………… 325
　ラブランシュ・ラフォン ………………… 324
ドメーヌ・デュ・
　ペシュ ……………………………………… 328
ドメーヌ・ド・
　スーシュ …………………………………… 332
ドメーヌ・ド・ラ・
　ラマイエ …………………………………… 331

ブルゴーニュ
アリス・エ・オリヴィエ・ド・ムール ……… 92
サルナン＝ベリュ …………………………… 103

シャトー・デ・
　ロンテ ……………………………… 100

ドメーヌ・
　アントワーヌ・リエナルト ……………… 87
　アンリ＆ジル・ビュイッソン …………… 74
　ヴァレット …………………………… 105
　エマニュエル・ジブロ …………………… 83
　ギレム＆ジャン＝ユーグ・ゴワゾ ……… 84
　ジャン・トラペ・ペール・エ・フィス … 104
　シャンドン・ド・ブリアイユ …………… 76
　シュヴロ・エ・フィス …………………… 78
　シルヴァン・パタイユ …………………… 96
　ティボー・リジェ＝ベレール …………… 88
　ドミニク・ドラン ………………………… 80
　ノーダン＝フェラン ……………………… 94
　パット・ルー ……………………………… 97
　ファニー・サーブル …………………… 102
　マレシャル ………………………………… 90
　ミシェル・ラファルジュ ………………… 86
　リュシアン・ミュザール・エ・フィス … 93
　ルーロ …………………………………… 101

ドメーヌ・デ・
　ヴィーニュ・デュ・メイヌ ……………… 106
　コント・ラフォン ………………………… 79
　デュルイユ＝ジャンティアル …………… 81

ドメーヌ・ド
　シャソルネイ ……………………………… 77
　ベレーヌ …………………………………… 73

ドメーヌ・ド・ラ・
　ヴージュレ ……………………………… 107
　カデット …………………………………… 75
　ロマネ＝コンティ ………………………… 99

ドメーヌ・ル・
　グラパン …………………………………… 85

ベルトラン・マシャール・ド・グラモン … 89

メゾン・
　アン・ベル・リー ………………………… 82
　フィリップ・パカレ ……………………… 95

ラ・メゾン・
　ロマーヌ …………………………………… 98

プロヴァンス

シャトー・
　サン＝タンヌ …………………………… 237
　ルヴレット ……………………………… 235

シャトー・ド・
　ロックフォール ………………………… 236

シャトー・ド・ラ・
　レアルティエール ……………………… 234

ドメーヌ・
　アンリ・ミラン ………………………… 233
　オーヴェット …………………………… 232
　タンピエ ………………………………… 238

ドメーヌ・ド・
　テールブリューヌ ……………………… 239

ドメーヌ・ド・ラ・
　バスティッド・ブランシュ …………… 231

ドメーヌ・レ・
　テール・プロミーズ …………………… 240

ボジョレー

イヴォン・メトラ ………………………… 47
カリーム・ヴィオネ ……………………… 51
クリストフ・パカレ ……………………… 48
ジャン・フォワイヤール ………………… 42
ジャン＝ポール・テヴネ ………………… 49
ジョルジュ・デコンブ …………………… 40

ドメーヌ・
　ギー・ブルトン ………………………… 38
　ジャン＝クロード・ラパリュ ………… 45
　ジョゼフ・シャモナール ……………… 39
　ポール＝アンリ・エ・シャルル・ティラルドン … 50
　マルセル・ラピエール ………………… 46

ドメーヌ・ド・ラ・
　グランクール …………………………… 44

ドメーヌ・レ・
　ベルトラン ……………………………… 37

マティルド・エ・ステファン・デュリュー … 41

ボルドー

ヴィニョーブル・プエヨ …………………… 70
ヴィニョーブル・ミレール ………………… 66
クロ・ピュイ・アルノー …………………… 57
クロ・デュ・ジョゲロン …………………… 56
クロズリー・デ・ムシ ……………………… 55

シャトー・
　グァデ …………………………………… 60
　クリマン ………………………………… 54
　ゴンボード＝ギヨ ……………………… 59
　トゥール・デュ・パ・サン＝ジョルジュ … 71
　パルメール ……………………………… 68
　フォンロック …………………………… 58
　ポンテ＝カネ …………………………… 69
　ムーラン・ペイ＝ラブリ ……………… 67
　メイレ …………………………………… 65

シャトー・ド・
　ブイユロ ………………………………… 53

シャトー・ル・
　ピュイ …………………………………… 64

ドメーヌ・
　レアンドル＝シュヴァリエ …………… 61

ラングドック

ヴィニョーブル・デュ・ルー・ブラン …… 165
クロ・ファンティーヌ …………………… 158
クロ・マリ ………………………………… 160

ドメーヌ・
　カトリーヌ・ベルナール ……………… 156
　シャルロット・エ・ジャン＝バティスト・セナ … 173
　ティエリー・ナヴァール ……………… 168
　ドーピアック …………………………… 154
　フレデリック・アニュレー …………… 153
　ベイル・ローズ ………………………… 172
　レオン・バラル ………………………… 155

ドメーヌ・デュ・
　パ・ド・レスカレット ………………… 169

ドメーヌ・レ・
　オート・テール ………………………… 163

フォン・シブレ …………………………… 161
マクシム・マニオン ……………………… 166
マス・クトゥルー ………………………… 159
マス・ジュリアン ………………………… 164
マス・フラキエ …………………………… 162
ヤニック・ペルティエ …………………… 170

ル・
　タン・デ・スリーズ …………………… 174
　プティ・ドメーヌ・ド・ジミオ ……… 171
　マス・ド・モン・ペール ……………… 167

レ・
　ヴィーニュ・ドリヴィエ ……………… 175

ルシヨン

ヴィネヤー・ド・ラ・ルカ ……………… 306
クロ・デュ・ルージュ・ゴルジュ ……… 291

ジャン＝ルイ・トリブレー ⸺ 304
ドメーヌ・
　カルトロル ⸺ 290
　ゴビー ⸺ 296
　ジル・トゥルイエ ⸺ 305
　ダンジュー＝バネシー ⸺ 292
　ファス・ベー ⸺ 294
　マタッサ ⸺ 298
　レオニーヌ ⸺ 297
ドメーヌ・ド・ラ・
　レクトリー ⸺ 301
ドメーヌ・デュ・
　ポッシブル ⸺ 300
ドメーヌ・ラ・
　トゥール・ヴィエイユ ⸺ 303
ドメーヌ・ル・
　ロック・デ・ザンシュ ⸺ 302
ドメーヌ・レ・
　テール・ド・ファゲイラ ⸺ 302
ブリュノ・デュシェンヌ ⸺ 293
ラ・
　プティット・ベニューズ ⸺ 299
ル・
　ブー・デュ・モンド ⸺ 289
レ・
　フラール・ルージュ ⸺ 295

ローヌ南部
アンドレア・カレク ⸺ 262
クロ・デ・グリヨン ⸺ 266
シャトー・
　ラヤス ⸺ 281
シャトー・ラ・
　カノルグ ⸺ 263
ドメーヌ・
　ヴィレ ⸺ 286
　オラトワール・サン＝マルタン ⸺ 279
　ギヨーム・グロ ⸺ 275
　グール・ド・モータン ⸺ 273
　グラムノン ⸺ 274
　ジェローム・ジュレ ⸺ 276
　シャルヴァン ⸺ 264
　ジャン・ダヴィッド ⸺ 267
　ショーム＝アルノー ⸺ 265
　マルセル・リショー ⸺ 282
ドメーヌ・デュ・
　トラパディス ⸺ 284
ドメーヌ・ド・
　ヴィルヌーヴ ⸺ 285
　フォンドレーシュ ⸺ 272
　ラングロール ⸺ 261
ドメーヌ・ド・ラ
　ロッシュ・ビュイシエール ⸺ 283
ドメーヌ・ラ・
　フェルム・サン＝マルタン ⸺ 271
　モナディエール ⸺ 278
ドメーヌ・レ・
　ドゥー・テール ⸺ 270

ル・
　マゼル ⸺ 277
　レザン・エ・ランジュ ⸺ 280

ローヌ北部
ダール・エ・リボ ⸺ 249
ドメーヌ・
　アラン・ヴォージュ ⸺ 258
　アラン・グライヨ ⸺ 253
　コンビエ ⸺ 247
　ジャメ ⸺ 254
　ジャン＝ミシェル・ステファン ⸺ 257
　ジャン＝ルイ・シャーヴ ⸺ 246
　ティエリー・アルマン ⸺ 243
　ロマノー＝デストゥゼ ⸺ 256
ドメーヌ・デュ・
　クレ ⸺ 248
ドメーヌ・ド・
　ベルゴー ⸺ 255
ドメーヌ・レ・
　ブリュイエール ⸺ 245
ピエール・ゴノン ⸺ 251
フランク・バタザール ⸺ 244
フランソワ・デュマ ⸺ 250

ロワール
ヴィニョーブル・ド・ラ・クレ・ド・セラン ⸺ 196
エルヴェ・ヴィルマード ⸺ 216
カトリーヌ＆ピエール・ブルトン ⸺ 184
クリスチャン・ヴニエ ⸺ 226
クレマン・バロー ⸺ 178
クロ・デュ・テュ＝ブッフ ⸺ 193
ジェラール・マルラ ⸺ 211
ジャン・モーベルチュイ ⸺ 212
ディディエ・シャファルドン ⸺ 187
ドメーヌ・
　アレクサンドル・バン ⸺ 177
　アントワーヌ・サンゼイ ⸺ 225
　ヴァンサン・カレーム ⸺ 186
　ヴァンサン・ピナール ⸺ 217
　エリック・モルガ ⸺ 214
　ギベルトー ⸺ 205
　クザン・ルデュック ⸺ 199
　クロー・ド・ネル ⸺ 191
　サン＝ニコラ ⸺ 224
　シャユ・エ・プロディージュ ⸺ 188
　ステファヌ・ベルノードー ⸺ 182
　デルメ・マルタン ⸺ 200
　ニコラ・ロー ⸺ 220
　ブドゥエ ⸺ 179
　フランソワ・シデーヌ ⸺ 190
　ボビネ ⸺ 183
　モス ⸺ 215
　ランドロン ⸺ 208
　リシャール・ルロワ ⸺ 210
　リズ・エ・ベルトラン・ジュセ ⸺ 206
ドメーヌ・デ・
　ロッシュ・ヌーヴ ⸺ 223
ドメーヌ・デュ・
　コリエ ⸺ 194
　ムーラン ⸺ 216
ドメーヌ・ド・
　ジュシュピ ⸺ 207
　ベリヴィエール ⸺ 181
　ベルヴュ ⸺ 180
　I'R（レール） ⸺ 219

ドメーヌ・ド・ラ・
　シュヴァルリー 189
　ポルト・サン＝ジャン 218
ドメーヌ・ラ・
　グランジュ・ティフェーヌ 203
ドメーヌ・ル・
　クロシェ 192
ドメーヌ・レ・
　ロッシュ 221
ノエラ・モランタン 213
パトリック・コルビノー 195
ブノワ・クロー 197
ラ・
　グラップリ 204
　グランジュ・オ・ベル 202
　フェルム・ド・ラ・サンソニエール 201
レ・
　ヴァン・クルトワ 198
　ヴァン・コンテ 228
　ヴィーニュ・ド・ランジュヴァン 227
　カプリアード 185

写真

Guillaume Atger : 164
Sylvie Augereau : 12, 14, 15 右 , 93
Yves Beck : 59
Rolf Bichsel : 69
Anne Bouillot: 268
Guilhem Canal: 154
Jean Chevaldonné : 79
Loïc Dequier : 315
DR : 4, 18, 22, 25, 26, 30, 35, 37, 39, 41, 46-48, 50, 66, 70, 73,
74, 76, 78, 81, 82, 85, 91, 98, 105, 109, 110, 112, 114, 115, 118,
119, 121, 124, 129, 137, 139, 144, 148, 150, 153, 157, 163, 169,
175, 178, 179, 183, 186, 190, 191, 192, 200, 203, 207, 209, 213,
218, 219, 224, 228, 229, 233, 234, 246, 247, 251, 254, 255, 257,
258, 264, 271, 272, 284, 290, 296-98, 301, 302, 305, 310, 312,
316, 318, 321, 324, 329, 331, 333
Estellane Photo : 263
Michel Fainsilber : 64
Fotolia/Artemisphotos : 287
Fotolia/Picture news : 10 下 ; Fotolia/Savoieleysse : 6
Thomas Gendre : 155
Louis-Laurent Grandadam : 117, 138, 160-62, 244, 252, 311, 359
Hemis/Denis Caviglia : 241
Nicolas Joubard : 68
Luc Jennepin : 172
Daniela Jérémiséjic : 95
Fabien Malot : 9, 265, 266, 283
Mercerdesign.com : 238
Ulrike Neumann : 62
Jérôme Paressant : 225, 334
Luce Del Pia : 306
François Poincet-Magazine Vigneron : 54
Pauline Secke : 23, 40, 43, 67, 83, 89, 100, 103, 104, 113, 135,
143, 145, 146, 151, 165, 166, 171, 177, 180, 181, 193-97, 201,
202, 205, 206, 210, 212, 214, 220, 222, 235-37, 256, 262, 274,
276-78, 291, 295, 300, 323, 327, 328, 330, 332
Alvaro Yanez : 28, 51, 65, 77, 80, 84, 101, 120, 122, 123, 133,
149, 168, 170, 174, 199, 204, 215, 216, 221, 227, 232, 240, 261,
280, 282, 289, 293, 299, 303
Tania Teschke : 60
木下インターナショナル : 320

著者

Sylvie Augereau
シルヴィ・オジュロ

ワインのガイドブック『カルネ・ド・ヴィーニュ』の3バックナンバーの執筆を手がけたこともあるジャーナリスト。ロワール地方の片隅でワイナリーを経営している。ヴァン・ナチュールの一大イベント「ラ・ディーヴ・ブテイユ」の仕掛け人でもある。

Antoine Gerbelle
アントワーヌ・ジェルベル

傑出したルポルタージュ記者でワイン月刊誌『ルヴュ・デュ・ヴァン・ド・フランス』ではワイン鑑定人としても活躍。ワインのガイドブックを多数著している。フランス＝アンテールのラジオ番組『オン・ヴァ・デギュステ』でワインについて語り、フランス初の完全独立・視聴者参加型のワイン情報ウェブTV番組では、案内人を務める。

訳者

神奈川夏子　かながわ　なつこ

日仏英翻訳者。上智大学フランス文学修士課程、サイモンフレーザー大学日英通訳科修了。訳書『脚・ひれ・翼はなぜ進化したのか：生き物の「動き」と「形」の40億年』（マット・ウィルキンソン、草思社）、『BIG MAGIC「夢中になる」ことから始めよう』（エリザベス・ギルバート、ディスカヴァー・トゥエンティワン）、『モード・デザイナーの家』（イヴァン・テレスチェンコ、エクスナレッジ）他。

奇跡の自然ワインを！
ヴァン・ナチュールの名作300本

2019年9月30日 初版第1刷発行

著　者	シルヴィ・オジュロ、アントワーヌ・ジェルベル
訳　者	神奈川夏子
発行者	澤井聖一
発行所	株式会社エクスナレッジ
	〒106-0032　東京都港区六本木7-2-26
	http://www.xknowledge.co.jp/
問合せ先	[編集] TEL: 03-3403-1381 / FAX: 03-3403-1345
	MAIL: info@xknowledge.co.jp
	[販売] TEL: 03-3403-1321 / FAX: 03-3403-1829

[無断転載の禁止]
本書掲載記事（本文、図表、イラスト等）を当社および著作権者の承諾なしに無断で転載（翻訳、複写、データベースへの入力、インターネットでの掲載等）することを禁じます。

Published originally in the French language under the title:
Soif d'aujourd'hui — le retour
©2017, Tana Editions, an imprint of Edi8, Paris
Japanese edition arranged through Japan Uni Agency